科学出版社"十三五"普通高等教育研究生规划教材

创新型现代农林院校研究生系列教材

普通高等教育农业农村部"十三五"规划教材

乡村资源环境规划基础

主　编　孙　华

参　编　包广静　夏　敏　刘　艳

　　　　瞿忠琼　余德贵　徐梦洁

　　　　郭　杰　刘红光　宋奇海

U0262724

科学出版社

北　京

内 容 简 介

本书系统阐述了乡村资源环境规划的基础理论、基本概念、基本特征、基本任务、主要类型及编制程序等，并在此基础上着重剖析了乡村土地资源利用规划、乡村水环境规划、乡村大气环境规划、乡村固体废物管理规划的具体规划过程和规划案例，具有较强科学性、实用性、操作性和易读性。

本书可供资源环境与城乡规划、土地资源管理、地理信息科学等专业的本科生、研究生学习使用，也可作为相关行政管理人员和技术人员的参考书。

图书在版编目（CIP）数据

乡村资源环境规划基础/孙华主编. —北京：科学出版社，2021.11
科学出版社"十三五"普通高等教育研究生规划教材　创新型现代农林院校研究生系列教材　普通高等教育农业农村部"十三五"规划教材
ISBN 978-7-03-070122-0

Ⅰ．①乡…　Ⅱ．①孙…　Ⅲ．①乡村-环境规划-研究生-教材
Ⅳ．①X321.2

中国版本图书馆 CIP 数据核字（2021）第 211708 号

责任编辑：丛　楠　马程迪 / 责任校对：宁辉彩
责任印制：张　伟 / 封面设计：迷底书装

科学出版社出版
北京东黄城根北街16号
邮政编码：100717
http://www.sciencep.com

北京凌奇印刷有限责任公司 印刷
科学出版社发行　各地新华书店经销

*

2021年11月第 一 版　　开本：787×1092　1/16
2021年11月第一次印刷　　印张：17 3/4
字数：421 000

定价：79.80 元
（如有印装质量问题，我社负责调换）

前　言

随着《乡村振兴战略规划（2018－2022 年）》《中共中央　国务院关于全面推进乡村振兴加快农业农村现代化的意见》《中共中央　国务院关于建立国土空间规划体系并监督实施的若干意见》《自然资源部办公厅关于加强村庄规划促进乡村振兴的通知》《自然资源部办公厅关于进一步做好村庄规划工作的意见》等颁布实施，如何构建产业兴旺、生态宜居、乡风文明、治理有效、生活富裕的乡村是当前我国学术研究及政府决策面临的重要任务。

乡村作为城乡地域系统的重要组成部分，其具有生产、生活、生态、文化等多重功能。乡村资源环境规划以乡村"资源-社会-经济-环境"复合生态系统为基础，依据乡村的社会经济发展水平、资源禀赋特征、自然历史特性等对乡村要素在空间和时间上的合理安排。因此，合理的乡村资源环境规划对于缓解我国人民日益增长的美好生活需要和不平衡不充分的发展之间的矛盾、推进全面建成小康社会和全面建设社会主义现代化强国、实现第二个百年奋斗目标和中华民族伟大复兴的中国梦具有重要的意义。

本书涉及地理学、环境科学、地理信息学和遥感科学、地图学、管理学、社会学等多个学科，侧重于研究资源环境规划的理论和方法，同时也具有较强的应用性和实践性。现有的相关教材及专著主要关注全国、省、市、县级等宏观尺度的资源环境科学规划问题，对于乡村尺度的资源环境规划的研究相对较少。随着乡村振兴战略的不断深化，乡村资源环境规划研究逐渐得到重视，本书就在此背景下应运而生。

编者从事研究生相关课程教学工作多年，并且不同时期的课程讲义、教学心得、辅助资料等均完整保留。本书则是对前期工作的总结、凝练、升华。全书共分为十一章，在总结梳理了乡村资源环境规划的概念、基本特征、基本任务、类型及程序等的基础上，进一步介绍了规划涉及的基础理论、规划内容、规划资料前期准备及规划的技术方法等，并在此基础上对乡村土地资源利用、水环境、大气环境、固体废物管理规划的具体规划过程和规划案例进行了详细介绍，最后对乡村资源环境规划的实施与管理进行相关分析。在本书编写过程中，参阅了大量相关的文献资料，引用其中部分内容和规划实例，在此向有关作者和同行致谢，并向关心本书编写和出版工作的所有领导和同行表示谢意！未来我们会进一步丰富教材的章节内容，如乡村水资源规划、乡村土壤生态环境保护规划等，更好地服务于课堂教学、乡村发展和从事相关行业的工作者等。

本书的基础性和实践性较强，可适用于本科生和研究生教学使用，但是由于乡村资源环境规划涉及领域广泛，本书在各方面难免存在一些疏漏，我们也诚恳希望得到相关读者及有关人士的批评指正。

编　者

2021 年 8 月

目　录

第一章　绪论 …………………………………………………………………………… 1

第一节　乡村资源环境规划概述 …………………………………………………… 1
一、乡村资源环境系统 ……………………………………………………………… 1
二、乡村资源环境规划的产生 ……………………………………………………… 2
三、乡村资源环境规划的功能 ……………………………………………………… 3
四、乡村资源环境规划与上位规划的联系 ………………………………………… 3
第二节　乡村资源环境规划基本特征和原则 ……………………………………… 4
一、乡村资源环境规划基本特征 …………………………………………………… 4
二、乡村资源环境规划基本原则 …………………………………………………… 6
第三节　乡村资源环境规划的任务、类型和程序 ………………………………… 7
一、乡村资源环境规划的任务 ……………………………………………………… 7
二、乡村资源环境规划的类型 ……………………………………………………… 8
三、乡村资源环境规划的程序 ……………………………………………………… 9
第四节　乡村资源环境规划发展趋势 ……………………………………………… 10
一、国外乡村资源环境规划的发展概况 …………………………………………… 10
二、我国乡村资源环境规划的发展历程 …………………………………………… 13
三、我国乡村资源环境规划的现状分析 …………………………………………… 15
四、我国乡村资源环境规划的发展趋势 …………………………………………… 17
复习思考题 …………………………………………………………………………… 17
参考文献 ……………………………………………………………………………… 18

第二章　乡村资源环境规划基础理论 ………………………………………………… 19

第一节　资源环境承载力的理论基础 ……………………………………………… 19
一、乡村资源环境承载力的内涵 …………………………………………………… 19
二、乡村与资源环境的相互作用及反馈机制 ……………………………………… 20
三、乡村资源环境承载力的主要特征 ……………………………………………… 21
四、乡村资源环境承载力及其规划 ………………………………………………… 21
第二节　"两山"理论 ……………………………………………………………… 22
一、"两山"理论内涵 ……………………………………………………………… 22
二、"两山"理论实质 ……………………………………………………………… 22
三、"两山"理论主要特征 ………………………………………………………… 23
第三节　人地系统理论 ……………………………………………………………… 25
一、人地系统的内涵及特征 ………………………………………………………… 25
二、人地系统的互馈机制 …………………………………………………………… 26

三、人地系统理论与乡村资源环境规划 ································ 27

第四节 复合生态系统理论 ·· 28

一、复合生态系统的内涵 ·· 29

二、复合生态系统的结构及相互关系 ······································ 29

三、乡村复合生态系统 ·· 31

四、乡村复合生态系统与乡村资源环境规划 ······························ 32

第五节 灰色系统理论 ·· 32

一、灰色系统理论产生背景 ·· 32

二、灰色系统理论基本原理及类型 ·· 33

三、灰色系统理论的主要研究内容及特色 ·································· 34

四、灰色系统理论与乡村资源环境规划 ···································· 38

复习思考题 ·· 38

参考文献 ·· 39

第三章 乡村资源环境规划内容 ·· 41

第一节 乡村资源环境规划目标和指标体系 ································ 41

一、乡村资源环境规划目标 ·· 42

二、乡村资源环境规划指标类型和指标体系 ······························ 46

第二节 乡村资源环境评价和预测 ·· 49

一、乡村资源环境评价 ·· 49

二、乡村资源环境预测 ·· 53

第三节 乡村资源环境功能区划 ·· 56

一、乡村资源环境功能区划的含义与目的 ·································· 56

二、乡村资源环境功能区划的内容和基本类型 ···························· 57

第四节 乡村资源环境规划方案生成和决策过程 ·························· 59

一、乡村资源环境规划方案生成 ·· 59

二、乡村资源环境规划方案决策过程 ······································ 61

第五节 乡村资源环境规划实施建议与监控 ································ 63

一、乡村资源环境规划实施的对策和建议 ·································· 63

二、乡村资源环境规划的监控和反馈 ······································ 65

复习思考题 ·· 66

参考文献 ·· 66

第四章 乡村资源环境规划资料前期准备 ···································· 68

第一节 乡村资源环境规划资料内容 ·· 68

一、自然资料及历史资料 ·· 68

二、社会经济资料 ·· 72

三、乡村居住资料 ·· 75

第二节 乡村资源环境规划资料收集 ·· 78

一、资料收集目的与意义 ·· 78

　　　　二、资料收集的一般程序及主要方法 ································· 84

　　　　三、资料收集应注意的问题 ····································· 87

　　第三节　乡村资源环境规划资料整理入库 ··························· 87

　　　　一、乡村资源环境规划资料的整理 ······························ 87

　　　　二、乡村资源环境规划资料的入库 ······························ 89

　　复习思考题 ··· 89

　　参考文献 ··· 90

第五章　乡村资源环境规划技术方法 ································· 92

　　第一节　预测技术方法 ··· 92

　　　　一、定性预测方法 ··· 93

　　　　二、定量预测方法 ··· 96

　　第二节　决策分析方法 ·· 104

　　　　一、矩阵决策法 ··· 105

　　　　二、层次分析法 ··· 106

　　第三节　可持续发展评判方法 ····································· 110

　　　　一、真实储蓄法 ··· 111

　　　　二、模糊综合评价法 ··· 113

　　　　三、生态足迹法 ··· 115

　　复习思考题 ·· 117

　　参考文献 ·· 117

第六章　乡村土地资源利用规划 ····································· 119

　　第一节　乡村土地资源利用规划概述 ······························ 119

　　　　一、乡村土地资源利用规划的基本概念 ························· 119

　　　　二、乡村土地资源利用规划的发展 ····························· 120

　　　　三、乡村土地资源利用规划中存在的问题 ······················· 122

　　　　四、乡村土地资源利用规划的意义 ····························· 123

　　第二节　乡村土地资源利用规划编制的要求、程序及要点 ·········· 123

　　　　一、乡村土地资源利用规划编制要求 ··························· 123

　　　　二、乡村土地资源利用规划编制程序 ··························· 125

　　　　三、乡村土地资源利用规划编制要点 ··························· 126

　　　　四、乡村土地资源利用分类 ··································· 127

　　第三节　乡村土地资源利用规划的内容 ···························· 131

　　　　一、乡村发展框架确定 ······································· 131

　　　　二、乡村土地资源利用现状分析 ······························ 132

　　　　三、乡村土地资源供需分析 ··································· 133

　　　　四、乡村土地资源布局与优化分析 ···························· 133

　　　　五、乡村工程项目安排 ······································· 137

　　　　六、乡村产业发展分析 ······································· 138

　　　七、乡村土地资源效益评价 ································· 138

　　　八、乡村土地资源用途管制 ································· 139

　第四节　乡村土地资源利用规划的支持系统 ··················· 139

　　　一、地理信息系统的发展 ································· 140

　　　二、GIS 在乡村土地资源利用规划中的应用 ··············· 141

　复习思考题 ··· 145

　参考文献 ·· 145

第七章　乡村水环境规划 ···································· 147

　第一节　乡村水环境规划概述 ······························· 147

　　　一、乡村水环境规划内涵 ································· 147

　　　二、乡村水环境规划原则 ································· 148

　　　三、乡村水环境规划类型 ································· 150

　第二节　乡村水环境评价及预测 ····························· 152

　　　一、乡村水质现状评价 ··································· 152

　　　二、乡村地表水环境预测 ································· 155

　　　三、乡村地下水环境影响预测 ····························· 156

　第三节　乡村水环境功能分析 ······························· 158

　　　一、乡村水环境功能概述 ································· 158

　　　二、乡村水环境功能分析方法 ····························· 159

　　　三、乡村水环境功能分析过程 ····························· 160

　　　四、乡村水环境功能分析目标 ····························· 161

　第四节　乡村水环境污染控制规划 ··························· 161

　　　一、乡村水环境污染控制规划操作规范 ····················· 162

　　　二、乡村水环境污染控制规划现有的难题 ··················· 163

　　　三、乡村水环境污染控制规划中存在问题的对策 ············· 165

　第五节　乡村水环境规划基本步骤 ··························· 167

　　　一、现状调查与分析 ····································· 167

　　　二、明确各层次规划目标 ································· 168

　　　三、规划方法的选择 ····································· 168

　　　四、规划措施与方案的确定 ······························· 169

　　　五、规划方案的择优选取 ································· 170

　　　六、规划的实施与评估 ··································· 170

　复习思考题 ··· 171

　参考文献 ·· 171

第八章　乡村大气环境规划 ·································· 173

　第一节　乡村大气环境规划概述 ····························· 173

　　　一、乡村大气环境规划基础概念 ··························· 173

　　　二、乡村大气环境规划类型 ······························· 174

　　　三、乡村大气环境规划程序 ································· 175
　　　四、我国乡村大气污染主要来源 ··························· 177
　第二节　乡村大气环境规划的主要内容 ······················· 178
　　　一、乡村能流分析 ····································· 178
　　　二、乡村大气环境评价与预测 ····························· 179
　　　三、乡村大气环境规划目标和指标体系 ······················ 183
　　　四、乡村大气环境功能区划分 ····························· 184
　　　五、大气污染防治规划目标可行性分析 ······················ 186
　第三节　乡村大气污染物总控制量 ··························· 187
　　　一、大气污染物总量控制区边界的确定 ······················ 187
　　　二、大气污染物允许排放总量分析 ························· 188
　　　三、总量负荷分配原则 ································· 190
　第四节　乡村大气环境规划综合防治措施 ······················ 191
　　　一、优化乡村能源使用结构 ····························· 191
　　　二、提升乡村生态系统净化能力 ··························· 192
　　　三、利用乡村大气环境综合防治技术 ······················· 193
　复习思考题 ·· 197
　参考文献 ·· 197

第九章　乡村固体废物管理规划 ·························· 199
　第一节　乡村固体废物概述 ······························· 199
　　　一、乡村固体废物的定义 ······························· 199
　　　二、乡村固体废物的分类 ······························· 199
　　　三、乡村固体废物的主要特征 ··························· 207
　　　四、乡村固体废物的主要危害 ··························· 207
　第二节　固体废物规划实践进展 ··························· 209
　　　一、国外固体废物管理政策与措施 ························· 209
　　　二、我国固体废物管理政策与措施 ························· 212
　第三节　乡村固体废物管理规划的内容 ······················· 214
　　　一、乡村固体废物管理规划的指导思想与基本原则 ················· 214
　　　二、乡村固体废物管理规划的类型和特点 ····················· 215
　　　三、乡村固体废物管理规划的技术方法 ······················ 217
　第四节　乡村固体废物管理规划的编制步骤及内容 ·················· 223
　　　一、乡村固体废物管理规划的编制步骤 ······················ 223
　　　二、乡村固体废物管理规划的编制内容 ······················ 224
　复习思考题 ·· 227
　参考文献 ·· 227

第十章　乡村资源环境规划的分析与论证 ·················· 230
　第一节　乡村资源环境规划可行性研究 ······················· 230

一、乡村资源环境规划可行性研究的基本原理 ·············· 230

二、乡村资源环境规划可行性研究的主要内容 ·············· 231

三、财务评价指标 ·············· 232

第二节　乡村资源环境规划费用效益分析 ·············· 234

一、费用效益分析概述 ·············· 234

二、费用评价 ·············· 238

三、效益评价 ·············· 241

四、费用效益评价 ·············· 242

第三节　乡村资源环境规划可持续性评价 ·············· 244

一、可持续性评价概述 ·············· 244

二、可持续性评价指标体系的建立 ·············· 246

三、乡村资源环境规划可持续性评价的主要程序 ·············· 249

复习思考题 ·············· 250

参考文献 ·············· 250

第十一章　乡村资源环境规划的实施与管理 ·············· 253

第一节　乡村资源环境规划成果资料 ·············· 253

一、乡村资源环境规划成果资料的内容 ·············· 253

二、乡村资源环境规划图的制作 ·············· 254

三、乡村资源环境规划说明书的编写 ·············· 256

四、乡村资源环境规划方案的实施方案 ·············· 257

第二节　乡村资源环境规划的实施与管理制度体系 ·············· 258

第三节　乡村资源环境规划实施与管理的一般过程 ·············· 260

一、明确目标类型、任务和原则 ·············· 260

二、组织设计 ·············· 262

三、职能运作 ·············· 263

第四节　乡村资源环境动态监测与评价 ·············· 265

一、乡村资源环境动态监测的概述 ·············· 265

二、乡村资源环境监测的内容和指标 ·············· 267

三、乡村资源环境动态评价 ·············· 269

四、乡村资源环境动态监测信息管理系统与预警系统 ·············· 270

复习思考题 ·············· 272

参考文献 ·············· 272

第六章案例

第七章案例

第九章案例

美丽镇村发展规划

第一章 绪 论

第一节 乡村资源环境规划概述

一、乡村资源环境系统

乡村是具有自然、社会、经济特征的地域综合体，兼具生产、生活、生态、文化等多重功能，与城镇互促互进、共生共存，共同构成人类活动的主要空间。资源是指一定区域范围内在某一时期拥有的人力、物力、财力等各种要素的总称，可分为自然资源和社会资源，其中自然资源包括水资源、大气资源、矿产资源、草地资源、森林资源等，社会资源包括信息资源、人力资源等。环境是指在一定的时空范围内，可以直接或者间接影响人类生存和发展的各类自然因素和社会因素的总和，可分为自然环境、人文环境和心理环境。因此，乡村资源环境系统可理解为在一定的时期内，某一乡村地域空间范围内由人口、经济、资源等各要素相互联系、相互作用而形成的综合的、开放的、动态的有机整体。

作为一个复杂的有机整体，从不同层面分析该系统的构成是揭示乡村资源环境系统的重要手段，乡村资源环境系统包括以下方面：首先，多要素组成结构。乡村资源环境系统是由自然生态系统和社会经济系统耦合而成，经济、自然、人口等多要素共存于该系统中，且相互联系、共同作用。从系统的组成因素来看，乡村资源环境系统包括人口子系统、交通子系统、能源子系统、水资源子系统、大气资源子系统等，且各子系统相互依存、相互适应。其次，时间动态结构。由于乡村资源环境系统各组成要素随着时间变化而发生动态变化，并且该系统中某一要素的动态变化也会进一步作用于其他要素，其变化直接或间接地反映乡村资源环境系统运行的变化趋势，对于衡量乡村资源环境利用效率具有重要的意义。再次，数量结构。乡村资源环境系统数量结构是指该系统内部不同要素之间或者相同要素在不同等级的数量比例关系，如各种土地类型之间的数量关系、某一时期内空气质量超标天数的比例等，是乡村资源环境系统可持续运行的直观反映。最后，空间分布结构。乡村资源环境系统具有明显的地域特征，不同区域的乡村资源环境具有较高的差异性，如人口的分布、水资源的分布、经济发展水平等，乡村资源环境空间配置的合理性对于提高其利用效率具有积极的意义。

乡村资源环境系统功能是通过与系统内部或系统外部进行物质、能量、信息等传递而实现的。由于构成乡村资源环境系统要素众多，单一要素的功能及不同要素综合作用后的功能也存在差异，乡村资源环境系统功能是多方面的，如从乡村居民需求的视角来看，乡村资源环境系统可以为乡村居民提供生产生活所必需的自然条件和自然资源、吸收或消纳乡村居民生产生活的产物、可满足乡村居民的精神需求等。

二、乡村资源环境规划的产生

规划是根据个人、组织等的发展需求而对未来制定超前性的计划和安排，是对未来长期性、整体性、基础性等问题的思量，具有整体性、系统性、动态性等特点。

2019 年《中共中央 国务院关于建立国土空间规划体系并监督实施的若干意见》的提出为在全国范围内全面编制审批并实施管理国土空间规划奠定了基础，随后《市级国土空间总体规划编制指南（试行）》《省级国土空间规划编制指南（试行）》《资源环境承载能力和国土空间开发适宜性评价技术指南（试行）》（简称"双评价"）的发布不仅明确了国土空间规划编制过程中的总体要求、基础性准备及重点管控内容等，而且规定了将资源环境承载能力和国土空间开发适宜性评价结果作为国土空间规划编制的重要依据（图 1-1）。当前，国土空间规划已逐步在全国各地实施，从国土空间规划的视角，按规划的性质可以分为总体规划、详细规划和专项规划，按照行政管理体系可以划分为国家、省、市、县、乡镇规划。

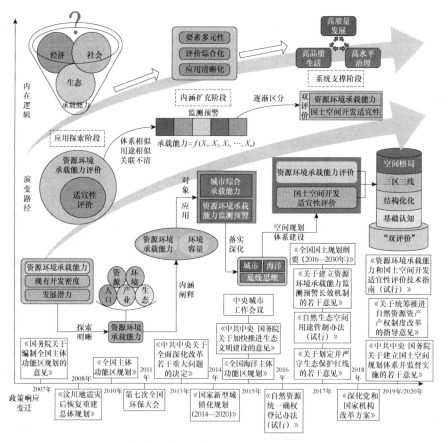

图 1-1　"双评价"的政策响应变迁与内在逻辑（岳文泽等，2020）

乡村资源环境规划是指为使乡村资源环境与社会经济协调发展，把"资源-社会-经济-环境"作为一个复合生态系统，依据社会经济发展水平、资源禀赋特征、自然历史特性等，在时间上和空间上对乡村资源开发利用、环境保护等的合理安排。在国土空间规划逐步全面推进及乡村振兴战略实施的背景下，一方面要优化乡村资源配置，在资源开发与利用过程中坚持"绿水青山就是金山银山"的发展理念和产业兴旺、生态宜居、乡风文明、治理有效、生活富裕的规划目标，保障资源持续利用，保护生态环境；另一方面要因地制宜地划分生态空间、生产空间、生活空间及生态保护红线、永久基本农田保护红线和乡村建设边界，确保乡村资源开发格局与各类管治空间格局科学合理地落在"多规合一"的"一张图"上。

三、乡村资源环境规划的功能

（一）明晰乡村发展定位

在规划体系中，国家、省、市、县、乡镇是一个宝塔形的结构，乡村则是宝塔形状的底部，是各类规划举措最终的落地层面。随着国土空间规划的逐步推进实施，乡村资源环境规划必然会与上层国土空间规划相互衔接，上层规划区域的自然、社会、经济等因素必然会对乡村资源的利用与环境的保护产生影响，同时乡村资源环境现状也会反作用于上层规划区域，如乡村资源环境系统中物质与能量的流动、乡村水资源环境利用现状等。因此，乡村资源环境规划可明晰乡村资源环境处于整个上层规划区域中的位置，对于明确乡村未来的发展方向和目标具有重要的意义。

（二）优化资源环境配置

科学的规划是区域经济社会发展的前提和基础，从国家层面上来看，规划是政府引导和规范城乡建设发展及履行经济调控、市场监管、社会管理和公共服务职责的重要手段，具有空间资源配置、公共利益保护和社会利益协调的重要功能。乡村资源环境规划是一个涉及人口、社会、资源、环境等多要素的综合性规划，一方面其通过明确乡村的发展方向和规模，进一步优化资源配置，提升资源的利用效率；另一方面其通过协调环境与人口、经济、社会之间的关系，预防环境问题发生，进而保障乡村资源合理利用。

（三）促进乡村生态环境可持续发展

改革开放以来，我国城乡长期处于二元式发展，城镇与乡村地区发展不平衡，乡村地区受重视程度普遍不高。在村庄规划编制与村庄建设发展过程中，通常借鉴或照搬城镇规划建设，脱离村庄建设实际需求，往往导致乡村产业结构与城区不衔接、建设载体不互补等问题，进而造成乡村在资源开发、利用、改造等过程中生态环境体系破坏严重。乡村资源环境规划是乡村发展的纲领，其通过尊重乡村自然资源、生态环境特征，以乡村自然资源、景观特色、文化底蕴等为基础，以绿色发展理念为指引，统筹规划，加强生态环境保护力度，进而合理地保护、利用和开发乡村资源环境，保障乡村人居环境。

四、乡村资源环境规划与上位规划的联系

乡村资源环境规划属于国土空间规划的第五层级规划，国家、省、市、县级国土空间规划及相关专项规划均是其上位规划。首先，上级政府结合区域发展需求制定上位规

划进而确定其发展战略、发展目标、发展定位等，而下位规划则是在上位规划的基础上对具体事情的安排部署，根据一级政府和一级事务的政府管理制度，上级规划方案明确了下一级政府对空间资源配置和管理的要求。因此，从规划的层级管理上来看，乡村资源环境规划在不违反上级规划的指导思想、原则及要求的基础上，制定实现上位规划各项目标的具体举措，是上位规划指导思想、发展原则、空间管制等内容的具体反映。其次，上位规划是对规划区域整体的、长期的利益考量，而乡村资源环境规划确定的规划区域是在不违反上级规划确定的保护原则和规模控制基础上而实施具体规划举措的区域，也是其所在上位规划区域内的子单元，其本质是上位规划在不同规划区域针对不同资源利用与环境保护安排的具体表现。最后，上位规划通过制定宏观发展战略、确定不同部门的规划任务、明确不同区域发展定位等方式来协调和解决下级规划之间的矛盾和问题。上位规划全面性更强、整体性更突出，通过重视城乡协调有序发展及整体竞争力、强调资源和环境保护、限制个别区域的空间扩展方向等，进而有利于区域协调可持续发展。同时，上位规划从地域性角度出发，在乡村发展层面上制定各乡村必须遵守的开发建设指导原则，有利于减少乡村资源环境规划中资源配置和利用中的矛盾冲突，可以解决单一乡村规划解决不了的全局性问题。总体来讲，乡村资源环境规划作为下位规划是由上位规划衍生而来的，是上位规划方案具体的细化和执行安排。

第二节　乡村资源环境规划基本特征和原则

一、乡村资源环境规划基本特征

乡村资源环境规划的本质是将乡村资源环境作为一个"资源-社会-经济-环境"复合生态系统，通过乡村居民利用自然、改造自然的智慧和劳动，在自然环境的基础上把人类现代的生产方式注入乡村中，进而协调资源、社会、经济、环境等均衡发展，其基本特征主要包括以下几方面。

（一）整体性

系统论认为分析与分化的本质是将整体通过科学的方法划分为各个部分，进而了解并掌握部分的本质与规律，与之对应的整合与整体化则是把部分有机组合成一个统一的整体，进而掌握整体的内在性质及变化规律。乡村资源环境是由大气、水、人口等多种相互联系、相互作用的乡村自然环境系统要素按照一定层次或者结构构成的具有特定功能的有机整体。乡村资源环境规划将乡村这一有机整体进行资源的优化配置，进而实现乡村可持续发展，是乡村整体性的具体表现。同时，乡村资源环境系统内部单一要素的内在本质、环境问题特征和规律等的研究又是一个有机的整体，乡村资源环境规划对单一要素的合理利用是其整体性的另一表现形式。

（二）区域性

截至 2017 年底，我国乡级行政区共有 39 888 个，乡级行政区域管辖的建制村更多，由于不同区域社会生产力水平不一，我国乡村资源环境具有明显的地域性。同时由于地势地貌、水文气候等自然条件的差异较大，不同区域间的乡村规模、人口、布局等也呈现出较强的区域性特点。乡村资源环境规划以乡村资源环境本底为基础，依据社会经济发展、技术条件等因地制宜地制定乡村不同区域的发展策略及具体发展措施等，进而促进人口、资源、环境协调可持续发展，具有较强的地域特征。

（三）层次结构性

乡村资源环境规划具有多层次的复合结构，从横向来看，乡村资源环境规划包括土地利用规划、道路交通规划、水资源环境规划、大气资源环境规划、乡村固体废弃物规划等多个层次的规划；从纵向来看，包括地下资源环境规划、地表资源环境规划和地上资源环境规划；从规划的目的来看，包括经济发展规划、资源利用规划、环境保护规划等。因此，在整体性的基础上，乡村资源环境规划又具备多层次性。

（四）动态变化性

随着乡村经济社会的发展定位、发展水平、发展政策等方面的变化，乡村各资源环境要素及要素之间的相互关系往往也会随之变化，乡村资源环境规划的技术方法、理论基础、管理方式等也会随之变化，因此乡村资源环境规划是一个随着时间推移而变化的动态的规划，具有较强的时效性。当生产关系与生产资料出现较大的矛盾时，乡村资源环境规划也需要及时更新与调整，不断满足乡村发展需求。

（五）多目标导向性

乡村资源环境规划的目的与其他专项规划和上位规划相似，核心是追求资源环境的最优综合效益，即经济效益、社会效益和生态效益的最优。当前随着乡村振兴战略的全面实施，乡村资源环境规划必然以"产业兴旺、生态宜居、乡风文明、治理有效、生活富裕"为指引，兼顾产业、生态、文化、经济等多方面的发展效益，既要通过物质转化或物质生产创造出居民所需的物质资料，又要优化资源配置，提升资源的利用效率，保护区域环境。因此，乡村资源环境规划必然以多目标为导向且统筹兼顾。

（六）可操作性

落实乡村资源环境规划的各项措施，实现预期目标是乡村资源环境规划的主要目的，可操作性是乡村资源环境规划必备的特征。乡村资源环境规划的可操作性主要包括目标可行、措施可行、技术可行、管理可行等方面，目标可行是指在制定乡村水、土地、大气等资源开发利用及环境保护目标时必须因地制宜、贴合实际，确保目标通过各种努力得以实现；措施可行是指要依据区域经济社会发展水平制定各项发展举措，确保各项发展措施能够落地；技术可行是指必须分析各种技术措施在资源开发与环境保护过程中对乡村产生的综合效益，保障其能够实现乡村资源环境规划制定的相关目标，而不对其他资源环境要素造成损害；管理可行是指要与现行的管理制度、方法、技术等相结合，能够运用法律制度、科学技术、管理方法等对乡村资源环境规划实施监督检查，促进规划措施的落实、规划目标的实现等。

（七）乡村居民参与特征

规划中的公众参与是保障公民对于规划的知情权、参与权、决策权的重要举措，也是规划中各项管理决策的科学化、民主化、有效化的必经之路。乡村资源环境规划的本质是发挥人的主观能动性，即在认识乡村发展的客观规律的基础上，科学合理地改造、利用生产物质资料，推动乡村的发展。同时，乡村资源环境规划的规划区域范围往往较小，各种规划措施的落实直接影响到乡村居民的利益。因此，乡村资源的开发与环境保护的相关决策过程均需要有乡村居民的支持和参与，其参与程度与参与方式也在一定程度上影响着乡村资源环境规划目标实现进程。

二、乡村资源环境规划基本原则

（一）综合效益原则

乡村资源环境规划的目的在于使乡村获得最优效益，由于乡村资源环境的整体性，乡村资源环境规划追求的最优效益并不是单一的社会效益、经济效益和生态效益等，而是其综合效益。综合效益原则是指乡村在发展过程中要兼顾经济、社会、生态等效益，单一地追求乡村发展的经济效益而置生态效益或者社会效益于不顾，资源的可持续利用难以保证，乡村的发展方式也难以持续，同理对于生态效益和社会效益也一样。乡村居民的生产生活都是直接或者间接地消耗环境质量和自然资源，当这种消耗超出乡村承载力时必然会导致乡村环境污染和生态破坏，进而直接或间接影响乡村正常的生产、生活等，造成资源的浪费和经济的损失，而资源的稀缺性也进一步阻碍乡村未来的发展。因此，乡村资源环境规划要对当前的综合效益进行分析、对未来的效益进行综合预测，处理好近期与远景的资源环境利用的综合效益，以尽量少的生产物质消耗和环境污染活动等来实现乡村发展的目标与要求。

乡村资源环境规划是在乡村这一地域范畴进行的，是国土空间规划体系的重要组成部分。国土空间规划是国土空间开发、利用、保护、修复等的一个总体纲领，是一项系统性、战略性、整体性的计划和安排，在国土空间规划编制过程中，各种冲突、矛盾的协调等不得突破土地利用规划所确定的区域耕地保有量、新增建设占用耕地规模等约束性指标，不得突破城市总体规划或者乡镇总体规划所确定的禁建区、国土开发强度等约束性指标，不得突破生态保护红线、基本农田控制线及城镇扩张边界，不得突破国土空间规划提出的责权清晰、绿色与创新发展、构建山水林田湖草生命共同体等新的管理要求。因此，在国土空间规划制定及实施的过程中，乡村资源环境规划应保证与上级国土空间规划相衔接，确保空间不冲突、目标不矛盾、管理不脱节。

（二）动态均衡原则

均衡作为博弈论中的核心理念，表示博弈对象达到的某一稳定的、博弈双方不愿单一地改变的状态。《毛泽东选集》中曾指出"无论什么矛盾，矛盾的诸方面，其发展是不平衡的"，平衡与不平衡两者互相联系、互相渗透，平衡是相对的，不平衡是绝对的，在平衡中有不平衡，在不平衡中有平衡。乡村资源环境规划要分析过去、摸清现状、预测未来，从资源环境平衡的视角不断优化资源在不同部门间的配置，因此制定规划的过程是一个反复平衡的过程，而规划实施过程中依然要不断地、反复地平衡，因为平衡是相对的而不平衡是绝对的。乡村资源环境平衡是乡村经济可持续发展的必要条件，只有资源利用与环境保护保持平衡，乡村才能保持顺利的发展。随着社会经济的发展和科学技术的进步，资源的开发与环境保护之间往往出现倾斜，需要进行新的调节，进而确保在新的生产关系或者生产条件下达到新的均衡，保障乡村可持续发展。

（三）因地制宜原则

乡村自然、社会、经济条件等直接或间接影响乡村资源开发利用方式的选择及环境保护举措的制定等，并且不同乡村资源环境的差异不仅体现其适宜性和限制性，也是生产力和生产关系的反映，因此乡村资源环境规划须因地制宜。乡村资源环境利用与保护及其适宜性是相互关联的对立统一，是对乡村自然属性、社会属性、经济属性等的综合分析，适宜性评价遵循一定的评价原则，利用科学性、准确性和适用性的方法，分析乡村资源在某种用途的适宜程度，其往往涉及多个学科且评价过程较为复杂，其步骤主要包括明确评价目的及对象、准备评价基础资料、收集资料、确定评价要素及指标分级、明确评价指标权重及评价基础单元、评价结果分析等。乡村资源环境规划没有标准的模式和设计，只有通过因地制宜原则，根据不同规划区域的资源环境、经济社会等，制定其规划的目标、重点发展方向等，进而确保乡村资源环境规划在乡村发展中的引领作用。

第三节　乡村资源环境规划的任务、类型和程序

一、乡村资源环境规划的任务

乡村资源环境规划的任务是协调乡村资源开发利用、经济社会发展与环境保护等之间的矛盾，进而科学地制定乡村发展目标、方向、举措等，推进乡村绿色可持续发展。其基本任务主要包括乡村资源供需平衡、乡村环境保护、推进乡村振兴等。

（一）乡村资源供需平衡

随着乡村经济社会的不断发展，乡村资源的供需矛盾日益凸显，如土地资源的开发与耕地数量和质量保护之间的矛盾、水资源开发与水环境污染之间的矛盾等，而乡村资源的有限性决定了乡村资源供需矛盾的普遍性。乡村资源的供需矛盾加剧，一方面会导致乡村经济发展的前景堪忧，另一方面也会导致资源的破坏和浪费，协调乡村资源的供需矛盾是乡村资源环境规划的首要任务，也是乡村追求最优发展效益的必经之路，同时在协调乡村资源环境的供需矛盾过程中也要遵循乡村发展的历史规律、自然演变规律及经济社会发展规律等。

（二）乡村环境保护

乡村的经济社会发展及资源的开发利用导致的生态环境变化和环境污染问题已引起广

泛的关注，如农业生产带来的面源污染、乡村废弃物的无效管理带来的环境污染等问题，乡村环境保护已迫在眉睫，乡村资源环境规划应通过制定合理的管控、修复措施，防止新的环境问题产生、恢复已破坏的生态平衡，使乡村环境向良性循环的方向发展。如对乡村污染的工业分布现状进行分析，解释工业发展与环境保护之间的矛盾，进而调整工业发展布局；调整农业发展方式，发挥科技创新在农业生产中的应用，保障农业生态系统安全等。

（三）推进乡村振兴

乡村作为一个集自然、社会和经济特征于一体的自然社会综合地域空间，也具备生产、生活、生态等多重功能。当前我国的社会主要矛盾为人民日益增长的美好生活需要和不平衡不充分的发展之间的矛盾，相较于城市区域，该矛盾在乡村区域更为凸显，乡村发展已成为我国建设社会主义强国任务最繁重的区域之一，乡村兴则国家兴，乡村衰则国家弱。党的十九大报告中提出乡村振兴战略，指出农业农村问题是我国国计民生的根本性问题，乡村振兴战略是解决新时代我国社会主要矛盾、实现"两个一百年"奋斗目标和中华民族伟大复兴中国梦的必然要求，具有重大现实意义和深远历史意义。实现乡村产业兴旺、生态宜居、乡风文明、治理有效、生活富裕是乡村资源环境规划的核心目标。

（四）落实国土空间规划

在国土资源管理的过程中，不同规划对国土资源进行分割，并且往往自成体系，造成同一区域的国土资源呈现多部门牵头管理、技术底图不统一、土地分类不明确、管理体制缺失等问题，进而导致国土资源的开发、利用、保护等效率低下。而国土空间规划以区域的资源环境禀赋为基础，通过对国土空间全要素进行统一的规划管理，形成统一的全域国土空间的规划体系，强化国土空间规划对各专项规划的指导约束作用，进而成为各类开发保护建设活动的基本依据。乡村是落实上级规划制定的各项举措、实现上级规划目标的基础单元，因此乡村资源环境规划的另一目标任务是与上级国土空间规划相衔接并落实各项上级国土空间规划制定的相关发展目标和策略。

二、乡村资源环境规划的类型

乡村资源环境规划体系是由不同时序、不同类型、不同种类的乡村资源利用与环境保护的相关规划共同组成的。由于经济发展水平、自然条件等的差异，不同区域的乡村资源环境规划体系侧重点也各不相同，如以工业生产为主的区域所制定的乡村资源环境规划侧重于经济发展与环境保护，以农业生产为主的乡村资源环境规划侧重于农业转型发展、农业面源污染防控等。从总体上来看，乡村资源环境规划体系和其他规划体系类似，按照不同视角可以划分为不同的类型。按规划的等级层次可划分为乡村总体规划、乡村详细性规划及乡村生态环境保护规划、乡村综合污染防护规划等乡村专项规划；按规划区域可划分为核心区资源环境规划、建制村资源环境规划、典型区域资源环境规划；按规划的要素可划分为乡村土地资源利用规划、乡村水环境规划、乡村大气环境规划、乡村固体废弃物规划等；按规划时间可划分为乡村资源环境远景规划、乡村资源环境中期规划、乡村资源环境年度规划。

三、乡村资源环境规划的程序

乡村资源环境规划的规划区域往往较小，但规划要素较多，是由多个乡村规划子系统组成，要统筹考虑各规划要素之间的相互联系及作用，进而发挥乡村资源环境系统要素的综合效益，因此需要遵循一定的规划程序（图 1-2）。

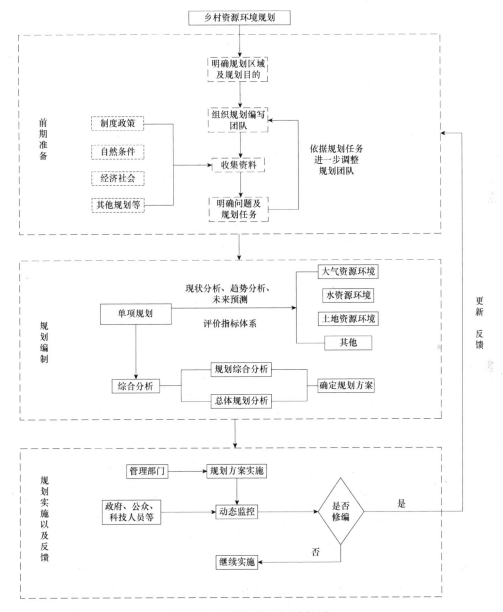

图 1-2　乡村资源环境规划程序

（1）明确规划区域及规划目的　　由于不同乡村之间的资源环境、社会经济等差异普遍存在，明确规划区域、规划目的可以为后续规划的内容、规划的深度及规划人员安排等提供基础支撑。

（2）组织规划编写团队　　由于乡村资源环境规划涉及的领域较广，需要多学科、多层次、多部门相关的人员共同参与，同时在后期还要依据规划任务、规划面临的问题或者规划新的要求重新补充相关人员。

（3）收集资料　　在乡村资源环境规划资料搜集方面主要包括室内资料搜集及室外资料收集，具体可分为制度政策、自然条件、经济社会等。

（4）明确问题及规划任务　　通过实地调研、资料分析，进一步明确乡村资源环境规划的性质、规划期限、规划衔接问题、发展现状问题、近期和远期要解决的主要问题等，进而为合理编制乡村资源环境规划提供基础支撑。

（5）单项规划的编制　　根据规划区域的现状分析、趋势分析、未来预测等编制大气资源环境、水资源环境、土地资源环境等专项规划，保证乡村发展目标的可实现性及各类规划的可实施性。

（6）综合分析　　在各类专项规划的基础上，综合分析并协调乡村资源环境系统中各组成要素（子系统）的内在联系及总体差异、要素（子系统）之间的相互关系，以求各规划要素之间的总体协调，最终促使乡村资源环境规划尽可能满足各项预测要求。

（7）规划方案实施及反馈　　借助乡村资源环境规划的运营机制，落实各项乡村资源环境规划方案，并通过相关工作人员、科技人员等将各种乡村资源环境动态变化情况及时地反馈，一方面便于决策者进行跟踪决策，另一方面有利于调整乡村资源环境规划方案，确保其科学性、有效性、合理性。

第四节　乡村资源环境规划发展趋势

一、国外乡村资源环境规划的发展概况

（一）英国的乡村建设

英国作为世界上最早的工业化国家，相较其他国家而言，其较早的农村劳动力转移、城镇化推进等引起的乡村建设也具有代表性。

自18世纪60年代，生产方式的变革推动了大量的农村劳动力集聚于工业化水平较高的城市，城镇化快速推进的同时也带来了城市范围急剧扩张、城市人口快速增长、城市住房及基础服务设施缺乏等问题，进而催生了城市周边的乡村建设，这一时期是乡村资源环境规划的萌芽阶段，并未有真正意义的乡村规划。

19世纪40年代以后，在战争、环境污染、疾病等不利因素影响下，为保障城市人口、资源、社会经济可持续发展，城市周边乡村建设逐步开展，城市及其周边乡村的工业迅速发展，建设用地大规模扩张，致使乡村面临着越来越大的发展压力，为缓解乡村发展无序、空间扩张蔓延，英国政府于1932年颁布了英国的第一部包含乡村规划的法规《城乡规划法》，从国土空间层面上将乡村发展融入城乡总体发展中。

20世纪50年代，英国的乡村建设进入了另一个新的阶段，由于英国国内的科学技术的快速发展及城市外来资金的持续增加，新兴工业部门不断出现而带来的城市空间不

足的问题凸显，企业、城市等管理部门为寻求发展空间，向以工业、企业开发区为主的城市周边乡村进一步扩张，且这一时期的乡村经济发展快速，并进一步带动了各地偏远乡村的发展，乡村向多元化发展。同时，这一时期英国整体出现了"反城市化"的倾向，由城市迁入乡村的富人阶级和工人阶级更愿意选择自然和生态环境较好的乡村居住，乡村建设的大规模规划也引起重视。这一时期，英国政府部门制定了大型乡村发展计划，该计划实施周期长达 20 年，其目的是在一定的区域建立一个农村人口集聚的中心村，集中发展中心村的住房、就业、服务设施和基础设施等，提升中心村的服务水平。

20 世纪 70 年代以后，英国乡村的发展规划侧重于人们的精神需求与自然环境的保护，且乡村自然环境的保护力度持续增加，如 1968 年制定并实施的《英格兰和威尔士农村保护法》，明确了在保护自然环境和提升区域舒适度总任务的基础上，将农村地区的休闲、娱乐等作为乡村发展规划考虑的主要因素。英国乡村发展规划的总体原则是在农村经济发展的同时维护或者强化乡村的自然生态环境质量，在乡村地区土地利用发展规划和开发控制规划中优先将乡村的经济发展、乡村旅游、乡村舒适度建设等纳入考虑之中，并对任何新开发的乡村区域采取敏感性管理。同时，在国家公园、代表性自然景观等某些特定区域内，乡村新的开发规划必须考虑促进农村产业相关企业的发展、保护农业景观和野生动物的历史特征、保证相关发展用地需求的质量和类型的多样化、保护不可再生资源等因素。总体来看，英国的乡村资源环境规划树立了乡村地区差异化、多样化的发展理念，是长期维持乡村发展活力及发展的可持续性的前提，在乡村规划及相关控制管理中，鼓励乡村地区制定多样化、差异化的发展模式，但在空间开发利用之前必须要向当地规划部门申请并获得审批后才可进行。

（二）日本乡村的建设

从 1950 年日本颁布并实施《国土综合开发法》以来，日本的乡村建设可以分为资源开发、农村建设初期及乡村综合建设三个阶段。

资源开发阶段主要在 20 世纪 60 年代，这一阶段主要是解决其国内粮食生产不足、国民温饱等问题，主要是通过开垦乡村荒地来扩大粮食生产面积，保障粮食产量稳步提升。当粮食问题初步解决之后，农村劳动力过剩、粮食种植经营规模较小、农村生产生活配套设置不足、农业生产科技水平较低等问题突出，随后乡村基础设施建设力度逐步加大，尤其是农业生产基础设施。

农村建设初期阶段，这一时期主要是由于日本工业生产复兴，工业发展带来经济的快速增长，进而导致大量的农村青年劳动力不断转移到城市中，为解决农村留不住人的问题，这一时期的乡村资源环境规划侧重于乡村产业结构调整、乡村人居环境改善、乡村自然生态环境保护等，"乡村综合建设示范工程"对于乡村的发展建设起到了极为重要的作用，其经验对于我国目前的乡村建设有着一定的参考价值。

乡村综合建设阶段是着重解决乡村居民日常生产生活实际存在的问题，如为其提供公共服务、社会福利设施等，进而缩小城乡差距，缩小城乡公共服务差异，协调乡村人口、经济、社会与环境发展，提升乡村生产、生活的空间利用效率及舒适度。同时，日本乡村资源环境规划是在落实上位规划确定的发展目标过程中，依靠经济学方法、问卷调查、统计分析及相关模型耦合，综合分析人口问题、经济发展问题、产业发展问题、空间需求问题等乡村发展所面临的问题，进而统筹安排、合理配置资源，提升国土空间的生活便利性和满足度。例如，在乡村文化价值的追求中，采用社会调查、系统动力学、微观模拟等方法从宏观到微观对乡村居民需求、乡村经济、乡村人口等问题进行分析，确定乡村居民的文化需求，再制定与其相关的规划目标和举措。

　　从总体来看，可以将日本乡村资源环境规划的发展经验归纳为各级政府的大力支持和居民的积极参与两大方面。政府的支持包括政策上的支持、资金上的支持及技术上的支持，不但为日本乡村规划和建设指出了宏观发展方向、提供了建设资金和良好的技术支撑，而且还唤起了各基层政府的积极性，在各项优惠政策的吸引下，掀起了乡村建设的高潮，使日本在较短的时间内，调整了农村产业结构、改善了乡村的生活环境，迅速缩小了城乡差距。居民的积极参与也是日本乡村规划的一大特色。从前期调查到规划编制、项目实施直至后期管理，每个阶段都有居民的直接参与，这种让居民直接参与的做法不但使乡村建设的整个过程都能充分反映民意，同时在参与过程中也促进了居民对乡村建设的理解，加深了居民的归属感，可以说乡村示范工程对日本乡村建设的发展、产业环境及生活环境的改善起到了非常积极的作用，一些统计资料也表明乡村居民对此做出了积极的评价（图 1-3）。总之，可以认为政策倾斜、资金扶助、技术支撑再加上居民参与是日本乡村建设的成功所在，这也是我国乡村建设中值得借鉴之处。

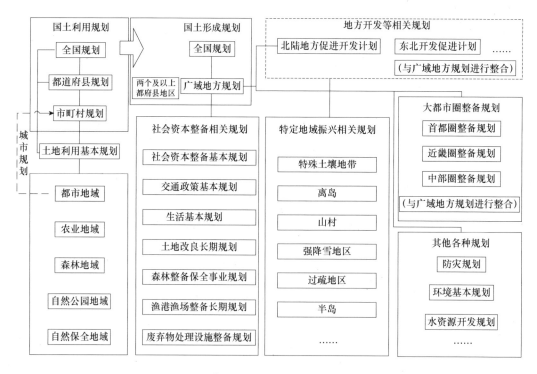

图 1-3　日本国土空间规划体系（沈振江等，2019）

（三）美国乡村建设

　　自 1936 年美国政府制定实施《农村电气化法》以来，美国的乡村经过近 100 年的发展，从乡村农业生产条件的完善到已解决乡村贫困问题的乡村经济发展，再到培育乡村自我发展能力的乡村多样化发展路径，其发展特征具有鲜明的阶段特征。

乡村资源环境规划的动态变化是区域生产力与生产关系适应过程的外在反映，从总体来看，美国乡村资源环境规划与美国乡村发展策略具有较高的一致性，其核心均是在不同时期根据城乡现实特征适时调整农业农村发展策略及目标，并使之顺应乡村发展需要和时代发展需要。20 世纪 30 年代初期，美国农业生产过剩问题较为突出，农产品供给大于需求导致农产品价格下跌，大量的农场主破产，农民的平均收入也大幅下跌，在《农村电气化法》颁布实施之后，国家开始注重乡村发展，如签署种植协议、提供高额补贴、提供低息贷款、推进电气化进程等。在此阶段提出的"乡村发展计划"等主要通过保障农产品供给、提高农场主收入等，推动美国乡村电力普及、降低乡村贫困率、扩大政府财政支出，对于促进美国乡村发展具有重要的意义，间接地推动了美国乡村资源环境规划的发展。

20 世纪 50 年代之后，美国经历了快速城镇化的过程，乡村农村社会快速向非农社会结构转变，大量的农村劳动力转移到城市中，农村人口老龄化严重、经济发展严重滞后，于 1972 年颁布实施的《农村发展法》为平衡城市与农村发展，保护乡村经济快速发展提供了法律支撑。随后《乡村发展政策法》《农业与食品法》《住房与社区开发法》等相关法律相继颁布实施，为乡村基础设施建设、乡村资源开发等制定了明确的目标，推动着美国乡村资源环境规划进一步发展。同时这一时期，各州和地方政府在乡村发展规划中扮演着愈发重要的角色，乡村规划的制定侧重于指引乡村多样化探索，使得美国乡村制造业、服务业等新兴产业快速发展。

20 世纪 90 年代以来，美国乡村发展政策体系逐步成熟，这一时期的乡村资源环境规划更加成熟，在制定乡村发展规划时，首先通盘考虑乡村发展的主要问题，强化乡村发展计划，弱化联邦政府的管理角色，促进乡村发展向政策主体多元化、经济发展市场化的方向转变。随后，为促进乡村商业合作、提升住房保障水平、提升社区公共服务能力、完善乡村基础设施等，美国颁布了《美国乡村发展战略计划：1997～2002年》，美国乡村得到了前所未有的发展。2002 年为进一步提升乡村地区的发展水平，《农业安全与农村投资法案》提出了继续大幅提高对乡村地区的支持力度，同时"乡村发展计划"也进一步提出支持处于贫困的乡村社区优先发展。当前美国乡村资源环境规划重点关注乡村社区建设、乡村经济增长新动力挖掘及乡村环境保护创新，联邦政府通过基础设施投资、网络建设等方面推进乡村公共服务能力的提升，通过加强科学技术在农业生产中应用、提升非农经济在乡村经济发展中的比例等方式培育乡村发展新动力，通过提供环境保护激励项目、资源保护合作项目、退耕项目、农企结合发展项目等创新乡村环境保护途径。

二、我国乡村资源环境规划的发展历程

我国乡村资源环境规划与欧美发达国家相比起步较晚，起源于人民公社规划，其发展与国家的经济发展水平、相关政策等密不可分。根据国内相关学科的研究及相关规划分析，可以将自 1949 年以来我国乡村资源环境规划发展划分为 4 个阶段，即萌芽阶段、起步阶段、发展阶段及转型阶段（图 1-4）。

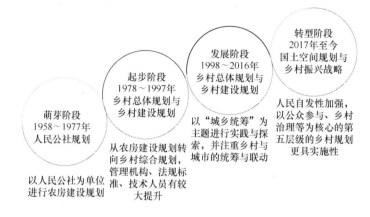

图1-4 1949年以来我国乡村资源环境规划4个发展阶段

乡村资源环境规划萌芽阶段为1958～1977年,该阶段的乡村组织单位为人民公社,这一时期的规划是中央通过对乡村采取自下而上的管理与经济控制而制定的,进而对经济发展、文化教育等方面进行有组织的引导,缓解乡村小农经济与工业化初始积累的矛盾。1958年之后,在农业部(现为农业农村部)和建筑工程部(现为住房和城乡建设部)的共同主导下,全国范围内开展人民公社规划运动,其规划的内容主要包括农业发展、土地整理、乡村建设等方面,此时的规划侧重于乡村资源的开发与利用,对于后续农业生产具有一定的积极意义,但对于环境保护等方面的内容缺乏。随后,全国农村以"农业学大寨"为目标,开展农田水利基本建设活动,农村食堂、托儿所、农村中学等设施大量普及,奠定了乡村基础格局,然而以运动式、口号式为主的乡村规划与建设,农民作为农村的发展主体逐渐丧失其自主性,乡村差异化的发展路径也严重滞后,同时乡村建设因脱离实际、缺乏相应的规划理论指导、缺少规划专业技术人员支撑,其效果不佳。

1978～1997年是我国乡村资源环境规划的起步阶段,1978年党的十一届三中全会将社会现代化建设纳入党的重点工作之中,随后在分析农业农村问题时,将恢复和加快农业发展纳入提高全国人民生活水平重要举措之中,并同意下发了《中共中央关于加快农业发展若干问题的决定(草案)》。1984年,随着家庭联产承包责任制的全面实施,乡村社会经济发展水平、农村住房建设需求等快速提升,然而由于缺乏相关规划、指导及主管部门等,乡村规模急剧扩张、乡村住房建设乱占滥用耕地等问题比较突出。为此,国家相关部门就如何解决此问题联合召开了全国农村房屋建设的工作会议,明确了要制定乡村规划、提升乡村住房建设技术水平、制定农村建设的法律规范等,这标志着乡村资源环境规划的正式确定,随后《村镇规划原则》《村镇住房管理条例》等的颁布实施,为全国乡村资源环境规划的实施提供了技术标准和法律依据,该时期的乡村资源环境规划同样侧重于乡村资源开发利用方面的规划。但该时期规划在规划层次、规划管理、规划时期及规划空间方面存在脱节问题,统筹乡村发展的上级规划缺乏。随后,《以集镇建设为重点调整和完善村镇规划工作的要求》《村庄和集镇规划建设管理条例》《建制镇规划管理办法》《村镇规划标准》《中华人民共和国城市规划法》等相继颁布,乡村资源环境规划相关的规划标准、办法、法律、管理条例等逐步完善,极大地推动了乡村资源环境规划的发展，其作为一个独立的整体，由单一的农房建设规划转向乡村综合发展规划。

20 世纪 90 年代末期，随着乡村企业的进一步发展，乡村人口转移到乡村核心区的速度加快，乡村非核心区域的发展逐步被边缘化，城乡二元结构日益凸显，"三农"（农业、农村、农民）问题日益突出，小城镇大战略、城乡一体化、新型城镇化等城乡均衡发展策略被逐步提出。为统筹城乡一体化发展，乡村规划逐步被分开编制，乡村总体规划及建设规划作为乡村规划的核心内容，其中前者侧重于乡村与城市联动发展，后者侧重于在乡村总体规划的基础上制定乡村发展的具体举措。随着中国共产党第十八次全国代表大会（简称党的十八大）提出生态文明建设、美丽中国建设等，与乡村人居环境相关的乡村综合及专项规划逐步开展，如美丽乡村规划、乡村美丽宜居规划、特色小镇规划、乡村旅游规划、田园综合体规划等，乡村资源环境规划得到全面发展，从最初的乡村住房建设规划转移到乡村生态、村容、产业发展等乡村发展建设方面。

中国共产党第十九次全国代表大会（简称党的十九大）以来，我国的社会矛盾已由人民日益增长的物质文化需要与落后的社会生产之间的矛盾转化为人民日益增长的美好生活需要与不平衡不充分的发展之间的矛盾。然而，我国城乡差距依然存在、城乡统筹发展中乡村依然处于发展的边缘区，"三农"问题依然是阻碍我国新型城镇化及现代化推进的主要的问题之一，乡村振兴战略、精准扶贫战略、国土空间规划等相继实施，乡村资源环境规划的区域性、社会性、综合性等更加明显，由于新技术的应用、乡村居民的参与、乡村的综合治理等将会对乡村资源环境规划产生重要的影响，乡村资源环境规划的实用性、指导性等需进一步加强。

三、我国乡村资源环境规划的现状分析

近些年，随着我国社会经济、科学技术的发展，乡村资源环境规划也发生着动态的变化，乡村资源环境规划对于乡村的发展作用日益加强。但是由于我国乡村数量众多、乡村分布较为广泛、乡村之间发展差异性较强，乡村资源环境规划的普适性有待进一步加强，相关的理论体系、技术支撑体系、管理体系等仍有待进一步完善。同时，与城市规划系统相比，乡村资源环境规划在乡村资源环境开发建设、利用保护中的指导性和操作性有待进一步提升。由于乡村资源环境特征的差别性，许多乡村资源环境规划盲目地模仿城市规划，建筑结构、产业布局、空间布局等缺乏特色及创造力，与上层规划缺乏衔接。另外，由于乡村资源环境规划缺乏公众参与、未考虑乡村发展及居民生产生活的实际需求、未遵循乡村发展的客观规律等，乡村资源环境规划不能因地制宜地指导乡村的发展。总体来看，乡村资源环境规划面临的主要问题包括以下几个方面。

1）部分乡村资源环境规划的编制未能遵循规划区域的客观规律，进而不能有效满足乡村发展的现实需求。由于城市规划相较于乡村规划更加系统科学，因此城市规划的思路在乡村资源环境规划中应用比较广泛，乡村发展的客观规律、乡村的现实需求及发展意愿等在乡村资源环境规划中体现得较少。

2）先进的科学技术等在乡村资源环境规划中应用较少，如乡村资源环境规划在一些部门中侧重于满足管理部门的需求，缺乏系统性、全面性、先进性的规划。同时由于乡村资源环境规划的规划区域较小，大数据、地理信息系统、数理统计分析方法、相关规

划基础理论等应用得较少，难以形成有针对性的规划发展策略。

3）乡村资源环境规划的法律法规有待进一步完善，规划相关人才缺乏。当前，我国城乡规划的法律体系正处于转型发展阶段，政府机构的整合、国土空间规划的全面推进等均一定程度上推动了我国城乡规划的法律体系的完善，针对乡村资源环境规划的具体法定形式及管制性内容并未做出明确的规定，相关标准缺失、法律陈旧、上下脱层等问题依然存在。同时，与城市或者乡村核心区域相比，乡村总体的经济发展水平、基础配套设施等较为薄弱。同时，乡村总体的经济发展水平较低，基础配套设施也较为薄弱，并且由于较低的工作薪资、较苦的工作环境、琐碎繁多的工作事务等，乡村引进规划相关的技术人才往往比较困难，乡村资源环境规划的相关管理人才缺乏、管理能力薄弱、管理水平不突出等问题依然存在（图1-5）。

4）规划事权冲突进一步增加规划的监管难度及违法建设发生的频率。我国地域空间广阔，乡村基数较大，乡村又需要接受多个行政部门的管理，虽然国土空间规划已经全面实施，但是关于县级以下的国土空间规划编制指南并未制定，规划空间、时期、规划目的等在制定乡村资源环境规划过程中依然存在部门间冲突，同时，因乡村资源环境规划中相关专项规划内容的限制性，乡村资源环境规划往往会出现管理的真空地带，如在乡村人居环境整治中，规划部门、环保部门、发改部门等多个部门均有其关注的重点，但往往无法统筹协调各部门负责的重点任务。

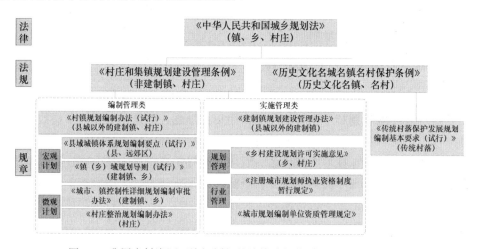

图1-5　我国乡村资源环境规划相关法律法规体系（曹璐等，2019）

5）乡村资源环境规划的资源环境配置难以满足乡村的发展需求。对于土地资源配置而言，随着乡村生产水平的提高，大量的乡村剩余劳动力转移到城市，乡村闲置宅基地、农房等进一步增多，然而受乡村土地制度的约束，合理的乡村宅基地或农房的流转、退出机制等并未建立起来，乡村建设用地集约节约利用问题难以解决，无法实现乡村资源环境规划中的资源高效合理利用。同时，我国的建设指标是自上而下、层级分配的，乡村建设用地的有限性对于乡村的建设发展具有一定的阻碍作用，进而直接或间接影响乡村资源环境规划的编制及实施。

四、我国乡村资源环境规划的发展趋势

乡村资源环境规划应根据乡村的资源环境本底、经济发展水平、乡村居民的现实需求等，对生态环境保护、自然资源利用等全面地、系统地、整体地、因地制宜地制定既符合乡村地方特色又符合乡村现代化建设、既满足乡村生产生活需求又落实耕地保护等国家发展战略、既遵循乡村发展规律又重视内在功能等的计划和安排。因此，未来我国乡村资源环境规划应注重以下几个方面的发展。

在乡村资源环境规划法律层面，首先，切实推进乡村资源环境规划的编制、运用和管理的系统化和法制化，进一步完善城乡发展一体化的相关法律支撑体系，明确乡村资源环境规划的主要管理部门、审批权、监督权等。其次，加快乡村相关法律建设，明晰乡村房屋建设管理、基础设施管理、资源开发利用管理、环境保护管理等相关职责，推进乡村资源环境规划的技术支撑体系建设，如环境整治技术、绿色建筑技术、农地绿色发展技术等。最后，通过逐步构建乡村资源环境规划的综合管理机构，统筹管理乡村各要素的专项规划及总体规划，加快推进乡村资源环境规划相关的人才支撑体系，并逐步落实乡村建设的相关管理条例，促进乡村资源环境规划举措的具体落实。

在乡村资源环境规划编制方面，首先，加强乡村资源环境规划的整体性并注重其时效性，通过明确乡村资源环境规划的指导思想，突出乡村资源环境规划的整体效应，注重乡村原有特色及其发展的时代特征，促进乡村资源环境规划的可持续性。其次，对影响乡村发展的各项问题进行深入的分析并提出具体的发展举措，研究乡村发展的内在动力，优化乡村产业发展模式，并对当前产业发展的问题提出相应的解决措施，确定乡村未来重要的支撑性的产业，并预留足够的发展空间。最后，在县域国土空间规划的指引下，结合乡村发展的实际情况，合理安排乡村各项国土空间布局，优化各类乡村资源配置，并进一步结合乡村居民发展意愿与乡村资源环境本底，细化乡村各项资源开发利用与环境保护方案，满足乡村发展的各项需求。

在新技术应用方面，一方面乡村资源环境规划管理部门应鼓励规划编制人员或单位将遥感、地理信息系统、互联网等新技术手段应用于规划的编制过程中，并进一步将其纳入规划的日常管理中，提升规划的编制管理效率；另一方面要以县域国土空间规划的"一张图"为基础，实现与上级规划的衔接，进而为全面构建乡村资源环境规划信息数据库提供支撑。在乡村资源环境规划管理方面，逐步实行规划的联动管理，形成规划管理部门、规划主体、规划编制单位共同协作管理，并进一步加强乡村居民与规划有关的观念和素质教育，增强乡村居民规划的参与意识与责任感，加强乡村居民乡村资源环境规划相关事务的管理和监督，提升规划实施的效率与质量。

复习思考题

1. 乡村资源环境规划的内涵、基本特征和基本原则有哪些？
2. 简述我国乡村资源环境的特点。

3．乡村资源环境规划今后的发展方向和研究重点是什么？

参 考 文 献

曹康，张庭伟. 2019. 规划理论及 1978 年以来中国规划理论的进展 [J]. 城市规划，43（11）：61-80.

曹璐，谭静，魏来，等. 2019. 我国村镇规划建设管理的问题与对策 [J]. 中国工程科学，21（02）：14-20.

崔英伟. 2008. 村镇规划 [M]. 北京：中国建材工业出版社.

方远平，吴智刚，刘望保. 2012. 国外村镇规划管理组织架构及启示 [J]. 规划师，28（10）：5-12.

侯秀芳，闫钰，刘佳悦，等. 2020. 我国村镇规划发展路径选择 [J]. 合作经济与科技，（3）：24-25.

胡月，田志宏. 2019. 如何实现乡村的振兴?——基于美国乡村发展政策演变的经验借鉴 [J]. 中国农村经济，（3）：128-144.

刘黎明. 2010. 土地资源学 [M]. 北京：中国农业出版社.

尚金武. 2009. 环境规划与管理 [M]. 北京：科学出版社.

邵义隆. 1986. 村镇环境规划的战略转变 [J]. 中国环境管理，（1）：30-31.

沈振江，马妍，郭晓. 2019. 日本国土空间规划的研究方法及近年的发展趋势 [J]. 城市与区域规划研究，11（02）：92-106.

孙莹，张尚武. 2017. 我国乡村规划研究评述与展望 [J]. 城市规划学刊，（4）：74-80.

孙长学，王奇. 2006. 论生态产业与农村资源环境 [J]. 农业现代化研究，（2）：100-103.

王德全，咸宝林. 2018. 城乡生态与环境规划 [M]. 北京：中国建筑工业出版社.

王思明. 2018. 江苏特色村镇发展研究 [M]. 南京：江苏人民出版社.

王万茂. 2006. 土地利用规划 [M]. 北京：科学出版社.

熊小青. 2016. 地方政府农村资源环境管控的困境与出路 [J]. 西北农林科技大学学报（社会科学版），16（02）：110-116.

叶昌东. 2018. 村镇总体规划 [M]. 北京：中国建材工业出版社.

仪慧琳，马婧婧. 2011. 国外村镇建设经验对中国的启示 [J]. 党政干部学刊，（8）：46-47.

有田博之，王宝刚. 2002. 日本的村镇建设 [J]. 小城镇建设，（6）：86-89.

于立，那鲲鹏. 2011. 英国农村发展政策及乡村规划与管理 [J]. 中国土地科学，25（12）：75-80, 97.

岳文泽，吴桐，王田雨，等. 2020. 面向国土空间规划的"双评价"：挑战与应对 [J]. 自然资源学报，35（10）：2299-2310.

张国兴，胡绍兰，李海波. 2008. 村镇建设管理 [M]. 北京：建材工业出版社.

赵虎，郑敏，戎一翎. 2011. 村镇规划发展的阶段、趋势及反思 [J]. 现代城市研究，26（05）：47-50.

Taylor N. 1999. Anglo-American town planning theory since 1945: three significant developments but no paradigm shifts[J]. Planning Perspectives, 14(4): 327-345.

Wong C, Hui Q. 2008. Planning the Chinese city: in search of regional planning in China: the case of Jiangsu and the Yangtze Delta[J]. Town Planning Review, 79(2/3): 295-329.

Wu F. 2015. Planning for growth: urban and regional planning in China[J]. Town Planning Review, 87(2): 77-78.

Yang Y N, Yu F F. 2013. Exploration about the stratagem of sustainable development of small town planning in China[J]. Applied Mechanics & Materials, 253-255: 126-129.

第二章 乡村资源环境规划基础理论

第一节 资源环境承载力的理论基础

承载力是在人类对于人与自然之间关系认知不断加深的基础上提出的，其本质是反映人类需求与资源环境供给之间的关系，其最早源于马尔萨斯的《人口原理》，吕勒随后依据人口原理的相关理论提出了逻辑斯蒂方程（logistic equation），并逐步应用于生态学、社会学等研究领域中。19世纪40年代以后，承载力的相关研究方法和理论被进一步延伸并运用于人与资源环境协调发展之中，如水资源环境承载力、旅游资源承载力、大气环境承载力、土地承载力等。随着《关于建立资源环境承载能力监测预警长效机制的若干意见》《资源环境承载能力和国土空间开发适宜性评价指南（试行）》等相关指导意见及评价指南的提出，资源环境承载力在规划中的作用日益凸显，已成为国土空间规划编制的重要基础之一，与其相关的基础理论也逐步引起重视。

一、乡村资源环境承载力的内涵

乡村是各种生产要素、生活要素、生态要素等乡村资源环境系统要素的地域空间载体，乡村资源环境承载力属于区域资源环境承载力的范畴，其本质是在一定时期内和技术水平下，乡村地域系统中的土地、水、大气等乡村资源环境要素所能承受的人口规模、经济社会及物质需求等的能力。从承载体与承载对象来看，乡村是资源环境系统作用的地域空间，资源承载力、环境承载力、经济承载力等是在乡村这一地域空间上来进行研究和分析的，乡村作为承载体，其承载对象的规模、类型和结构等均有一定的承载上限，而这一上限又受承载对象本身的影响，如承载对象的发展模式、发展效率、发展定位、发展规模等，同时承载对象与承载体之间的关系是一个动态的变化过程，当承载对象发生变化时承载体在承载对象的影响下也会发生一些对应的变化（图2-1）。在国土空间规划全面实施的背景下，乡村资源环境承载力的分析涉及资源、环境、生态、社会、经济等多个乡村资源环境系统的单项及综合评价，乡村资源承载力是指乡村资源能够支撑乡村人口规模、经济发展的能力；乡村环境承载力则可以理解为乡村环境承受力或忍耐力，是指某一时期的某种环境状态下，乡村环境系统能承受乡村生产生活和社会经济发展等活动的能力，主要用来反映乡村发展与环境相互作用的特征，也是乡村经济与环境协调发展水平的主要依据之一；乡村生态承载力是指乡村生态环境系统能够适应乡村人口、社会、经济等乡村生产生活干扰的能力，是乡村生态系统中乡村的物质组成和结构的综合反映，更多的是强调乡村人地关系；乡村社会承载力是指在特定乡村发展背景下，包括科学技术、文化教育、医疗卫生等乡村社会系统能够满足乡村居民正常生产生活和保障社会经济协调发展的能力；乡村经济承载力是指在一定的劳动力、基础设施、技术、制度等乡村要素的支撑下，乡村所能承受的经济发展程度和经济发展规模水平的能力，是制定乡村经济发展模式的重要依据之一。

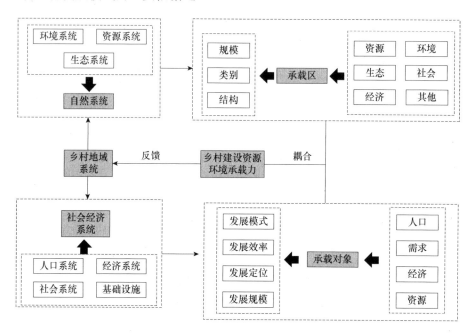

图 2-1 乡村建设资源环境承载力概念框架

二、乡村与资源环境的相互作用及反馈机制

随着经济发展水平的持续提升、科学技术不断改进、受教育水平稳步增长，乡村资源的开发利用效率不断提升，乡村的定位、功能、发展等也随之发生变化。因此，乡村资源的开发利用、环境质量的总体水平随着乡村的发展发生动态的变化，同时这种变化有一定的规律性，乡村资源环境承载力在这一规律中也呈现出综合性、动态性、限制性等特点，综合性主要表现在乡村多要素、多功能等统筹协调，动态性主要指乡村生产力与生产关系不断地发展适应的过程，限制性表现在乡村资源环境的短板效应或者木桶效应。总体来看，在乡村自然经济社会发展的初期，以满足乡村居民基本生活物质需求为目的的农业生产是乡村的主要功能之一，该功能下的乡村自然资源与生态环境的相互作用相对较小，主要表现为资源的初级利用与环境的自我更新，伴随着乡村生产力与生产关系的不断发展，农村生产经营规模不断扩大、产业结构不断优化、产品类型不断丰富，资源环境约束不断加剧，资源环境短板效应愈发明显。因此，当乡村发展到一定程度时，需要通过技术创新、产业转型、经济投入等提升乡村资源的利用效率，保障乡村环境质量，促进乡村的可持续发展，此时的乡村资源环境规划扮演的角色愈发重要，若继续采取当前的发展举措或者逐步降低发展速度，乡村资源环境的短板效应在乡村后续的发展中起到的阻碍作用将越来越大，进而降低乡村发展活力。

乡村资源环境与乡村发展建设之间的反馈机制是一个闭合的反馈路径。由乡村资源环境承载对象的规模与结构，包括乡村居民的生活居住、农业生产等；到乡村资源的需求，如乡村农业生产经营规模进一步增大，对水、土、化肥等资源的需求进一步增加，资源利用速度加快，资源的稀缺性、约束性进一步加大；到乡村环境的需求，如资源需求进一步增加，引起乡村生产所需的能源物质、生产原料、土地资源和水资源的消耗、废水及废气的无序排放等相应的增加，进而对乡村资源本底条件、环境质量水平等造成影响；再到乡村资源环境效应，如在乡村农业生产经营过程中，若管理不善对于乡村的土地、生态、环境等造成负面的影响，如土地资源环境退化、生态系统破坏、耕地面源污染等，进而约束农业的发展；最终到乡村承载对象的规模和结构调整，如乡村人口的增长会引起乡村生活基础物资消耗、生活废弃物排放等自然资源消耗，其对资源环境的胁迫作用超出乡村资源环境承载力时，会反馈作用于人口规模，迫使乡村调整人口规模发展策略。

三、乡村资源环境承载力的主要特征

乡村资源环境承载力主要目的是在反映自然、社会、经济等乡村复合系统的综合承载能力的基础上，促进乡村资源开发保护更加合理、环境质量变化良性循环，具有动态性、相对极限性、空间异质性和开放性等特征。动态性是指由于乡村资源环境的质量和数量是依据乡村生产力水平、乡村科学技术发展等而发生动态变化的，当乡村生产水平提高时，乡村综合承载力也会发生一定的变化，如以环境污染和物质能源低效利用的方式提升乡村经济发展时，其经济承载力会有一定程度的提升而资源环境承载力将会出现一定的下降，同时在乡村发展的历史进程中，不同的发展阶段，乡村对于资源的利用效率及对生态环境的治理能力也不相同，乡村资源环境承载力也会发生阶段性的变化。乡村资源环境承载力在乡村发展的某个时间阶段中，若生产力与生产关系并未发生实质性变化，其综合承载力具有一定的上限，即相对极限性，若在下一个时间阶段中，乡村生产力或者生产关系发生较大的变化，乡村资源环境承载力的最大极限值也会发生相应的变化。随着人类对自然社会发展规律认识的不断加深，乡村资源环境承载力研究的方法体系、基础理论也不断地发生变化，同时由于乡村资源环境系统并不是一个封闭的系统，各子系统之间及子系统与乡村地域外部空间的物质、能量、信息等的流动，弥补了乡村地域范围内资源、资金、科技等的有限性，进而引起乡村资源环境承载力在区域间"流动性"而导致其不确定性的现象。

四、乡村资源环境承载力及其规划

随着国土空间规划的全面实施，乡村资源环境规划不仅要与上级国土空间规划相互衔接，同时还要满足乡村发展的需求。因此，首先明确乡村资源环境系统中各组成要素的现实状况，明确制约乡村资源环境发展的要素，因地制宜地选择资源环境承载力评价要素及明确不同评价要素的功能，进而分析不同要素与乡村资源环境承载力之间的逻辑关系，有针对性地选择资源环境评价要素并理清不同要素的功能与区域承载力之间的逻辑关系，进而分析乡村资源环境系统的综合承载力，明确各要素对乡村发展的制约程度，为乡村资源环境规划提供基础参考。乡村资源环境承载力的现状分析可为乡村资源环境规划提供决策依据，如对未超载、超载或者即将超载的乡村资源环境系统中的要素进行

超前性的计划和安排，同时也可以结合现在的乡村发展模式、技术水平等对未来乡村资源环境承载力做出预判，提前对未来可能超出乡村资源环境承载力的各要素进行提前的预警及管控，进而为乡村资源环境规划的风险管控提供支撑。总体来看，乡村资源环境承载力分析在乡村资源环境规划中具有先导性、基础性和重要性，是分析乡村发展限制性或者木桶效应的重要手段，也是未来乡村资源环境优化配置的基本前提，是识别区域发展限制性"短板"要素、明确资源环境承载压力大小及优化国土空间布局等的基本前提。

第二节　"两山"理论

党的十九大报告指出了要坚持人与自然和谐共生的发展理念，"两山"理论，即绿水青山就是金山银山，是人类顺应自然、尊重自然和保护自然的重要体现，也是落实人与自然和谐共生的重要支撑。"两山"理论通过系统分析经济社会发展与生态环境保护演进过程中的相互联系，阐释了我国社会经济发展的基本规律，明确了人类社会的发展与生态环境保护、社会财富积累之间的本质联系，为协调发展与保护之间的矛盾、促进生态环境优势与社会经济发展优势之间的转变及实现山水林田湖草生命共同体的协调发展等指明了方向。"两山"理论通过影响我国的发展理念、思路及方式等进而影响我国规划编制的思维范式，以"两山"理论为指引的乡村资源环境规划，既要通过保护乡村生态环境质量维持乡村生产力，又要通过改善乡村生态环境发展乡村生产力。

一、"两山"理论内涵

绿水青山是国家全面推进经济、政治、文化、社会和生态文明建设"五位一体"发展的重要基础之一，从生态环境中获得经济收益基础的优质生态环境质量是"两山"理论中的绿水青山，而社会经济发展则是"两山"理论中的金山银山，同时绿水青山也可以进一步引申为乡村发展过程中基础物质的直接消耗和精神物质的间接利用，金山银山则为乡村发展中获得的财富物质和精神满足。同时，绿水青山为国土绿化的进一步扩大改善了种植条件，而国土绿化为源源不断的金山银山创造了良好环境，金山银山为国土绿化提供了财富条件保障，三者之间辩证统一、相互作用。因此，从乡村资源环境的视角来看，绿水青山一方面是指乡村地域范畴内的生态环境在非经济系统下的乡村资源环境的利用，更多的是体现其非货币化的乡村生态系统的服务价值，另一方面是乡村资源环境作为其经济发展的内在要素，绿色发展是乡村资源环境利用的最终发展目标；金山银山则是在绿水青山基础上所体现的乡村资源环境服务价值，也可以理解为在绿色发展理念指引下对乡村资源环境开发利用所获取的各项经济、社会等的服务价值。

二、"两山"理论实质

"两山"理论是生产关系与生产力之间内在联系的总结，即保护生态环境就是保护生产力，明确了保护绿水青山就是保护金山银山的经济社会发展思路，验证了社会经济发展与生态环境保护之间的辩证关系。例如，当生态环境问题制约浙江安吉县余村的经济社会高质量发展时，通过转变乡村发展理念，以"两山"理论为指引，摒弃传统环境污染性及资源消耗性的社会经济发展模式，关停了矿山、水泥厂等传统高耗能、高污染的企业，以生态为主开展了一系列生态保护修复措施，最终将乡村生态环境作为乡村生产力发展的重要基础保障，实现了余村的可持续发展。资源环境约束性加剧是我国众多乡村经济社会发展所面临的问题，也是其经济社会发展最基础的问题之一，当前我国社会经济发展仍然面临经济下行压力加大、资源环境威胁加剧、不确定性因素增多等各种问题，经济发展与环境保护仍然是其中的一个基础性问题，实践表明"两山"理论包含的生产力与生产关系对于解决资源环境约束问题具有重要的意义。

　　"两山"理论通过解释资源开发、环境保护、生态保护、社会经济发展之间的内在联系，深刻揭示了社会发展与生态保护、环境保护和财富增长间的相互关系，明确了社会经济发展与生态环境保护的协调统一、相互促进的内在关系，指明了要通过保护自然资源本底优势并将其转化为经济社会发展优势，进而推动区域绿色发展。同时"两山"理论进一步总结了我国经济社会的发展阶段，即从只要金山银山不要绿水青山，到既要绿水青山又要金山银山，以及为了绿水青山而舍弃金山银山。然而由于部分乡村以牺牲资源环境为代价推进社会经济发展，将资源环境开发利用与生态环境保护两者之间的关系对立起来，如浙江安吉县余村 2005 年之前通过矿山开发（图 2-2）、水泥生产等"靠山吃山"的经济社会发展模式，最终导致其资源过度开发、环境污染严重、生态环境问题突出等。因此，"两山"理论是推进乡村"五位一体"发展的重要理论支撑，也是推进乡村资源环境规划重要的基础支撑。

图 2-2　浙江余村以前的一处矿山（左图）及现在的矿山花园（右图）

三、"两山"理论主要特征

　　"两山"理论体现了资源环境保护和社会经济发展之间的辩证思维，即将客观事物的发展过程及发展规律作为基础，用辩证的视角去认识客观事物的思维能力。保护生态环境就是保护生产力、改善生态环境就是发展生产力，决不能以牺牲生态环境为代价而换取一时的经济增长等是"两山"理论的内在要求。一方面，其分析了资源开发利用与生态环境保护之间的内在统一及互动关系，即践行绿色发展理念，坚持在经济社会发展过程中保护环境，在保护生态环境过程中发展经济，在经济发展与生态环境保护冲突中坚持生态环境保护优先，推动经济社会和资源环境绿色、协调、可持续发展，也是自然生产力与社会生产力的辩证统一；另一方面，明确了人是自然界的重要部分之一，生态环境、自然资源等则是参与社会生产力的重要组成要素，为人类生存发展提供了必要的物质基础与精神需求，人与自然的和谐相处则是人类可持续发展的核心，绿水青山与金山银山之间的统一关系则是人与自然和谐发展的辩证关系，绿水青山是实现金山银山的基础支撑和重要保障，金山银山是保护绿水青山的核心目标，"两山"理论体现了资源环境保护和社会经济发展之间的辩证思维。

　　"两山"理论指明了正确处理资源环境保护和社会经济发展之间的内在要求。首先，只要金山银山不要绿水青山是指通过牺牲绿水青山来获得金山银山，进而导致资源环境开发与生态环境保护之间的恶性循环，最终绿水青山难以支撑金山银山的需求。我国经济社会发展水平的持续提升引起人们对美好生活需求的增长，提高人们生活质量的绿水青山已成为民生需求的重要方面，因此兼顾绿水青山和金山银山的绿色发展模式是我国需要探索的经济社会发展方式。其次，宁要绿水青山，不要金山银山则是在一定科学技术发展水平、发展思路下的一种取舍关系，当科学技术水平或者发展思路满足不了绿水青山需求时，则以"保护环境就是保护生产力"为发展指引，坚持生态保护优先的发展理念推动我国生态文明的建设。最后，绿水青山就是金山银山则如上所述，表明了资源开发利用与生态环境保护之间的内在统一及互动关系，表明通过科学技术水平的提升、发展思路的持续创新等方式，可以实现绿水青山和金山银山的协调发展，最终满足人们对美好生活日益增长的需求（图2-3）。

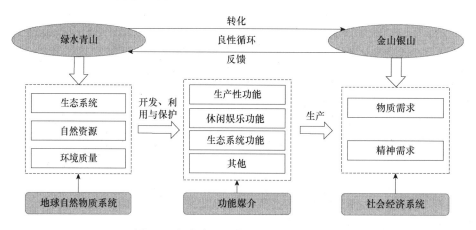

图2-3　绿水青山与金山银山的相互关系

　　"两山"理论表明了未雨绸缪、风险防控的发展底线特征，即通过增强资源环境保护与经济社会发展的忧患意识，确保绿水青山和金山银山的发展底线，提升各类风险的防控能力。"两山"理论就是要坚定"绿水青山就是金山银山"的发展理念，立足资源环境底线，掌握好社会经济发展和生态环境保护之间的辩证关系，在把握机遇中规避风险，在规避风险中寻求机遇，进而解决不同阶段的资源环境保护与社会经济发展的矛盾冲突。同时，绿色发展是践行"两山"理论的重要举措，也是推进我国高质量发展的重要途径，在坚守底线时，也应该处理好绿水青山和金山银山之间的关系，从空间上优化产业发展与空间格局的资源配置，是乡村资源环境规划的重要功能，也是其践行"两山"理论的重要举措。整体来看，随着我国经济社会发展由高速增长到高质量发展，"两山"理论表明了生态环境保护与经济社会发展的辩证统一关系，指明了未来的发展方向，其中"宁要绿水青山，不要金山银山"就是经济社会发展底线，而永久基本农田保护红线、生态保护红线等均是落实"两山"理论的具体举措。

第三节　人地系统理论

人地系统是一个由资源环境和人类活动两个子系统相互作用、相互交错而构成的具有动态性、开放性及复杂性风格特征的系统，是在地球表面一定地域空间范畴内的人地关系系统。乡村资源环境规划则是对与人地系统中的农业系统、村庄系统等相关的乡村层次体系、农村生产体系等进行超前性的计划和安排，涉及人类在乡村地域空间的生产生活与资源环境、生态系统等的相互作用。

一、人地系统的内涵及特征

人地系统是由人类社会系统和地球自然物质系统在地球表面一定空间范围内构成的复杂巨系统，人类社会系统在人地系统中起主导作用，将其主观能动性作用于地球自然物质系统，进而引起地球自然物质系统相关系统要素的变化，由于人地系统的反馈效应，地球自然系统相关系统要素的变化反作用于人类社会系统并引起其系统要素的转变。同时，随着经济社会、科学技术、发展理念等的不断发展，人类活动对于人地系统的影响方式及影响程度等也不断发生变化，而地球自然系统对人类活动的影响也发生相应的变化。因此，人地系统中人类社会系统与地球自然物质系统是个辩证统一的关系，其相互的或者系统内部之间的变化，使人地系统处在一个相对远离平衡的状态并发生动态的变化（图2-4）。

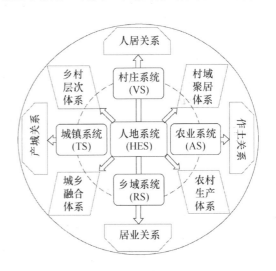

图 2-4　人地系统类型结构模式（刘彦随，2020）

人地系统是一个开放性的系统，其核心目标是分析系统内的各子系统或者各系统要素的相互作用和关系及系统的整体发展规律、调控机理等，同时人地系统的相互作用是以地域空间为基础的，而任何一个地域空间都不是孤立存在的，如乡村地域空间、城乡发展空间等，都需要与外界进行物质、能量、信息等的交流或交换。

人地系统是一个复杂巨系统。在人地系统内部和系统外部存在着人力、物质、能量、信息等的交换，拥有众多的层次结构及子系统，如农业系统、村庄系统、城镇系统等，而子系统又可以分解为子子系统等，同时子系统之间的相互作用又会对人地系统、子系统及构成子系统的要素产生影响，如村庄系统与城镇系统的相互作用影响城镇层次体系的构成要素，同时构成城镇体系的要素又作用于村庄系统和城镇系统，进而影响人地系统。因此，由于人地系统中的各要素处于动态的变化，而变化后的要素又对其他要素或子系统产生影响，且反馈机制复杂多样，输入与输出均呈现出非线性特征。

人地系统是一个远离耗散结构的自组织系统。由于人地系统的开放性，系统外部的信息、物质、能量与系统内部各要素相互作用，进而导致人地系统的状态是一个相对远离的平衡态，当然该远离的平衡态是相对于平衡态和近平衡态而言的，同时人地系统进一步依靠外界物质能量交换及内部系统的自然调整能力将自组织状态调整为新的有序状态，促进人地系统的发展，确保人地系统的相对稳定性不会因系统外部的微小扰动产生急剧的变化。因此，人地系统具有耗散结构的特点。

人地系统是具有协同作用的系统。人地系统的发展是在保护生态环境的基础上，通过优化生产结构、转变发展思路、提升发展效率等方式，满足人们日益增长的物质文化需求。随着生产力与生产关系的转变，社会经济、自然资源、生态环境等各人地系统内部和各子系统之间的各要素之间发生动态的变化，当变化到一定程度时，人地系统或人地系统中的子系统将由有序转为无序，同时各个系统要素之间进一步产生彼此的合作，发挥系统内要素之间的协同作用，将无序的人地系统或者子系统转化为有序系统。人地系统的协同作用越大，其整体功能性越强，人地关系的协调性越凸显。

人地系统具有时空变化特征。人地系统的发展主要是通过人类对资源环境合理地开发与利用，由于区域之间的生产力不一、资源环境本底差异较大、生产关系也存在较高的差异性，因此区域间人地系统的系统要素、系统之间的相互关系、系统总体的发展规律等也各不相同。同时，在不同的经济社会发展阶段，科学技术、发展理念、价值观念、社会制度等也会有较大的差异，进而影响人地系统中的资源权属、环境保护力度、生态治理依据、社会消费结构等各系统要素的开发、利用与保护，直接或者间接影响人地系统的发展，间接影响人地关系的发展。因此，人地系统会随着时间的变化而发生演变、交替、发展等动态的变化，也会随着地域特征、三生空间、地域实体等在空间上的差异而发生空间特征的变化。

二、人地系统的互馈机制

根据人地系统的内涵及特征可以发现，区域自然资源本底、生态环境质量、经济发展水平等相当于人地系统控制过程中的初始状态，系统控制的最终目标则是协调人地系统中各系统要素的开发、利用与保护等而形成最终状态。人地系统的互馈控制过程即通过发挥人地系统反馈机制的协同作用，沿着最优的发展路径，从初始状态到最终状态的转化，该过程与控制过程中的被控系统从初始状态到最终状态的最优控制相对应。同时人地系统作为一个复杂的巨系统，随机干扰因素则在反馈过程出现，影响人地系统反馈过程，进而导致人地系统的发展脱离预期目标。因此，人地系统调控方案的实施过程往往伴随着方案的修订、随机干扰因素的排除等，使人地系统不断地接近调控目标(图 2-5)。同时，在人地系统中，系统及子系统的互馈控制过程，输入变量与输出变量是实现调控目标的重要影响因素，其中输入变量主要包括客观存在且不以人的意志为转移的不可控变量和根据调控目标对反馈过程中人地系统进行评价分析且与不可控变量对应的可控变量；输出变量则是在输入变量及随机因子干扰下的人地系统调控的反馈结果，通过与比较单元进行对比分析，可以分析人地系统调控结果与调控目标之间的偏离程度，当偏离程度可以被接受时，则人地系统的最优控制得以实现，当偏离程度不被接受时，进一步分析并反馈到人地系统的调控方案中，进而进一步调整调控方案。如上所说，人地系统是一个动态的、复杂的、远离平衡态的巨系统，因此人地系统调控方案的不断更新及反馈是实现或达到调控目标的必要手段。

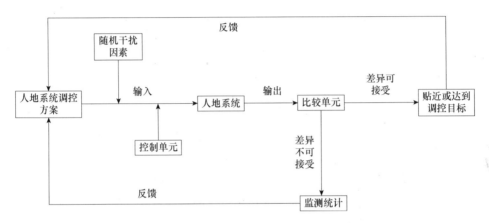

图 2-5　人地系统控制过程

三、人地系统理论与乡村资源环境规划

（一）人地系统中的区域均衡与乡村资源环境规划

人地系统中各种系统要素的流动、相互作用等导致区域格局的变动，并进一步推动区域趋向于稳定状态发展。当地球自然物质系统与人类活动系统发生相互作用时，地球自然物质系统的各地理要素进一步被赋予资源、资产、环境等多重属性。人地系统的发展反映了人类不同发展阶段，在农业文明发展阶段，农业资源环境决定了人类的生产生活，地理环境是影响人地系统发展的重要因素。随着工业化的推进，在工业文明时期，人类活动对于地球自然物质系统的开发水平、利用程度不断提升，资源上限、环境底线及科技水平、发展理念等成为人地系统发展的重要因素，而区域均衡的核心则是一方面协调区域人类活动与地球自然物质系统之间的关系，在客观认知地球自然物质系统发展规律的基础上合理布局人类活动，确保地球自然物质系统满足人类生产生活需求，另一方面是区域经济发展水平的均衡，其核心就是保障区域经济、社会、生态等民生发展质量的均衡，人地系统中人文地理格局演变的核心是推动人民生活质量差距的均衡。而乡村资源环境规划编制的核心目的也是在发挥人的主观能动性的基础上，合理调控乡村生产方式和乡村居民的生活方式，调整乡村发展空间结构和优化乡村产业结构，推动乡村发展的均衡，其在我国国土空间规划体系上则是区域均衡的具体表现。因此，人地系统中的区域均衡是促进乡村资源环境规划编制的重要因素，同时乡村资源环境规划也是推动人地系统发展的重要举措。

（二）人地系统中科学的选择与乡村资源环境规划

科学的选择是人地系统发展的重要驱动力，也是乡村资源环境规划的基本诉求。由于人地系统是一个长期性、动态性发展过程，不同发展阶段的人地系统协调发展的目标、发展路径及系统内部的反馈机制也各不相同，并直接影响着人地系统发展的结果。一方面，区域发展基础是科学选择的先决条件，对于人地系统可持续发展至关重要，如人地系统发展的良性循环、系统中要素之间的协同发展等。另一方面，自然资源环境承载力和适宜性评价等是科学选择的必要条件，以人的主观能动性为切入点，以人地系统调控目标为发展最终目的，进而共同推进人地协调共生。乡村资源环境规划即以人地系统为基础，在人地协同共生的基础上，科学地选取乡村发展目标、发展方向、发展策略等，进而推进乡村人类活动系统与区域自然物质系统的协同共生。

（三）人地系统的优化调控路径与乡村资源环境规划

人地系统的可持续发展涉及生态、环境、社会、经济、制度等多种发展要素，同时除发展要素之外，人地系统还涉及系统整体的互馈机制、系统中间层次的相互作用等，如果单纯地运用某种科技手段、经济调控手段、强制性管理的法律手段等进行人地系统的调控，往往因人地系统的复杂性而无法达到调控的预期目标。因此，人地系统的调控是通过优化信息流、物质流、能量流等在不同子系统中的配置，确保能量物质信息的流动合理，进而使区域经济发展、资源利用、环境保护等在可持续发展过程中实现或贴近理想的组合状态，推动区域绿色、可持续发展，其核心是发挥市场在资源配置中的决定性作用和发挥政府的干预作用，实现资源环境的高效合理配置。同时，通过进一步完善决策支持系统、系统可持续发展指标体系等，对人地系统调控过程进行动态的监测和分析，进而为优化调控措施、发展规划及调控目标提供基础支撑。乡村资源环境规划则是以人地系统的优化调控路径为指引，借助法律、规章制度、科学技术等明确乡村发展的限制因素，为乡村的绿色、可持续发展制定合理的发展举措。

第四节　复合生态系统理论

随着经济社会的发展和人口的持续增长，资源短缺、生态环境破坏、自然灾害频发等问题已成为威胁人类生存发展的重要因素。因此，国内外学者对其进行了大量的探索，20 世纪 80 年代，我国学者马世骏结合人类社会所面临的粮食、人口、能源、生态环境等问题，从生态学和经济学的视角提出了将自然资源系统、社会经济系统复合于一体，并进一步提出了基于社会-经济-自然的复合生态系统的概念，即在特定区域范畴内，以人为主体的社会系统、经济系统及自然生态系统在协同作用下形成复合系统，在该系统下人与自然相互作用、相互依存、相互适应。复合生态系统是由社会、经济、自然这三个性质不一、结构不同、存在条件和发展规律也具有一定差异的子系统构成，而三个子系统又是一个统一的整体，相互依存、相互制约，其中自然子系统是区域经济社会发展的基础、经济子系统是区域发展的动力、社会子系统是区域发展的目的。复合生态系统的运行首先通过自然子系统的能量原始积累、循环及转化，为经济社会的发展提供各种产品和服务，同时吸纳人类废弃物的排放，其次利用经济子系统优化各类物质、能源、信息等在部门间的配置，为人类生产生活提供必要的物质基础，最后通过社会子系统的相关功能改善人类生产生活质量，同时在系统运行过程中，各子系统之间、子系统内部也发生着物质能量的转换、交流等。

一、复合生态系统的内涵

复合生态系统是由自然、经济和社会子系统组成的，以人、自然资源、生态环境和社会制度等作为系统要素，以"人"为主导，将区域发展面临的经济、社会和生态等方面的问题有机结合起来，统一地、整体地对区域发展问题加以理解认识，进而为解决自然、社会或者经济单一学科视角无法解决的区域发展问题提供支撑（图 2-6）。复合生态系统与其他生态系统的区别在于复合生态系统除了自然本身存在的调节和控制功能以外，还存在社会调节、制度约束、市场调控等有意识的人为控制功能，其核心思想是自然和社会发展规律、物质与意识、人与资源环境等的有机统一，即在以人为核心的发展理念下，科学把握自然发展规律、社会发展规律、物质运用规律等，进而解决传统科学不能解决的自然、社会、经济等问题。

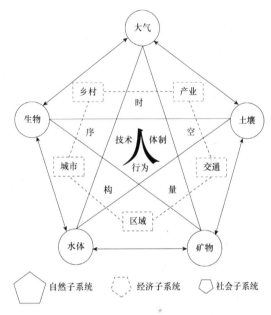

图 2-6　王如松（2008）构建的复合生态系统结构示意图

二、复合生态系统的结构及相互关系

（一）复合生态系统的结构

自然子系统是由地球圈的外部圈层结构构成的，具体包括矿产资源、森林资源、气候、土壤、农作物等自然要素，来自地球的内动力及太阳能的外动力是自然子系统发展的根本动力，太阳能的光辐射、地球化学及生物循环等地球自然子系统中的能量转换为人类生产生活提供基础物质和发展空间，并制约着人类生产生活方式和发展规模等。随着人类对自然子系统发展规律的认识不断加深、自然资源开发利用的科技水平不断提升，以及对环境保护的认知不断提升，资源利用效率、利用水平等也进一步提升，自然子系统对人类生产生活的影响相应地降低，但这种变化依然改变不了其是人类生存发展的物质基础的客观事实。例如，台风、火灾、地震等不利于人类生产生活的自然灾害频发也表明人类对于自然子系统发展和演变规律的认知有待进一步加深，也表明自然子系统、经济子系统、社会子系统之间依然存在矛盾和冲突。

经济子系统是由相互关联、相互作用、相互支撑的多个经济元素构成的一个有机整体，该系统主要包括产品的生产、流通与消费等环节及各环节之间的相互关系，包括产业的类型（第一产业、第二产业、第三产业）及产业功能实体（生产者、消费者、流通者、调控者和还原者），是自然系统与社会系统的重要连接纽带，是人类获取自然界基础物质和破坏生态环境等的主要因素，也是人类社会与自然环境协调发展能力提升的重要推力，具有整体性、层次性、结构性及开放性等特征。首先，经济子系统是一个由若干经济要素组成的有机整体，各经济要素与经济系统之间的关系则是整体和部分之间的关系；其次，在经济子系统中各组成元素之间具有一定的等级关系，不同等级或层次的要素有着各自的运行规律，而且这些运行规律又相互影响和相互作用，因此经济子系统具有层次特征；再次，各个经济子系统元素之间的组合方式、等级排序、组合特征等均具有一定的规律，合理的经济子系统结构是社会发展追求的终极目标，也是经济子系统稳定、协调、高效运行的必然追求；最后，随着人类对于客观规律认知的不断加深，经济子系统也在不断完善，在经济子系统完善过程中必然要有经济要素的更新与替换，因为经济子系统作为人工系统，具有社会环境的适应性，通过不断地与外界环境进行信息、能量、物质等的交流才能适应发展的需求，另外完全与外界孤立的系统也是不存在的。

社会子系统是由区域内人口、制度、文化、科技等要素相互作用、相互联系并按照一定的行为规范、经济关系和社会制度等组成的系统。在复合生态系统中，社会生态系统要维持人类之间、区域之间、人与自然之间等的发展均衡，因此适应性、目标实现、模式维持及整合是社会子系统必须具备的主要功能。当社会子系统内外环境发生变动时，社会子系统通过补充性的发展要素、维持各系统要素或者子系统之间的协调等方式发挥其本身具备的弹性、协调性等，进而适应内外部环境变化带来的社会发展模式、发展目标等的变化，保障社会子系统有能力对抗重大变故，确保社会子系统实现其系统运行或者调控的目标。同时，社会道德规范、规章制度、文化习俗、人口结构等均会对区域社会子系统的主体产生影响，并进一步影响区域居民对区域生产力、生产关系、自然规律等的认知，进而影响区域人与人、人与自然、人与资源环境等的和谐发展。

（二）复合生态系统中子系统的相互关系

复合生态系统具有社会、经济、自然等多重属性的复杂系统，其内在要求就是在自然子系统资源本底、发展规律、内在联系等的指引下，采用合理的社会生产方式、社会管理制度等维持自然资源对社会发展的有效供给和生态环境质量与社会发展的基本平衡，进而不断提升经济发展规模、发展效果，满足人类物质和精神的需求，促进社会绿色、可持续发展。在复合生态系统中，人是系统中最为活跃和影响效果最为强烈的系统要素，一方面人是社会经济活动的主要实施者及管控者，另一方面人通过智慧和文明等推动自然资源的开发利用进而满足自身需求，同时也是大自然的组成部分。因此，人的宏观活动要遵循自然、社会及经济的发展规律，促使三个系统在时空尺度上进行"正"的反馈效应，实现社会、经济与自然的和谐共生。

三、乡村复合生态系统

　　乡村是一个以乡村居民行为为主导，集资源环境、社会经济、文化习俗等发展要素于一体的复合生态系统，主要包括乡村自然子系统、乡村社会子系统和乡村经济子系统。乡村自然子系统是乡村居民赖以生存和发展的物质基础和生活环境，属于客观物质层面，乡村社会子系统是由乡村居民的价值理念、乡村的精神文化等构成，属于主观意识层面，乡村经济子系统是乡村资源利用、物质交换等人与自然交互的有机整体，属于主客观交叉层面。同时，在乡村地域范畴内，自然、经济和社会三个子系统之间又存在相互依存、相互作用的关系，即自然子系统提供给乡村居民可利用的资源，为经济和社会子系统提供必备的基础物质，经济子系统实现了自然与乡村居民交相呼应的关系并践行社会子系统的发展举措，社会子系统探索自然子系统的发展规律并制定了经济行为方式，三者之间在时空、结构、质量、数量之间的耦合关系是乡村复合生态系统合理演变和持续发展的必备条件。

　　乡村复合生态系统是乡村居民行为活动影响或干预的复合生态系统，其本质是系统的循环特征，即通过物质、能量、信息的循环，实现物质、能量与信息的多梯次、再循环利用，推进乡村复合生态系统的良性演变。主要包括乡村物质循环、能量循环和信息循环，其中物质循环即自然物质在大气、土壤、生物等自然要素之间的循环，而食物链和食物网是乡村自然物质在单纯的自然生态系统循环中的主要循环方式。在乡村复合生态系统中，乡村居民的社会经济活动会进一步丰富自然物质的循环途径，进而加快循环速度或加大循环规模。随着乡村振兴战略的实施，乡村与城市的连接日益增多，乡村自然物质的循环速度将进一步加快，交换范围、规模将进一步扩大，不合理的自然物质开发利用方式不仅会降低乡村资源利用率，还会破坏乡村自然物质合理的循环范式，造成乡村自然物质超负荷，进而产生大量废弃物，导致生态环境的恶化，因此以承载力和适宜性评价为基础的乡村资源环境规划将在乡村生态复合系统中扮演着越来越重要的角色。对于乡村复合生态系统的能量循环，由于乡村居民的参与干预，能量的流动形式、循环方式是多样的且复杂的，如农村秸秆的循环利用，可直接通过燃烧对其进行利用，也可以制取乙醇等液体燃料，还可以通过微生物降解再利用等，不同利用方式的能量转换方式及循环途径也各不相同。同时，由于能量循环与物质循环是相互依存、不可分割的，能量的固定、储存、转移和释放均离不开物质的合成和分解过程，物质是能量的载体，能量是物质循环的动力，两者之间相互协同，进而形成统一的整体。另外，信息主要来源于人类对客观世界的认知和与其交互的行为，信息是乡村复合生态系统的调控机制，信息的流动与循环为乡村复合生态系统的有序发展提供必要的信息支撑，人作为复合生态系统的主体，在信息接收、去伪、反馈过程中需要发挥人的主观能动性，修正误导信息，进而发挥信息流动的促进作用，形成良性的信息循环方式。物质与能量是信息流动与循环的动力，在乡村复合生态系统中，在各子系统之间的物质和能量的循环过程中，也发生信息的流动，依靠有效信息的传递、反馈等，各子系统之间才能相互协作，形成一个统一的整体。在乡村资源环境规划中首先要明确乡村复合生态系统中各子系统之间信息的传递与反馈，其次要加强信息的加工识别和辨别利用，充分发挥信息运用主体的能动性,最后要根据信息的流动特征、反馈机制及循环方式合理地制定乡村发展举措、发展规模、发展方向等,维持和推动乡村生态复合系统的健康运转。

四、乡村复合生态系统与乡村资源环境规划

乡村复合生态系统理论对于乡村资源环境规划的应用主要是通过生态规划、生态工程或生态者管理等方式推进自然、经济、社会等系统要素在乡村发展过程中相互协调、相互促进,实现各要素在乡村发展中的相互耦合,进而实现乡村资源高效利用、环境质量稳步提升、人与自然和谐共生。乡村发展建设是一个集自然、社会、经济于一体的,各乡村系统要素共同发展的复杂的建设过程,而乡村资源环境规划的科学性在于其系统性、最优化及定量与定性化,即通过构建一套基于时间尺度、空间尺度、制度视角、乡村需求等的乡村发展建设方案,统筹乡村自然、社会、经济发展。

乡村自然子系统主要包括气候、水位、地形、地质等要素。其中,地形地貌及乡村的地质条件直接影响着乡村的发展方向、乡村自然资源的利用方式及乡村生产生活行为等;《管子·乘马》中曾提及的"高毋近旱,而水用足,下毋近水,而沟防省"是我国古代对于区域选址、建设等的具体指导,也表明乡村水文或水文地质条件对于乡村防洪、环境保护等均有一定的影响。乡村经济子系统对乡村资源环境规划的影响主要表现在经济基础决定上层建筑,乡村资源环境规划是乡村资源、环境等开发利用与保护的基本依据,具体包括生态环境保护、乡村发展建设、乡村资源配置等,经济子系统发生变化进而对乡村资源规划产生影响。在乡村发展过程中,政策法规、道德规范等乡村社会子系统要素均会对其产生影响,不同时期的国家发展战略、居民文化道德素养、地方发展意见、居民生产生活方式等政治制度和社会生活制度的变化必然会对乡村资源环境规划的编制实施等产生影响,进而影响乡村的发展建设。

第五节　灰色系统理论

研究对象信息的不完全性,往往导致研究结果的不确定性,因此各种不确定信息的研究理论和方法逐步引起国内外学者、政府官员等的重视。灰色系统理论(grey system theory)是由我国学者邓聚龙于 20 世纪 80 年代提出的,是以少数据、贫信息等不确定性系统为研究对象,以部分已知的信息为基础,通过利用分析手段提取对研究结果有价值的信息,进而掌握系统的运行方式、运行规律等。

一、灰色系统理论产生背景

人们在自然资源开发利用、环境保护、社会经济发展及科学研究的过程中经常需要具体的研究成果,但是往往会遇到信息不完全的状况。例如,在农业种植生产过程中,虽然播种面积、种植作物类型等信息完全明确(白色信息系统),但是还存在着气候条件、杂草害虫、科技水平等不完全信息,导致人们对农作物的产量很难做出准确的预测。因此,关于不确定性信息的理论与研究逐步引起关注。伴随着经济社会的发展和科学技术的进步,人们对于不确定性的认知不断加深,从不同研究领域、不同研究视角、不同研

究层次等对不确定性系统的研究日益增多，其研究方法和研究手段等也各具特色，如模糊数学、未确知数学、粗糙集理论及灰色系统理论等，刘思峰（2004）进一步归纳了灰色系统、概率统计和模糊数学不确定问题方法之间的异同（表2-1）。

表2-1 灰色系统、概率统计和模糊数学不确定问题方法的比较

项目	灰色系统	概率统计	模糊数学
研究对象	贫信息不确定	随机不确定	认知不确定
基础集合	灰色朦胧集	康托尔集	模糊集
方法依据	信息覆盖	映射	映射
途径手段	灰序列算子	频率统计	截集
数据要求	任意分布	典型分布	隶属度可知
侧重	内涵	内涵	外延
目标	现实规律	历史统计规律	认知表达
特色	小样本	大样本	凭借经验

灰色系统是处于白色系统（完全信息）和黑色系统（信息完全缺乏）之间的过渡系统，具体可以表示为若某一系统的全部信息已经知道或者被获取则称为白色系统，若某一系统的全部信息完全缺乏则称为黑色系统，而处于信息完全已知和信息完全缺乏之间的信息不完全的系统称为灰色系统，其中信息不完全主要包括信息系统要素不明确、各系统要素之间的关系不明确、系统部分行为不明确、系统边界不清晰及系统的结构不清楚等方面（图2-7）。一般而言，复合生态系统及自然子系统、社会子系统和经济子系统均属于灰色系统，同时在实践应用中，灰色系统理论已被应用于医疗卫生、资源开发利用、环境保护等众多领域，并解决了大量信息不完全等实际问题。

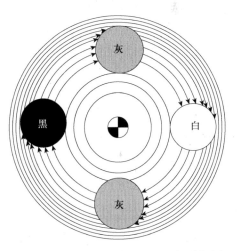

图2-7 白色系统、黑色系统和灰色系统之间的联系

二、灰色系统理论基本原理及类型

灰色系统理论的基本原理主要包括差异信息原理、结果的非唯一性原理、最少信息原理、认知根据原理、新信息优先原理及灰性不灭原理。其中，差异信息原理是指系统中某一系统要素对另一系统要素或者某一系统功能的差异，系统要素之间的差异信息是人类认知客观世界的重要因素；结果的非唯一性主要是由于系统信息的不完全性，即系统运行机制、系统要素、系统边界等系统信息不是完全信息，进而导致系统运行结果在具体分析中存在解的非唯一性；最少信息原理就是分析少数据、贫信息等不确定性问题，在此过程中

要充分开发利用已获取的或者占有最少信息而获得的一个或几个满意的解，其中信息的"少"与"多"是辩证统一的；认知根据原理主要表示信息是认知的基础依据，认知则是信息获取的主要途径，当系统信息处于完全缺乏时，人们对于系统的认知则处于原始状态，当系统信息确定时，人们对于系统的认知则是确定的，而当系统信息不完全时，人们对于系统的认知也是缺乏的；新信息优先原理主要是指随着人类对于客观世界的认知不断加深，对于系统信息的认知也不断加深，并且获得的新的系统信息比旧的系统信息更全面、更有利于系统分析，当然此时的系统新信息的认知是对系统信息正确的、深入的并对系统发展起主导作用的信息；灰性不灭原理是指在客观世界中系统信息不完全是绝对的，而完全信息是相对的和暂时的。

根据物理原型，灰色信息系统可进一步分为本征性灰色系统和一般性灰色系统，本征性灰色系统是没有物理原型，信息不完全且运行基础不明确的系统，如自然系统、经济系统、社会系统等，一般性灰色系统则是有物理原型的信息不完全的系统，如工业控制系统。

三、灰色系统理论的主要研究内容及特色

灰色系统理论自提出以来已经发展 30 多年，基本建成了其学科体系，其理论体系主要以灰色代数系统、方程和矩阵等为基础，其方法体系主要是以灰色序列生成为基础，其分析体系主要是灰色关联度空间分析，其模型体系主要以灰色模型为核心，其技术体系主要包括灰色系统分析与评估、模型构建和预测、决策制定、控制和优化等。灰色预测模型、灰色关联度分析模型等模型已广泛应用于相关领域的研究，同时曾波教授开发的灰色系统建模软件也为灰色系统分析、研究等提供了便利，下面主要介绍灰色系统理论的核心模型——灰色预测模型（gray forecast model）和灰色关联度分析模型（gray relation analysis model）。

（一）灰色预测模型

灰色预测模型是以研究少量的、不完全的信息为基础构建的一种数理模型并依据研究目标的需求对研究对象进行预测的一种预测方法，与回归分析和神经网络分析相比，灰色预测模型对于小样本预测更有效。其具体过程主要包括以下步骤（刘思峰，2014）。

首先灰色系统理论通过对初始数据进行分析和整理进而获取研究数据的现实规律，其核心是挖掘和利用研究对象内在规律，常用的灰色序列生成分析方式主要包括累加、累减和加权生成方式。

$$x^{(0)} = (x^0(1), x^0(2), \cdots, x^0(n))$$ 原始数据
$$x^1(1) = x^0(1)$$
$$x^1(2) = x^0(1) + x^0(2)$$
$$x^1(3) = x^0(1) + x^0(2) + x^0(3)$$
$$\cdots$$
$$x^1(n) = x^0(1) + x^0(2) + \cdots + x^0(n)$$
累加的数据为 $x^{(1)} = (x^1(1), x^1(2), \cdots, x^1(n))$

累加生成

$$\left.\begin{array}{l} z^0(2)=ax^0(2)+(1-a)x^0(1) \\ z^0(3)=ax^0(3)+(1-a)x^0(2) \\ z^0(4)=ax^0(4)+(1-a)x^0(3) \\ \cdots \\ z^0(n)=ax^0(n)+(1-a)x^0(n-1) \end{array}\right\} \text{加权临值}$$

灰色模型 GM（1，1）中 GM 是 gray model 的缩写，括号中的数字表示灰色模型是一阶微分方程模型。首先，在利用灰色模型 GM（1，1）之前，需要数据检验，即分析数列的级比，若级比的分析结果均处于（$e^{\frac{-2}{n+1}}$，$e^{\frac{2}{n+1}}$）可容覆盖区间内，运用原始数列 $x^{(0)}$ 则可以建立 GM（1，1）模型，进行灰色预测，反之则需对数据进行平移、标准化等变换处理。其次，构建灰色模型，主要包括以下步骤。

1）定义 $x^{(1)}$ 为灰导数，令 $z^1(k)$ 为数列 x^1 的邻值生成数列。

$$d(k)=x^0(k)=x^1(k)-x^1(k-1) \qquad \text{灰导数}$$

$$z^1(k)=ax^1(k)+(1-a)x^1(k-1) \qquad \text{邻值生成数列}$$

2）进一步定义 GM（1，1）的灰微分方程模型为 $d(k)+az^1(k)=b$，其中，a 称为发展系数，$z^1(k)$ 称为白化背景值，b 称为灰作用量，其方程组 $Y=Bu$ 按照矩阵的方法列出。

$$\boldsymbol{u}=\begin{bmatrix} a \\ b \end{bmatrix},\ \boldsymbol{Y}=\begin{bmatrix} x^0(2) \\ x^0(3) \\ \vdots \\ x^0(n) \end{bmatrix},\ \boldsymbol{B}=\begin{bmatrix} -z^1(2) & 1 \\ -z^1(3) & 1 \\ \vdots & \vdots \\ -z^1(n) & 1 \end{bmatrix}$$

3）相应的白化模型和由此得到 $x^1(t)$ 的解分别为

$$\frac{dx^1(t)}{dt}+ax^1(t)=b \qquad \text{白化模型}$$

$$x^1(t)=\left(x^0(1)-\frac{b}{a}\right)e^{-a(t-1)}+\frac{b}{a} \qquad x^1(t)\ \text{的解}$$

4）当 $t'=t+1$ 时，$x^1(t+1)$ 则是预测值。

$$x^1(t+1)=\left(x^0(1)-\frac{b}{a}\right)e^{-a}+\frac{b}{a} \qquad (t=1,\ 2,\ 3,\ \cdots,\ n=1)$$

5）灰色预测模型预测结果的精确度检验主要包括相对误差大小、关联度及后验差检验三种检验方法，其中后验差检验方法较为常用。具体步骤为：①将预测的 x^1 累减生成 x^0；②计算残差；③分析原始序列 x^0 的方差 S_1 和残差 e 的方差 S_2；④计算后验差比并查表观察预测效果。

$$\hat{x}^0=\hat{x}^1(k)-\hat{x}^1(k-1) \qquad (k=2,\ 3,\ \cdots,\ n) \qquad ①$$

$$\beta(k)=x^0(k)-\hat{x}^0(k) \qquad (k=1,\ 2,\ \cdots,\ n) \qquad ②$$

$$S_1 = \frac{1}{n} \sum_{k=1}^{n} (x^0(k) - \overline{x})^2 \left.\vphantom{\sum_{k=1}^{n}}\right\}$$

$$S_2 = \frac{1}{n} \sum_{k=1}^{n} (\beta(k) - \overline{\beta})^2 \qquad ③$$

$$C = \frac{S_2}{S_1} \qquad ④$$

（二）灰色关联度分析模型

灰色关联度分析模型是依据灰色系统理论所构建的多因素分析或多方案分析的方法，其核心是以评价对象或者系统运行的非完全信息为基础，通过关联系数、关联度等分析研究对象之间的相似或者差异程度（罗庆成和徐国新，1989）。在规划过程中，若有多个规划方案进行选择分析，可采用灰色关联度分析确定最优规划方案。灰色关联度分析模型在实际应用中的具体过程如下。

1. 前期准备

依据研究对象确定灰色关联数据集（X'_{mn}），其中 m 为指标数目，n 为数据序列数量，并在此基础上确定参考数据列，参考数据是依据评价对象所确定的，可为各要素最优质或各要素最劣质，也可以根据评价目的确定其他参考值，最优质或者最劣质比较常用。

$$X'_{mn} = (X'_1, X'_2, \cdots, X'_n) = \begin{bmatrix} x'_1(1) & x'_2(1) & \cdots & x'_n(1) \\ x'_1(2) & x'_2(2) & \cdots & x'_n(2) \\ \vdots & \vdots & & \vdots \\ x'_1(m) & x'_2(m) & \cdots & x'_n(m) \end{bmatrix}$$

$$X'_i = (X'_i(1), X'_i(2), \cdots, X'_i(m))^T \quad (i=1, 2, \cdots, n)$$

$$X'_0 = (x'_0(1), x'_0(2), \cdots, x'_0(m)) \qquad 参考数据列$$

2. 评价数据的无量纲化

在多属性决策过程和客观评价过程中，不同属性的要素对于评价的影响程度、方向也不同，如正向、负向及程度影响等，由于不同属性要素的计量单位往往也不相同，需要对研究数据进行标准化处理，常用的标准化处理方法包括均值化法、初值化法、函数转换法等。

$$x_i(k) = \frac{x'_i(k)}{\frac{1}{m} \sum_{k=1}^{m} x'_i(k)} \quad (i=0, 1, \cdots, n; \ k=1, 2, \cdots, m) \qquad 均值化法$$

$$x_i(k) = \frac{x'_i(k)}{x'_i(1)} \quad (i=0, 1, \cdots, n; \ k=1, 2, \cdots, m) \qquad 初值化法$$

$$(X_0, X_1, \cdots, X_n) = \begin{bmatrix} x_0(1) & x_1(1) & \cdots & x_n(1) \\ x_0(2) & x_1(2) & \cdots & x_n(2) \\ \vdots & \vdots & & \vdots \\ x_0(m) & x_1(m) & \cdots & x_n(m) \end{bmatrix} \quad \text{标准化后的数据矩阵}$$

3. 关联系数分析

首先，依据标准化后各评价要素的数据，分析其与参考序列之间的绝对差值；其次，分析两数列距离的最大值和最小值；最后，分别分析灰色关联数据集与参考序列对应评价要素的关联系数，其中分析系数 ρ 的取值范围为（0，1），在不同研究中 ρ 的取值也不相同，但通常情况为 0.5。

$$|x_0(k) - x_i(k)| \quad (k=1, \cdots, m; \ i=1, \cdots, n) \quad \text{绝对差值}$$

$$\min_{i=1}^{n} \min_{k=1}^{m} |x_0(k) - x_i(k)| \quad \text{最小距离}$$

$$\max_{i=1}^{n} \max_{k=1}^{m} |x_0(k) - x_i(k)| \quad \text{最大距离}$$

$$\xi_i(k) = \frac{\min\limits_{i} \min\limits_{k} |x_0(k) - x_i(k)| + \rho \cdot \max\limits_{i} \max\limits_{k} |x_0(k) - x_i(k)|}{|x_0(k) - x_i(k)| + \rho \cdot \max\limits_{i} \max\limits_{k} |x_0(k) - x_i(k)|} \quad \text{关联系数}$$

4. 灰色关联度

在上述分析的基础上，计算各评价要素关联系数的均值，由于不同评价要素对于评价目标的作用程度不相同，因此在最终分析过程中往往需要对关联系数进行加权平均值分析，若作用程度相同则权重均为 1。

$$r_{0i}' = \frac{1}{m} \sum_{k=1}^{m} W_k \cdot \xi_i(k) \quad (k=1, \cdots, m; \ W_k \text{为各指标权重})$$

（三）灰色系统理论的特色

灰色系统理论是以解决问题为目标，以解决问题的科学技术为支撑，以灰色系统为研究客体，寻求研究对象的发展、演变等规律，推动灰色系统淡化，进而对研究问题进行分析求解。灰色系统理论所包含的灰色系统方法是在系统方法论上的突破。首先，灰色系统方法是针对研究对象信息不完全提出的，即用确定的数理信息代替不确定的灰数，用确定的关系代替灰色系统中不确定的关系，进而使灰色系统中的相关问题得到有效解决，该理论侧重于解决传统概率统计或者模糊数学等较难解决的"贫信息""小样本"等不确定性的问题。其次，灰色系统方法的核心思想是解决灰色系统中研究问题结果的不确定性或者非唯一性，在非唯一或者不确定解的指导思想下，通过灰色关联度分析、灰色聚类分析等分析灰色系统中各要素的相关性，探寻研究对象非完全信息下的规律性等，进而对数据或者方案进行取舍。最后，传统系统方法论在解决问题的过程中更加强调整体性、制约性、有序性、动态性及最优性等原则，而在利用灰色系统方法解决问题时，虽然也要遵循这些原则，但是其更强调最优原则。

四、灰色系统理论与乡村资源环境规划

乡村资源环境系统是一个集社会、经济、自然等于一体的多目标、多结构、多要素组成的相互联系、相互作用的复杂地域系统，繁多的系统要素、复杂的作用机制致使调查、监测等的相关数据并不能提供乡村资源环境的完全性信息，如乡村污染物与乡村资源开发利用、经济社会发展之间存在着复杂多变的内外部联系，而且部分联系很难做出定量分析，从而无法分析乡村环境要素与自然、经济、社会等要素之间清晰的联系，这些联系往往存在一定的不确定性（灰度）。由于乡村资源环境系统中样本信息的不完全性及人们在客观实践中的科学技术、资金、人员等的限制，不可能完全获取乡村资源环境规划中所需要的乡村资源环境系统中的各要素，进而只能选择有代表性的、可以获取的时空信息进行监测、调查与分析，用这些非完全性的信息来客观地反映乡村资源环境系统要素之间的联系、发展现状、未来变化等也就构成了灰色系统的基本特征。

乡村资源环境规划是针对乡村发展超前性的计划和安排，其核心是依据乡村发展现状，结合乡村发展优势条件、约束条件等，预测乡村未来的发展情况并依据未来发展状况优化资源配置，实现乡村可持续发展。在乡村经济子系统、社会子系统、自然子系统中，由于其信息不完全性的客观存在，即无法在获取乡村各子系统中完全性信息的基础上预测乡村未来发展的状况，而灰色系统理论则可以在"贫信息""小样本"的基础上对乡村未来发展情况进行预测分析。

对于乡村资源环境规划而言，由于不同的规划方案对于乡村的发展方式、发展目标等均有所差别，如侧重于乡村基本农田保护的乡村资源环境规划主要是针对耕地质量的保护与提升，侧重于工业生产的乡村资源环境规划主要是工业生产的效益提升与乡村经济发展的提升，侧重于旅游发展的乡村资源环境规划主要是对乡村吸引力、舒适度等方面的谋划，如何在不同规划方案中选择乡村资源环境规划的最优方案，则可以通过灰色系统理论中相关方法进行分析。

复习思考题

1. 承载力与适宜性分析对于乡村资源环境规划有何指导意义？

2. 简述"两山"理论、人地系统理论、复合生态系统理论和灰色系统理论之间的内在联系及在乡村资源环境规划中的作用。

3. 除本章所介绍的理论之外，还有哪些理论对于乡村资源环境规划具有指导意义？举例并说明。

4. 灰色预测模型与灰色关联度分析模型在实践中的具体应用有哪些？

参 考 文 献

陈建成，赵哲，汪婧宇，等. 2020. "两山理论"的本质与现实意义研究 [J]. 林业经济，42（3）：3-13.

段学军，王雅竹，康珈瑜，等. 2020. 村镇建设资源环境承载力的理论基础与测算体系 [J]. 资源科学，42（7）：1236-1248.

樊杰. 2014. 人地系统可持续过程、格局的前沿探索 [J]. 地理学报，69（8）：1060-1068.

封志明，杨艳昭，闫慧敏，等. 2017. 百年来的资源环境承载力研究：从理论到实践 [J]. 资源科学，39（03）：379-395.

郭志伟，张慧芳，郭宁. 2008. 城市经济承载力研究——以北京市为例 [J]. 城市发展研究，15（6）：152-156.

哈斯巴根，李同昇，佟宝全. 2013. 生态地区人地系统脆弱性及其发展模式研究 [J]. 经济地理，33（4）：149-154.

韩燕. 2012. 区域综合承载力理论与实证研究 [D]. 兰州：兰州大学博士学位论文.

郝庆升. 1998. 论灰色系统方法的特色及问题 [J]. 吉林农业大学学报，（4）：92-94.

黄鹭新，杜澍. 2009. 城市复合生态系统理论模型与中国城市发展 [J]. 国际城市规划，23（1）：30-36.

黄涛. 2016. 基于灰色关联度分析的模糊群决策方法研究 [D]. 广州：华南理工大学硕士学位论文.

孔伟，魏红磊，任亮，等. 2017. 城市社会承载力评价及提升策略研究——以张家口市为例 [J]. 河北北方学院学报（社会科学版），33（1）：53-56，61.

李志强. 2018. 村镇复合生态系统与社区治理：理论关联及路径探索——以浙江沿海地区村镇社区生态培育为例 [J]. 探索，（6）：137-145.

刘思峰. 2004. 灰色系统理论的产生与发展 [J]. 南京航空航天大学学报，（2）：267-272.

刘彦随. 2020. 现代人地关系与人地系统科学 [J]. 地理科学，40（8）：1221-1234.

陆宏芳，沈善瑞，陈洁，等. 2005. 生态经济系统的一种整合评价方法：能值理论与分析方法 [J]. 生态环境，（1）：121-126.

罗庆成，徐国新. 1989. 灰色关联分析与应用 [M]. 南京：江苏科学技术出版社.

彭继增，孙中美，黄昕. 2015. 基于灰色关联理论的产业结构与经济协同发展的实证分析——以江西省为例 [J]. 经济地理，35（8）：123-128.

尚金城. 2009. 环境规划与管理 [M]. 北京：科学出版社.

唐承财，郑倩倩，王晓迪，等. 2019. 基于两山理论的传统村落旅游业绿色发展模式探讨 [J]. 干旱区资源与环境，33（2）：203-208.

王如松. 2008. 复合生态系统理论与可持续发展模式示范研究 [J]. 中国科技奖励，（4）：21.

王士强，胡银岗，余奎军，等. 2007. 小麦抗旱相关农艺性状和生理生化性状的灰色关联度分析 [J]. 中国农业科学，（11）：2452-2459.

王帅淇. 2020. 资源环境承载力研究综述 [J]. 西部资源，（1）：184-186.

王亚力. 2010. 基于复合生态系统理论的生态型城市化研究 [D]. 长沙：湖南师范大学博士学位论文.

韦惠兰，刘晨烨. 2012. 经济承载力初探 [J]. 生态经济（学术版），（2）：31-34.

谢方，徐志文. 2017. 乡村复合生态系统良性循环机制与管理方法探讨 [J]. 中南林业科技大学学报（社会科学版），11（1）：47-51.

杨莉，刘海燕. 2019. 习近平"两山理论"的科学内涵及思维能力的分析 [J]. 自然辩证法研究，35（10）：107-111.

杨青山，梅林. 2001. 人地关系、人地关系系统与人地关系地域系统 [J]. 经济地理，（5）：532-537.

于婧，陈东景，王海宾. 2013. 基于灰色系统理论的海洋主导新兴产业选择研究——以山东半岛蓝色经济区为例 [J]. 经济地理，33（6）：109-113.

岳文泽，王田雨. 2019. 资源环境承载力评价与国土空间规划的逻辑问题 [J]. 中国土地科学，33（3）：1-8.

翟瑞雪，戴尔阜. 2017. 基于主体模型的人地系统复杂性研究 [J]. 地理研究，36（10）：1925-1935.

张林波，李文华，刘孝富，等. 2009. 承载理论的起源、发展与展望 [J]. 生态学报，29（2）：878-888.

赵东升，郭彩赟，郑度，等. 2019. 生态承载力研究进展 [J]. 生态学报，39（2）：399-410.

Bezuglov A, Comert G. 2016. Short-term freeway traffic parameter prediction: application of grey system theory models[J]. Expert Systems with Applications, 62: 284-292.

Hu H Y. 2013. Grey system theory and its applications[J]. Journal of Grey System, 25(1): 110-111.

Lee B Y, Wen K L. 2010. Apply grey system theory in the weighting analysis of influence factor for liver function[J]. Journal of Grey System, 13(4): 145-152.

Liao S, Wu Y, Wong S W, et al. 2020. Provincial perspective analysis on the coordination between urbanization growth and resource environment carrying capacity(RECC) in China[J]. Science of The Total Environment, 730: 138964.

Liu R Z, Borthwick A G L. 2011. Measurement and assessment of carrying capacity of the environment in Ningbo, China[J]. Journal of Environmental Management, 92(8): 2047-2053.

Meng F, Ying L, Li L, et al. 2017. Studies on mathematical models of wet adhesion and lifetime prediction of organic coating/steel by grey system theory[J]. Materials, 10(7): 715.

Rao S S, Liu X T. 2017. Universal grey system theory for analysis of uncertain structural systems[J]. AIAA Journal, 55(11): 3966-3979.

Zhang Z, Lu W X, Zhao Y, et al. 2014. Development tendency analysis and evaluation of the water ecological carrying capacity in the Siping area of Jilin Province in China based on system dynamics and analytic hierarchy process[J]. Ecological Modelling, 275: 9-21.

第三章　乡村资源环境规划内容

乡村资源环境规划属于国土空间规划"五级三类"中的第五层级规划。随着乡村振兴、生态文明建设、美丽乡村建设等国家发展战略实施，乡村资源环境规划工作的重要性日益突显。当前的乡村资源环境规划广泛运用城市规划程序，然而在乡村这一特殊受体中的实施难免会"水土不服"，本章就乡村这一特殊的受体，分析乡村在资源环境规划过程中与目前规划程序所存在的差异，并对规划工作的基本程序进行总结，进而提出乡村资源环境规划的基本规划程序。同时，考虑到乡村特殊性，并对其中的每个环节进行详尽的解释，得出了适应乡村特殊群体的资源环境规划方法和发展乡村资源环境优势的基本步骤，为乡村资源环境规划提供可行的支持，进而避免了乡村规划过程中处理特殊问题的困难，也为规划程序的完善及规划工作的普适性提供了支撑，进而保证了规划的地域性和特色性，使得规划更能适应地区发展的需要，也能够与上位规划相衔接。

乡村资源环境规划是资源环境规划的一种，其本质和所有规划类似，是一个科学决策的过程，其涉及范围广、内容多、对象复杂，必须有序进行才能做好编制工作。乡村资源环境规划的一般工作程序主要包括规划前期准备、规划编制及规划的实施与反馈，具体包括现状调查、预测评价、目标确定、方案优化、方案决策和方案实施与反馈等步骤。现状调查即对规划目标乡村资源环境当下情况具体的调查，包括经济、资源、社会、环境等方面，可通过问卷、文献资料、地方志等进行收集；预测评价即对规划可能会带来的经济、社会发展及环境方面的影响预测和评价；目标确定是制定规划时主要的任务之一，即目标体系的确定，从乡村层面来讲是确定经济发展目标、资源开发利用、环境保护目标等；方案优化则是乡村资源环境规划方案的确定与优化；方案决策即乡村资源环境规划方案决策；方案实施与反馈是乡村资源环境规划方案的具体实施及修订过程。

第一节　乡村资源环境规划目标和指标体系

自 20 世纪 80 年代以来，我国的经济、政治、文化、教育等各方面有了全新的发展，国家和社会对乡村建设提出了更高的要求，也增添了更贴合当前社会发展要求的政策和工作内容。2017 年，习近平总书记在党的十九大报告中首次提出实施乡村振兴战略，将农村发展建设问题提到了一个前所未有的新高度，其侧重点更加偏向于占据我国主要国土面积的农村地区，其中，解决"三农"问题是我国长期坚持科学发展观这一重要理论原则过程中的一个重要内容，也是目前我国社会各方面的工作重心。乡村振兴战略是国家战略层面的政策，要实现该战略就需要思考如何把提升资源环境作为基础，利用好当前的资源环境，通过提供优质的居住环境和工作环境来吸引更多的高级知识分子和企业家在此置业、建设和投资，更好地实现乡村地区的一二三产业的建设与融合，加速我国农村地区经济、文化、生态建设，并逐步建立起以"大中城市区域和小城镇乡村区域协调发展"的城镇发展新格局。在这个体系中，对于乡村这一特殊对象而言，要实现发展新格局，工业的发展必不可少，然而发展工业必将伴随着一系列严峻的环境问题的出现，如资源约束趋紧、污染严重、生物多样性锐减、生态系统退化等。因此，乡村的资源环境规划就显得尤为重要，乡村资源环境规划的目标制定是乡村建设过程中的一个重要组成部分，是发展乡村经济政治目标的基本起点，是乡村能够科学合理进行基础设施建设的重要保障，也是对乡村资源环境规划进行管理的依据。正因如此，对乡村进行规划目标的制定意义重大，不能忽视任何微小的细节。这个过程需要科学的规划策略，只有完整、系统的乡村环境整治，才能保证乡村的环境资源得到持续改善，才能推进乡村资源环境规划更有效地服务于乡村经济社会的可持续发展。

一、乡村资源环境规划目标

乡村资源环境规划目标是乡村资源环境规划的核心内容，即对乡村未来某一阶段内环境质量状况的发展方向和水平所做的计划与安排，有利于农村现代化建设科学地、有计划地落实与实施，从而满足乡村居民日益增长的物质文化生活的需求。

（一）乡村资源环境规划目标制定的基本要求

1. 具有一般规划目标的共性

乡村资源环境规划目标隶属于资源环境规划，资源环境规划的目标有其约束条件，即时间限定和空间约束；并要求规划目标是可以被计量并且能够客观地反映事实，而不是体现规划人员和决策者的主观愿望。

2. 与乡村社会经济发展目标相一致

乡村资源环境保护的根本目的在于实现人与乡村生态自然的和谐发展共处，也就是资源环境与经济社会协调发展。乡村资源环境规划目标应当遵从这种方针的指导，保证乡村当地经济社会发展目标综合平衡，如协调性的乡村资源环境规划和环境制约型的乡村资源环境规划。

协调性的乡村资源环境规划：发展乡村经济与乡村资源环境保护投入两种目标都能达到的规划方案。如果乡村资源环境保护投入受经济力量制约影响较大，此时必须降低乡村资源环境规划目标，同时，制定这类乡村资源环境规划目标也要注重工作协调，这种情况是为了解决经济发展所带来的资源消耗和环境污染问题而做出的经济节约型的乡村资源环境规划。

环境制约型的乡村资源环境规划：针对这一类型的规划，在目标必须确保完成的前提下，应当减小该乡村发展规模或降低其经济增速，重新布局乡村工业和污染产业（包括农药、化肥及乡村企业污染排放）的结构，这种情况充分体现了经济发展需要服从资源环境保护，即乡村经济发展受资源环境保护的制约。

3. 保证乡村资源环境规划目标的可实施性

规划目标的可实施性主要是指两个方面：一是客观条件（如乡村经济状况、科学技术、发展理念等）的可达性；二是主观条件的可达性，这里是指乡村规划目标本身是否具有时空可分解性，是否便于监督、管理、检查及实行。对于乡村资源环境规划这一特殊的规划群体，需要与现行的更高层次管理体制、政策、制度相配合，特别是责任到户制度的实施。

4. 保证乡村资源环境规划目标的先进性

规划目标不仅要考虑能达到乡村经济社会健康发展对乡村资源环境的最低和最高需求，确保乡村居民生活所需的基础环境质量和资源储备，同时还要考虑到新技术的出现、管理方式进步、发展理念的改变等情况，以确保乡村资源环境规划目标的实现。

（二）乡村资源环境规划目标类型

1. 按管理层次分类

（1）宏观目标　　这是对乡村在规划期内应达到的资源环境目标总体上的规定，即规划乡村在未来一段时间需要达到的资源环境、社会和经济等发展状态，是对整个乡村大方向建设的一个总体目标定位，也是此次规划最终要达到的目的。

（2）详细目标　　在规划期内，按照乡村计划所要达到的宏观目标，对乡村资源环境要素所做的具体规定，如在未来某一段时间之后，大气污染或者固体废物需要降低一个准确的数字。详细目标在整个规划过程中不止一个，可以细分为不同时间段、不同种类等，以确保宏观目标的实现。

2. 按规划内容分类

（1）环境质量目标　　主要包含各类环境要素质量目标，如水、大气、噪声控制等。根据不同地域地区的功能需求不同，环境质量目标也各有差异，而这些差异是通过一系列乡村表征环境质量的指标体系来实现的。

（2）污染物控制目标　　污染物控制目标是污染物控制规划的核心内容，它表示对乡村规划范围内某一段时间准许污染物的排放总量所做的限定。包含两个方面的内容：一是乡村一定空间范围内各种污染物的准许排放量；二是乡村污染物的削减量。

3. 按规划目的分类

（1）乡村环境污染控制目标　　按具体污染物内容及规划的目标可以大致分为水体污染、大气污染、固体废物等控制目标。水体污染控制目标是规划乡村内的废水排放总量，以及乡村水体的污染物含量。制定更为详细、具体的水体污染的治理目标，以保证地表水和地下水的水质在要求的范围之内。大气污染控制目标是规划乡村要达到的各项空气质量指标和大气污染指标。制定相应计划，在规定时间内把该乡村主要的大气污染物控制在所设定的标准范围内。固体废物控制目标是规划乡村内各种类型企业的固体废物的产生量和排放及居民生活垃圾的占地面积等，制定更具体的目标及措施，用来提升固体垃圾的有效处理和综合利用率等。

（2）乡村经济社会发展目标　　为响应党的十八大提出的社会主要矛盾的变化、人们对于美好生活的向往、经济发展步入新时代和"全面小康"建设的号召等新的政策和方针。国家对于"三农"问题的关注力度进一步加大，美丽乡村建设、乡村振兴战略等多项国家战略如火如荼地开展起来。乡村的发展扶持力度空前巨大，在国家的政策号召下，乡村的发展越来越成为乡村规划的重要目的。作为乡村规划的一个子规划，乡村资源环境规划也将以乡村发展作为重要的规划目标，特别是对于发展旅游业的美丽乡村和特色小镇，乡村资源环境规划目标对于乡村规划尤为重要。

4. 按规划时间分类

乡村规划目标通常按时间可分为短期（年度）、中期（5～10 年）和长期（10 年以上）目标，在具体制定时要与上级国土空间规划相互衔接。在制定规划目标时需要遵守一定规则：短期目标要做到详细、客观、准确、易实现，要让人们在规划的时间内看到显著有效的变化；制定中期目标需要定量与定性相结合；制定长期目标要求眼光放长远，该目标具有战略意义。从关系上看，长期目标通常是中、短期目标制定的依据，短期目标则是中、长期目标制定的基础。

5. 按空间范围分类

乡村资源环境规划通常是针对一个乡村范围。但对乡村中特定区域也可以规定特定的相关目标，如草地、湿地、宅基地及乡村企业聚集地等。总体上来看，上一级资源环境（县域）目标是下一级资源环境（乡村）目标的依据，而下一级资源环境目标则是上一级资源环境目标的基础。也就是说，小范围的规划目标要符合大范围的目标体系，服从上位规划。

（三）乡村资源环境规划目标制定的原则

1. 以乡村资源环境特征、性质和功能为基础

确定规划目标要准确定位乡村的性质和功能，抓住其特征。对于污染严重、防治能力较差的地理聚集区，如居民聚集点、水源地、生态涵养区等，相应的目标应高一些，而对环境容量相应较大、承载能力比较强的区域，如水田、道路，可以适当放低目标，推动乡村区域经济发展，并最终反过来促进环境友好，最终实现环境经济相适应。过去乡村资源环境目标的确定多采用"一刀切"的办法，许多乡村资源环境目标过高或过低，造成资源浪费、经济和环境利用效率低下等问题，因此在目标制定过程中应综合分析，充分结合区域特点，区别对待，因地制宜，才能确定出适合乡村的资源环境持续发展的最佳目标。

2. 以经济、社会发展思想为依据

发展乡村经济社会的核心思想是人口、资源、环境相协调的发展理念，并将社会、经济、技术等相结合，也表明了发展乡村经济与保护乡村资源环境的关系。乡村发展的目的就是满足乡村居民对于生活环境质量提高的要求，争取做到宜居、公平、经济、环境四种价值观相协调。如果只有发展乡村经济的目标，而无乡村资源环境的目标，只有乡村经济发展的规划，而没有保护和改善乡村资源环境状况的规划，势必造成乡村过度发展工业和一些污染企业，造成资源环境的浪费和破坏，长此以往，恶性循环，乡村经济发展堪忧。

3. 协调乡村居民生存发展对资源环境质量的需求

乡村资源环境规划目标不仅要满足乡村资源环境与乡村经济协调发展的需要，还要满足乡村居民生存发展的基本要求。一方面，确定的目标应高于乡村居民生活对环境质量的要求；另一方面，确定的目标也要高于乡村资源环境质量所能供应的生产力水平要求，确保提供符合标准的生产要素（工业用水、空气、生产材料和能源等），从而保证一

二产业在乡村经济发展中的带动作用。

4. 满足现有的科技、经济等条件

乡村资源环境规划需要一定的科学技术保障条件。制定目标时应结合乡村现有的管理模式、先进技术和人才结构等问题，在推动美丽乡村和乡村振兴的国家战略引导下，多鼓励和引进高知识分子、新技术进入乡村。人才作为乡村振兴战略发展背景下的生命线，发挥强有力的推动作用，为实现乡村可持续发展、资源环境改善、"又好又快"地发展乡村经济贡献力量。同时，在乡村资源环境的规划目标和乡村经济目标协调起来加以平衡时，需要分析资源环境保护治理在规划实施期间的乡村经济水平和上级政府拨款数额，进而确保资金的投入。

5. 规划目标要求做到定量化、时空分解

具体化目标——无论是定性还是定量目标，都要对目标进一步地做出详细规划。因为在时间和空间上分解细化目标，通过该方式形成的目标有更明确的方向，也更容易实现，有利于乡村资源环境规划方案的监督、管理、执行和阶段性检查。

（四）确定乡村资源环境规划目标常用的方式

1. 定量分析乡村资源环境规划目标

在目标分析过程中常用定量化的方式，这种方式确定的目标都应该有具体的数量，用来表示乡村资源环境质量要达到的程度或标准。它的优点是能明确表示目标的导向及完成的程度，方便管理、监督和实施。这种确定方式在中、短期规划中应用较多。

2. 定性分析乡村资源环境规划目标

用定性的方式描述目标，也就是用概要的描述性语言规定乡村资源环境质量所要达到的要求，无须明确具体数量。优点是能较全面地展望规划成果，制定更高级的目标，定性描述目标通常在中、长期规划中使用。定性目标常用来确定定量目标，但其本身不具有操作性。

3. 半定量分析资源环境规划目标

半定量分析是介于定性和定量之间的一种分析方式，能在有效规避定量、定性方法缺点的同时，综合定量、定性确定方法的优点。主要使用的有交叉影响分析法、德菲尔法、层次分析法和内容分析法。适于确定一些模糊目标并可以在较短的时间内做出简单、迅速的分析，便于确定目标。

（五）乡村资源环境规划目标的可行性分析

1. 乡村资源环境保护投资分析

当乡村规划的目标确定之后，其余相关的详细指标，如相应的乡村污染物总量削减指标、乡村环境污染控制指标、乡村环境工程设备建设指标等也应该及时确定下来，以便后续工作的有效进行。乡村资源环境保护投资分析即在各项设备购买资金或者指标建设资金及考虑保留相应的预留资金情况下确定项目的总投资金额，并将其与国家和地方准备投入的乡村资源环境保护资金相比较而得出结论，并在结果反馈的基础上，根据需要对目标重新修正，保证资金的最大效益使用及工程的有效完成。随着国家对于"三农"问题的重视，国家给出的经费也相应地逐年增长，取消相关税收、增加对农业的投入、提高粮食价格及粮价的保护机制、农村道路的修建等机制都在一定程度上给予了政策福利，为发展乡村的自然、经济和社会等方面提供基础支撑。

2. 技术力量分析

技术力量分析主要包括乡村资源环境管理技术、乡村环境污染防治技术及技术人才与技术推广等方面。目前的资源环境管理制度已由曾经单一的定性管理转向定性、定量综合管理，并已展示出最终走向定量管理的趋势，同时其控制方式由点源转向集中，末端转向生产全过程的控制。管理技术的提高可提升目标分析的准确性、保证规划有效实施等，进而为乡村资源环境目标的实施提供强有力的支持。污染防治技术、科学技术的发展为环保事业的发展做出巨大的贡献，迅速发展的科学技术推动了污染防治技术的进步，具体有以下表现：第一，工业生产开始了从制作原材料的处理、生产和加工、产品设计到废物回收利用一条龙的污染整治运用，新技术的采用，将最终淘汰高资源消耗、低效益的生产设备和效益低下的老技术、旧设备，向既提高资源利用率，又促进经济发展的方向推进，这使得环境规划目标得以快速实现。第二，技术人才与技术推广。劳动人员的素质向来是技术管理层面的重要内容。众所周知，古往今来，人才都是推进历史变革和实现创新进步不可或缺的力量。然而事实却是当前我国在资源环境管理领域缺乏技术过硬的专业人才，人才结构不明晰。这一先天不足的环境将严重影响到新技术的更新和普及，因此我们在确定目标可达性分析中，要充分认清规划区域内有关环境领域的技术人才的储备优势，考虑到其技术力量和执行力度，以支撑环境目标的实现。

3. 污染负荷削减能力分析

此项内容的分析与乡村资源环境目标能否实现有着密切的联系。通常乡村污染负荷削减能力包含两个部分：现有的削减能力和潜在的削减能力。现有的削减能力是通过对乡村污染物含量现状的调查评价和计算，估算出现在的削减力；潜在的削减能力是对未来该区域内污染负荷削减能力的预测，具体步骤是在已有削减能力的基础上进行预算估计、按照一定的模型计算出未来一段时间的乡村可能增加的污染负荷削减能力（削减潜力），得出乡村的污染负荷削减能力之后，将它和实现乡村资源环境目标所要求的污染负荷削减能力进行比较，据此推算最终的可行性分析结果。

在对污染负荷削减能力的不断推算过程中，可以使其指标的选定和模型的构造不断精准，得出更为准确的预测值，有效提高可行性分析的质量。

4. 其他分析

在对环境目标可达性的分析中，还需要分析其他有关因素，如部分乡村经济实力落后、传统的生产方式、陈旧观念加之教育水平较低的现实，导致了一些村民素质不高，生态环境保护意识薄弱，这对资源环境规划目标的落实有一定的阻碍作用，与更加开放、经济文化发展水平更高的乡镇相比，资源环境目标更难实现。此外，还必须分析其他影响实施的因素，如控制措施和法律法规的执行程度，法律法规实施的有效性和无效性取决于执法管理部门、群众、政治和经济等多方面权衡，因此规划者应全面分析规划目标的可行性。

二、乡村资源环境规划指标类型和指标体系

乡村资源环境评价指标体系要能从整体上展现出环境系统的要素，如内部结构、外在状态、各个子系统之间的联系和目标的实现程度。同时，在构建乡村资源环境规划指标类型和体系时满足以下条件：指标能够真实、客观地反映系统的特点；指标在可操作的范围内，符合现有的技术水平和生产力水平；需要多种类型的指标相结合，尽可能综合考虑到不同的方面；需结合系统本身要素特征，按照一定的逻辑顺序建立指标体系。

（一）乡村资源环境规划的指标类型

根据内容来分，目前我国环境规划的评价主要有五大指标，涵盖五个热门领域：社会经济、能源利用、资源利用、生态环境和自然环境。针对乡村这一特殊群体的环境规划指标体系而言，目前我们国家还没有具体的、权威的、可供系统学习的模型和研究支撑。现在关于此类环境目标体系的研究大多数是从环境影响评价的基础上发展起来的，同时是战略环评的重要部分。乡村资源环境规划指标多而且复杂，虽然关于研究乡村资源环境规划指标体系的工作随着时间和技术的推进在不断完善，但是由于乡村和乡村之间的较大差异和多元化的需求，离规范化、标准化还有一定距离（表 3-1）。

表 3-1　规划指标分类依据及对应的主要类别

分类依据	主要指标类别
按内容	数量指标、管理指标、质量指标
按表现形式	总量控制指标、浓度控制目标
按复杂程度	综合性指标、单项指标
按范围	宏观指标、微观指标
按地位作用	评价指标、决策指标、考核指标
按规划中作用	指令性指标、规划指标、相关性指标

目前，针对指标的具体分类主要采用按其对象、作用及在乡村资源环境规划中的重要性和相关性来进行，包括乡村资源环境质量指标、乡村污染物总量控制指标、乡村环境规划措施与管理指标及其他相关指标。乡村资源环境质量指标是指该区域内自然环境要素和生活环境（如安静）的质量状况，通常以乡村资源环境质量标准为基准，乡村资源环境规划的出发点就是乡村资源环境质量指标，其他指标都是围绕完成乡村资源环境质量指标确定的。乡村污染物总量控制指标体系是根据乡村的环境特点和环境容量来确定的，其中又有容量总量控制（total capacity control）和目标总量控制（target total amount control）两种。污染物容量总量控制指标把污染源和环境质量联系起来考虑，以此寻求源与汇（受纳环境）的输入响应关系，体现了未进行规划前该区域自然的环境容量，属于自然约束；目标总量控制则体现了规划的目标要求，属于人为约束。乡村环境规划措施与管理指标通常是由相关部门（各级地方所属的环保部门）进行统一的规划和管理，要求首先符合乡村环境污染物总量控制目标以达到规划所设定的目标。一般来说，该类指标与被规划地区环境优劣有着直接的联系。其他相关指标大多包含在乡村经济和乡村发展规划中，都与乡村资源环境指标有密切的关系，对乡村资源环境质量有深刻的影响。这些相关指标的具体内容是超出乡村资源环境规划本身所涵盖的内容的，因此通常情况

下我们为了更全面、清楚地了解资源环境规划指标体系，使其具有科学性、可行性，将其作为相关指标纳入。目前我们通常所指的其他相关指标主要包含经济指标、社会指标、生态指标三大类，特别需要注意的是，随着公民素质的提升，人们的环保意识越来越强，生态类指标在环境规划中拥有关键的地位（表 3-2）。

表 3-2 乡村资源环境规划指标类型及具体内容

指标类型	指标的细化	具体内容
乡村资源环境质量指标	大气污染指标	总悬浮颗粒物（年/日均量）、达到大气环境质量的等级（年/日均数）
	水环境质量指标	居民饮用水质达标率、饮用水源地、农业灌溉水达标率、地表水所达到地表水水质标准的类别或化学需氧量（COD）、总硬度、地下水矿化度、硝酸盐氮和亚硝酸盐氮等化学物质含量
	噪声指标	噪声程度、昼夜等效声级和达标率（主要针对坐落在铁路或者自身带有小型企业的乡村）
乡村污染物总量控制指标	大气污染总量控制指标	SO_2、烟尘、燃烧秸秆、工业粉尘等的总排放量
	水污染总量控制指标	在生产生活过程中对乡村水体有危害的物质要给予重视，如农药、化肥等
	固体废物总量控制指标	生活垃圾、有乡镇企业的乡村的固体污染等
乡村环境规划措施与管理指标	乡村环境污染控制指标	污染严重的乡村企业数，关、停、并、转和迁移数目，污灌水质
	乡村水域环境保护指标	居民生活用水，水源地，生态涵养区，沼泽，功能区的工业废水、生活污水、COD、氨氮纳入水量（湖泊总磷、总氮纳入量）
	重点污染源处理指标	污染物处理量、污染物削减量
	保护区建设	古乡村文物保护和乡村生态资源保护
其他相关指标	乡村经济	乡村地区生产力、主要从事的产业、各产业产值、乡村规模企业的数量等
	乡村社会	居民人口总量、自然增长率、生活水平、受教育程度等
	乡村生态	乡村森林（植被绿化）覆盖率占地面积、人均土地（农田）资源量、湖泊水域、耕地面积等

（二）乡村资源环境规划指标体系

通过定量或半定量地测定和预测乡村规模、性质、结构、土地利用及环境容量等，掌握乡村资源环境的现状与未来情况，进而对乡村未来一段时间的发展做出科学的规划，保证实施过程中准确地控制、调整与反馈，推进乡村社会、经济、环境三者统一协调地发展，需要制定出一套科学的、能够客观反映乡村资源环境质量状况和社会经济发展状况相关性的指标体系。因为该体系要涉及的方面繁杂，要考虑近乎所有乡村人类活动及其活动所可能带来的影响，迄今为止的规划工作缺乏符合标准的相关体系。

1. 乡村资源环境规划指标体系概念

从狭义的视角来看，乡村资源环境规划指标体系是指在进行乡村资源环境规划研究时所需要的数据总体，具体包括自然指标、社会经济指标、环境指标等，其中自然指标包括地质地形、气候特点、水文分布、土壤/资源/生物资源的储量、开发量等生态环境指标；社会经济指标包括乡村的经济结构、人口密度、交通情况等；环境指标包括污染物产生量、排放量等污染性指标，污染物浓度和分布及环境质量评价等。

乡村资源环境规划指标是直接反映乡村资源环境现象及相关现象的事物，并用来描述乡村资源环境规划内容的数量和质量的具体特征值，其包含两方面的含义：表示规划指标的内容和所属范围，即规划指标的名称；表示规划指标数量和质量特征的具体数值，即经过实地的调查登记、汇总整理而得到的具体数值数据。乡村资源环境规划指标是乡村环境规划工作的基础和实现规划过程的定量化研究的重要组成，在整个规划工作中都有着重要的作用。

2．建立乡村资源环境规划指标体系的原则

建立乡村资源环境规划指标体系，就是要建立起准确、全面、系统和科学地反映规划过程中乡村资源环境现象特征和内容的一系列乡村资源环境规划目标。为了切实准确地完成规划指标体系的制定，必须满足以下的原则。

（1）整体性原则　　要求乡村资源环境规划的指标完整全面，既能反映乡村资源环境规划的全部内容，又能在乡村资源环境规划过程中兼顾社会、经济等人文指标，由此构成一个完整的乡村资源环境规划指标体系。

（2）科学性原则　　利用科学的方法来建立乡村资源环境规划指标体系，只有科学的规划指标才能指导科学的规划工作，也才能保证最后规划目标的实现。

（3）规范性原则　　乡村资源环境规划指标体系由多元化的指标组成，规划人员需要根据其不同特征性质将各项规划指标进行分类和规范化，确保各项乡村资源环境规划指标的范围、含义、计算方式具有完整性和统一性，并且能保持相当长的一段时间不会变化，确保未来一段时间内乡村资源环境规划指标的精确性和可比性。

（4）可行性原则　　要根据乡村资源环境规划要求来设定相应指标体系。乡村是一个特殊的区域单位，在指标规划过程中需要考虑到乡村这一群体的特殊性，如其具有较多的耕地和基本农田保护区，这就需要在指标体系中切实增减相应的指标以符合规划要求。

（5）适应性原则　　乡村资源环境规划指标体系要同时适应规划本身和人双方的要求。也就是说，体系既要适应乡村资源环境规划的要求，也要考虑符合资源环境人员工作的要求。除此之外，设定指标体系在尽量满足乡村资源环境规划工作需要的同时，还需要考虑到目前的可完成性，如果只是强调指标的完整无缺，将会增加之后统计指标工作的难度，如果超出统计部门的能力，就会带来不利的影响。

（6）选择性原则　　进行乡村资源环境规划指标体系选择时，要注意选取那些具有独立性、现实性和必要性的指标。尤其注意乡村资源环境综合整治指标要关注其代表性和可比性，不仅能体现乡村综合治理的水平，还可以得到客观准确的评价。

第二节　乡村资源环境评价和预测

一、乡村资源环境评价

在乡村资源环境规划中，要对环境和资源进行广泛的、全面的监测和调查研究，并根据调查研究结果对指标进行分析，其结果有利于具有说服力地、直观地评判乡村资源环境现状，对于规划目标的确定具有指导意义。

乡村资源环境评价是在调查乡村资源环境的基础上，运用数学统计和计量的方法，依靠 Excel、SPSS、灰色系统建模软件等可视化数据工具进行统计分析，对乡村经济社会、自然资源、生态环境等做出定量的评价和定性的评述，进而为乡村资源环境规划提供基础支撑。乡村资源环境评价有利于因地制宜地、有针对性地制定规划目标、发展举措等。乡村资源环境评价的作用主要表现在以下几个方面：第一，乡村资源环境评价能够为规划编制者、规划管理实施者、规划监督者等提供乡村的现实状况、未来发展情况等，从而为保障乡村经济社会发展与乡村生态环境、自然资源协调发展等提供基础支撑；第二，乡村资源环境评价能够明确乡村发展的资源环境的支撑条件和约束条件，促使规划编制者制定合理的发展举措，以及规划执行者能够严格遵循规划具体规定的、可行的措施，进而推动乡村可持续发展；第三，乡村资源环境评价能够促使乡村在建设中高效地利用资源、保障环境质量、落实绿色发展理念等，进而促使规划能够与资源开发利用、生态环境保护、社会经济发展等的发展趋势相吻合。总体来看，乡村资源环境评价的重要性主要体现在以下三大方面：为乡村自然资源开发、生态环境保护、社会经济发展等提供充分的科学依据；为乡村的自然、社会、经济的发展指明正确的方向；促使社会经济发展与生态环境建设协调发展，推动乡村绿色、可持续发展。

（一）乡村资源环境调查与信息采集

信息的采集是规划工作中必不可少的一个步骤，规划的实施过程中需要不断地反馈信息以确保规划分段实施的进程和优化下一阶段的目标，确保规划按照预定的总目标发展。乡村资源环境的信息和情报的收集是贯彻于整个乡村资源环境规划过程的，是整个规划系统的重要支持。

拥有客观真实的环境现状监测数据对于环境影响评价最终结论具有重大意义，数据是否具有准确性、代表性、完整性、可比性等，是影响环境评价结论正确与否的重要判断依据。

1. 信息的来源与内容

最初的信息情报主要包括与规划乡村有关的一切经济、社会、科技、人文及自然、生态污染的内容。随着乡村规划目标的进一步细化，相关的研究细节需要更为详细的指标数据，如环境空气、地表水、声环境、地下水、土壤及地质等众多环境要素，要获取这些技术性强、专业面广的数据并不容易。情报来源主要有先前（乡村的上位规划）的规划统计和基础、统计部门中该乡村的统计年鉴、有关部门的规划和背景材料、实地考察及调研所得的一些数据结果，以及专家提供的信息情报等。

2. 信息的采集方法

查阅和收集公开发表的有关乡村的文献资料；召开专家和管理部门的座谈会；吸纳与规划内容有关的干部、部门、专家和规划书参编人员的建议；进行网上民意信息采集和调研；线上问卷和线下问卷、实地走访相结合；委托科研单位如学校进行相关测算和数据计算；依靠乡村政府和统计部门或乡村上级部门的信息情报渠道查阅文献资料等。

3．信息使用的注意事项

初期情报分析应快速地确定规划方向和结构，缩小情报收集的范围，从而更有针对性地搜集有效情报。对收集到的资料进行仔细甄别，过滤掉失去价值或者是缺乏价值的资料，以确保数据的有效性和准确性。

（二）乡村资源评价与分析

科学评价乡村资源环境现状条件。首先就以下几个大方向进行调查和现状分析，如区位、经济基础、发展前景、社会与科技发展条件；其次要对具体的自然条件、资源占有率、生态环境和基础设施建设现状进行科学、客观的分析；最后要对县域、乡村的各业发展优势条件及不利条件、制约因素进行综合归纳和有机结合，做出科学评价。

1．乡村自然资源评价

自然资源评价主要是为了测算乡村资源环境承载力和乡村土地适应性等。评价的主要对象一般为乡村水资源环境、大气资源环境、土地资源环境、森林资源、矿产资源等，不同乡村由于资源禀赋、发展水平等不同，评价的主要内容也有所差别，但其评价过程中的具体流程类似，即将资源环境承载力或者资源开发利用适宜性作为分析目标，然后选择相应的变量指标，对该乡村的环境承载力或适宜性进行分析。这种评价方法的优点是可以直接地从微观的视角对该乡村地区经济发展、社会发展或其他方面进行评价。这种方法也有它的局限性，即只适合于特定的资源或环境要素分析，而乡村社会、自然、经济子系统之间的联系机制较难衡量。对乡村资源环境进行分析之后就需要对收集到的数据进行研究分析，确定目前乡村所存在的资源环境、社会经济等问题并确定未来乡村发展的方向、目标、策略等。

2．乡村经济、社会现状评价

乡村经济、社会现状评价主要是对乡村的产业比例、农田、居住地布局现状、资源优势和利用状况、人口状况、科技水平、居民基本特征（密度、分布、结构、人均农田面积）等进行研究分析。

3．乡村资源环境承载力评价

乡村资源环境承载力是指在一定时间、乡村区域、技术水平和现有资源环境现状的基础上，以环境承载体结构、功能不受破坏为前提，在保证符合其社会文化准则的物质生活水平下所能承受的人类活动极限，是乡村资源环境结构对乡村居民、乡村经济发展的最大支持力。乡村资源环境承载力与居民活动所产生的资源环境压力相对应，在一定程度上体现了乡村资源环境载体承载居民生活生产的能力，它具有环境、社会、经济多种层面的内涵。在资源层面，乡村资源环境承载力是指在生产力水平稳定的条件下，乡村资源环境载体能够满足居民需求的供给能力；在环境维度上，乡村资源环境承载力是指环境承载体对污染的稀释、净化能力。

乡村资源环境承载力会随着乡村经济发展、乡村经济社会关系的变化而发生变化。乡村资源环境承载力与乡村资源、环境等压力关系到乡村社会经济发展、生态环境安全等重要问题。因此，乡村资源环境承载力和乡村环境、资源压力等的评价是在规划中必不可少的，它能为编制乡村经济和社会发展规划提供重要依据。同时，乡村资源环境承载力也是乡村经济和乡村社会发展规划、乡村环境评价的切入点和落脚点。乡村资源环境承载力评价的要求：能定量预测乡村各个时段的资源环境承载力大小和压力阈值；能分析出造成乡村资源环境承载力变化的主要原因，并制定应对措施；进行资源压力和资源环境承载力相关性研究。

（三）乡村环境评价与分析

1．乡村环境调查及监测内容确定

乡村污染源相较于城市较少，但随着乡村工业和乡镇企业落地，乡村污染源调查也显得尤为重要。了解乡村主要污染物的毒性和排放量，综合判断污染物对于乡村水资源和土壤资源的潜在威胁和破坏作用，选出主要的污染物，并确定来源，方便后期有关部门对污染源的监管和控制。

2．乡村监测网点布局

根据乡村企业、耕地、基本农田布局和乡村要素布局特点及自然条件因地制宜地安置合理的监测网点。

3．获取乡村环境污染数据

获取乡村环境污染数据即利用科学的方法，有目的、有系统地收集能够反映乡村环境污染物属性信息，如浓度、时间、空间等信息，进而为后续的分析评价提供基础支撑。乡村污染物主要源头有以下四种：①本身含有大量病原体、容易成为疾病传播主要来源的人畜粪便、污水等。②污染物因燃烧不完全形成的空气污染，引发人类呼吸系统病症的大量芳烃、一氧化碳、氯化物等有害气体的聚集。③政府对于农药、化肥滥用制定的防护措施。不科学使用化肥、农药会对土壤和水体造成直接的不可逆的污染。④农村地区工业污染。乡村企业的很多生产行为会产生许多有毒有害的固体、气体、液体废弃物，污染自然环境，危害人体的健康。

4．乡村环境质量综合分析评价

对采集到的数据量化分析，用数学统计和计算机作图的方法表示乡村的环境综合质量状况。

5．人体健康风险评估和资源环境质量关系分析

人体健康风险评估和资源环境质量关系分析包括多种分析方法，如通过美国环境保护署推荐的环境健康风险评价模型，分析各污染物在乡村人群暴露特征下的环境健康风险；也可分析乡村的疾病发病率（死亡率），研究发病与乡村的环境质量之间的相关性等。

6．乡村环境污染计算和未来环境预测研究

以监测到的数据为基础数据，建立合理的环境污染模型，确定其参数方程，将算数预测得到的环境数据与实时监测到的数据进行比对修正。

（四）乡村资源环境评价的注意问题

乡村资源环境评价中应注意以下几个方面的问题，进而确保评价结果精度，为乡村资源环境规划提供必要的支撑。首先，评价所用的参数要范围广、可控制，参数需要具有代表性和简明性，可以用来反映评价对象基本表征。其次，评价标准和方法需要符合

科学的计算原则，具有统一性和可行性，首要参考国家颁布的相应标准。再次，乡村资源环境是一个整体，乡村环境评价、乡村资源评价也是一样，因为评价最终要达到为乡村资源环境规划提供依据的目标，所以在评价过程中要突出重点，找出主要矛盾。最后，乡村资源环境评级需要将资源环境问题和环境矛盾来源建立有机联系，用整体的眼光、系统的方法论进行评价分析，为乡村资源环境规划奠定基础，为乡村的整体发展和乡村产业布局提供科学的建议。

二、乡村资源环境预测

乡村资源环境预测是指根据过去掌握的发展资料和发展规律，运用现代科学的方法和技术，对未来一段时间的乡村资源环境状况和乡村资源环境发展趋势及一些主要问题进行分析描述。主要是为了预测出资源环境目标实施过程对资源环境状况的改变，以便提前部署好时间和空间安排。所以，乡村的经济社会发展成为乡村资源环境预测的主要内容。

（一）乡村资源环境预测的依据

1. 乡村资源环境质量评价

乡村资源环境质量评价是乡村资源环境预测的基础，通过规划前对乡村资源环境现状进行评价，可以为科学的乡村资源环境预测提供有力的基础资料。通过调研（线上＋线下）得到的结果不仅可以作为乡村资源环境规划的基础材料来进行预测，还可以作为基期数据与未来的不同规划时间段进行对比，分析规划实施情况好坏。乡村资源环境质量评价即环境影响评价的意义如下。

1）有利于较为全面地揭露展示区域内部环境质量的问题。环境影响评价（简称环评）工程师可以依照乡村在过去某段时间内的变化趋势，找出主要矛盾即污染治理的重点对象。找出关键问题之后，有利于提高提供制定综合防治方法和乡村总体规划依据的效率。

2）乡村环评有利于预测、评价将要建设的项目对周边环境的影响，将该项评价纳入规划之中，体现了对于环境的重视度日益增加。

2. 乡村经济社会发展规划

乡村资源环境问题主要是因发展乡村经济引起的，提前测算乡村经济发展目标对乡村资源环境所造成的压力和破坏，可以适当地调整乡村经济发展的目标，从而使得乡村经济社会发展与资源环境可持续相协调。

3. 上位规划对于乡村的定位

乡村资源环境规划的制定还要考虑到上位规划对于规划乡村的未来定位。依据不同的定位可以预测乡村未来不同的环境结果。例如，上位规划中规定打造 a 乡村为旅游示范乡村和打造 b 乡村为乡村工业园区，这样的目标定位毋庸置疑在未来会造成 a 乡村的环境质量好于 b 乡村的情况。

（二）乡村资源环境预测的基本原则

乡村资源环境预测的基本原则主要包括以下几个方面：①乡村经济社会发展是乡村资源环境预测的基本依据。通过监测分析乡村经济社会发展与乡村资源环境变化之间的联系和规律，掌握乡村资源环境和乡村经济社会之间的联系，确定它们之间的变换规律及相应的内部联系。②乡村技术创新是主要生产力。创新技术发展是乡村经济社会进步和乡村资源环境优化的第一生产力，技术发展是环境预测的重要组成部分，对于乡村这一特殊区域，因为其在科技方面投入较少，所以对于技术创新这一方面需要乡村政府及上一级政府加强引进，以保证乡村区域的合理发展和绿色发展，减少对于乡村生态环境的破坏。③突出问题、抓重点。突出问题即对规划过程中的重难点问题突出展示集中解决的过程，抓重点就是对关键性问题的把握，有利于后续工作中对症下药。这样不仅能减轻工作负担，还能提高准确率，从而加强规划工作的整体效率。④具体问题具体分析。乡村资源环境规划过程中存在着各种各样的问题，对于特定的问题，我们要考虑到问题的特异性及结合问题发生的乡村环境背景的特点进行具体分析。

（三）乡村资源环境预测的类型

可以根据预测目标、预测采用的数据、预测结果等的差异性，将资源环境预测大致分为三类：趋势预测（警告型）、目标导向预测（理想型）、对策预测（规划协调型）。其中，趋势预测是根据乡村现有的经济社会基础及社会发展规律，在没有任何外界因素干涉的理想情况下预测该乡村资源环境发展的趋势和结果，是基于现状的一种预测方式。目标导向预测是人们主观上想要达到的一种状态水平。它提供了乡村发展的上限状态水平，各类污染达到乡村资源环境保护标准，污染系数存在一个递减的速率及排污符合一定的基准，是基于目标的一种环境友好型预测，是优先发展环境模式乡村的首选。对策预测则是对乡村资源环境与社会经济相协调发展的一种预测手段。对策预测是最常用的预测类型，也是主要的规划依据。这种预测必须考虑到不断进步的技术、乡村企业减轻污染结构的合理化、环境治理能力提升、农业发展、生态改良等动态因素，对乡村资源环境预测结果更贴合实际。

（四）乡村资源环境预测的内容

1. 乡村社会经济发展预测

乡村人口的总数、密度、分布和平均收入水平，居民的文化水平、素质、保护资源环境意识，居民的生活居住水平、消费倾向、经济来源、收入水平，乡村的产业布局、三产比例、生产力发展水平、经济条件等变化趋势及乡村经济基础等都会对资源环境的规划产生重大影响。乡村社会发展预测的重点是人口预测，如估算过去和现在的人口和经济状况、预测未来的人口和就业、评估人口和就业变化对于社会经济的影响、决定最优的人口与经济水平等，乡村经济发展预测的重点是乡村资源消耗预测、生产值和产业产值预测。同时还包括乡村的经济布局与结构、交通建设、基础设施建设和其他大型经济建设项目的预测。

2. 乡村环境容量和资源预测

根据乡村环境功能区划、乡村环境质量标准和乡村环境污染状况预测乡村环境容量的变化，同时通过产业结构和居民数量预测资源支持和资源供给。

3. 乡村环境污染预测

乡村环境污染预测主要包括预测乡村各类污染物的含量及分布等基础信息、乡村发展过程中可能出现的新型污染物、乡村在规划期可能削减和降解的环境污染物的数量、乡村在规划期内需要对污染整治的投入、污染物本身对乡村社会发展造成的经济损失等。不同乡村需结合自身的实际情况，有针对性地进行污染物方面的预测分析或宏观确定污染排放系数（排污系数），即弹性区间（弹性系数）。

4．乡村资源环境治理和投资预测

在乡村发展过程中，科学技术水平的提升、发展观念的改变、产业结构的调整等都会对资源的开发利用、生态环境的保护、物质的循环利用等产生影响，同时在处理污染物时，处理设备的投资、处理措施的改进和处理效果的改变也会影响污染物处理的效益，如何保证乡村资源环境治理的总量及所需的资金是乡村资源环境规划面临的一个重要问题。因此，乡村资源环境治理和投资预测也是推进乡村绿色发展的一个重要的举措，尤其对于以工业生产为主或者环境污染较为严重的乡村。

5．乡村自然资源预测

依据乡村发展现状及过去的发展情况，对主要的乡村资源指标进行预测，如水资源、矿产资源、地下水位、农业生态环境、农业耕地数量、土地使用现状、风景名胜区及历史文化遗留区的变化趋势。

6．乡村资源环境承载力预测

乡村资源环境承载力预测是指在未来一段时间内对乡村资源环境承载力变化的预估，需要定量预测不同发展模式下的乡村环境承载力和环境压力的绝对值。

乡村资源环境作为一个复杂的、动态的系统，在不同的发展时期，其各要素往往以不同的结构形式存在，而每一种结构形式有唯一确定的对于外部压力变化的承载能力，在一定程度的外部压力变化之下，它本身的结构功能不会发生质变，这种资源环境本质就是环境承载力的根源。乡村居民行为对于乡村资源环境系统的影响是改变乡村资源环境承载力的主要原因之一。同时，乡村资源环境承载力直接关系到乡村可持续发展的能力，在乡村资源环境承载力的预测基础上去分析不同模式下的乡村资源环境承载力的变化，一方面使得经济发展手段对环境更加友好，另一方面也增加了规划的可行性要求。乡村资源环境承载力预测的要求：收集不同方案造成的乡村资源环境承载力和压力的数据，通过计算分析比对，找出最适合乡村的规划方案；根据乡村资源环境承载力和压力的预测结果，进一步明确乡村资源环境规划方案，更加细化规划方案的条目；寻找增加乡村资源环境承载力的方法，如改善环境质量、对未开发区域和被破坏的区域进行修复，进而通过增大资源容量、增强环境的自净能力以减轻资源环境压力。

（五）预测方法及选择

1．乡村资源环境预测思路

乡村资源环境预测是在目前的经济社会基础和资源现状评价的基础上，结合乡村的发展计划，预测分析未来一段时间的发展状况，也能用数学的方法进行计算，推演出乡村未来的资源环境状况。通常需要以下三个要素。

（1）充足的信息　　把握影响资源环境的关键因素。通过实地调研获取乡村资源环境信息，从而获得一些具体指标，如村庄绿地率、生产生活用水水源水质达标率、居住区环境噪声、农作物灌溉用水的水质、土壤是否富有肥力；村落规划布局合理性、建筑设计是否体现地方特色文化、文物和古民居保护措施、生活垃圾分类收集率、垃圾集中收集率；土地集约、能源节约、水资源节约、生物质能利用率、太阳能利用率、节水灌溉等。

（2）合理的模型　　符合变化规律。通常根据模型本身的性质特点将预测方法分为定性预测、时间序列分析、因果关系预测三类。定性预测方法适合用于没有历史数据的整体对象，如从来没有进行规划的山地、交通状况不方便的村庄。对这些区域只能根据规划工作者以往规划工作中获得的经验判断和直觉进行定性预测，因此十分依赖规划工作者的主观逻辑判断。时间序列分析，顾名思义与时间有关，适合运用于通过简单的数据分析预测系统整体随时间这个唯一自变量变化的趋势等。具体方法如下：通过一些资料的收集，整合规划乡村区域已有的历史资料。只考虑系统整体中随时间的变量及它的变化规律，按照变化的趋势，根据一定的模型对规划区域未来一段时间内的变量表现做出定量预测，主要包括移动平均法、指数平滑法、趋势外推法、灰色预测模型等。因果关系预测是基于分析对象之间存在的某种前因后果关系，创建两者之间的联系，根据原有的因素变化预测的结果来对想要知道的目标结果进行预测，预测出来的结果既确保大的方向性不错又能符合数据之间的规律。

（3）科学分析预测结果　　预测人要有专业的学术水平。为了确保后期规划的可行性，通常需要综合地从多个方面进行核查与评估。因此，预测人员必须要有相应专业的学术水平。

2. 常用预测方法

目前，乡村资源环境规划的预测方法主要有定性预测、定量预测等方法，其中定性预测技术是指通过分析过去发展趋势来预测未来的发展，通常带有大量主观色彩，以逻辑思维为主要基础，较计算或者模型推演来说有着能处理一些突发状况的优势。定量（半定量）预测技术则通过多种学科领域内容交叉运用，以运筹学、系统论、统计学等知识为基础，定量分析乡村资源环境演变，描述乡村经济社会与环境的变化理论，常用的方法有外推法和回归分析，具体方法会在本书的第五章进行介绍。资源环境预测的目的是要合理地使用和支配资源环境保护资金，所以要求资源环境预测的结果尽量定量化，在平常使用中通常考虑两种预测手段混合使用。

第三节　乡村资源环境功能区划

一、乡村资源环境功能区划的含义与目的

（一）乡村资源环境功能区划的含义

资源环境功能区是一个特定的空间单元，按照国家文件中的主体功能区定位，对不同区域的社会环境、社会功能、自然环境条件及环境自净能力等按照一定标准和分异规律进行确定和划分。在资源环境管理工作过程中，不同的资源环境功能区执行不同等级的质量标准，根据地区所拥有的特征，确定其资源环境功能，并据此确定保护和修复的

主导方向、执行相应环境管理要求。

乡村资源环境规划的功能分区对乡村生态化治理具有重大意义，功能分区使得乡村的发展建设井然有序，在一定程度上可提升乡村的发展效率、效益等。反之，就会出现乡村建设杂乱无章、各种产业无序分布，严重的甚至使得资源浪费现象严重。在规划中划分了功能区，设立了明确的居住区、产业发展区、生态保护区等，乡村整体建设才有可能呈现"人-自然-生态-经济"四者协调发展的美好景象。进行乡村资源环境功能区划的目的在于更好地实现乡村资源环境科学管理，其中区划是根据乡村社会经济发展水平的差异、乡村资源环境结构的差异、资源环境状态和使用功能定位的差异，对乡村进行合理的区域划分；功能区是乡村经济和社会发展中起特定作用的单元，是乡村区域的经济社会和资源环境的综合，功能区的研究对象是乡村资源环境承载力、乡村资源环境质量和变化趋势等，是为了解释乡村资源环境与居民的关系。

（二）乡村资源环境功能区划的目的

资源环境的功能和受到的影响随着不同乡村和乡村区域内部的自然条件和人们生产生活方式的不同而产生差异。资源环境功能区划作为资源环境规划参与"多规合一"的重要抓手应当充分尊重规划乡村本身的自然属性，仔细思考区域经济生产生活对环境的影响，形成一条"环境-经济-社会"三效益相统一的高效的综合管理道路。在乡村资源环境规划中，要求各区域执行同一套资源环境标准或资源环境标准一致是难以实现的，因此为了实现乡村资源环境的投资效益最大化和环境友好，我们必须要实现乡村资源环境上的分区，对每个区域制定有针对性的资源环境利用、保护策略，增强规划的科学性和规划可操作性。区划的目的分为以下几个部分。

1. 方便乡村资源环境规划方案的实现

乡村资源环境区划的作用实质上就是细分乡村资源环境规划过程中的具体对象，因地制宜地制定更为适合的规划目标体系。这有利于整体的乡村资源环境规划目标体系的实施。

2. 可以对比较大的乡村规划进行合理布局

对面积大的乡村实现区划有利于乡村的功能分区，这不仅有利于规划的实施，也加强了乡村之间的功能划分，使得乡村的功能分布从混乱到有序，有利于乡村经济社会的快速发展。

3. 为特定区域确定针对性目标和制定具体环境管理方案

乡村是一个特殊的规划群体，在乡村这一群体的规划目标中，存在大量不同的土地利用类型，尤其是一些自然生态较好、拥有较为丰富的自然资源或者对于自然生态环境要求较高的地区，所以区划还可以将其分开进行管理，有利于为不同的使用类型土地配备与之相适宜的规划目标。

二、乡村资源环境功能区划的内容和基本类型

乡村资源环境规划的主要目标和依据之一是功能与规划相匹配，即乡村资源环境规划的目的就是让乡村的功能更加完善。乡村资源环境规划的区划作为乡村资源环境规划的一部分，其依据应当满足整体目标，即功能要求。同时乡村总体功能的发挥与乡村总体规划相匹配也是乡村资源环境规划的目标之一，区划的作用是更加详细、因地制宜地划分小区域。但需要注意的是，小区域目标必须服从大区域总体目标，最后体现在村庄总体功能要与乡村总体规划相匹配。功能区划与上位规划相互衔接，即乡村资源环境规划是国土空间规划的第五层级规划，作为村组资源环境规划的基础，乡村资源环境功能区划需满足上位区划的要求。

（一）乡村资源环境功能区划的内容

乡村资源环境区划的内容主要包括确定区划的边界并在规划范围内设立监测点、根据乡村社会经济状况对乡村进行相应的目标规划、根据乡村资源环境承载力现状及预测情况确定不同的功能区、建立完整的信息库，加强对规划乡村资源环境的管理统计和信息反馈。

（二）乡村资源环境功能区划的基本类型

1. 乡村资源用途

乡村资源环境功能区划一般包括乡村企业区、耕地和基本农田保护区、工矿区、风景旅游区、水源保护区、历史文化纪念或历史古城区、新产业建设区、保障设施用地及特殊用地等。具体的乡村优质耕地、水浇地、水田、国家或地区确定的优质油、棉、菜、药等地都属于乡村的农用地。在具体区划的过程中可参考乡村的土地利用规划。

2. 乡村环境保护要求

基于乡村环境保护要求，可以划分为重点保护区、一般环境保护区、污染控制区、重点污染治理区及新技术产业区等。其中，重点保护区一般指历史文化遗留地区、风景名胜区和基本农田区等，需要高度关注、给予重点保护的区域；一般环境保护区多指乡村居民居住、以商业活动为主的对生态环境质量要求较高的区域；污染控制区主要是指目前发展质量较好的乡镇企业区及需严格控制污染排放的工业区等，这类区域的目标是通过技术改革和清洁型能源的广泛应用逐步减少污染以变成清洁区；重点污染治理区是指乡村当前环境污染严重，在规划中要加强治理的企（工）业区；新技术产业区是以落地乡村的新型技术为主，是带动乡村经济发展的重要发展区，也是该乡村主导产业培育的核心基地，应单独划出，该区域的资源环境质量标准应根据具体产业需求具体规定。

3. 根据部门资源进行环境区划

（1）大气功能区划　根据国家标准《环境空气质量标准》（GB 3095—2012），其将环境空气质量功能区划分为三类区：I类区，国家规定的风景游览区、自然保护区、名胜古迹和疗养区等具有优美风景或旅游经济价值的地区，以及其他需要特殊保护的地区；II类区，规划中确定的居民区、交通与居民混合区、文化区、名胜古迹和广大村寨、一般工业区，也就是人们生产生活所需要用到的区域，以及I、III类区不包括的地区；III类区，大气污染严重的城镇及工业区，通常是重工业或污染型产业分布的地方及交通干线（两侧50m内）等。

（2）地表水功能区划　根据国家标准《地表水环境质量标准》（GB 3838—2002），

水环境分为 5 类水域：Ⅰ类，主要适用于源头水、国家水资源自然保护区；Ⅱ类，主要适用于集中式生活饮水用水、地表水源地一级保护区和珍稀水生生物栖息地等；Ⅲ类，主要适用于集中式生活饮用水、地表水源地二级保护区及鱼虾洄游通道等；Ⅳ类，主要适用于一般工业用水区和人体非直接接触的娱乐用水地；Ⅴ类，主要适用于农业用水区和一般景观要求水域（农业土壤有比较强的自净作用，故对水质要求不高，景观用水对于水质要求不高）。不同水域对应不同的功能区，对于水质的要求也不尽相同。特别要注意的是，当一块水域同时充当几种不同功能区，需要按最高标准的区域来要求水源地的水质。

（3）声功能区 根据国家标准《声环境质量标准》（GB 3096—2008）规定，声环境可划分为 0、1、2、3、4 共 5 类，分别对应 5 种不同功能区，对应的功能区需执行相应的噪声控制。0 类环境功能区，指疗养院和养老所等需要特别安静的地方。该区域昼夜的等级声级应＜50dB，夜间应＜40dB。1 类环境功能区，通常包括需要安静的区域，如医疗卫生场所（医院）、居民住宅（小区）、行政办公地区、医院、学校、住宅区。该区域昼夜的等级声级应＜55dB，夜间应＜45dB。2 类环境功能区，指集市、商贸等功能区，或者商业、居住、工业混杂区及需要维持安静的住宅区。该区域昼夜噪声等级要求应＜60dB，夜间应＜50dB。3 类环境功能区，指以工业、乡镇企业仓储物流为主要功能，需要防止工业噪声影响周边区域。该区域昼夜的等级声级应＜65dB，夜间应＜55dB。4 类环境功能区，指交通干线两侧的一定区域内，需要防控交通噪声对周围环境造成严重影响。受到噪声污染的区域分为两种——4a 和 4b，4a 类为高速/一级/二级/公路，4b 类为铁路干线两侧区域。该区域昼夜的等级声级应＜70dB，夜间应＜55dB。而乡村噪声在交通方面的主要来源是各级公路和铁路。乡村资源规划也需要关注以上两种区域的噪声控制。这一功能区主要针对坐落在大型交通干线旁的乡村。

对其他的资源环境指标，目前还没有准确的功能区划分方法和质量标准与之对应。在实际运用中可以对环境进行实地检测，然后按照环境目标体系的要求因地制宜地制定相应标准。

第四节 乡村资源环境规划方案生成和决策过程

一、乡村资源环境规划方案生成

（一）乡村资源环境规划方案的设计

1. 乡村资源环境规划方案设计的内容

乡村资源环境规划方案的设计是整个乡村资源环境规划过程工作的中心，要求考虑大环境（国家或地区）和当地有关政府政策规定、乡村资源环境问题和乡村资源环境目标、乡村资源环境现状研究和污染改善状况、乡村生产方式和产生效益的情况下，提出具体的乡村资源环境保护措施和防治对策。

2. 乡村资源环境规划方案设计的原则

善用信息，因地制宜，紧扣目标。充分利用乡村资源环境规划前期准备阶段获取到的各项乡村资源环境指标信息，并根据规划乡村的实际情况，分析乡村资源环境问题和状况，制定具体的乡村资源环境目标，明确乡村资源环境现状及面临的困难，立足于现实及未来的可实现性提出的科学问题，并在规划方案设计中提出解决资源环境问题的举措和对策。

充分利用资源，提高资源使用效率。该原则是发展的需要，资源的利用率决定资源是否过度消耗及环境污染的改变趋势，因为不可再生资源是有限的，低收入高消耗的产业容易造成资源的过度消耗及环境的破坏，所以提高资源利用率是乡村生态保护、乡村生产结构布局、乡村污染整治等的重要方向。规划者在编制规划的过程中，必须树立节约资源、循环利用等资源友好型观点，围绕提高乡村资源利用率展开规划。

规划的实现必须是合法的。规划方案的设计中必须要遵循国家或地区的有关的法律法规，提出的设计方案要避免与法律相矛盾。

3．乡村资源环境规划方案设计的重点

分析乡村资源环境评价结果，明确乡村资源环境存在的问题、资源环境承载能力、污染削减量和可能的污染处理技术及投资，综合考虑乡村资源环境存在的问题及可行的治理措施。在具体规划中体现出乡村资源环境规划的总目标和分目标，通过列表比较的方式明确资源环境现状与目标之间的差距。同时，制定乡村资源环境发展战略和主要任务，提出资源环境保护方向重点、任务和步骤并确定乡村资源环境规划的解决方法和实际措施。作为规划的主体，从现实状况到目标的转变必须要进行各项措施的实施。

（1）**乡村污染综合整治措施**　对乡村不同类型的污染进行综合整治，提出想法和思路，商讨决定具体行动的方案。大致分为三步，第一步是计算乡村污染削减量和总量，将削减量分配到各源头。第二步，分析乡村污染的主要原因，明确目标和整治的重点。第三步，针对性地提出一些管理措施，管理措施的重点应该落实在定期定量考核制度、面对污染状况的综合整治能力、针对污染工厂企业的排污许可证、污染发生危害后的目标责任制、集中控制和限期制定五项制度。综合考虑重点问题和普遍问题，因地制宜地采取措施，解决重要矛盾。

（2）**自然资源的开发利用与保护措施**　抓住主要问题——自然资源的开发利用重点是提高资源的利用率，同时兼顾开发利用与保护并重，要综合考虑经济和生态多种要素。自然资源的开发利用与保护一般由政府进行宏观调控和管理。一方面大力贯彻落实有关的资源保护法律，如《中华人民共和国土地管理法》《中华人民共和国矿产资源法》等，占有土地除了持有占地许可证制度之外还要征收土地使用、补偿费。利用有偿使用矿产资源等经济手段，防止生态破坏和资源枯竭，同时加强对利用地的修复。另一方面，在自然保护区、河流源头、水源地等特殊生态功能用地统一建立一套管理经营体制，要求生产单位满足资源能源指标控制及污染物排放的指标控制，实现资源交税、使用者生产经营许可等。

（3）**生产布局调整措施**　对已建成工厂或发展区，根据乡村资源环境现状和企业及环境发展目标考虑交通、能源、人力等，调整产业经济结构，对分布在重点保护区或者生活区的低效率重污染的产业限期关、停、转、并、迁。根据资源、能源与环境容量综合考虑其经济因素对低污染的新产业或者资源环境友好型产业合理划分功能区，兴建产业结构合理的综合乡村体，形成友好型产业链条，如发展旅游业、绿色生产和低污染低能耗的乡村工业链。措施的最终目的就是提高资源的利用效率，减轻对环境的破坏，随着生产技术的进步，可以使用绿色生产技术以减轻生产布局的限制。

（二）乡村资源环境规划方案的优化

1. 乡村资源环境规划方案优化的内容

乡村资源环境规划方案是指实现乡村资源环境规划目标应当采取的措施和相应的资源环境保护投资，做到低投资高收益。在制定资源环境规划时，一般要拟定多个不同的规划方案，因此方案优化作为规划工作的重要步骤和内容显得更加重要。不同的方案要有自己的特色，进行比较的内容不宜过多或者过于复杂。要抓住关键因素的处理、主要矛盾的解决方法进行比较。对比各方案的环境保护投资和效益区别，达到以最少的金钱获得最高的效益。优化过程中我们需要注意的是：首先，不要过分寄希望于先进技术的运用或一味地强调高额的投资，一切要按照实际出发。以现有的经济发展水平和技术条件，进行方案优化，增加规划方案的可行性。其次，对乡村资源进行合理利用及对乡村企业生产链进行研究。根据乡村自然资源的特点建立起符合乡村发展的合理的工业生产力部门，加强资源的利用效率，与此同时还要确定重工业和污染企业在乡村全部产业部门中的比例。再次，对乡村环境容量与污染产业进行合理布局。根据乡村环境容量的特点，对乡村中重污染的产业进行合理的规划布局。最后，对资源能源合理结构进行研究。研究分析乡村的资源能源合理结构，通过合理的产业布局减少各项污染。

2. 乡村资源环境规划方案优化的步骤

首先，分析评价目前存在的和以后可能会出现的环境问题，找到解决问题的思路和方法，整理研究实现既定规划目标的措施和步骤。其次，对拟定的环境规划草案进行环保投资和四个效益综合研究（经济效益价值观、环境效益价值观、社会公平效益价值观和生态宜居效益价值观）。再次，分析、比较和论证规划草案优劣，通过灰色系统方法、决策分析方法、可持续发展评判方法等定性或者定量分析，选出最佳总体方案。最后，预测乡村环境规划方案的实施在未来一段时间对社会经济发展和资源环境产生的影响（包括大区域和乡村本身）。

（三）乡村资源环境规划方案的类型

利用规划目的划分规划方案的类型是规划方案分类常用的分析方法，乡村资源环境规划方案的类型按照规划目的可分为环境污染控制规划方案和资源能源控制规划方案，其中环境污染控制规划方案一般采集的环境要素指标包括污染特征、结构分析、功能区划和防治规划方案，而资源能源控制规划方案对于乡村资源环境规划来说核心是指定资源能源的控制目标，该方案的前提是勘明资源能源储量、可开发量及乡村企业生产需要量，通过计算模拟或者模型预测结合效益分析结果确定资源规划方案。

二、乡村资源环境规划方案决策过程

资源环境规划方案决策就是决策者在规定的开发利用、保护资源环境的条件下，服从资源环境规划的总目标，运用科学的理论和方法，对若干决策进行建模和计算，预测其反馈值和结果，进行择优。

（一）乡村资源环境规划方案决策系统

1. 乡村资源环境规划方案决策目的

不同时期人类社会生存和发展之间的关系是不同的，在制定乡村资源环境规划目标时要考虑到规划的时间和空间背景，通过分析、比较、评价等方法从各种规划方案中择优选择一个切实可行的规划方案。

2. 乡村资源环境规划方案决策系统构成

决策系统类似于一般的控制系统，也有输入、处理、反馈、调节和输出等过程。

输入是运用定性或者定量的方法得出目标体系的前提条件即基本信息的提供，如资源开发利用、产业结构的调整、生产力布局等，从这些指标对应的多个规划方案中，进行下一步研究分析预测结果，择优采用。

处理表示利用计算机等智能设备解决问题，得到对应的评价决策模型的结果。在不同情况下，使用不同的决策模型。评价指标应当至少包括经济、社会和资源环境三个层次，决策的准确与否取决于评价决策模型是否准确适用。

反馈是指每个模型的计算结果都应当不断地进行求真，不断逼近真实发展历程，重复反馈计算，直到得出比较满意的结果，此过程为控制反馈过程。

调节表示对评价决策方法的最优选用，是系统自身合理选择的行为。

输出是将满意的结果作为决策系统计算结果输出。可以为决策提供信息支持，也为更长远的工作做好准备。

3. 乡村资源环境规划方案决策步骤

目标制定：根据乡村目前的发展和资源环境状况调查研究，分析潜在问题，提出乡村资源环境规划的目标。信息搜集：通过实地实时的资源环境的数据测定及对乡村居民进行问卷调查等多种形式搜集决策过程所需要的资料。方案设计：从乡村经济政策、社会经济等多方面分析实现乡村资源环境规划的各种因素，拟订方案。方案评估：评估制定出来的乡村资源环境方案，并对其进行比较。得出不同方案的优缺点，可以适当地应用一些模型帮助比较分析优劣势。方案选定：保证各项目标能实现的前提下，根据方案完成度、问题解决度、投入资金多少等方面指标择优选择。反馈调查：一旦出现与规划内容相差较明显或者所选方案明显不符合乡村经济发展的要求或与上位规划、相关法律法规出现冲突的时候，需要对乡村资源环境规划目标进行适当修正和调整。

（二）乡村资源环境规划方案决策的影响因素

1. 决策风险的影响

未来是具有不确定因素的，风险就是有可能发生的对乡村资源环境及经济社会造成不可避免的影响的事件存在的概率。对于任何一个决策，风险都客观存在，且决策的风险往往和实际产生的效益成正比。创新性的规划，风险往往比一般规划大，但是一经实现，创新性的规划产生的经济社会效果也是非常可观的。

2. 决策失效的影响

高层决策者往往喜欢能在短时间获得高效益的"快餐式"决策。这种"快餐式"的发展模式往往只是在短时间获取到很乐观的绩效，但是从长远角度来看，是不利于乡村整体的发展的。对于决策制定者，需要考虑到高层决策者和乡村未来的发展的双重目标，所以需要选择一个既能体现短期效益又能展现长期持续发展的决策时段。

3. 社会成本核算的影响

根据投入产出原理，对规划方案的前期投入及实施后得到的经济效益对比计算最终的效益，即相比较于实施另一个效益更为突出的方案所带来的效益与目前实施的方案之间的差值。其目的就是在比较成本与效益的基础上，用较小的社会投入去获取更高的产出即更大的效益，也就是一个择优选取效益较高方案的过程。

4. 决策机会的影响

机会就是在选择方案时的空间和时间条件。每样事物都具有两面性，规划方案也不例外，每个方案都有它独特的优势，也有不足的地方，任何一个规划方案都可以说是机遇与挑战并存。现实生活中，只有在利大于弊的条件前提下才能实施起来。这就需要决策者能把握机会，选择最佳决策之后把握住最佳时间进行方案的实施。

除此之外，决策者的决策智慧、决策倾向也会影响规划方案呈现的最终效果。

（三）资源环境规划方案决策的运行模式

为了资源环境规划决策系统能良好运行，决策者除了要充分考虑什么会影响决策运行机制外，还需要建立系统的能帮助自己理解决策机制运行的问题，具体包括：规划目标是否能实现、规划方案的效益是不是最好的、规划方案是否能够适应未来区域的变化、规划方案是否在一定时期内可调节等问题。决策者在充分考虑以上的影响决策的因素之后，再考虑民意调查、公众参与及专家论证结果，最后敲定规划方案。在规划决策的任一环节出现纰漏，或者在运行决策的过程发生故障都需要返回分析问题来源然后选择新的规划方案或调整规划方案，通过不断循环调整或者淘汰，找出最符合实际需要的规划方案。

第五节　乡村资源环境规划实施建议与监控

一、乡村资源环境规划实施的对策和建议

随着现代社会的发展，我国在规划工作中做出了巨大的成就，也在法律法规上对环评进行了规范，但在具体实施环境规划的过程中却并不总是规范，特别是乡村的一些中小型企业的相关工作比较欠缺，亟须改善，同时在乡村相关规划实施过程中，公众的参与具有重大的意义，公众参与评价具有有效的监督作用，还可以推动相关环境规划政策的实施。乡村资源环境规划的实施从时间上来看需要从长远的视角进行研究，这就要求我们不能仅仅从局部看待问题，盲目地制定规划方案，而是要关注乡村长远和短期的共同发展。

（一）将资源环境规划与经济社会发展规划统一起来

乡村资源环境规划的过程包括编制、审批、下达和实施。其中组织规划的实施是规划的重点。乡村经济社会发展规划安排了乡村未来一段时间内经济社会发展的布局和发展态势，是乡村建设的指导性文件。它从乡村经济社会发展的方面规定了乡村建设的总目标、总任务、发展重难点、历经的时段、方案和措施，乡村资源环境规划与乡村经济社会发展的统一不仅有利于规划目标的细分和实施，也让乡村资源环境规划与经济社会发展规划融合管理增加其管制的科学性。

乡村资源环境规划的任务需要和经济社会规划任务相契合，编制任务的过程需要双方规划人员协作，最后的实施也由双方确定并制定开展顺序和时间契合点。

将乡村资源环境纳入乡村经济社会发展规划是规划人员及居民认识的客观规律的进步。近些年，乡村土壤环境恶化、生物多样性减少、地下水资源匮乏等与资源利用和环境保护相关的问题依然存在，直接影响到乡村经济社会的高质量发展。随着"绿水青山就是金山银山"及各项关于生态保护思想的提出，乡村资源环境规划慢慢进入人们视野，所以乡村政府在制定经济社会发展规划时，必须把乡村资源环境保护作为综合平衡的重要内容。

（二）落实乡村环境保护资金

通过制定相关的乡村资源环境保护政策，强化乡村资源环境的管理，加强科技创新进步的投入，依靠科技进步解决乡村资源环境相关问题，增强资源利用率及环境污染整治能力。乡村未来的资源环境，不仅取决于目前乡村资源环境基础，更重要的是乡村的经济水平，要解决乡村资源环境问题，需要一定的投资去进行乡村资源环境保护。

影响乡村资源环境保护和乡村经济社会发展之间的一个因素就是乡村资源环境保护的投资比例，比例的大小与规划目标相关，投资是否到位是能否实现乡村规划目标过程最根本的环节，同时也是制约乡村资源环境规划目标的主要因素之一。

（三）乡村资源环境规划的分解

规划按时间跨度可以分为长远规划、五年规划和年度规划。按照顺序，一般是先编制长远规划然后是五年规划，再在五年规划的编制基础上编制年度规划。长远规划和五年规划属于跨度较长的规划，是对乡村资源环境未来一段时间的目标规划，它的实现取决于年度规划的实现情况。年度规划是长远规划的基础，是落实总体目标的基石。总体目标需要细分到各部门、各单位的固定时间段来实现。这样有利于规划工作的按部就班实现，也利于规划工作的究责以及问题的揭露。因此，地区政府需要分解编制好年度乡村资源环境规划目标作为每年的实施方向。

（四）实现乡村资源环境保护目标管理

实现乡村资源环境保护目标，需要多重管理模式，而非一般的行政管理模式。在乡村资源环境规划目标管理过程中将任务和责任具体到集团或个人，实现乡村资源环境保护目标责任制。

二、乡村资源环境规划的监控和反馈

编制、实施和管理乡村资源环境规划是一个动态发展的过程，其中实施和管理要适应乡村的社会经济发展。乡村资源环境规划通过约束人们经济社会活动方式，引导乡村社会经济向更适合居民生产生活的方向发展，同时符合保护环境的目标。

上位规划是实施下位规划的重要依据。乡村资源环境管理就是通过实施环境规划，达到经济发展和环境保护相协调的目的。这是既发展经济来满足人类不断增长的物质需求，又限制人类对资源环境的破坏谋求环境质量得到保护和改善的资源环境友好型的发展模式。

（一）建立健全与完善乡村规划体系

乡村资源环境规划包含了居民随乡村发展的美好愿景，是描绘未来乡村的蓝图，也是政府和居民共同建设和管理乡村的基本依据。乡村资源环境规划建设中的重点任务是协调。因此，需要健全的规划管理制度为乡村资源环境建设工作提供保障。一般而言，乡村资源环境规划体系是乡村资源环境规划的蓝本，乡村资源环境规划建设的协调需要考虑乡村特色，清楚优劣势并有效互补。保障乡村中基础设施的全面供应配置，促进土地资源的有效利用。

（二）抓好近期建设规划，提高规划有效性

在乡村资源环境规划建设过程中，严抓近期规划工作的开展进度，提高乡村资源环境规划建设的可行性，保证规划的协调性和综合性。在规划实施过程中需要不断修正乡村资源环境规划近期的建设方向，保证其与乡村社会经济建设相适应，让乡村资源环境规划与乡村经济发展同步前进，摒弃不合理内容及过快的经济发展速度对乡村资源环境造成不可逆转的影响的规划方案。此外，在乡村规划建设中，要求近期目标规划充分考虑市场需求与乡村的经济实力及土地供应等情况，促使人们在正确认识乡村资源环境规划的基础上，理性实现乡村资源环境规划建设。

加大执行乡村建设用地计划的管控。对于农村建设用地的审批要慎之又慎。将其纳入土地利用年度计划管理体系中去。严格乡村建设用地管理。区自然资源局根据下达的农村新增建设用地计划，每年分批次向有权机关申请办理农用地转用审批手续，经依法批准后，按户逐宗批准农民建房。乡村建设应当依据土地利用总体规划和乡村规划要求选址，镇（乡）人民政府要进行严格审核，并按照法定程序报批。严格宅基地管理。农村村民住宅建设实行"先批后建，一户一宅"的政策。

（三）在阳光规划政策指导下优化乡村资源环境规划建设

阳光规划政策是指在政策法律允许的范围内向乡村居民公布一些乡村资源环境规划内容，促使居民积极参与到乡村资源环境规划建设过程中，发挥民主监督的权利，对乡村资源环境规划建设过程进行监督。同时，完善公众参与和公共舆论监督机制，发挥阳光规

划政策的优势。首先，乡村资源环境规划者的权力受到法律的制约；其次，借助舆论作用和民众公开的形式对乡村规划权力进行制约；最后，借助民主制对乡村资源环境规划权力进行制约。制约机制可以减少乡村资源环境规划建设中的问题，提高乡村资源环境规划的合理性，提高乡村资源环境规划建设的效率，实现乡村资源环境规划建设规范化。为乡村资源环境规划建设提供了良好的环境，令乡村资源环境规划工作公平公正、公开透明。

乡村资源环境监督的任务是维护和改善乡村资源环境质量。监督内容包括：监督乡村资源环境规定、法律和标准的实施；监督乡村资源环境规划的实施；监督有关部门负责的工作是否到位。

（四）协调组织

乡村资源环境是一个整体，它涉及众多部门和组织，乡村资源环境保护需要依靠各部门各组织之间的工作协调，这就是乡村资源环境规划的广泛性。在乡村内部，环保工作必须在统一的政策方针、标准的指导下开展，这就是乡村资源环境规划的区域性和综合性。基于乡村资源环境以上特点，在进行乡村资源规划时，需要实施规划的有关部门和组织协调统一，最好由一个部门主导，进行统一的工作安排，各单位、部门自愿接受主导部门的统筹安排、任务布置，按照统一、可接受的标准完成责任范围内的乡村资源环境保护工作部分。没有统一的目标和乡村资源环境规划的步骤，各自为政地参与规划建设，不光消耗大量资源要素，还使最后效果大打折扣。可见，相关部门协调是乡村资源环境规划顺利进行的重要保障，尤其在解决一些比较大、内部情况复杂、涉及多部门规划的工作时，部门之间的协调更加重要。

复习思考题

1. 简述乡村资源环境规划的基本程序。
2. 乡村资源环境规划指标体系的确定原则是什么？
3. 结合实际谈谈乡村资源环境规划的特殊性。
4. 乡村资源环境功能区划的依据和目的分别是什么？
5. 如何进行乡村资源环境区划的优化？
6. 乡村资源环境规划管理的重点是什么？

参 考 文 献

陈蔚镇，刘滨谊，黄筱敏. 2012. 基于规划决策的多尺度城市绿地空间分析 [J]. 城市规划学刊，（5）：60-65.

郭怀成. 2009. 环境规划学 [M]. 北京：高等教育出版社.

黄家平，肖大威，贺大东，等. 2011. 历史文化村镇保护规划基础数据指标体系研究 [J]. 城市规划学刊，（6）：104-108.

黄家驷. 2004. 加快村镇规划建设推进城乡统筹发展——以浙江省江山市为例 [J]. 小城镇建设，（12）：34-37.

邹艳丽，刘海燕. 2010. 我国村镇规划编制现状、存在问题及完善措施探讨 [J]. 规划师，26（6）：69-74.

李继明. 2011. 县域土地资源环境友好型利用评价的理论和方法 [D]. 武汉：华中农业大学博士学位论文.

李璐君，李思濛，南国良，等. 2017. 京津冀地区绿色村镇规划和建设研究思考——基于河北省河津村的经验 [J]. 小城镇建设，（1）：23-27.

刘明. 2011. 面向城乡统筹的村镇规划管理体制重塑 [J]. 长春工业大学学报（社会科学版），23（3）：36-39.

刘人和，姜凤兰，张义生，等. 1989. 区域环境规划的内容和指标体系 [J]. 环境科学研究，2（6）：14-18.

刘伟，杜培军，李永峰. 2014. 基于 GIS 的山西省矿产资源规划环境影响评价 [J]. 生态学报，34（10）：2775-2786.

刘新卫，梁梦茵，郧文聚，等. 2014. 地方土地整治规划实施的探索与实践 [J]. 中国土地科学，28（12）：4-9.

马定国，戴雄祖，羊金凤，等. 2020. 县域村镇建设资源环境承载能力评价及人口合理规模测算——以江西省永丰县为例 [J]. 资源科学，42（7）：1249-1261.

宋娟，吴智刚，赵芯，等. 2017. 村镇区域空间规划实施监测的指标体系构建研究 [J]. 城市地理，（4）：20.

汪西林，胡奕运. 2017. 基本农田规划决策支持：模型构建与系统研发 [J]. 生态环境学报，26（10）：1689-1695.

王建弟，王人潮. 2001. 县级土地利用管理决策支持系统的研制 [J]. 浙江大学学报（农业与生命科学版），27（1）：51-56.

王秦，张艳，杨永芳. 2020. 雄安新区资源环境承载力评价指标体系研究 [J]. 环境科学与技术，43（05）：203-212.

翁士洪. 2020. 城市规划决策中公众参与的分类分层研究 [J]. 武汉科技大学学报（社会科学版），22（1）：61-68.

许开鹏，迟妍妍，陆军，等. 2017. 环境功能区划进展与展望 [J]. 环境保护，45（1）：53-57.

张晓明. 2013. 高速城市化时期村镇规划的区域性研究 [D]. 北京：清华大学博士学位论文.

赵虎，郑敏，戎一翎. 2011. 村镇规划发展的阶段、趋势及反思 [J]. 现代城市研究，26（5）：47-50.

周敬宣. 2010. 环境规划新编教程 [M]. 武汉：华中科技大学出版社.

朱思诚，吕金燕. 2010. 对村镇住区环境条件评价指标的探讨 [J]. 小城镇建设，（6）：82-84.

宗跃光，张晓瑞，何金廖，等. 2011. 空间规划决策支持系统在区域主体功能区划分中的应用 [J]. 地理研究，30（7）：1285-1295.

邹德慈，王凯，谭静，等. 2019. 新型城镇化背景下的我国村镇发展规划策略 [J]. 中国工程科学，21（2）：1-5.

Almeida D, Peres R B, Figueiredo A N. 2016. Rural environmental planning in a family farm: education, extension and sustainability[J]. Ciencia Rural, 46: 2070-2076.

Gui Y L, Wang X. 2019. Evolution and enlightenment of rural planning theory in China[J]. Strategic Study of Chinese Academy of Engineering, 21(2): 21-26.

Jiang L D, Zhang Z L. 2011. Urban-rural integration planning: theory and practice in Suzhou, China[J]. Advanced Materials Research, 243-249: 6729-6733.

Kerselaers E, Rogge E, Vanempten E, et al. 2013. Changing land use in the countryside: stakeholders' perception of the ongoing rural planning processes in Flanders[J]. Land Use Policy, 32: 197-206.

Murgante B, Borruso G, Lapucci A. 2011. Sustainable Development: Concepts and Methods for Its Application in Urban and Environmental Planning[M]. Berlin: Springer Berlin Heidelberg.

Trepel M. 2010. Assessing the cost-effectiveness of the water purification function of wetlands for environmental planning[J]. Ecological Complexity, 7(3): 320-326.

第四章　乡村资源环境规划资料前期准备

资料的收集和调查是乡村资源环境规划的基础，主要包括乡村自然、社会、经济等基础资料和各种乡村及其上位规划资料等。对于乡村资源环境规划而言，其收集资料的对象涉及个人、集体、政府、市场等不同对象，收集的内容主要包括自然、社会、经济等各个方面。同时，由于乡村资源环境规划是乡村发展的超前性计划和安排，基础资料的收集、调查、分析等必须真实客观地反映乡村现状情况。

第一节　乡村资源环境规划资料内容

一、自然资料及历史资料

（一）自然条件资料

乡村自然条件规划中主要涉及地形条件、气候条件、工程地质条件和水文地质条件等，这些资源环境禀赋具有相对难以改变的特点，因而对计划起到限制性的作用。同时，不同的自然条件对于规划编制、实施等的影响方式和影响程度也有所差异，如地形条件主要影响规划中的城镇布局、农业耕地布局、交通布局等，气候条件主要影响农业生产规划、工业活动规划等。

1. 地形条件

自然地形条件主要指地形起伏的特点，是土地利用的首要影响前提，包括平原、丘陵、山区等。乡村地形条件往往通过土地适宜性评价来判断，一般来说，平原最适于土地开发，山地次之，在进行乡村建设时往往选择相对平坦的地形，在农业生产过程中也对坡度、坡向等有一定的要求。

地形是客观实体的外部特征，是乡村资源环境规划中一个重要的知识象征和学习对象，但也是最难适当地描述特点的因素。从科学的角度和使用的角度来看，可靠的形状可用于解决许多问题，如评估对象与一个标准的形状接近程度，进而揭示其与不同环境接触后的外部形状成因。在遥感图像分类中，很少有能明确区分的类别，但地面的自然或人工目标又相应地有很大变化，所以当执行各种各样的表面信息提取时，选择一些简单的形状描述表面信息即可。乡村的空间结构演变系统决定了每个村庄的外部形状是多种多样的，通常通过遥感影像和实地探测相结合的方式获取乡村的地形数据和信息。

2. 气候条件

气候条件主要包括风向、风速、降雨、日照、气温、地温、湿度、日照等，乡村气候条件是典型的小气候条件。一般来说，气候条件影响农业、交通运输和其他活动，如气候会影响作物的产量、建设项目进度、居民生活方式、作物生产潜力、交通出行方式和路线等，一般通过评估气温、降水量等方面对当地的气候条件进行评估。中国幅员辽阔，不同区域有不一样的气候条件、评价因子，如北方由于天气较南方冷，除了气温、降水等因素以外，还要考虑降雪、结冰等问题，而南方则大多需要考虑降雨的影响。因此，气候条件对于乡村发展影响较大，尤其是农业生产，且不同气候要素对不同区域的乡村的影响程度也各不相同，如南方的梅雨时节、北方的寒冬时节均会对乡村的发展建设产生一定的影响，在乡村资源环境规划时也需着重考虑。

3. 工程地质条件

乡村的工程地质条件主要包括地质构造、土壤的自然堆积情况、地下水分布情况、地理活动分布（板块断裂、土崩、泥石流、滑坡、沟壑等）等自然要素。工程地质条件与人类工程、经济活动密切相关，乡村建设工程地质条件直接影响乡村建设的进度和发展的速度。在乡村资源环境规划中应优先使用、改造适合于乡村建设的地质环境，防止和阻止可能出现的地质问题，减少地质灾害的发生。一方面，任何乡村都是建立在特定的地质条件上的，工程地质条件直接影响到乡村的生产生活和经济活动；另一方面，自然地质条件的转变会引发工程问题，乡村资源环境规划和建设必须在适当地了解乡村工程地质条件基础上，通过因地制宜地开发利用与保护，缓解乡村扩张无序、闲置土地较多等问题。人类和自然环境的和谐共处是社会进步的标志，也是人类健康持续的关键，而乡村居民的生产、生活等各种改变地质条件的活动会加速地质条件改变，当对原有地理环境的改变量大于地质环境容量时，将导致各种环境地理问题和地理灾害。因此，综合分析乡村的工程环境特征，明确乡村地质条件对于工厂建设、居住用地建设、工矿开采的重要作用，预测可能的地质灾害并规划预防，可以减少或避免在某种程度上造成的影响和损失，达到防灾减灾的目的。

4. 水文地质条件

地下水是水资源主要的组成成分，由于水质较好且水量相对稳定，被广泛运用于农业灌溉、工矿生产、日常生活等人们生产生活中。但是，地下水在不同地域的分布特征、水量和水质等具有一定的差异，当人们对地下水的开发、利用到达一定程度时，会发生地下水量持续下降、地下水质污染、地面沉降等不利于人们生产生活的自然灾害。水文地质条件是地下水形成机理、演化特征及空间分布等条件的总称，而水文地质学是研究地下水的水质与水量的时空变化特征及科学合理利用与保护地下水的学科，包括地下水分布规律、形成机理、理化性质等，保护地下水资源的质量与数量，并推动地下水资源的合理利用。随着乡村社会经济的发展，地下水的需求量进一步增加，尤其是对于一些未通自来水或者以地下水作为自来水主要来源的乡村地区。对于部分以农业生产为主的乡村，由于农业生产过程中大量化肥、农药的使用，在提高作物产量、降低病虫害发生率的同时也会严重损害周围的环境，如化学肥料中的重金属、农药残留的有机污染物等通过下渗等方式进入地下水环境中，导致地下水质量下降。对于以矿产资源开发为主的乡村，由于尾矿、遗弃矿场、待回收矿等的处置不当，矿物质通过雨水淋刷等方式进入地下水中进而造成地下水的污染，同时也会对地表水体造成较大的负面影响；在洗矿过程中，洗矿废水的排放也会导致大量矿物质进入地下水中，进而导致地下水的污染；不同矿产资源往往分布在地下水层，此时的开采会直接导致地下水的污染并且造成地下水资源的浪费。因此，在编制乡村资源环境规划时，部分乡村需多关注其地域范围内的水文地质条件。

（二）自然资源资料

对于乡村而言，自然资源资料不仅包括区域内部的土地、森林、矿产等乡村内在的固定资源，也包括区域外部进入乡村的水、气、人才、资本等区域流动资源，以及影响区域资源利用的区域周边资源。资源丰富的区域对于人才、资本等吸引力较大，比较容易形成集聚优势，对于后期发展成为中心城镇有一定的影响。目前对于乡村资源条件的评价除了种类、储量、品质之外，更注重于资源的可持续利用，如旅游资源对于部分乡村是经济价值较高且可持续性较强的乡村资源。从时间维度来看，自中国改革开放以来，以农民为主体、农业经济为基础的经济结构产生了极大的变化，由此导致了城市与村庄、工业与农业及农民与土地等之间的关系发生了巨大的变化，在人地之间的关系调整过程中乡村自然资源也经历诸多变化，如耕地数量变化、水资源变化、森林资源变化等。空间层面上，中国疆域辽阔，国土面积居世界第三位，自然资源条件也极其复杂，进而对不同区域经济发展过程中资源开发利用方式产生不同程度的影响。随着城镇化的持续推进，大量的乡村人口进入城市，许多乡村出现了土地被荒废、资源利用效率低下等问题，进而为乡村资源环境规划编制的科学性、合理性带来了挑战，了解所处地区的基本概况对于乡村资源环境规划的编制与实施具有重要的意义。

1. 土地资源

土地资源表示可为人类提供服务或者被人类利用的土地，包括已利用的土地和未来可被人类利用的土地，是人类生存发展的基本物质资料和劳动对象，具有位置固定性、区域差异性、总量有限性、供给稀缺性、变更用途困难性等特征。根据土地不同的属性可将土地资源分为不同的类型，如按地形可以将土地资源分为高原、平原、山地、丘陵和盆地，按照土地资源利用方式可分为耕地、林地、园地、草地、公共服务用地等。对于乡村地域范围而言，土地资源在不同的历史时期、科学技术水平等的情况下，其利用方式、利用效率、土地资源质量等也会发生变化，土地资源优化配置也是乡村资源环境规划的重要目标之一。

2. 生物资源

生物资源表示在地球生物圈中各种有利于人类生存和发展的动物、植物、微生物等，同时也包括这些生物之间组成的各种群落，是地球自然资源重要的组成部分之一，也是参与人类物质循环的重要因素。生物资源具有再生性、可解体性、用途多样性、分布区域性、稳定性和变动性等特征。对于乡村区域而言，生物资源的再生性是乡村发展的重要物质基础，如农业生产、大气循环等；生物资源的可解体性表示在乡村发展的过程中，由于乡村自然灾害或者乡村居民行为等破坏而导致生物类型减少，其本质是表示生物的有限性；乡村生物资源的用途多样性主要是由生物类型的多样性决定的；乡村生物资源的分布区域性是指不同生物类型分布的空间差异性，也是乡村利用生物资源的重要依据之一；乡村生物资源的稳定性和变动性主要是指生物资源作为自然资源系统的子系统，在一定时期内其生物资源的数量、功能等呈现出一定的稳定性，但随着生产生活方式的改变、科学技术的发展等乡村资源也会发生动态的变化。

3. 气候资源

气候资源属于可再生资源，主要表示大气圈层中的、可以被人们开发利用的气候条件，具体包括光、热、风及空气中的负氧离子、氧等要素，具有长期可用性、区域差异性等特征。与其他类型的自然资源相比，气候资源是普遍存在的，也能够为人类的生存发展提供基础的能量、原料等物质条件，目前人们对于气候资源的利用主要包括光热资源等。对于乡村而言，气候资源与乡村资源合理利用、建筑设计、农业生产、交通运输等均具有密切的联系。

4. 水资源

水资源是指可以被人类利用的或者未来可能被人类利用的水源，液态、固态和气态是水资源存在的主要形式，按照水质也可以划分为淡水资源和咸水资源，是自然资源最重要的组成要素之一。随着人类科学技术的发展，水资源利用量、利用方式、利用技术等不断增多，如南水北调、海水淡化、污水处理等。同时，与其他类型的自然资源相比，水资源属于再生资源且可以循环使用，并且区域水环境质量和数量往往会出现一定周期性、规律性的变化，如年际变化、季节变化、朝夕变化等。对于乡村小区域而言，水资源污染、水资源利用效率不高、水资源供需矛盾等是当前乡村面临的主要问题，同时水资源在乡村内部的空间分布特征往往会影响乡村的发展方向、发展布局等。

5. 能源资源

能源资源是指在一定时期内可为人类提供能量的物质及自然过程，主要包括石油化石燃料、水能等，其主要来源于太阳能、地球本身能源，以及地球与外部天体相互作用等。随着科学技术的提升，人类对于能源资源的利用效率、利用方式、利用要素等也会发生相应的变化。按照不同的分类方式，能源资源可分为不同类型，如按照能量的形成和来源可以划分为太阳能、地球内部能源及天体引力能；按照能量的利用和开发方式可分为常规能源和新型能源，常规能源主要包括煤炭、石油、生物能等，新型能源主要包括太阳能、核能、风能、地热等；按能源资源的属性可划分为可再生能源和非再生能源，其中可再生能源包括水能、风能、地热能、太阳能等，非再生能源主要包括天然气、核能、石油等；按照能量的转换或传递过程可划分为一次能源、二次能源等。对于乡村而言，尤其以工业生产为主的乡村，能源的大量使用是导致乡村污染的重要原因之一，同时受经济发展、科学技术等的限制，依靠传统方式利用生物质能源的乡村依然存在，乡村能源资源的建设也有待进一步加强。

（三）历史文化资料

1. 非物质文化遗产

非物质文化遗产主要包括地方的手工艺、特有文化艺术形式、文学作品、诗歌等。作为世界文化多样性的重要的非物质文化遗产，是宝贵的精神财富，是促进人类文化发展的重要因素，也是区域发展的见证者，在区域经济发展和社会进步中扮演着重要的角色。而乡村非物质文化遗产的保护是乡村资源环境规划的重要功能之一，如云南省临沧市沧源县翁丁村传统村落的相关规划、云南普洱市景迈山古树群相关规划等，同时乡村资源环境规划的编制、实施等也会受到乡村非物质文化遗产的影响。

2. 历史建筑与历史遗迹

历史建筑是指乡村历史遗存的建筑物或构筑物，在乡村发展不同的历史时期具备特点的民居修建等，历史遗迹则是指历史文化名人、革命志士的故宅、主要历史事件的发生地等。乡村历史建筑和历史遗迹在反映人文和文化建筑的同时，也记录着历史文化传统的风格在一段时间的特征，如纪念碑、古老的拱门、古老的教堂等，这些历史、文化、经济、艺术等资料的收集主要集中于不同时期的乡村区域。虽然历史建筑与历史遗迹往往缺乏完整性，但是乡村的发展是长久的，其发展历史可以展现乡村的魅力，对于乡村的形象建设具有重要的意义。

很多在我国有着悠久历史的乡村，都有开发和保护之间的矛盾，在继承优良传统的基础上有意识地改变乡村，弘扬古城的特点，创造性地开发乡村是未来一段时间乡村发展的重要方向。因此，在乡村资源环境规划编制过程中，首先要制定保护乡村历史的计划和措施，尤其对于传统村落；其次在反映乡村文化环境的同时也要体现文化或古村落的风格，注重人与人之间的关系并尊重历史背景的延续；最后也最重要的是要遵守乡村资源环境规划的总体原则，统筹协调、和谐共生。

3. 乡村历史沿革

乡村历史沿革主要包括乡村构成时间及其演化、乡村的兴衰更替、行政隶属变更、乡村发展的经验等。由于意识形态的文化影响，乡村历史沿革具有一定的遗传特征。例如，在文化洗礼的历史延续中，乡村结合自身的发展需求，不断去其糟粕、沉淀发展精华并不断丰富内涵。乡村的历史沿革是传统文化在时代演变中的具体产物，是乡村不同时代精神的具体反映，也是一个时期的区域政治生活的缩影。同时，通过乡村历史发展资料的收集，也可以分析乡村发展的空间格局变化、乡村生活习惯的变化、乡村资源利用方式的演变等，进而为乡村资源环境规划提供基础支撑。

除以上历史文化资料之外，乡村历史文化资料还包括乡村地下文物埋藏资料、古树名木资料等，在进行不同乡村资源环境规划时，可根据乡村的实际情况进行调查分析，进而为乡村资源环境规划的编制提供基础支撑。

二、社会经济资料

（一）人口资料

人口是一个综合多种社会关系的、内容复杂的社会实体，具有性别、年龄、自然结构等特征，是人类社会物质生活的必要条件，也是全部社会生产行为的基础和主体。人口状况相关资料的获取是以某标准时点的所有人口调查数据为标准的，如我国第六次人口普查则是以 2010 年 11 月 1 日零时为标准时点。

1. 乡村人口现状

人口现状对于区域公共社会、公共服务、区域发展计划、农业生产、工业生产、生态环境保护等均具有重要的影响。总人口、流动人口、性别构成、民族构成、家庭户人口等要素是乡村人口现状分析的主要因素。人口合理容量是按照合理的生活方式，在保障居民生活水平和生活质量的前提下，区域最适宜的人口数量，对比分析区域人口现状与人口合理容量对于区域人口政策的制定、经济社会发展目标和策略的制定等均具有重要的意义。同时，作为具有自然、社会、经济特征的地域综合体，乡村兼具生产、生活、生态、文化等多重功能，乡村管理工作与乡村人口现状具有正向关系，乡村人口规模越大，乡村管理工作的负荷越重、管理机构相应的规模就越大，有效配置乡村管理机构和人员、保证乡村管理工作负载在适当的状态、满足乡村服务对象的需要等是乡村资源环境规划所要考虑的要素。

2. 乡村人口职业结构

乡村人口职业结构的相关资料主要包括乡村人口就业程度、各行业职工人数及其比例等基础信息。随着我国乡村社会的快速发展及乡村中各类劳动分工的不断出现，以农业为职业、具有一定专业技能、收入主要来自农业的从业者，将出现在科技、金融、互联网、文化创意、旅游管理、市场营销等领域。因为全部行业体系是社会布局的构成部分，可以辅助人们了解经济社会的发展情况，也可以权衡一个区域是否达到现代化程度。另外，乡村职业结构之间的关系、人口在各职业的分布、乡村区域内部之间的职业工人的分布等对于分析乡村的经济水平具有重要作用。同时，促进流动人口就业是提高乡村人口收入水平的主要方式，也是推动全面建设现代化乡村的重要手段。而乡村人口职业结构则是衡量乡村在行业体系中起到的作用，也是衡量乡村发展的重要因素之一，所以在乡村资源环境规划中，乡村人口的职业结构是反映、阐释乡村地域范围内经济和社会发展的主要要素之一。

3. 乡村人口年龄结构

乡村人口年龄结构主要是指乡村人口不同年龄组的人数及比例，其本质是在乡村行政区划范围的人口在某一日期标准点出生的存活时间的人口年龄结构，由低到高的人口状态的年龄构成，形成有序排列。通常经济社会发展和人口年龄结构之间具有一定的关系，我国自 20 世纪 70 年代初开始实行计划生育，在经历了近 50 年的发展后，当前的人口增长和年龄结构发生了巨大变化。近年来，许多学者对中国的人口年龄结构进行研究，研究表明人口老龄化趋势持续上升，人口年龄结构越来越不平衡，从而导致了一些社会问题，如人才断层、老年服务设施不足等。对于乡村而言，由于城镇化、工业化的快速推进，大多数乡村地区往往成为核心城市发展的附庸，乡村青壮劳动力大量地流入城市之中，农村常住人口老龄化的情况愈发严峻，以乡村发展主体较快老龄化为核心的乡村问题已成为制约乡村发展的主要因素之一，人口老龄化的问题会进一步引起乡村用地空废化、乡村生产要素非农化、城乡发展差距扩张化、乡村生态环境污损化等乡村深层次问题。因此，对乡村人口年龄结构相关信息的调查分析，可为乡村制定科学的人口发展策略、乡村生态环境保护方案、乡村经济社会发展计划等提供基础依据。

4. 乡村人口变动资料

乡村人口变动资料主要包括历年乡村人口的自然增长信息和机械增长信息、计划生育执行情况等资料。人口是乡村社会发展的关键因素，而人口的流动是乡村人口现状及人口结构变化的主要影响因素，在自然、经济、社会等可持续发展过程中，不断促进人口数量和结构逐步合理化也是乡村发展的核心目标之一。

（二）产业发展资料

产业是社会分工的产物，其分类方法主要包括两大领域和部类分类法、三次产业分类法、资源密集度分类法和国际标准产业分类法，其中三次产业分类法由英国经济学家科林·克拉克于 1940 年出版的《经济进步的条件》书中首次提出，而我国于 20 世纪 80 年代将三次产业纳入统计报告中，即第一产业、第二产业和第三产业，其中第一产业主要指农业，具体包括农产品种植业、林业、畜牧业、渔业；第二产业主要指工业，具体包括制造业、采掘业、电力生产和供应业、建筑业等行业；第三产业则是除第一、二产业之外的各类行业，具体可分为流通部门产业和服务部门产业，主要包括交通运输业、餐饮业、金融业、科研业、教育业等行业。资源密集度分类法则是依据资金、劳动力等不同产业的投入要素及占主导地位的资源投入要素划分的，主要包括劳动密集型产业、资本密集型产业、科技密集型产业、劳动-资本密集型产业、劳动-科技密集型产业、资本-科技密集型产业及劳动-资本-科技密集型产业等。国际标准产业分类则是按照联合国颁布的 ISIC（《全部经济活动的国际标准产业分类》）进行分类。对于乡村产业而言，其分类方法主要依据三次产业分类法进行划分，产业发展资料也往往依据该方法进行收集、分类和整理。

产业发展主要表示产业的产生和发展过程，按照产业的特征可以将产业发展分为四个阶段，即产业的形成阶段、产业的成长阶段、产业的成熟阶段及产业的衰退阶段。产业的形成阶段主要是由于技术或者现实需求的出现而产生具有某种性质的企业，其出现的主要条件是社会经济发展而引发的新的需求或者科学技术的发展推动新的产业形成，其主要特征为产业的生产规模较小、企业较少、生产成本较高、供销体系不健全等。产业的成长阶段主要表述在产业形成阶段之后，随着科技水平的进一步提升、生产成本进一步降低、产销体系进一步健全等，企业数量和规模进一步扩张，其主要特征为生产产品进一步细化、生产规模进一步扩张、与其他产业联系进一步增强、生产经营手段进一步成熟等，通常处于成长期的企业是区域新兴的或者支柱性产业，也是区域现代社会技术产业化的代表，对于区域经济的发展具有指向性作用。处于成长阶段的乡村企业往往也是乡村的先导企业，对于乡村的经济发展也具有引领作用。产业的成熟阶段是指当产业成长到一定阶段后，产业发展处于一个稳定的状态，如生产规模、生产技术、产品供给等，此阶段的主要特征为产业的规模及产品的普及水平较高，生产技术较为成熟、产品已被消费者或者市场认可，且该产业已成为区域的支柱性产业。产业的衰退阶段是指产业从景气到不景气的过程，这一发展阶段的主要特征为产品市场需求大于产品的产能、产业的发展速度降低、产业的科技水平不先进等，产业的衰退阶段往往经历的周期很长，甚至高于前三个阶段的总体时间，技术更新、产业转移等是产业衰退期企业常用的发展手段。对于乡村产业而言，乡村产业的兴衰往往决定乡村的命运和走向，如何促进乡村产业可持续发展也是乡村资源环境规划需要解决的问题。

（三）乡村建设管理资料

乡村建设管理资料主要包括乡村建设或管理的主要管理机构、乡村发展建设的资金来源、乡村居民生产能力等。随着国家建设的发展，我国乡村规划和建设也快速推进，在改善乡村发展质量的同时，也为乡村资源环境规划带来了相应的挑战，如在坚持综合效益、上级规划衔接、动态均衡、因地制宜等原则的基础上如何确保农村资源环境规划能够满足乡村发展的需求、如何从长远的利益出发促进乡村全面现代化的建设等。这些挑战均需要在分析乡村建设管理相关资料的基础上对乡村未来的发展进行分析，进而为处理好乡村发展与管理之间的关系奠定基础，也为提升乡村发展的效率、效益等提供基础支撑。乡村建设或管理的主要管理机构包括乡村资源环境规划管理部门、乡村资源环境要素规划管理部门、乡村资源环境规划监督单位和编制单位等，合理的乡村资源环境规划管理机构是乡村资源环境规划科学编制、具体实施和合理反馈的基础支撑。同时，在当前形势下的乡村资源环境规划已不仅要满足乡村发展的需要，而且还要从根本上解决乡村资源环境所面临的生态环境污染、资源耗竭、人才流失等问题，究其根本则是乡村发展的资金或者其来源有限并直接影响到乡村发展的计划。因此，在乡村资源环境规划编制之前，需要对乡村发展资金相关的资料进行调查分析，如乡村经济的发达程度、乡村发展资金主要来源、未来乡村发展贷款或融资的可行性等资料，并进一步依据分析结果制定可行的、有效的、明确的乡村发展方向、目标等。

（四）乡村贸易市场资料

乡村贸易市场资料主要包括乡村贸易区域的分布、面积、服务设施状态等，以及乡村贸易市场中主要的商品种类、成交额、消费者总量、辐射范围等。市场是人类社会发展的产物，是现代经济和文化生活的中心，也是公平贸易的具体反映。对于乡村而言，乡村贸易市场所在区域往往是乡村经济、文化、服务等的主要活动区域。在我国社会转型发展的重要时期，乡村的发展也在经历着现代化的发展历程，乡村贸易市场对于乡村社会的发展、产业转型等具有重要的意义。同时，乡村贸易市场是乡村与城市连接的主要交汇区域，往往具有丰富的文化底蕴，乡村贸易市场的发展对于提高乡村地区市场化和城镇化发展水平具有重要的意义。首先，乡村是市场经济和社会发展的一个缩影，乡村地区的交易规模、交易行为在市场上反映了乡村经济和社会发展水平，通过分析乡村商品和商品交易会的流动特点，也可以揭示乡村发展的主要问题，进而为制定乡村发展路径、提高乡村居民收入等提供基础支撑。其次，乡村贸易市场发展和演变的轨迹通常为"市场－镇－城市"，其本质为乡村市场转换为中心城市的一般路径，因此将乡村市场贸易的现状分析结果和乡村贸易市场发展与演变的轨迹运用于乡村资源环境规划之中，对于加速乡村全面现代化发展具有积极的意义。最后，对于多民族集聚区域，乡村贸易市场是各民族交汇的重要环节，市场本身是一种文化体系，有其自身的继承和演变，同时民族文化的发展和交流离不开文化市场的繁荣，在乡村现代化发展的时代背景下，提升乡村文化市场的发展、增加民族之间文化的交流等，推动乡村文化自信与民族精神的互促共生，也是乡村资源环境规划的主要目的。因此，乡村贸易市场是乡村经济的载体，分析乡村贸易的相关资料对于掌握农村经济行为、了解乡村市场文化体系、制定乡村经济发展策略等均具有积极意义。

三、乡村居住资料

（一）乡村居住建筑资料

乡村居住建筑资料主要包括乡村居住建筑的空间布局及存在的主要问题、乡村现有居住面积和建筑面积总量、乡村典型地段的住宅建筑密度和居住面积密度、乡村户型构成及生活居住特点、乡村人均居住面积和历年修建数量、乡村建筑近期和远期的修建计划等资料。

自21世纪以来，社会物质文明、科学技术的快速发展在给人类带来生产生活便利的同时，人口快速增长、资源供给矛盾、生态平衡失调、环境污染损害等问题也逐渐凸显，并给人们生存发展带来了负面的影响，进而引起人们对发展理念、发展思路等进行重新思考。与此同时，随着乡村经济社会的不断发展，乡村居民的收入不断提升，乡村建筑的更新频率也不断增快，随之而来的建筑地域性特征也逐渐消失的问题愈发凸显，乡村的建筑特色也愈趋相似，乡村到处都可见混凝土结构的建筑确实推进了农村的"现代化"，但也逐渐带走了乡村传统文化的记忆，如何在乡村发展过程中保持乡村独具特色的文化或者魅力，已成为乡村发展建设的重要议题。对于乡村而言，每个乡村都拥有其自身的特征，乡村居住建筑在发展或者建设过程中要防止千村一面、千篇一律，要突出乡村自身的文化、习俗、生活方式等特点，确保乡村在发展的过程中保存自身的记忆符号。因此，乡村居住建筑资料的搜集对于乡村特色的发展尤为重要。

在乡村自然条件、自然资源等基础资料搜集的基础上，首先要对乡村居民的现实需求进行调查，了解乡村居民对乡村建筑的需求，进而为乡村未来住宅用地、建筑设计等提供支撑；其次根据乡村周边的地形、地势、气候等环境资料及住宅现状资料进行分析，进而为乡村的交通分布、公共服务设施、乡村住宅区域等的规划提供基础数据；再次对于乡村建筑设计而言，需要前期乡村历史文化资料的收集、乡村社会经济现状资料及乡村居民对建筑需求的调查资料等，规划乡村建筑设计的内部空间，并进一步结合乡村的传统建筑风格，对乡村建筑进行总体设计，进而保证乡村建筑设计的科学合理性，既保留乡村传统的建筑风格又满足乡村居民生产生活的需求，同时也能确保建筑成本在乡村居民的经济承受能力之内。

（二）乡村基础设施资料

乡村基础设施主要是指为保障乡村居民生产生活而提供的公共服务设施的总称。乡村基础设施按照不同的用途可划分为乡村生产性基础设施、生活性基础设施、乡村生态环境服务基础设施及社会经济发展基础设施，具体可分为乡村能源基础设施、乡村交通基础设施、乡村给排水基础设施、乡村通信基础设施、乡村环保基础设施及乡村防灾基础设施。乡村基础设施资料则包括与乡村生产、生活、生态环境保护相关的基础资料，如乡村卫生所、中小学设施、图书馆、文化馆、体育馆等相关资料及基础设施的数量、质量、类别、服务规模和范围、供需关系等。在乡村发展过程中，乡村基础设施是乡村各项事业发展的基础条件，也是乡村资源环境系统中一个最重要的组成成分之一，乡村基础设施建设、布局等与乡村协调发展也是乡村资源环境规划的重要目的之一。

就具体分类而言，由于我国是一个农业大国，农业生产是乡村的主要功能之一，因此乡村生产性基础设施的核心要素为乡村现代化的农业生产基地及农田水利建设；乡村生活性基础设施主要包括饮用水安全基础设施、电力通信基础设施、对内对外交通基础设施等；乡村生态环境服务基础设施主要包括乡村垃圾收集与处理技术设施、污染治理基础设施、生态林建设等解决乡村社会经济长远发展问题的基础设施；乡村社会经济发展基础设施则是指有利于乡村社会发展的相关基础设施，包括乡村文化建设、医疗卫生、科技发展、义务教育的相关基础设施。基础设施发展规划是乡村资源环境规划中的重要内容之一，也是落实国家乡村振兴战略、生态文明建设战略的重要保障，可以为乡村资源高效利用、乡村生态环境有效保护、乡村社会经济发展水平提升等注入强有力的动力。

（三）乡村工程设施资料

党的十九届五中全会审议通过了《中共中央关于制定国民经济和社会发展第十四个五年规划和二〇三五年远景目标的建议》，并提出了农业农村优先发展、全面推进乡村振兴战略、加快农业农村现代化进程、实施乡村建设行动，进而将我国的脱贫攻坚成果与乡村振兴战略衔接。乡村基础设施建设是建设社会主义全面现代化农村的重要内容，通过加强乡村基础设施建设，提升乡村居民收入水平、改善乡村居民生活条件、优化乡村布局等推动乡村之间或内部的基础设施共建同享，实现基础设施的效益最大化，也是乡村资源环境规划最终目标之一。

乡村工程设施资料主要包括乡村交通运输的内容、道路桥梁的属性、给排水的质量及电力通信的服务水平等，具体包括乡村用电负荷的特点、高压线的走向、乡村交通运输方式、水源地环境、供水管道分布、水厂水塔的位置和容量、乡村生产和生活污水的总量及其变动情况、雨水的排除情况等。因此，乡村工程设施资料也是用来描述或者分析以上要素的基础信息。乡村的发展与建设是一项兼具科学性、系统性、合理性等特征的民生工程，乡村工程设施质量对乡村经济的繁荣发展、农民生活条件的有效改善、乡村总体的稳定发展均具有重要的影响。

（四）乡村居住环境资料

乡村居住环境是乡村生活质量提升的一个重要影响因素，也是乡村社会经济发展的一个重要支撑，良好的乡村居住环境也是每个乡村居民所追求的。同时，乡村居住环境的保护与治理是落实我国生态文明建设战略实施的重要内容，是推进我国生态文明建设具体路径之一，也是提升乡村形象、满足乡村居民日益增长的需求的重要依据。

乡村居住环境资料主要包括环境污染危害程度资料、污染源资料及污染防治措施和污染物循环利用方式等资料，具体包括乡村废水、废气、废渣及噪声等环境污染要素，以及污染源位置、有害物质成分、污染范围与发展趋势等。在乡村经济建设过程当中，自然资源作为基础资料获得了广泛应用，但在利用的过程中也产生了大量影响乡村居住环境的要素，如废水、废气、固体废弃物等。乡村居住环境治理对于推动乡村宜居建设具有重要意义，如何推进乡村居住环境的深入治理、如何促进乡村居住环境治理能力现代化、如何实现乡村居住环境治理与乡村社会经济协调发展等是乡村资源环境规划所需要考虑的内容，也是乡村居住环境改善所面临的主要问题。

第二节　乡村资源环境规划资料收集

一、资料收集目的与意义

（一）自然资料及历史资料

1. 自然条件资料收集目的与意义

乡村资源环境规划中的自然条件资料的收集主要包括地形条件、气候条件、工程地质条件和水文地质条件等相关资料，其对于乡村资源环境规划的总体布局、乡村资源环境系统要素的合理安排具有重要的影响。首先，乡村自然条件直接影响到乡村资源环境承载力的评价结果，而乡村资源环境规划的总体布局需要参照乡村资源环境承载力的评价结果，进而对乡村给排水、电力通信、医疗卫生、生态环境、自然资源等乡村资源环境系统要素进行具体安排和统筹布局，确保乡村各项保护、建设工作在空间上的合理安排。因此，乡村自然条件资料的合理收集与准确分析对于推动乡村资源环境规划具有重要的意义。其次，乡村资源环境规划需要对乡村地域范围内各建设项目进行合理的安排，包括乡村型公共建筑位置、乡村未来可能落地的建设项目、乡村固体废弃物存放地点等，而自然条件资料中工程地质资料的收集则是合理安排各项建设项目区域范围和位置的前提。最后，乡村水资源的开发利用、乡村林业资源的保护、乡村土地类型及数量的具体安排、乡村农产品种植的种类及对应的面积等也是乡村资源环境规划中需要重点关注的方面，乡村气候条件资料、水文地质条件资料、地形条件资料等的收集与分析可为以上乡村资源环境系统要素的安排提供有效的基础支撑。

2. 区域概况资料收集目的与意义

首先，区域资源的储量、质量和组合特点决定乡村产业的基本特征，进而影响乡村的性质与规模，同时矿藏的散布还影响乡村用地的选择；其次，乡村区位条件的调查与分析，有利于归纳乡村的区位优势，确定乡村的产业方向，同时也可以分析区位要素的优缺点对于乡村未来发展的影响；最后，乡村资源环境规划的一个主要任务是协调乡村产业的发展，对于农业发展要有更多的考虑，乡村的布局及项目的建设都应反映农业发展的要求，尤其以农业生产为主的乡村。

从上位规划的视角来看，乡村区域属于上位规划子区域；从乡村整体来看，不同乡村资源环境要素的空间分布处于乡村子区域之中，因此区域概况资料对于乡村发展条件、经济发展现状、区域发展预测等的分析均具有重要的意义。具体而言，首先，区域概况包括区域自然资源、自然条件、科技条件、基础设施条件等因素，通过对区域概况的分析，如经济规模、人口结构、教育水平等，可以为明确乡村发展基础、分析乡村发展的潜力、制定乡村发展的方向、优化乡村资源配置及产业结构等提供基础依据。其次，区域经济发展分析主要分析乡村的经济发展水平和阶段、产业的结构和空间布局合理性、经济发展存在的主要问题及未来发展趋势预测等。对于乡村经济发展分析而言，其主要是在乡村发展条件分析的基础上，进一步分析乡村经济发展的现状及未来发展的趋势，进而为乡村后续发展提供参考借鉴。最后，区域发展分析是在自然条件、自然资源、经济分析等的基础上进一步通过发展预测、结果优化和方案比较等方式确定区域发展的具体方向，并制定具体的区域发展策略及预计实施该策略可能出现的具体成果。对于乡村而言，其发展预测是一个综合性分析过程，同一乡村的不同资源环境系统要素或者不同乡村的同一资源环境要素在发展预测中的作用也各不相同，在预测过程中需要因地制宜地分析，同时在分析的过程中还要涉及乡村生态环境保护、社会发展等，综合效益往往作为乡村区域发展分析的主要评判标准。

总体来看，乡村区域概况资料的收集对于分析乡村内部各自然及人文要素间和区域间相互联系的规律具有积极的意义，可为乡村发展提供理论基础和现实依据，对乡村资源环境规划也具有较高的现实意义。

3. 乡村历史文化资料收集目的与意义

乡村历史文化是中国文化重要的组成部分之一，也是乡村居民生存繁衍智慧的结晶和精神的寄托。乡村居民是乡村文化的群众基础，发扬乡村传统文化对于乡村居民的认同感、归属感、荣誉感具有积极的影响，保持乡村传统文化的活力也是乡村发展的内在动力，对于促进以文化发展为基础的乡村第三产业具有重要的支撑作用。同时以乡村历史文化为物质载体，进行文化产品开发利用，对于塑造乡村形象和品牌、推动乡村经济快速发展也具有积极的意义。随着城镇化的快速发展，当前乡村文化正经受着由盛至衰、至亡的过程，乡村淳朴的文化逐步被现代城市文化所冲击，如按照城市化的方式改造乡村文化景观、建设现代化建筑等，导致乡村淳朴的民风、独特的建筑、优美的自然风光等遭受严重的破坏。乡村文化是乡村发展的灵魂，是推进乡村文化复兴的源泉，也是乡村吸引力的主要动力，没有乡村文化内涵支撑的乡村发展是缺少生命力和竞争力的发展。

乡村"千村一面"的同质化发展现象愈演愈烈的根源是乡村发展缺乏乡村历史文化的脉络、内涵、体系的梳理与提炼，乡村发展中乡村文化复兴的核心就是要保存乡村文化根脉，深度挖掘乡村历史文化的内涵，并对乡村文化进行各种形式的展示、宣传、发扬和传承，进而推动乡村文化可持续发展，构筑和维护乡村发展的灵魂。因此，乡村资源环境规划中历史文化资料的搜集与分析是理清乡村文化脉络、构筑乡村文化资源体系、传承发扬乡村传统文化的基础支撑，也是有针对性地进行乡村文化保护、传承和发扬的现实依据。例如，乡村非物质文化遗产是乡村发展历史的重要"文化脉络"，需要在乡村规划中制定非物质文化遗产的传承与保护的具体举措；乡村历史遗迹的保护是现代乡村规划的共识，既能丰富乡村的景观、体现规划的特色，又可以作为旅游资源进行开发；历史沿革记录着乡村形成发展的历史轨迹，有助于在规划中更准确地把握乡村的性质，制定体现特色的规划方案等。

（二）社会经济资料

1. 人口状况资料收集目的与意义

农村人口作为乡村发展的主体，在乡村发展过程中扮演着乡村社会经济发展、资源环境保护利用等的主角，因此乡村发展也需乡村居民发挥其主动性、智慧力和创造力的作用。农村居民既是乡村振兴的参与者，也是乡村发展的主要受益者，每一个乡村经济社会发展具体目标的实现，均需乡村居民的积极参与，当然，具体目标实现的过程也需要政府或者管理机构的鼎力支持，只有在乡村居民参与之下的乡村发展才是乡村真正意义的发展。人口状况资料是乡村人口规模预测的基础，有助于掌握乡村人口变更的规律并科学地分析其变化趋势，有助于分析确定乡村的性质，有助于确定乡村公共建筑和设施的数量及定额指标等（图4-1）。

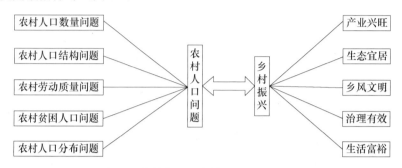

图 4-1　乡村发展与乡村居民之间的关系

近年来，如何有效地促进乡村经济发展、提升乡村经济振兴的问题已成为党和政府关注的问题，而促进经济发展、实现农村全面振兴的主要任务是解决农村人口的问题，乡村人口数量、结构、质量、分布等均为影响乡村经济社会发展的主要因素。乡村人口是乡村发展的参与主体，人口自然变动是指人口数量增减、年龄结构的变化等，是由人口的出生和死亡两个原因引起的，也是乡村人口作为生物群落所必然发生的。身体素质、身体机能、遗传等生理因素是人口自然属性的具体反映，也是乡村人口自然变动的自然基础，思想意识、文化素养、经济条件等人口的社会属性是人口变动的决定性因素。乡村资源环境规划的目标之一就是因地制宜地制定乡村发展措施，提升乡村社会经济条件，进而影响乡村人口自然属性和社会属性，提升乡村人口的集聚水平，如提升乡村居民的教育程度、转变乡村发展理念、提高乡村居民职业素养等。此外，我国乡村人口的空间迁移与世界上一些国家工业化和城镇化的人口空间迁移类似，以乡村人口向核心城市转移为主，乡村空心化、常住人口老龄化等问题也是乡村资源环境规划所需考虑的问题。此外，乡村人口参与的乡村文化传承、乡村养老、乡村环境治理等问题都会面临着因乡村人口变化而解决起来比较困难的现实问题，加之城镇化进一步推进而带来的乡村人口形势更加严峻，乡村资源环境规划制定也要防范乡村青壮年居民过快萎缩的问题出现，避免乡村发展后继无人。

总体而言，乡村人口状况资料的分析可为乡村资源环境规划研究、思考、谋划乡村人口发展策略提供支撑，进而为乡村发展营造良好的人口环境。

2. 乡村建设管理资料收集目的与意义

乡村建设管理是我国治理能力与治理体系现代化的重要组成部分，由于我国乡村类型多样，区域间乡村社会经济发展水平、民族文化、自然条件等有较大的差异，乡村建设管理的需求也存在着较大区别，而乡村建设管理水平对于乡村的发展尤为重要，如乡村建设管理现代化水平越高，乡村管理效率、乡村居民经济收益水平、乡村基础设施服务水平也越高。

随着我国乡村常住人口老龄化程度、青壮年人口流失程度加重，居民生活需求水平等不断提升，对乡村建设管理的要求也不断提升，而乡村建设管理资料可为乡村的发展建设、乡村建设管理、乡村资金管理等提供现实依据，对于提升乡村建设管理水平、合理编制及具体落实乡村环境规划等具有重要的意义。若乡村建设管理机构、人员、技术不足，乡村建设工程则没法有效实施，乡村相关的工程质量也无法保证。同时，乡村发展建设若无有效的监督管理，乡村发展的各项措施的执行将是脆弱的、非可持续的。根据乡村建设管理机构和人员数据资料，分析其优势、劣势、主要存在的问题等，可对乡村管理机构、人员、乡村发展任务等进行合理的安排，进而推进乡村资源环境规划编制的科学性及实施的高效性。另外，若乡村发展建设没有资本支撑，乡村的发展将无从谈起，乡村管理工作也将无法进行，如果乡村的金融资源无法满足乡村发展建设、管理等工作的需求，乡村的项目建设、机器维护、资源利用、生态环境保护等具体措施很难落地。

因此，以乡村建设管理资料为基础，构建多主体协作的乡村建设管理模式（图4-2），保证乡村管理可持续性，对于乡村资源规划的有效实施、乡村管理机构高效运行、乡村建设资金保障等均具有重要的意义。

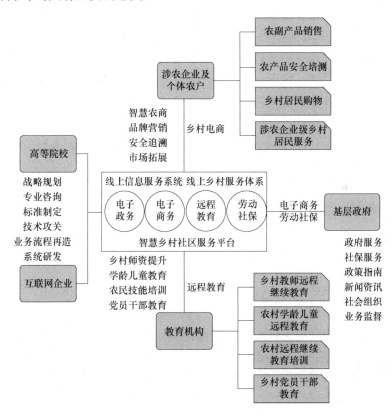

图4-2　乡村建设管理多主体协作模式的构想图（赵周华和霍兆昕，2019）

3. 乡村贸易市场资料收集目的与意义

乡村贸易市场往往是乡村地区社会、经济、文化交流的纽带，在乡村社会生活中占据着极其重要的地位，是乡村社会、经济、生产生活的重要环节之一，也是乡村发展的一个重要缩影，从乡村贸易市场往往可以看出乡村贸易市场经济发展的程度和社会风采。

乡村贸易市场的功能随着乡村的发展而发生着动态的变化，首先，其对外传递功能随着乡村的发展而进一步加强，以前的乡村贸易市场主要的功能是满足乡村生产生活的物质需求，随着乡村的交通设施、电力通信、运输手段等的发展，乡村贸易市场的功能除满足乡村内部的发展需求之外，还包括对外信息的传递、外部信息的接收、内外部物质之间的交换等；其次，乡村经济一体化发展也推动乡村贸易市场的进一步扩张，同时也进一步带动乡村某些行业的发展，提升乡村的发展活力；最后，乡村贸易市场的文化娱乐功能也伴随着乡村的发展应运而生，使乡村贸易市场成为乡村文化交融、文化发展、精神文明交流的重要场所之一。

乡村贸易是乡村地区主要的商业活动，对乡村的性质有着重要影响，对乡村总体用地布局也起着关键作用，同时也彰显着地域特色。通过收集乡村贸易市场资料，首先可以了解乡村贸易市场的增加机制，因为乡村贸易市场是农村地区经济和社会发展的缩影，交易规模和农村居民的交易行为反映了农村地区的经济和社会发展水平，通过分析商品和商品交易会的特点，可以揭示乡村市场发展的主要问题，然后寻找增加乡村居民收入的现实路径。其次，可以分析察看贸易市场的演化轨迹，乡村贸易市场的现代化进程加快，市场规模也会进一步扩张，进而推动乡村现代化发展，可为加快乡村现代化建设提供决策依据。再次，通过分析乡村贸易市场的发展交易史，可以探寻乡村贸易文化与民族文化的融会内涵与路径，由于乡村贸易市场是乡村各民族物质联系、文化交流等的主要纽带，有着自身的传承和演变轨迹，民族文化的发展与传播离不开集市文化的繁荣，二者在乡村现代化建设的时代背景下会加大交流与融合的速度和力度，进而为乡村资源环境规划提供参考。最后，可以丰富乡村民族经济学的研究范畴，乡村贸易市场是民族学和人类学的具体发展成果，观察和分析乡村贸易市场发展规律和变化特征，对于研究乡村未来发展的方向、发展的目标等具有积极的意义，可以为乡村资源环境规划具体目标的制定提供参考。

（三）乡村居住资料

1. 乡村居住建筑资料收集目的与意义

乡村居住建筑资料是进行乡村居住区规划的主要依据。首先住房作为人类生存的必要物质条件，是满足家庭生活和建筑材料空间的需求，是人类最基本的生活物资消耗数据，也是乡村居民为生存和发展而适应和改造自然的过程，对于满足人民群众享受多层次生活方式的需求具有积极的意义。为了适应不同地区的自然环境，如冷热的气候、平原或山地等，乡村住宅呈现出不同的建筑特色。同时社会条件和不同的地理区域也让不同地区的人群形成了不同的生活习惯、民族风俗、价值观等，乡村住宅作为人类生存和发展必需材料产品，是地域文化的重要载体之一，不同风格、不同文化背景的乡村住宅也是社会属性分化的具体表现。在乡村社会发展的同时，人们的生活方式也在不断转变，乡村住宅的发展和演化是人们适应环境、改造自然的具体反映。例如，早期人类社会以游牧狩猎为生，导致居无定所，随着时代的发展和人类社会的进步，劳动（农牧业分离）的第一次社会大分工，使得乡村出现，解决了人类居住的场所，结束了社会的原始公社制度；劳动（农业和手工业分离）的第二次主要的社会分工——手工业的发展，使得各种行业出现，所以固定的交流场所的出现也成为必然。因此，乡村居住资料的收集对于掌握乡村的生产生活的演变史、了解乡村居民的生活习惯等具有重要意义，对于乡村资源环境规划的编制也具有重要影响。

2．乡村基础设施资料收集目的与意义

乡村基础设施是乡村全面推进现代化建设的主要内容，也是推进乡村振兴战略、建设美丽乡村、推动特色小镇发展的重要保障，乡村基础设施的推进既是城市基础设施建设的延伸，也是提升乡村生产效率、生活品质的基础支撑。通过对乡村基础设施资料的收集与分析，了解乡村基础设施或其建设的主要特征，如建设方式、产权归属、空间布局等，以及乡村基础设施建设的主要资金来源，如政府出资、政企合作、乡村居民集资、企业投资等，进而为乡村后续基础设施的发展与布局提供决策依据。另外，乡村基础设施建设的目的是满足乡村居民生产生活的需求，通过对乡村基础设施资料的现状进行分析，找出乡村基础设施发展建设的短板，梳理乡村基础设施发展的任务清单，可以为乡村资源环境规划关于乡村基础设施的建设计划或安排提供依据。

因此，乡村基础设施资料的收集与分析对于了解和掌握乡村在未来发展中某些基础设施建设的需求、明确该需求的重要性和紧迫性、推动乡村全面建设和高质量发展等具有重要的意义，也是乡村资源环境规划的重要依据。

3．乡村工程设施资料收集目的与意义

乡村工程设施资料分析是乡村道路规划设计、乡村总体布局、乡村道路网布局、乡村给水工程规划、乡村电力工程规划等的依据，对于乡村资源环境规划具有重要的意义。同时，近年来，随着乡村经济的进一步发展，乡村居民生活水平日益提升，再加上乡村现代化建设进程的不断推进，乡村建设市场获得迅速发展，乡村建设规模进一步扩大。在乡村建设过程中，乡村发展建设的质量、管理等作为一项常抓不懈的工作，已成为乡村建设工程的重中之重，因此乡村工程设施资料的搜集与分析具有一定的现实意义。

4．乡村居住环境资料收集目的与意义

随着乡村经济社会的不断发展，乡村居民的收入水平也不断提升，收入水平提升带来的社会需求层次也进一步提升，改善乡村居住环境是实现乡村生态振兴的重要内容，也是满足人民日益增长的美好生活需要的基本诉求。乡村居住环境质量的高低直接影响着乡村居民身体健康水平，通常影响乡村居住环境的因素较多，既包括乡村自然因素，也包括乡村人文社会因素，不同乡村之间的影响因素也具有一定的差异性，同时不同影响因素之间的相互作用也为乡村居住环境的治理带来一定的困难。但是，在之前快速城镇化推进的过程中，相对于乡村经济发展而言，对乡村居住环境相关问题的关注度较低，乡村居住环境管理松懈、资金投入不足、管理技术落后、乡村居民参与度不足等问题为乡村居住环境的保护与治理带来了不利的影响。在乡村振兴战略实施背景下，如何有效地推进乡村居住环境优美、宜于居住等已成为全面推进农村现代化的内容，乡村居住环境保护、治理已成为乡村发展的主要任务之一。通过对乡村居住环境要素资料的收集分析，明确乡村居住环境发展的短板，制定乡村居住环境长远的发展路径与目标，可以为乡村资源环境规划提供参考借鉴，也为改善乡村居住环境、提升村民环境与健康意识、实现乡村生态振兴等提供支撑。

二、资料收集的一般程序及主要方法

(一) 资料收集的一般程序

资料收集也称为信息收集，是指通过不同的手段、途径、渠道等方式对需要的信息资料进行收集，资料收集工作进行得好坏直接影响到乡村资源环境规划的质量，也是信息能否有效利用的关键。乡村资源环境规划的资料可划分为原始资料和二次加工资料，其中原始资料主要是指在乡村社会发展过程中能够直接获取的资料，如人口、土地、收入、基础概念等，是未经过处理的资料；二次加工资料则是在对原始资料进行分析、重组、改编等而形成的新的形式和内容的资料。这两类资料对于科学编制乡村资源环境规划具有不可替代的作用。

根据乡村资源环境规划编制的前期要求及规划编制者对于规划区域的具体考量，确定信息需求，并明确要收集的背景资料、主体资料等，进一步搜集内外部资料并进行数据质量分析，然后综合整理，具体流程如图4-3所示。

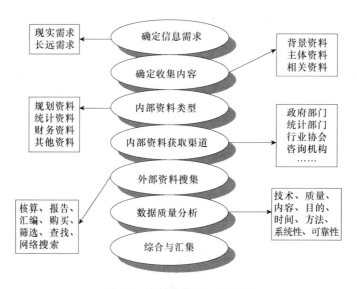

图4-3　资料收集的一般过程

(二) 资料收集的主要方法

数据资料是乡村资源环境规划编制的重要依据，若无丰富翔实的数据资料，乡村资源环境则是无源之水、无本之木，也无法指导乡村的可持续发展。网络调查法、访问调查法、观察调查法是常用的乡村资源环境规划资料获取的方法，因此，本节主要介绍这三种方法的内涵、特征、使用的一般程序等。

1. 网络调查法

通过电子邮件、视讯会议、站点等的方式获取乡村资源环境规划的相关资料，其核心是以互联网为基础而实施的资料收集手段，进而获取有关乡村居民的第一手资料，具有经济性较高、应用范围较广、周期性较短、互动性较强、可靠性较强等特征。同时按照调查者的特征可以将网络调查法分为主动网络调查法和被动网络调查法，其中主动网络调查法是指调查者主动组织调查人员对相关资料、问卷等进行网络调查，被动网络调查法是调查者被动地等被调查者完成调查任务的方法。在乡村资源环境网络调查规程中，主动网络调查法是常用的网络调查法，并且该方法主要侧重于居民具有一定网络使用技能的乡村。

乡村网络调查法具体可以分为站点调查法、电子邮件调查法、视讯会议调查法、搜索引擎调查法等，其中站点调查法是指将乡村资源环境规划的相关调查问卷放置于网络中供乡村居民填写，完成后的问卷自动回传；电子邮件调查法是向乡村居民发送电子邮件，乡村居民完成电子邮件中的问卷后再发送给调查者；视讯会议调查法主要是通过网络视频的方式将分散在不同区域的乡村居民虚拟地组织起来，并在调查者的引导下回答调查问卷；搜索引擎调查法是乡村资源环境规划资料调查者利用网络引擎的搜索服务功能获得资料的方法，也可以通过政府部门的官方网站获取有关的统计数据、乡村发展演变等相关资料。

网络调查的一般程序见图4-4。

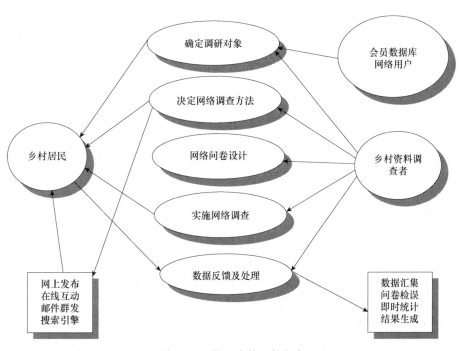

图4-4　网络调查的一般程序

2. 访问调查法

访问调查法主要是以询问的方式获取原始资料的一种方法，通常根据调查的内容列出需要调查的问题列表，与日常交谈相比，访问以了解具体情况及获取具体信息资料为目的，且是由访问者控制交谈的内容为主的。根据访问者与被访问者的接触形式，可以将乡村资源环境规划资料访问调查的类型分为入户访问、电话访问、留置问卷访问等；按照访问的方式可分为直接访问和间接访问；按照访问的要求可以分为标准化访问和非标准化访问；按照访问的载体可分为书面访问和非书面访问。标准化访问方式是乡村资源环境规划经常采用的访问方式。

标准化访问（有结构访问）是依据乡村资源环境规划的内容、目标等，在访问之前确定问卷的内容、结构、访问人员等，确保在访问过程中按照事先安排好的程序进行访问，进而获取有效的信息（图4-5）。标准化访问的特征主要体现在访问对象、访问内容、访问方式、访问顺序、访问答题记录等的标准统一。访问方式不灵活、访问双方互动性不强、访问结果的有限性是标准化访问的主要缺陷，而访问易于操作、数据可靠性较强、误差较小、结果资料方便整理是标准化访问的主要优点。

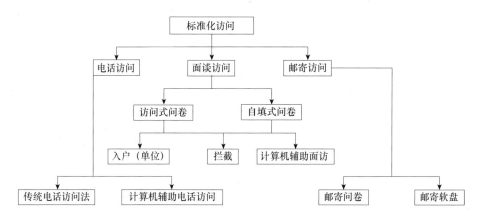

图4-5 标准化访问的一般调查程序

3. 观察调查法

观察调查法是通过对实地的探访与考察，通过规划团队者的视觉、听觉或者影像资料，直接或者间接观察和记录规划区域的现状，是获取规划区域信息的一种适用性的实地调查方法，根据观察对象过程中是否有中介物可以划分为直接和间接观察调查法；根据观察方式或者观察主体可划分为人员和机器观察调查法，根据观察的外部环境特征可以划分为自然情景和实验室内观察调查法；根据观察主体与被观察者之间的关系可以划分为参与式和非参与式观察调查法。

观察调查法具有直观、资料可靠性较高、灵活性较强等特点，通过观察调查方式进行乡村资料的获取，规划编制者可实地了解规划区域的自然、社会、经济等实况，能获得具体的规划资料，而且不需要观察对象的配合及对观察对象的能力没有要求，也可以弥补网络调查法和访问调查法在此方面的缺点，能获得比网络调查法更为准确的乡村基础资料，应用范围也比较广泛。在利用观察调查法时，首先乡村资源环境规划观察调查的资料是能够观察到的或者能够从观察对象中推断出来的、可以进行重复观察的、短期内能获得观察成果的资料；其次还要制定观察方案，明确观察对象及观察目标，进而为系统地、有计划地、全面地进行观察资料的收集提供支撑；最后根据观察调查结果具体信息制定相应的观察记录表。观察调查法的一般程序见图4-6。

三、资料收集应注意的问题

收集数据资料是分析乡村发展现状、发展需求、发展趋势等的重要基础，也是制定乡村发展目标、发展策略、发展方向的主要依据，全面、完整、准确的数据资料是科学、合理编制乡村资源环境规划的重要保障。基础数据资料出现缺失或者误差，往往会导致分析结果的可靠性、有效性、代表性不足，甚至出现错误，进而会

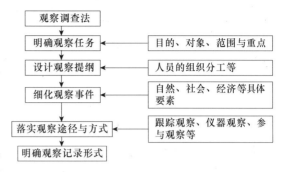

图 4-6　观察调查法的一般程序

误导乡村发展，最终造成乡村资源浪费、环境污染及居民生产生活质量降低等问题。因此，首先要确保基础资料的有效性，所搜集的资料要能反映乡村发展的本质特征；其次要保障基础资料的可靠性，即相关数据的误差不能超过规定的范围，如进行乡村土壤环境调查，不同调查点位的土壤要素含量的监测误差要满足相关的规定，从理论上讲，误差越大、数据资料的可靠性越低，提高资料的可靠性就要减少各种数据误差；最后要保障资料的全面性，掌握较为完整的资料是制定乡村发展规划的重要基础，也是分析乡村发展规律、了解乡村发展需求的基础。

第三节　乡村资源环境规划资料整理入库

一、乡村资源环境规划资料的整理

乡村资源环境规划资料整理主要是针对乡村基础资料的汇总，其本质是根据规划的需要，运用科学的方法、先进高效的技术手段等对所获取的乡村基础资料进行检查、分类及汇总，使所有数据系统化、有序化、简要化等，进而以简明而集中的方式反映乡村资源环境规划基础数据资料调查的总体情况。基础资料整理是基础资料分析、研究、应用的重要基础，是提高资料使用效率的必要步骤，也是基础资料保存的现实需求。真实有效、系统完整、简洁明了、准确合格等是资料整理的基础原则，也是保障乡村资源环境规划资料得到有效利用的必要条件。乡村资源环境规划所需的资料主要包括文字图件资料和数据资料，文字图件资料主要包括观察资料、文献资料、规划案例等，而数据资料一般通过调查或问卷等方式获取，涉及不同的乡村资源环境系统要素，需要对其进行统计、分组、汇总等处理，整理的过程与文字图件资料相似。

（一）文字图件资料

乡村资源环境规划的文字图件资料大部分是以图片、文字为主，由于其来源、搜集途径、资料属性往往存在着差别，因此需要对其进行审查、分类和汇总。审查的目的是确保文字图片资料的真实有效，并且适用于乡村资源环境规划。文字图件资料的分类，即使复杂的、种类繁多的文字图片资料有序化、系统化、单一化等，避免资料的重复出

现并为资料之间的规律性提供查询依据。其中文字图件资料的汇编是根据乡村资源环境规划的实际需求，对分类之后的文字图件资料进行编辑并汇总，确保文字图件资料能够反映乡村的实际情况，为后续的规划编制提供基础。具体步骤如下：首先对乡村文字图件资料的有效性、准确性、真实性进行核查、校对，如观察的资料是否客观、是否能反映存在的客观实际情况，文献来源是否具有权威性、调查问卷量是否满足需求、文献来源是否可靠等。其次从第一手资料中选择与乡村资源环境规划相关的资料并抽取整理，进而实现原始资料的简化，去粗取精。最后按照资料的相关属性，如主题、人物、时间、空间等对文字图件资料进行分类整理，建立文字图件资料档案。

文字图件资料整理的作用主要是便于资料的查找和分析，如对不同类型的规划资料进行比较分析、对于人口结构进行分析预测等。乡村文字图件资料的整理是资料调查阶段到分析研究阶段的过渡，是对乡村发展状况由感性认识到理性认识的重要过程，也是提高研究信度和效度的重要环节，直接关系到不同乡村资源环境系统要素分析研究的准确性，科学地、合理地对乡村资源环境规划的文字图件资料进行整理，对于乡村资源环境规划的编制具有重要的意义。

（二）数据资料

乡村资源环境规划的数据资料是定量分析的主要依据，在数据资料整理的过程中，为方便数据的分析及得到正确的结论，需要对原始数据资料进行整理分析，包括数据资料的检查、分组、编辑汇总等。检查的核心是对数据资料的真实有效性进行检测分析，进而为乡村资源环境规划提供更为精确的分析成果；分组则与文字图件资料分组相似，即按照数据的属性将数据划分为不同的组别，方便数据的查找和分析；编辑汇总就是把分组后的相关数据汇总到表格、文件等之中，进而进行分析研究。同时为保障数据质量，在数据被用于研究分析之前需要对其进行检验，具体步骤如下。

1）对汇总的数据进行仔细分析与检查，包括资料的准确性、逻辑性、是否出现遗漏、数据是否出现错误等，若发现问题应及时地制定有效的补救措施，或进行相关数据的代替等。

2）制定合适的分组资料，由于乡村资源环境系统的复杂性，乡村资源环境规划所需的基础数据类型也复杂多样，需选择合适的分组标志，对乡村基础数据进行合理的分类。若数据分类不合理，乡村资源环境系统要素的特征将无法准确反映，进而影响乡村资源环境规划的科学合理性，数量特征和属性特征是数据分析的主要依据，需对原始资料科学地进行分类分组。根据规划的目标进行分类、根据乡村子系统的构成特征进行分类、根据反映乡村系统要素本质特征进行分类是主要的分类方法，其本质是基于数量特征和属性特征的分类方法。

3）编辑汇总。在把乡村资源环境规划的数据资料按照一定的方式分组的基础上，按照某一格式将所有数据汇集在一起。手工汇总和计算机汇总是编辑汇总常用的两种方法，随着科学技术的发展，计算机汇总已成为规划编制者常用的数据汇总方式，即首先用不同的字母符号标记乡村资源环境规划调查内容，然后将获取的数据资料储存在计算机中，形成乡村资源环境规划数据库。

二、乡村资源环境规划资料的入库

乡村资源环境规划基础数据库的构建对于降低数据管理成本、提升规划编制和管理效率、提升资料数据的使用成效等均具有积极的意义。通过构建乡村资源环境规划基础数据库，形成以乡村自然资源系统要素基础资料为核心的信息系统体系，对于数据资料及时地更新反馈等也具有重要的意义，也可以为乡村资源环境规划的实施、调整等提供基础依据，从而促进乡村资源的高效利用、生态环境的有效保护、乡村全面现代化的发展。

首先，通过信息资源整合建立乡村资源环境规划基础资料数据库。在完成各类乡村资源环境规划的基础资料的收集与整理之后，由于相关的规划信息并未整合在统一的数据库中，如乡村地形资料、乡村管线资料、乡村前期规划资料等，虽然进行了分类整理，但并未进行总体的整合，进而难以实现不同数据资料在规划团队之间的共享，因此需要进一步构建关于乡村资源规划所有基础资料的信息框架，并进一步将整理后的数据纳入该框架之中，进而形成一个更新速度快、基础数据全、逻辑顺序清的乡村资源环境规划基础信息数据库。其次，确定适合的管理模式。由于乡村资源环境规划含有大量文字图件、数据资料等，数据信息量巨大导致数据处理难度也比较大，且对计算机的性能要求也比较高，如当一个数据需要更新时，需要对乡村资源环境规划数据库的搜索入口进行查找，然后再对具体的数据进行补充更改，往往需要花费一定的时间和精力。在进行数据管理时，一方面需要对大量的资料进行压缩处理并安全存储，另一方面也需要进行快速检索和备份管理。因此，建立安全有效的网络数据库，从而将各种格式的乡村资源环境规划基础资料进行整理入库，对于提高资料存储、使用效率具有积极的意义。最后，乡村自然资源系统是一个动态的系统。在乡村资源环境规划编制和实施过程中，规划相关的资料会不断地更新和增多，新资料或更新的数据等需要及时地归档，对数据库系统的维护与更新也是在数据库构建的时候所考虑的，通过及时维护和更新数据库，可为规划实施部门提供及时的、权威的数据。

总体来看，随着我国经济社会、科学技术的快速发展，一方面，乡村资源环境规划的基础资料日益复杂繁多；另一方面，高效便利的信息技术也被广泛运用于规划之中，将信息技术运用于乡村资源环境规划之中也是顺应时代和现实的需求，而乡村资源环境规划基础资料信息数据库的建立不仅为乡村基础资料和规划信息的交流创造了前提条件，而且提升了乡村资源环境规划基础资料收集、整合、处理的效率，同时也为乡村资源环境规划编制、实施和管理提供重要依据。

复习思考题

1. 乡村资源环境规划的资料内容有哪些？
2. 简述乡村资源环境规划资料收集的目的和意义。
3. 资料收集的一般程序是什么？

4．乡村资源环境规划资料整理的内容及主要步骤是什么？

5．乡村资源规划和城市规划在基础资料的前期准备中有哪些异同？

参 考 文 献

曹珊．2020．山区村镇体系发展规划影响要素分析——以河北省平山县为例 [J]．中国农业资源与区划，41（12）：164-170．

柴瑞娟．2016．银行商业特许经营：村镇银行主发起行制之替代路径选择 [J]．武汉大学学报（哲学社会科学版），69（4）：121-129．

陈鲁．2014．吐鲁番盆地区域水文地质条件及地下水循环研究 [D]．北京：中国地质大学博士学位论文．

陈旭斌．2017．城郊型村镇基础设施均等化配置效率评价研究——以武汉市新洲区为例 [D]．武汉：华中科技大学硕士学位论文．

戴瑶，段增强，艾东．2021．基于 GeoServer 的国土空间规划野外调查辅助平台搭建与应用 [J]．测绘通报，（1）：121-123，147．

丁玲，林兵．2019．生态文明视角下风景名胜区村镇居民点规划策略——以龙脊风景名胜区重点村寨详细规划为例 [J]．规划师，35（21）：85-90．

郭远智，周扬，韩越．2019．中国农村人口老龄化的时空演化及乡村振兴对策 [J]．地理研究，38（3）：667-683．

胡慧，李波．2015．旅游区边缘的皖南古村落保护与发展规划——以安徽省永丰乡岭下苏村为例 [J]．规划师，31（S2）：173-177．

江思义，吴福，刘庆超，等．2019．岩溶地区建设用地地质环境适宜性评价——以广西桂林规划中心城区为例 [J]．中国地质灾害与防治学报，30（6）：84-93．

蒋蓉，邱建．2012．城乡统筹背景下成都市村镇规划的探索与思考 [J]．城市规划，36（1）：86-91．

李吉来．2013．民营资本介入古村镇遗产保护与旅游开发的商业模式研究 [D]．上海：华东师范大学硕士学位论文．

李凯，侯鹰，Hans S P，等．2021．景观规划导向的绿色基础设施研究进展——基于"格局-过程-服务-可持续性"研究范式 [J]．自然资源学报，36（2）：435-448．

李连友，王慧斌，关海玲．2020．农村人口结构变动对经济增长的实证分析 [J]．经济师，（1）：19-21，24．

梁湖清，沈正平，沈山．2002．村镇规划与土地规划的比较及协调研究 [J]．人文地理，（4）：67-70．

马瀛通．2012．中国人口年龄结构合理转化问题研究 [J]．中国人口科学，（1）：2-13，111．

孟淼．2008．我国村镇建设安全现状调查及问题分析 [D]．北京：清华大学硕士学位论文．

倪伟桥，冯亚明．1997．土地利用分类调查资料在城市规划中的应用 [J]．测绘通报，（9）：24-25，35．

宁晓菊，秦耀辰，崔耀平，等．2015．60 年来中国农业水热气候条件的时空变化 [J]．地理学报，70（3）：364-379．

彭湛瑜．2017．浅析安全基础资料的编制与标准化管理 [J]．中国石油和化工标准与质量，37（10）：51-52．

石晓冬．2014．大数据时代的城乡规划与智慧城市 [J]．城市规划，38（3）：48-52．

宋马林，金培振．2016．地方保护、资源错配与环境福利绩效 [J]．经济研究，51（12）：47-61．

陶志红，范树印．2000．关于土地利用总体规划编制的科学性和可操作性问题的思考 [J]．中国土地科学，14（3）：23-26．

汪波，龚威平，王海平，等．2011．利用遥感监测成果辅助城市规划管理应用研究——以石家庄市城市规划管理应用遥感监测成果为例 [J]．城市规划，35（6）：55-59．

王习祥，胡海．2015．基于云数据中心的智慧城乡规划决策支持系统研究 [J]．地理信息世界，22（4）：39-46．

杨军辉．2016．资源-环境-区位视域下民族村寨旅游开发研究 [D]．西安：西北大学博士学位论文．

尹海玲．2017．村镇建设工程安全监督与管理 [J]．科技经济导刊，（11）：231．

喻定权，李畅．2006．规划信息交往体系的构建 [J]．规划师，22（2）：24-26．

喻定权．2010．城乡规划信息的内涵及其传播方式探讨——以长沙市为例 [J]．规划师，26（11）：17-20．

袁锦富，徐海贤，杨红平．2014．把握共性、兼顾差异的基础资料搜集规范——《城市规划基础资料搜集规范》阐释 [J]．城市规划，38（4）：65-69．

赵周华，霍兆昕．2019．中国乡村振兴战略实施面临的人口问题及应对思路 [J]．农业农村部管理干部学院学报，（3）：26-33．

郑晶晶. 2014. 问卷调查法研究综述 [J]. 理论观察, （10）: 102-103.

Biggs S D. 2010. Planning rural technologies in the context of social structures and reward systems[J]. Journal of Agricultural Economics, 29(3): 257-277.

Gallent N, Hamiduddin I, Juntti M, et al. 2015. Introduction to Rural Planning: Economies, Communities and Landscapes[M]. Oxford: Taylor and Francis.

Kanematsu Y, Okubo T, Kikuchi Y. 2017. Activity and data models of planning processes for industrial symbiosis in rural areas[J]. Kagaku Kogaku Ronbunshu, 43(5): 347-357.

Long H, Liu Y, Hou X, et al. 2014. Effects of land use transitions due to rapid urbanization on ecosystem services: Implications for urban planning in the new developing area of China[J]. Habitat International, 44: 536-544.

Palmisano G O, Govindan K, Boggia A, et al. 2016. Local action groups and rural sustainable development. A spatial multiple criteria approach for efficient territorial planning[J]. Land Use Policy, 59: 12-26.

Torigoe H. 2010. Problems of park planning in a rural community[J]. Journal of Rural Studies, 17(1): 1-10.

Yeo I A, Yoon S H, Yee J J. 2013. Development of an urban energy demand forecasting system to support environmentally friendly urban planning[J]. Applied Energy, 110(8): 304-317.

第五章 乡村资源环境规划技术方法

人类经济社会的发展和演变与自然资源的利用和生态环境的保护是紧密相关的，自然资源是人类社会经济发展所需要原材料的主要源头，生态环境则是影响人类生存与发展的自然资源的数量和质量的总称。乡村资源环境规划对于乡村环境污染的控制、自然灾害的预防、自然资源的综合利用等具有重要的意义，也是保障乡村自然、经济、社会可持续发展的重要手段，已在国内外的资源利用、生态环境保护、社会协调发展等领域研究中得到广泛的研究应用。乡村经济社会的发展与演变所需的土地、水、化石燃料等各种原材料均直接或者间接地来源于乡村自然资源，而自然资源的利用和其所在环境的状况将会直接影响整个区域社会经济协调发展的进程和质量。因此，自然资源、生态环境和经济社会的协调发展是区域可持续发展的重要保障，尤其对于区域的经济、社会、科技等实力较弱的地区和乡村，也是乡村资源环境规划要解决的现实问题。

我国资源环境规划工作起始于 20 世纪 70 年代，从资源环境规划的前期调查、评价及预测到环境决策，再到资源环境规划的编制和实施等已初步形成。乡村资源环境规划作为资源环境规划的重要组成部分，是协调乡村资源环境与经济社会发展的有效工具，根据乡村资源环境规划的发展趋势及需求，科学适宜的规划技术方法在优化乡村资源配置、促进乡村资源环境可持续利用等方面具有积极的意义。本章将主要介绍资源环境规划的一些常用方法，这些方法在区域尺度上均具有较强的普适性，对于乡村资源环境规划也一样适用。

第一节 预测技术方法

预测是指在一定时期内，人们根据已经掌握的各种科学知识和技术手段，提前推断和预先判断已经掌握的事物的未来运动和发展，是人类科学地认识事物发展过程的方法。预测方法会随着科学技术、经济社会的发展而不断地发展，其本质是人们在了解事物过去发展的某些客观运动过程、某些客观规律和状态的变化及已经掌握事物的目前运动和状态变化的理论基础上，利用已经掌握的各种科学知识和技术手段、各种定性和定量分析的方法等，提前掌握事物未来运动和发展状况。预测作为一种对人类的基本认识和活动，早就已经存在并广泛出现在当今人类的生活和社会实践中，并且随着人类生产力和生产关系的形成和发展而不断地改进和发展。通常，人们对预测的具体分类有多种方式，不同分类方式下预测的具体类型也各不相同。若以预测期限的长度为标准可以划分为长期、中期和短期预测。长期预测的期限通常在 10 年或者 10 年以上；中期预测的期限一般在 5 年左右；短期预测的期限通常为 1 年或者短于 1 年。若以预测的范围广度作为标准可以划分为宏观预测和微观预测，宏观预测是以所涉及事物的全局或整体为基础预测范围而实施的科学预测；微观预测指以所涉及事物或组织的内部为其基础预测范围而实施的科学预测。若以预测方法作为标准可以划分为定性预测和定量预测，定性预测是根据一个预测者所掌握和积累的预测知识的数量和范围及长期累积的经验等，在缺少足够而全面的统计数据或者原始统计资料的特殊条件下做出的预测；定量预测则是在对大量的统计数据进行综合分析或者剖析的基础上，有针对性地进行预测并做出的定量预测结果。因此，对乡村资源环境系统要素的相关数据进行预测时，定性与定量相结合的预测方式经常被规划编制者所采用，本节主要介绍定性预测与定量预测的具体方法。

一、定性预测方法

定性预测是指分析、研究和探讨预测对象在未来某一时期所表现出的性质、状态、发展程度等，其本质是推断事物未来所表现的性质。乡村资源环境规划的定性预测主要是指规划编制团队中的专业人员或技术专家依靠其掌握的规划业务知识、规划数据分析经验等，结合已经获取并整理的乡村资源环境规划的基础资料，推断乡村资源环境系统中要素未来发展的性质和程度，并进一步对不同系统要素的推断结果进行整合分析，为后续乡村资源环境规划的编制提供理论依据。定性预测的主要方法是由研讨和探寻的预测事物的属性、未来的基本性质与发展状态等决定的，如某一乡村资源环境系统要素未来的发展趋势、性质及转变的可能性等。定性预测的方法主要包括主观概率预测法、专家会议法、德尔菲法等。

（一）主观概率预测法

主观概率预测法主要是指人们根据自己主观的知识与经验，对某一事物可能发生的程度和可能性所做的主观预测和对判断的结果加以量度，其本质是基于个人或者团队的知识和其经验来对某事物发生程度和可能性的主观预测和判断的一种方法。简而言之，主观概率预测是指根据实践经验、技术手段、文字资料等对研究对象发生的概率进行分析。由于是基于主观的知识和经验获得的结果，每一个人或者某一团队所累积的经验及其主观心理认知的判断能力是不一样的，所以在同样的条件下，对于同一个事件，所预测出来的概率值极有可能是不一样的，对个人或者团队提出的主观概率的准确性，只有实践才可以检验。同时在进行主观概率分析时，必须满足两个概率论的基本公理，即所有可能出现的结果中，每一种出现的概率值应大于或等于 0，并且小于或等于 1；各种可能发生的概率的总和等于 1（式 5-1）。主观概率预测法的预测步骤主要包括准备资料、编制主观概率调查表、汇总整理及预测判断。

$$0 \leqslant P(E_i) \leqslant 1$$
$$\sum_{i=1}^{n} P(E_i) = 1 \tag{5-1}$$

式中，$P(E_i)$ 为事件出现的概率值或者为样本空间中的一个事件。

主观概率加权平均法和累积概率中位数法是常用的两种主观概率预测法，主观概率加权平均法是以意见的加权平均值为基础来判断得出综合预测结果的方法，累积概率中位数法是在实际使用区间累积概率的基础上，确定和判定出接下来各种主观概率预测意见和意见的累积概率中位数，从而再用各种区间累积估计和点估计的方法来对各种预测值进行估计的综合预测方法。

主观概率预测法在资源总量预测评价中的应用广泛，如美国人 D. P. Harris 对索诺拉地区（位于北美洲墨西哥）的铜、钼、铅、锌、银、金等矿床的金属资源进行概率评价时，第一次使用了主观概率法，并且取得了成功。我国于 1959 年在总工程师程裕淇的带领下，召集了一批地质专家，对我国的铁矿石资源的总量进行了估算。在对沿江地区铜矿资源总量进行预测评价时，主观概率预测法使用的过程如下：学者选择安徽省长江沿岸地区作为预测区域并聘请了 10 名地质专家，在主观概率预测之后，得出了以下的预测结论"该地区可能还存在一定数量尚未被确实发现的铜矿床"，其预测的储量空间的分布与区域成矿地质的特征十分一致。

（二）专家会议法

专家会议法是指根据预测的目的和要求，以举办专家会议的方式向有关专家征求意见，然后对未来现象的变化做出预测和判断的方法。专家会议法是集体经验判断方法中的一种，与意见交换法的不同之处在于预测中所涉及的专家都与预测问题密切相关。专家会议法的优势之处是专家对于社会现象估计的理论精确度和分析的准确度相比于其他专家和群众的水平较高。同时，这种预测方法本身可以有效地使专家畅所欲言，有充足的时间进行自由的学术辩论和探讨，收集各方意见和专家的有益之处，从而大大提高社会现象预测的理论全面性与分析的准确性。但是，这种预测方法本身也有一些缺点，如专家意见往往会被其他专家或权威人士的意见影响、专家之间面对面的交流往往会导致有些专家不太愿意发表与其他专家不相同的意见、权威专家人士可能会不太心甘情愿地改变自己原本需要被修改的意见。

在乡村资源环境规划中，利用专家会议法对相关乡村资源环境系统要素进行定性预测时，其主要步骤为：选择并确定所需专家的研究领域、专家数目、专家名单等，并邀请其参加专家会议，专家的数量与质量是保障预测结果可靠性和全面性的关键因素；营造宽松的学术氛围并征询专家的具体意见，综合专家的意见并得出预测结论。

（三）德尔菲法

德尔菲法又称为专家调查法或专家意见法，是指根据社会现象预测的基本目的和要求，采取一定的方式向社会现象有关的专家权威人士征询意见，并据此对未来社会现象的基本变动和状况做出综合预计和分析判断的一种预测方法。德尔菲法本质是一种反馈匿名咨询的方法，即按照既定的程序和采用函询的方式，依靠专业领域的权威专家"背靠背"地对预测现象做出判断，进而避免面对面的会议交流，确保不同领域的研究专家充分发表各自的意见，后续经过反复的征询、客观的分析，使不同专家意见逐步统一或趋向一致，从而得出符合事物发展规律的预测结果。与专家会议法相比，德尔菲法具有资源利用的充分性、最终结论的可靠性、最终结论的统一性、在缺乏大量有效统计数据和可借鉴事件的不利情况下也可以做出相对准确的预测等特点，可以避免专家会议法的一些缺陷。然而，和其他定性预测方法一样，德尔菲法预测过程中必然掺杂了过多的不可忽视的主观因素，预测的结果也会受到专家知识的限制，在专家人选和设计预测调查表等技术处理问题上也缺乏有效的或者统一的衡量标准等，同时需要注意的是德尔菲法的组织工作更烦琐、参与专家更多、过程更复杂、花费时间更长。德尔菲法应用的一般程序如图 5-1 所示。

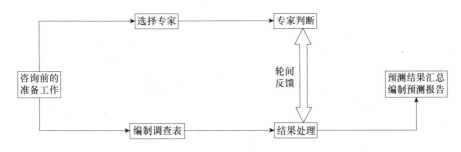

图 5-1　德尔菲法应用的一般程序

德尔菲法在乡村资源环境规划中的应用具体如下所述。

1）确定乡村资源环境规划预测相关要素，并在此基础上准备后续要向专家提供的信息资料，包括整理好的基础资料、预测的目的、调查表、截止日期及如何完成等。

2）选择专家，建立咨询专家团队。根据乡村资源环境规划预测的相关要素，确定该领域专家候选人，并进一步以电话、电子邮件等方式确定最终的专家团队。可以根据要预测的项目规模和涉及乡村的范围等来确定专家的数量，同时在选择专家时要选择与预测主题和对象相关及边缘领域的专家，要注意专家参与咨询的兴趣，要提高专家回函效率等。

3）设计意见征询表，该表编制的模式并无模板，但简单明确、易于理解、便于回答、便于结果的统计分析是其基础的要求，同时乡村资源环境规划的预测对象应被准确、全面地描述分析，所征询的问题也要集中且要按照一定的逻辑顺序进行梳理，如先简后繁、先局部后总体等，填表说明、时间要求等相关内容也要有具体、详细的说明，若时间、精力、资金等条件允许，调查表应在小范围内试填，征求专家意见，并做出必要的修改。

4）总结专家的初步判断意见，将其放入图表后进行比较，专家也将获得这些图表，进而可以通过将自己的差异意见与他人进行比较来修改自己的初步意见与判断，再或者请其他专家对自己的意见进行评论，这对于专家修改自己的意见很有参考意义。

5）再次收集所有专家对问题和修改意见的反馈，汇总后重新修改，分发给需要的专家，让其按照与第一次相似的方法和程序进行第二次修改。值得注意的一点是，德尔菲法的主要工作环节之一就是逐轮收集问题和意见并逐次向需要的专家提供反馈。一般来说，收集到的意见和对信息的反馈需要经过三四轮。

6）综合整理和分析各位专家的意见。在这个过程中，各位专家的作用可以较为充分地发挥，通过集思广益获得较高的准确性。而且，在一轮接着一轮提意见的过程中，能较为充分地发现并表达各位专家意见的分歧之处，通过接纳普遍的意见、修改意见后，能尽量扬长避短，进而得到最终的结果。值得注意的是，并不是所有的预测事件都必须经过上述所有的步骤，当预测事件达到了统一时，就不必再进行专家意见反馈修改了。相反，在多轮的数据收集与分析反馈工作结束后，各个专家得出的关于预测的意见经常出现不统一。在实际应用中，若在达不到统一时，可以直接使用上下四分点和中位数的方法来直接做出统一的结论。此外，德尔菲法在运行的过程中必须要使用匿名和函询的方式，不得暴露专家的个人信息，避免影响预测结果的准确性。

总体来看，定性预测的优点在于：侧重于预测事物发展的本质与规律，有更大的灵活性，容易更好地发挥人的主观能动性，简易、方便、快速并节省时间和成本，可以在较少预测信息的基础上得出预测结果。定性预测的缺点在于：易受主观因素的影响，更注重分析者对累积经验和知识水平主观的判断能力，因而易受到分析者自身知识水平的主观因素限制，如预测分析者的知识、经验、主观判断能力等，也较少关注细微的小事和新出现的变化，在对事物发展的精确描述这方面比较欠缺。但是，在定性预测时，并不意味着要降低对乡村资源环境规划基础资料的准确性和全面性的要求，反而需要尽可能地收集资料数据，因为定性预测所得到的结果通常也是在收集的乡村基础资料质量和数量的基础上所做出的较为精确的衡量和分析。

二、定量预测方法

定量预测是指根据掌握的较为完整的历史统计数据，通过科学处理和合理安排，并运用一定的数学方法，找寻、剖析有关变量之间规律性的联系，对于将来的发展和变化进行定量分析的一种预测方法。其主要技术特点之一就是可以利用大量的统计数据和定量分析的数学模型对乡村资源环境系统相关要素进行预测，如人口、土地结构、人均收入等。但是特别值得注意的一点是，这并不意味着定量预测的方法就完全不包含预测中的主观因素，主观的判断在传统的定量预测方法中仍然起着不可忽视的作用。但是客观来讲，与传统定性方法的预测相比，主观因素的直接影响确实少了很多。目前较为常用的方法主要包括移动平均预测法、指数平滑预测法、马尔可夫预测法、灰色系统理论及系统动力学预测法等，由于灰色系统理论已在第四章节中介绍，本章节主要介绍移动平均预测法、指数平滑预测法、马尔可夫预测法和系统动力学预测法。

（一）移动平均预测法

根据时间序列，按一定数量的项目顺序计算移动平均数，能够将数据修匀，使整个数据序列变得光滑，是在反映时间数列长期趋势的技术上进行预测的方法，主要包括一次移动平均法、二次移动平均法和加权移动平均法。移动平均预测法在乡村资源环境规划中对人口、经济等乡村资源环境系统要素的预测具有重要的作用。

1. 一次移动平均法

一次移动平均法主要是将数据资料由远及近并按照一定的跨越区间实施移动平均，最终以最后一次的移动平均值作为最后预测值依据的预测分析方法。在具体应用中主要包括三个步骤，即分析一定跨越期间的数据移动平均值，并以上一时期的移动平均值为基础分析下一时期的移动平均值，最后将最后一期移动平均值作为确定预测值的预测方法。在一次移动平均法的分析中，所有的基础数据的数量需是固定的且明确的，每加入一个新的数据必须将最早的数据删除，而且一次移动平均法主要适用于数据的水平变化分析，对于循环性的数据预测则不适合。具体模型为

$$
\left.
\begin{aligned}
M_t^{(1)} &= \frac{Y_t + Y_{t-1} + \cdots + Y_{t-N+1}}{N} \qquad (t \geqslant N) \\
\hat{Y}_{t+1} &= M_t^{(1)}
\end{aligned}
\right\}
\qquad (5\text{-}2)
$$

式中，Y_1，Y_2，…，Y_t 为基础数据的时间序；$\hat{Y}_{t+1}$ 也就是以第 t 期的一次移动平均数作为下一期（$t+1$ 期）的预测值；$M_t^{(1)}$ 为一次移动的平均数；N 为过去观察值的数量，其值越大，平滑度越大，其数据的波动越小，越有利于消除不规则变化所带来的影响，相反，N 越小，修复的均匀性越差，不规则变化所产生的影响就越不容易消除，趋势变化就越不明显。在实际应用中，N 的大小应该根据具体情况来决定，通常会先试算几个 N 值来进行分析筛选，然后通过比较分析在不一样的 N 值下对应的预测误差，并用预测误差最小的 N 值作为移动平均项的个数。此外，观测的数据越多，预测值往往会越真实。

基于一次移动平均法可以生成趋势移动平均法，趋势移动平均法是根据移动平均法计算出的 N 个时间序列的移动平均值，计算出趋势值的移动平均值，然后利用某一基期量的移动平均值和趋势值的移动平均值来预测未来量的方法。它可以有效地消除预测中产生的随机波动及不规则变化所产生的影响，显示出长期的趋势。然而，历史数据资料数量的大小往往会影响预测结果的精准性、实用性等。没有足够的、大量的及可以信任的历史数据作基础和支撑，趋势移动平均法就不可以使用。趋势移动平均法的应用也较为广泛，如程文仕等（2015）采用趋势移动平均法对甘肃省 2015 年的耕地面积进行了预测，预测结果与实际面积基本一致，此研究证明，采用趋势移动平均法建立的预测模型是可行的、合理的、科学的。

2. 二次移动平均法

通常情况下，在时间序列没有显著变化趋势的情况下，可以使用一次移动平均法进行短期预测。当一个线性时间序列的变化趋势出现时，可以进一步利用二次移动平均法进行预测，即在一次移动平均法的基础上使用第二次移动平均法，其值称为二次移动平均数。具体而言，当数据有线性递增趋势时，一次移动平均法的预测值会对实际值产生系统性的低估，进而采用第二次移动平均对预测值向上修正；当数据有线性递减趋势时，一次移动平均法的预测值会对实际值产生系统性的高估，进而采用第二次移动平均对预测值向下修正。若时间序列具有线性趋势变动，并预测未来也按此趋势变动，则可建立线性趋势预测模型：

$$
M_t^{(2)} = \frac{M_t^{(1)} + M_{t-1}^{(1)} + \cdots + M_{t-N+1}^{(1)}}{N} \qquad (t \geqslant N)
\qquad (5\text{-}3)
$$

$$
\left.
\begin{aligned}
a_t &= 2M_t^{(1)} - M_t^{(2)} \\
b_t &= \frac{2}{N-1} M_t^{(1)} - M_t^{(2)} \\
\hat{y}_{t+T} &= a_t + b_t
\end{aligned}
\right\}
\qquad (5\text{-}4)
$$

式中，t 为当前时期数；T 为当前时期至预测期的时期数；a_t 为当前时期线性方程的截距系数；b_t 为当前时期线性方程的斜率系数。

　　很多情况下，一次移动平均法和二次移动平均法是互相结合起来使用的，如在将移动平均预测法应用在地下水位动态预测中时，学者采用二次移动平均法对地下水水位动态变化趋势进行预测，再采用趋势外推法来推测将来地下水位的深度。但是二次移动平均法在水位预测方面有一定的局限性，即只可以预测近期和短期的水位，若进行的是中期和长期的预测，或水位上下起伏时，这种方法仍然是不够理想的，也不能尽如人意。因此，在乡村资源环境规划中，要根据不同乡村资源环境系统要素的属性特征，有条件地选择使用，同时还要注意定性与定量分析相结合，推动预测结果更加贴合乡村实情。

3. 加权移动平均法

　　加权移动平均法主要根据不同时期基础数据对预测结果的作用程度，分别对不同时期的基础数据赋予不同的权重，并按照不同的权重分析移动平均值，并以最后一次的加权移动平均值作为最后预测值依据的预测分析方法，可以弥补一次移动平均法和二次移动平均法在预测分析中的不足。在乡村资源环境系统要素中，若近期基础数据对预测值有较大的影响，而远期对其预测的作用较低，则可以对于近期的基础数据赋予较高的权重，对于远期的基础数据赋予较低的权重，进而对该要素进行预测分析。

$$M_t = \frac{K_t Y_t + K_{t-1} Y_{t-1} + \cdots + K_{t-N+1} Y_{t-N+1}}{N} \quad (t \geq N) \quad (5\text{-}5)$$

式中，K_t 为 t 时期数据的权重；Y_t 为 t 时期数据的实际数据；N 为预测期数；M_t 为加权移动平均预测值。

　　除了对不同时期的要素赋予不同的权重进行分析外，加权移动平均法和一次移动平均法、二次移动平均法在预测分析过程中的特征相似，如移动平均距离越大，平滑度越大，其数据的波动越小等。

（二）指数平滑预测法

　　1959 年，指数平滑预测法首次在美国经济学家布朗（Robert G. Brown）编写的《库存管理的统计预测》一书中提出，布朗认为时间序列的态势具有稳定性或规则性，所以时间序列可被合理地顺势推延，同时他认为过去的状态和变化趋势会影响未来的发展，而这种影响程度或者影响水平随时间的变化具有一定的差异性，而平滑则是通过加权平均的方式消除研究要素在过去统计序列中发生的随机性波动，进而分析研究要素的变化趋势。因此，指数平滑预测法是一种以指数分析过去变化趋势为基础来预测未来的方法，而对于未来的预测，近期数据所带来的影响往往大于远期数据所带来的影响，近期数据对预测结果的影响程度或者水平也比远期数据的高，其权重也会比远期数据的权重高，反之亦然。指数平滑预测法的基本原理是根据某期的基础数据实际值（y_t）和预测值（y_{t+1}）并分别赋予不同的权重，进而分析下一时期的预测值，其基础公式为

$$S_t = a y_t + (1-a) S_{t-1} = S_{t-1} + a(1-a) \quad (0 < a < 1, \ t \text{ 为正整数}) \quad (5\text{-}6)$$

$$\hat{y}_{t+1} = a y_t + (1-a) \hat{y}_t = \hat{y}_t + a(y_t - \hat{y}_t) \quad (t \text{ 为正整数}) \quad (5\text{-}7)$$

式中，S_t、S_{t-1} 分别为分析要素 t 时期、$t-1$ 时期的指数平滑数值；y_t 为要素在 t 时的数据；a 为平滑系数。

因为指数平滑预测法的本质是以 t 时期的指数平滑数值为基础，对 $t+1$ 时期的要素进行预测的，所有在式（5-6）的基础上进一步推出指数平滑预测法的基本预测模型式（5-7），$\hat{y}_{t+1}$ 则为指数平滑预测值。

在乡村资源环境系统中，当不同时期的系统要素数据对其预测结果影响程度不同时，可采用该方法进行预测分析。同时，根据指数平滑次数的不同，指数平滑预测法可分为一次指数平滑预测法、二次指数平滑预测法和三次指数平滑预测法等。

1. 一次指数平滑预测法

一次指数平滑预测法采用一阶指数平滑法进行预测，其值受前期的观测值和预测值所产生的影响，即修正原预测误差后得到新的预测值，而且当时间数列无明显的趋势变化时，一次指数平滑法通常被研究者所采用，具体公式为

$$\left.\begin{array}{l} S_t^{(1)}=ay_t+(1-a)\,S_{t-1}^{(1)} \\ \hat{y}_{t+1}=S_t^{(1)}=ay_t+(1-a)\,\hat{y}_t=\hat{y}_t+a(y_t-\hat{y}_t) \end{array}\right\} \tag{5-8}$$

式中，$S_t^{(1)}$ 为一次指数平滑数值，其他参数解释见式（5-6）和式（5-7）。

2. 二次指数平滑预测法

二次指数平滑预测是在一次指数平滑预测的基础上，利用相同的 a，再进行一次平滑的分析预测，对于呈线性变化特征的时间序列数据较为适用，其具体计算模型如式（5-9）所示。

$$\left.\begin{array}{l} S_t^{(2)}=aS_t^{(1)}+(1-a)\,S_{t-1}^{(2)} \\ \hat{y}_{t+T}=a_t+b_tT \qquad （T为正整数） \\ a_t=2S_t^{(1)}-S_t^{(2)} \\ b_t=\dfrac{a}{1-a}(S_t^{(1)}-S_t^{(2)}) \end{array}\right\} \tag{5-9}$$

式中，$S_t^{(1)}$、$S_t^{(2)}$ 分别为分析要素 t 时期的一次、二次指数平滑数值；$\hat{y}_{t+T}$ 是要素在第 $t+T$ 时期的预测结果；t 为基础预测的期数；T 为预测的时期间隔；a_t、b_t 为二次指数平滑预测法的相关参数。

二次指数平滑法的应用十分广泛，如学者练金（2019）通过使用指数平滑技术建立的预测模型，对船舶的流通数量进行了预测，经过采用一次指数平滑、二次指数平滑后拟合得出船舶流量的趋势，得出了初步的预测值，再找到最佳的平滑常数，利用最佳平滑常数分别进行一次指数平滑和二次指数平滑得出预测值，经过比较发现由最佳平滑常数得出的预测值与实际值十分贴近，能够对某一时间段的船舶流量进行较为准确的预测。

3. 三次指数平滑预测法

三次指数平滑预测法主要是在数据二次指数平滑分析的基础上再进行指数平滑预测分析的方法，该方法主要针对研究要素的时间序列的变化动态表现出二次区域的趋势时所采用的预测分析方法，具体数学模型为式（5-10）。

$$
\left.
\begin{aligned}
&S_t^{(3)} = aS_t^{(2)} + (1-a)\,S_{t-1}^{(3)} \\
&\hat{y}_{t+T} = a_t + b_t T + c_t T^2 \qquad (T\text{为正整数}) \\
&a_t = 3S_t^{(1)} - 3S_t^{(2)} + S_t^{(3)} \\
&b_t = \frac{a}{2(1-a)^2}\Big[\,(6-5a)S_t^{(1)} - 2(5-4a)S_t^{(2)} + (4-3a)S_t^{(3)}\,\Big] \\
&c_t = \frac{a^2}{2(1-a)^2}(S_t^{(1)} - 2S_t^{(2)} + S_t^{(3)})
\end{aligned}
\right\}
\tag{5-10}
$$

式中，a_t、b_t 和 c_t 为三次指数平滑预测法的相关参数，其他参数的解释可参考式（5-6）～式（5-9）对应的参数解释，三次指数平滑预测模型也可进行残差随机性检验。

当前，三次指数平滑预测模型已在气候条件、交通运输等领域得到应用并取得较好的效果，如在对港口货物吞吐量预测分析中，通过数据的收集、统计和分析形成了基于时间视角的港口货物吞吐量的年度序列，在进行时间序列稳定性、调整参数长期趋势等分析之后，构建三次指数平滑模型对大量港口在 1996～2007 年吞吐量进行分析并对 2008～2010 年的吞吐量进行预测分析。钟丽燕（2017）收集了浙江省 20 年（1996～2015 年）的民航年客运人数，并在此基础上构建了三次指数平滑模型（其中 a 在 0.9 时预测误差最小），对 2016 年和 2017 年的民航客运量进行分析预测。同时，三次指数平滑法在二次指数平滑法的基础上，保留了季节的信息，进而可以用来预测季节的时间序列。另外，三次指数平滑预测原理简单、操作性强，对于部分乡村资源环境系统要素的预测也具有一定的实践意义。

（三）马尔可夫（Markov）预测法

马尔可夫预测法是基于马尔可夫链探究随机事件的变化，剖析和预测将来变化的趋势，该方法的名称是根据俄国数学家 A. A. Markov 的名字来确定的，也是地理学中重要的预测方法。具体而言，系统或者过程 X_n 在某一时刻 $t+1$ 状态条件仅与在时刻 t 的状态条件有关，与时刻 t 之前状态条件无关，也就是说状态条件转移过程中的无后效性，即马尔可夫特性，而具有马尔可夫特性的随机过程称为马尔可夫过程，时间及状态都是离散状态的马尔可夫过程称为马尔可夫链。这里所说的状态是指客观事物可能出现或存在的状况，客观事物的状态不是固定不变的，如机器有可能正常运转，也有可能发生故障。当条件改变时，状态也会随之发生改变，如长期下雨机械受潮，导致机器出现运行故障，无法正常运转。值得注意的是，客观事物的状态是相互独立的，不同的两种状态不能同时出现。

1. 马尔可夫过程的函数表述

假设随机过程 $\{X(t),\ t\in T\}$ 的状态空间，任意 n 个数据在某一时期 t 有式（5-11）或者式（5-12）的关系，则称为马尔可夫过程。

$$
\begin{aligned}
&P\{X(t_n) \leqslant x_n \mid X(t_1)=x_1,\ X(t_2)=x_2,\ \cdots,\ X(t_{n-1})=x_{n-1}\} \\
&= P\{X(t_n) \leqslant x_n \mid X(t_{n-1})=x_{n-1}\},\ x_n \in R
\end{aligned}
\tag{5-11}
$$

式中，$X(t_n)$ 是在 $X(t_{n-1})=x_{n-1}$ 时的条件分布函数，该函数也可以表述为

$$
F_{t_n \mid t_1 \cdots t_{n-1}}(x_n,\ t_n \mid x_1,\ x_2,\ \cdots,\ x_{n-1};\ t_1,\ t_2,\ \cdots,\ t_{n-1}) = F_{t_n \mid t_{n-1}}(x_n,\ t_n \mid x_{n-1},\ t_{n-1})
\tag{5-12}
$$

2. 马尔可夫预测过程

马尔可夫链主要是指时间和状态都处于离散状态的马尔可夫过程，设定为 $X_n = X(n)$，$n=0，1，2，3\cdots\cdots$随机序列的时间和状态均为离散的，简记为$\{X_n = X(n)，n=0，1，2，3\cdots\cdots\}$，状态空间为 $I=(a_1，a_2，a_3，a_4\cdots\cdots)$，$a_i \in R$。马尔可夫特性则可以用式（5-13）描述：

对任意正整数 n、k 和 $0 \leqslant t_1 < \cdots < t_k < m$（$t_i$，$m$，$n+m \in T_i$）

$$P\{X_{m+n}=a_j \mid X_{t_1}=a_{i_1}, X_{t_2}=a_{i_2}, \cdots, X_{t_k}=a_{i_k}, \cdots, X_m=a_i\}$$
$$=P\{X_{m+n}=a_j \mid X_m=a_i\}, a_i \in I \qquad (5\text{-}13)$$

马尔可夫转移概率也称为条件概率，其本质为马尔可夫链某一时刻 m 处于状态 a_i 条件下、在时刻 $m+n$ 转移到状态 a_j 的转移概率，具体见式（5-14）。

$$P_{ij}(m，m+n)=P\{X_{m+n}=a_j \mid X_m=a_i\} \qquad (5\text{-}14)$$

其中，

$$\sum_{j=1}^{\infty} P_{ij}(m，m+n)=1 \qquad (i=1，2\cdots\cdots)$$

由马尔可夫转移概率组成的矩阵则称为马尔可夫的转移概率矩阵，其本质为随机矩阵。状态转移是指一个客观事物由一种状态条件转移形成另外一种状态条件的变化，一个客观事物的状态可能有多种，而状态之间相互独立则表示无法同时出现两种及以上的状态。因此，每一状态都具有转向（包括转向自身），由于状态转移是随机的，须用概率来描述状态转移可能性的大小，将这种转移的可能性用概率描述，就是状态转移概率，转移概率矩阵具有所有状态的加和为1的特征，马尔可夫转移概率同样也具有该特征。

马尔可夫转移概率 $P_{ij}(m，m+n)$ 只与 i、j 及时间间距 n 有关，表明转移概率具有平稳性，即马尔可夫链是齐次的或时齐的，此时有 $P_{ij}(m，m+n)=P_{ij}(n)$，马尔可夫链的 n 步转移概率如式（5-15）所示。

$$P_{ij}(n)=P\{X_{m+n}=a_j \mid X_m=a_i\} \qquad (5\text{-}15)$$

$\boldsymbol{P}(\boldsymbol{n})=P_{ij}(\boldsymbol{n})$ 为 n 步转移概率矩阵。

此时，在 $k=1$ 时，$P_{ij}=P_{ij}(1)=P\{X_{m+1}=a_j \mid X_m=a_i\}$，一步转移概率矩阵 $\boldsymbol{P}(1)$ 为

$$
\begin{array}{c}
X_{m+1}\text{的状态} \\
\begin{array}{cccc} a_1 & a_1 & \cdots & a_i \quad\cdots \end{array} \\
\begin{array}{c} a_1 \\ X_m \; a_2 \\ \text{的} \; \vdots \\ \text{状} \; a_i \\ \text{态} \; \vdots \end{array}
\begin{bmatrix}
P_{11} & P_{12} & \cdots & P_{1i} & \cdots \\
P_{21} & P_{22} & \cdots & P_{2i} & \cdots \\
\vdots & \vdots & & \vdots & \\
P_{i1} & P_{i2} & \cdots & P_{ii} & \cdots \\
\vdots & \vdots & & \vdots &
\end{bmatrix}
= \boldsymbol{P}(1)
\end{array}
$$

在系统的马尔可夫链中，在充分了解初始系统状态和随机过程状态的转移两个概率

转移向量矩阵的必要前提下，甚至可以随时推断系统的初始状态，如果在某个特定时间的随机过程的初始状态概率转移向量矩阵中的转移过程是稳定的，则该概率转移过程称为系统处于一个平衡的状态，一旦过程达到平衡，状态概率分布在一个或多个状态转换后便保持不变。换句话说，一旦这个过程是平衡的，它总是处于平衡状态，如果状态转移矩阵是一个正常的概率矩阵，所述固定分配则是独一无二的。在稳定态时，无论经过多少次转移，系统一直存在一个处于某状态的有限概率，且这个概率与系统的原始概率无关，也就是说，有限状态马尔可夫链（状态有限，即 N 个）的稳态分布如果是存在的，其也将是一个稳态分布。同时，当一个马尔可夫链的状态转变概率矩阵是一个正常的概率矩阵，稳态分布必须存在，而且稳态分布和平稳分布是相同的和独特的。稳态概率常常被用于解决长期趋势的预测问题。

总体来看，马尔可夫链预测方法的最简单的类型是预测在下一周期的最可能的状态，其预测的步骤如下：第一，要以预测的目的为出发点，划分被预测对象的状态；第二，要根据所获得的原始资料分析得出各状态的初始概率；第三，计算状态转移概率；第四，根据求得的状态转移概率进行预测。马尔可夫预测法的应用十分广泛。例如，学者王剑和徐美（2011）通过使用一个马尔可夫预测模型，预测在相同的时间间隔内研究区域的土地利用方式，并得出该地区主要土地利用类型是林地，并且其面积是比较稳定的。同时，随着人口的增加和城市化进程的加快，人们占据了很多耕地，使其变为城镇居民和农村居民的工业用地，这对于乡村资源环境系统要素中土地利用类型变化的预测也具有借鉴意义。马尔可夫时间变化预测方法的基本输入要求条件是过渡态转移概率时间变化矩阵必须在设计上具有一定的精度和稳定性，并且它必须具有足够的统计数据，以更好地确保该阶段预测结果的精度和预测准确性。

（四）系统动力学预测法

系统动力学是福瑞斯特教授（J. W. Forrester）于 1958 年为分析生产管理及库存管理等企业问题而提出的系统仿真方法，该方法往往应用于研究或者解决错综复杂的社会经济系统、生态环境系统等相关问题，进而揭示系统信息的反馈特征，是一种常用的定量分析方法。系统动力学以反馈控制理论为基础支撑，将传统控制论和系统信息论的主要内涵与系统管理思想的本质相结合，在研究分析各系统要素之间的因果关系的基础上构建系统动力学的基础模型，定性分析系统中信息的反馈与系统结构、系统功能、系统行为等的关系，并借助计算机对系统进行定量分析，进而加深对系统的认知，推动系统结构或者关系的优化。其中系统要素之间的定性关系往往可以通过系统结构框图、因果关系图、流图和速率-状态变量图等来具体反映。系统动力学分析具有适用于周期性和长期性系统问题的分析研究、系统数据不足的系统问题的分析，以及精确度或者准确度要求不高的复合生态系统、社会经济系统等问题的研究等，同时其也强调预测结果的前提条件。

系统动力学的发展过程大致可分为四个阶段：①最初阶段（1956～1961 年），由于系统动力学早期研究对象的核心是企业工业系统，这一时期的稳定动力学也叫作工业动力学。在这一时期，系统结构的认识视角主要是基于反馈循环、系统结构，研究的核心是系统平衡条件的变动对系统稳态的影响,福雷斯特所著的《工业动力学》的出版代表着工业动力学的成熟。②一般系统理论阶段(1962~1966年),这一时期系统的概念、理论、实践手段等得到进一步的发展,非线性分析在稳定动力学分析中占有重要的地位,稳定动力学的研究领域得到进一步的扩展,如医学、管理学、经济学等。③理论与应用阶段(1967~1975年),这一时期的一些与系统动力学相关的书籍逐步出版,如 *Urban Dynamics*、*World Dynamics*、*The Limits to Growth* 等,推动了系统动力学由理论向具体实践的发展,而系统动力学的名称逐步被人们使用。④发展成熟阶段(1976年至今),由福雷斯特主持研究的"System Dynamics National Model"(美国国家模型)代表了当时世界关于系统动力学的最新成果,美国国家模型的提出标志着系统动力学的理论及应用进入了一个快速发展且逐步走向成熟的阶段。

最初,福雷斯特教授提出了如何用系统动力学来帮助系统分析和解决企业的生产和销售及库存管理等的问题。系统动力学认为,系统中必须有结构,决定系统功能的不是外部影响和随机事件,而是系统自身的结构。组成系统动力学模型结构的关键部件为流(flow)、积量(level)、率量(rate)及辅助变量(auxiliary)(图5-2)。其中积量表示在现实的世界中一种常见的事物,这种事物会随着时间的推移累积或者减少,它包括可见的事物,如库存水平和人数,也包括无形的事物,如意识感知负荷的水平或压力;率量与积量有关,可以表示某一定的积量在单位时间内的变化率,也可以简单地指示增加、减少或净增加的速率,这是将信息处理转化为动作的局部节点;辅助变量含义极多,信息处理的过程中过渡程序、参数值和模型的输入检验函数是它在模型中通常具有的三个含义,其中过渡程序、参数值的含义,可以视为率量的一部分。

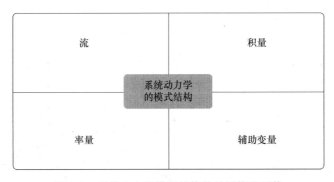

图5-2 系统动力学模型结构的关键构造部件

系统动力学预测方法和模型的研究和应用十分广泛,尤其是在一些可能包含模糊性、随机性、非线性等众多重要因素的复杂动力学问题的研究和应用上。比起其他模型和传统动力学模型,系统动力学方法预测模型的重要性和优势显而易见。而且,系统动力学预测方法也广泛地适用于比较棘手的一些复杂问题,如建模时有难以分析和量化的重要数据、数据准确性不足、有不可忽视的重要前提条件等,对于分析长期的和具有周期性的问题及解决对预测精度要求不高的一些社会经济或者生态环境等问题时具有积极的作用。在水资源承载力的预测中,学者朱文礼(2020)研究县域水资源承载力动态预测及调控研究时,提出了基于系统动力学的预测模型,构建了复杂但直观全面的系统结构模型，再通过选定调控指标，使用正交试验法进行调控，从而建立系统调控模型，并在庐江县验证了该模型良好的应用价值，对于乡村资源环境系统中水、气、土等系统要素的预测也具有一定的借鉴意义。

定量预测的优点是着重于定量分析，注重于预测对象变化的程度，并能准确地描述数量变化的程度，其本质主要基于社会历史经济统计数据和科学预测的社会客观数据和实际经济统计数据，使用传统的数学方法直接进行数据处理和统计分析，受社会经济主观因素的决定性影响较小，同时可以使用现代计算方法，开展大规模计算和数据处理，以获得适合于项目进展情况的最佳数据曲线。定量预测的缺点是它更加机械化，需要更高的信息资料质量，而灵活掌握的难度也比较大，且耗时费力，定量预测通常需要积累和掌握历史统计数据。因此，定性的数据预测和定量的数据预测是互补的，而不是互相排斥的。在乡村资源环境系统要素的预测分析中，应将两者正确地结合以充分发挥各自的重要性和优势，进而推进预测结果更加贴合规划区的未来发展情况。

定性预测与定量预测优、缺点对比分析见表 5-1。

表 5-1 定性预测与定量预测优、缺点对比分析

预测方式	优势	缺陷
定性预测	较好地发挥主观能动性；简易方便；省时省力	主观因素影响过甚；受到预测人能力等的制约；精确度较低
定量预测	准确描述量的变化；受一些主观因素的影响较少；适合大规模数据处理	机械性高；费时费力难度大；对信息质量要求太高

第二节 决策分析方法

决策是人们提供建议和对事件做出决定的过程，它是一个复杂的思维运作、信息收集整理、处理、最后得出判断和获得结论的过程，其本质是决策者为了达到或者实现具体目标，根据决策对象的特征、规律等，以及决策者的经验、已获得的信息等，借助相关工具、技术、方法等，对决策对象的相关因素进行研究分析后，为后续的行为做出的最终决定。决策过程是一个繁复的逻辑和思维操作过程。乡村资源环境规划决策分析就是为了帮助决策者在多变的资源环境和条件下有效地进行正确决策及在实践中提供一套推理方法、逻辑的步骤和具体的技术，进而让决策者利用这些推理方法和具体技术的规范流程来选择更令人满意的决策行动和方案的一种操作过程。决策分析方法则是指分析和决定的一种策略或具体办法，目标决策分析法是决策分析方法中的常用方法。

通常，乡村资源环境规划决策中的目标不会只有一个，而是持有多个目标，多目标决策就是指持有多个目标的决策问题的决策，由于目标和标准具有多样性，程序的相对优缺点比较复杂，很难找到能够实现所有目标的最好程序。所以，决策过程将从消除不良计划（称为劣解）开始，然后在其余计划中选择令人满意的计划。和系统分析方法相类似，多目标决策用满意标准取代最优标准，以实现满意化。多目标决策实践中应遵循多目标决策的原则，首先，在满足决策需要的前提下，尽可能减少目标数量。例如，可以酌情将相似的目标组合为一个目标，或降低某些目标的最高标准来实现整体目标的均衡等。为了达到目的，可以使用一个综合性指标来代替一个单一的指示器。其次，可以依据目标的轻重缓急来考虑目标的取舍，如是否是急迫重要的，或是重要但不急迫的。为此，就要将目标按照重要的程度排出一个顺序，重要性系数根据程度进行定义，为选择和决策过程提供参考。最后，有必要协调与总体目标为基准的相互矛盾的目标，力争能够综合考虑，并将每个目标为一个整体这一点考虑到。

目前可供乡村资源环境规划使用借鉴的多目标决策方法很多，但是在实践过程中，多目标决策仍然基于一组目标程序的形式，对一些待定的决策目标进行评估。下面主要介绍这种类型的决策分析的两种基本方法：矩阵决策法和层次分析法。

一、矩阵决策法

矩阵决策法是最简单和直观的多目标评估方法，最开始是由英国管理学家斯图尔特·普提出的辅助决策工具，用于评价如何通过矩阵和其运算来正确处理有限解的多目标线性问题。在统计学和经济研究与管理的其他领域，多目标评估可以解决和减少考虑到数学模型与其他线性统计学特性的许多实际设计问题。将研究对象的属性或者特征等按照某种特殊的形式构建成由 m 行和 n 列组成的矩阵，使用决策者规定的合理的矩阵运算进而获得针对线性问题的预测。例如，在对乡村资源环境系统要素的需求、成本等进行多重线性回归预测分析时，可采用该方法进行预测分析。矩阵决策分析过程主要包括三个部分，即整理决策对象的所有项目、确定不同决策因素的各种权重，分析不同决策的加权总和并做出最终决策分析。

（一）矩阵决策法基本要素

状态变量（state variables）主要是指在决策过程中出现的、对于决策后果具有一定影响的、与决策对象有关的各种因素，状态变量为不可控因素，可记为 x_j（$j=1, 2, \cdots, n$），而 $X=\{x_1, x_2, \cdots, x_n\}$ 则可以进一步作为所有状态变量的集合。

决策变量（decision variables）主要是指决策者根据决策对象的各种特征而编制的各种方案或者按照最终决策目标所选择的具体数值，决策变量是可控的因素，可记为 y_i（$i=1, 2, \ldots, m$），$Y=\{y_1, y_2, \cdots, y_m\}$ 则表示决策者制定的所有决策方案或数值的集合。

概率（probability）主要是指各种状态变量对于决策目标影响程度，也可以称为权重，在一些研究中也可以指不同状态变量出现的概率，可记作 $P(w_j)$（$j=1, 2, \cdots, n$）。

损益值或者实现程度，即表示在状态变量 x_j 的影响下方案 y_i 的实现程度，或者在第 j 种自然状态下选取第 i 种方案所得结果的损益值，可记为 A_{ij}。

（二）矩阵决策法使用过程

在上述分析的基础上，假设以一个决策问题，该决策问题的 n 个状态变量 $x_1, x_2, \cdots, x_n$，记为 $X=\{x_1, x_2, \cdots, x_n\}$；其对应的 n 个概率（目标的相对重要性评价，也可称为权重）为 $w_1, w_2, w_3, \cdots, w_n$；$y_1, y_2, y_3, \cdots, y_m$ 则是满足 n 个目标要求的可行方案，在此基础上可以建立评价矩阵：

$$
\begin{array}{cccc}
x_1 & x_1 & \cdots & x_n \\
p(w_1) & p(w_2) & \cdots & p(w_n)
\end{array}
$$

$$
\begin{array}{c}
y_1 \\
y_2 \\
\vdots \\
y_m
\end{array}
\begin{bmatrix}
A_{11} & A_{12} & \cdots & A_1 \\
A_{21} & A_{22} & \cdots & A_{2n} \\
\vdots & \vdots & \vdots & \vdots \\
A_{m1} & A_{m2} & \cdots & A_{mn}
\end{bmatrix}
$$

矩阵法用于多目标程序的评估和选择。在决策矩阵中，A_{ij} 主要通过直接计算、估计得出或者通过建立分级定性指标后判断得出；$P(w_j)$ 主要通过专家法、德尔菲法、特征向量法、平方和法等获得；$E(A_i)$ 主要是根据每一方案对全部目标的贡献和各目标之间的相对重要性构造或选择的相应算法计算，最简单的算法是加和加权法，其模型为式（5-16）。

$$
E(A_i) = \sum_{j=1}^{n} A_{ij} \cdot P(w_j) \tag{5-16}
$$

式中，$P(w_j)$ 是目标 j 的权重系数；A_{ij} 是方案 i 在目标 j 下的属性规范值。矩阵决策法在研究乡村相关问题的实际实践中应用十分广泛，学者唐文雅（1985）运用矩阵决策法，在统计了宜昌县（现为夷陵区）16 种主要作物的 5 种产量的结果的基础上，建立了矩阵决策模型，通过计算每种农作物的预期损益值和总距离值，对县内主要农作物的适宜性及其优缺点有了一个较为准确的认识，并对如何合理地调整农作物的结构提出了初步意见，这为该县农业发展相关的规划提供了较为科学的依据，对于乡村资源环境规划相关要素的决策分析也具有重要的借鉴意义。

二、层次分析法

层次分析法也称为 AHP 方法，是一种处理有限计划数量的方法，也是一种多目标决策方法。层次分析法的基本思想是把复杂的问题分成几个层次，每个层次都是通过最低层次的比较得出的。在最底层，我们可以通过比较这两个因素得到从低水平到高水平分析和计算这些因素的权重，并定量表示每个水平的相对重要性，然后再计算每个方案的总体目标权重，权重最高的解决方案是最佳的解决方案。层次分析法是一种结合了定量和定性方法的方法，其本质将主观因素转化为客观和具体的数字，从而使评估结果更加准确和可信，通过在矩阵中分层、系统地组合复杂的问题并相互赋值，就可以得到不一样的方案的权重，这为选择最佳方案提供了依据。经过多年的研究和发展，已经有灰色层次分析法等方法，当判断矩阵难以确定的时候，使用改进的层次分析法、模糊层次分析法和可拓模糊层次分析法改进决策规模，使其更容易为决策者量身打造一个高品质的判断分析矩阵。灰色层次分析法设计过程是指将灰色系统理论与其他层次的分析法有机结合的一个过程，因此必须将灰色系统理论的分析法贯穿应用于灰色系统模型的构建、矩阵分析法构建、权重分析计算和层次分析评估设计结果的全过程（图 5-3）。

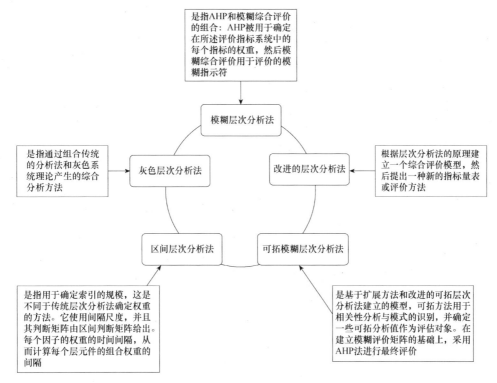

图 5-3　层次分析法的部分衍生方法

层次分析法的基本层次假设：各个基本层次之间必然存在的从低渐进到高递进的层次结构，即从高、中到低或者从低到高的层次递进，目前关于建立层次结构数据分析模型的主要工作步骤包括建立层次结构模型、构造判断（成对比较）矩阵、层次单排序及其一致性检验和层次总排序及其一致性检验。

（一）建立层次结构模型

根据与决策目标之间的关系，将决策目标、考虑的因素（决策标准）和决策对象划分为不同的级别并绘制层次结构图，最高级别是指决策的目的和需要解决的问题，最低级别是指决策时的替代方案，中层是指要考虑的关键因素、决策的目标和准则等。对于两个相邻层，上层称为目标层，下层称为因子层（图 5-4）。

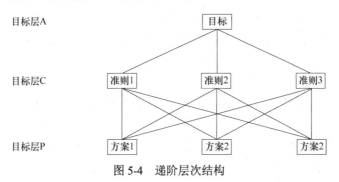

图 5-4　递阶层次结构

（二）构造判断（成对比较）矩阵

当确定每一级的因素之间的权重时，若仅仅是定性结果往往不太容易被接受。因此，Saaty（2013）提出了一种一致性的矩阵方法，该方法不比较所有因素而是成对关联。同时为了方便比较，Saaty 决定使用相对标度来尽可能地减少比较具有不一样属性的因子的难度，以达到提高准确性的目的，如对于特定的条件，配对之后进行比较并为它们的重要性和准确性分别打分。a_{ij} 是因素 i 和因素 j 重要性的比较结果，表 5-2 列出了 Saaty 给出的 9 个重要性级别及其元素分配。由成对比较结果形成的矩阵称为判断矩阵，该判断矩阵通常具有 $a_{ij}=1/a_{ji}$（$i=j$ 时，$a_{ij}=1$）的特征属性。但是，决策者的主观因素往往对此过程具有更大的影响，在确定因素之间的权重时，由该表直接判断的权重具有较大的主观误差，需要所有决策者具体分析验证。

表 5-2　判断矩阵元素 a_{ij} 的标度表

因素 i 比因素 j	量化值	因素 i 比因素 j	量化值
同等重要	1	强烈重要	7
稍微重要	3	极端重要	9
较强重要	5	两相邻判断的中间值	2，4，6，8

在利用因素 i 与因素 j 进行比较并确定 a_{ij} 的值时，所有的值按照行列式进行排列，进而形成判断矩阵 $\boldsymbol{A}$。

$$\boldsymbol{A}=(a_{ij})_{n\times n}=\begin{bmatrix} a_{11} & a_{12} & \cdots & a_{1n} \\ a_{21} & a_{22} & \cdots & a_{2n} \\ \vdots & \vdots & & \vdots \\ a_{n1} & a_{n2} & \cdots & a_{nn} \end{bmatrix}$$

（三）层次单排序及其一致性检验

通过一致性检验后，分析判断矩阵的最大特征根及相应的特征向量，经归一化使特征向量中各元素处理后得到权重向量，权重向量的分量是同级因子与上级因子的相对排序权，这种分级过程的排序称为层次单排序。因此，进行一致性检验是确认层次单排序的前提，若判断矩阵无法通过一致性检验，则需要进行重新构造成对，然后再一次进行分析。若 $a_{ij}/a_{ik}=a_{kj}$，则判断矩阵 $\boldsymbol{A}$ 是一致性矩阵（一致阵），一致阵通常具 $a_{ij}=1/a_{ji}$（$i=j$ 时，$a_{ij}=1$，i，$j=1$，2，3，$\cdots$，n）、rank$(\boldsymbol{A})=1$（判断矩阵 $\boldsymbol{A}$ 的各行具有一定的比例）、判断矩阵中的最大特征根 $\lambda_{\max}=n$ 而其他的特征根为 0（$n-1$ 个）、判断矩阵 $\boldsymbol{A}$ 的所有行或者列都是对应于特征根 $\lambda_{\max}$ 的特征向量等特征。

由于连续的特征根依赖于 a_{ij}，$\lambda_{\max}$ 比 n 大的特征值越多，判断矩阵 $\boldsymbol{A}$ 的差异性越严重，对应的标准化特征向量也就越不能真实地反映出因素影响所占的比重，进而决定是否接受该判断矩阵。一致性指数由 CI 计算，CI 越小则特征值的一致性就越高，若 CI＝0 则表示该判断矩阵具有完全的一致性；相反，CI 越大，则判断矩阵的不一致性越高。为进一步衡量 CI 的大小，引入了 RI、CR，进而为决策者定量分析一致性的高低提供依据，具体过程如下。

$$CI=\frac{\lambda_{max}-n}{n-1}$$
$$CR=\frac{CI}{RI}$$
（5-17）

式中，RI 由 Saaty 给出，判断矩阵的 1、2、3、4、5、6、7、8、9 和 10 对应的 RI 分别为 0、0、0.58、0.90、1.12、1.24、1.32、1.41、1.45 和 1.49，在不一样的标准下，RI 的值也会有细微的差别；当 CR 小于 0.1 时，认为该判断矩阵 A 通过一致性检验，否则未通过一致性检验，即判断矩阵需要进行适当的修正或者优化。

（四）层次总排序及其一致性检验

层次总排序主要用于分析决策层次结构中某一决策层次对于决策总目标（最高层次）影响程度的高低（权重值的大小），该级别的全部因素相对于决策总目标（最高层次）相对重要性的权重称为该级别的总体排名，该过程按从最高级别到最低级别的顺序来执行。

具体过程如下：若 C 层含有 m 个因素，即 C_1，C_2，C_3，…，C_m，对应的权重为 c_1，c_2，c_3，…，c_m；下一层（D 层）包含 n 个元素，即 D_1，D_2，D_3，…，D_n，D 层因素与 C 层因素对应的权重为 d_{1j}，d_{2j}，d_{3j}，…，d_{nj}。若 C 层的因素与 D 层的因素无关联，D 层因素对应的权重为 0，则 D 层各因素的层次总排序的权重 d_1，d_2，d_3，…，d_n 的分析见式（5-18）。同时，层次总排序的一致性检验和层次单排序的一致性检验类似，虽然层次单排序已完成一致性检验，但是各层次的不一致性也会对层次总排序产生影响，进而影响分析结果，具体方法如式（5-19）所示。当 CR 小于 0.1 时，层次总排序往往被认为具有一致性并且该分析结果通常也会被决策者所接受。

$$d_j=\sum_{i=1}^{m}c_id_{ij} \quad (j=1,\ 2,\ 3,\ \cdots,\ n)$$
（5-18）

$$CR=\frac{\sum_{i=1}^{m}CI_ic_i}{\sum_{i=1}^{m}RI_ic_i}$$
（5-19）

层次分析法是决策分析常用的决策分析方法，其分析过程是决策者决策思维的具体体现，并广泛应用于自然资源开发利用、生态环境保护、产业发展规划、经济社会管理、人口预测等领域，如学者王彦威等（2007）将 AHP 法运用于水安全性评价的系统，对研究区域水库防洪标准、地表水的可用性、河流防洪标准、水资源短缺等 36 个指标进行分析。学者胡今朝和林雨佳（2018）运用层次分析法确定了矿山地质环境质量的影响因素主要由水土流失状况、土地沙漠化程度及矿山开发状态所构成，为有针对性地制定矿山地质环境恢复与管理策略提供了可靠的理论依据。同时层次分析法的使用可以通过比较两个因素来减少比较几个因素的难度和不确定性，它还可以减少主观因素的影响，国内外已经有许多专家学者采用层次分析法解决了一些较为繁复的问题，并取得了较为满意的结果。

在乡村资源环境规划中，层次分析法则主要应用于乡村资源开发利用、生态环境保护等方面的分析研究，如乡村水安全评价、乡村水质指标和环境保护措施、乡村生态质量评价、乡村景观格局生态脆弱性评价等。同时，随着乡村振兴、生态文明建设等战略的深入实施，层次分析法对于乡村资源环境系统要素分析的作用将进一步加大，如可利用层次分析法与可持续发展评判方法结合进行分析，其对于乡村发展建设也具有重要的意义。同时，在乡村资源环境系统要素分析中，"确定权重"是层次分析法研究的核心内容，如在乡村建设用地综合效益评价中，为了更客观地评价结果，首先要通过专家问卷调查等方法确定乡镇发展的综合效益指标，然后通过层次分析法确定乡村内部各效益指标的综合效益权重，并对各个综合效益评价权重的指标平均值进行量化，从而获得各个综合效益评价的平均值。

在建立决策支持系统时，层次分析法也是系统结构设计中的一种重要方法，其中系统结构设计中包括数据库系统、模型库系统、方法库系统、知识库系统及人机接口 5 个部分，层次分析法、回归分析法、模糊数学分析方法等方法库为模型库提供算法上的支持，模型库也为层次分析法的利用提供了便利，各种模型共同享用一类方法或者一类模型之间可以共享多种方法对于拓展层次分析法的内涵和应用范围也具有积极的意义。由层次分析法衍生出的分析方法的应用也十分广泛和重要。改进层次分析法主要应用于矿山安全综合评价、矿井安全管理、油库安全管理、水污染污染源评价等，如学者李玉平等（1999）运用改进层次分析法，针对邢台市水环境的实际情况，建立水环境生态安全评价指标体系，对于快速城市化进程中的水环境生态安全问题和水资源的可持续利用具有指导意义。模糊层次分析法主要用于煤矿安全评估、煤矿安全管理、机械安全、水环境质量评估等方面，如学者佘恬钰等（2017）运用模糊层次分析法对地下空间开发适宜性进行了综合评价与分区（分为适宜性好、适宜性较好、适宜性较差、适宜性差 4 个等级），对台州市的地下空间开发具有指导意义。

总体而言，随着现代科学技术的不断进步，社会经济的飞速发展及资源和生态环境的日趋恶化，人类将面临组织管理、协调计划、预测和决策等日益复杂的决策问题，对于乡村环境系统的部分决策也是如此。决策针对尚未发生的事件，由于客观世界的随机性及人们对物体理解的不明确，决策者经常在不确定的情况下面临预测和决策。在现代决策中，有必要进行全面考虑和协调，平衡和全面优化，交互式多目标决策方法将得到进一步的重视和发展。

第三节　可持续发展评判方法

可持续发展的评价是为实现可持续发展的目标而服务的，其本质是利用科学的方法和手段来评估研究对象的可持续发展的状态、程度或影响因素等，进而为研究对象的可持续发展提供科学依据。现有的可持续发展评判方法包括真实储蓄法（genuine saving

method）、生态足迹法（ecological footprint）、空间分析法（spatial analysis）、综合评价法
（comprehensive evaluation method）等，具体如图 5-5 所示。本章主要选择可持续发展评
判方法中的真实储蓄法、模糊综合评价法（fuzzy comprehensive evaluation method）和生
态足迹法进行有针对性的介绍和分析，它们较为常用，且对于乡村资源环境系统要素的
分析也具有重要的借鉴意义。

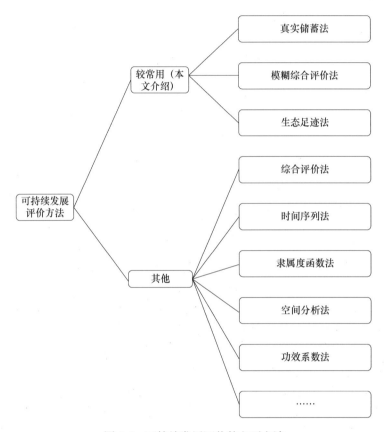

图 5-5　可持续发展评价的主要方法

一、真实储蓄法

1995 年，根据"可持续发展薄弱"的储蓄率理论，世界银行组织首次提出了一套监
测环境经济发展的利率估算方法，这是使用"真实储蓄"作为工具进行研究的开始。真
实储蓄的持续性经济学定义理论的基础主要是英国学者戴维·皮尔斯和杰瑞米·沃福德
（1996）的《世界无末日：经济学、环境与可持续发展》，在该著作中皮尔斯和沃福德提
出了对可持续发展的真实储蓄经济学的定义：人类的福利水平可以随着一定时间的推移
而继续保持稳定的增长。因此，如何引入储蓄是衡量其可持续发展的经济学基础，而维
持人类总资本存量的整体增长是保证经济可持续性的必要先决条件，这种经济发展只有
在总生产资本存量长期保持稳定增长的情况下才是可持续的。皮尔斯和沃福德将其划分
为人造资本（artificial capital）、人力资本（human capital）、自然资本（natural capital）

三种形式（图 5-6），并认为这三种资本之间存在一定程度的互换性，同时，"弱可持续发展"和"强可持续发展"两个概念也得到了进一步的解释和分析。前者的理论基础是新古典经济学，其中暗含的一个基础假设是不同类型的资本及其产生的福利没有本质区别，人造资本与自然资本之间具有接近完全的可替代性；后者的理论基础是生态经济学，认为不但应该维持总的资本存量，还应该维持各种类型资本的存量，尤其是自然资本存量。从总资本的储蓄减去产品资本的折旧后所产生的为净的总储蓄，而净的总储蓄仅仅反映产品的实际资本，并不能真正反映代表社会经济发展的资本可持续性。该分析方法主要是从社会历史的各个角度分析资本可持续发展的问题，强调了子系统之间的相互关系和资本可互补性的基本属性，从而为我们提供了一个动态系统的社会资产分析方法。

图 5-6　人造资本、人力资本与自然资本

　　真实的储蓄计算方法及其研究的理论起点主要是我国传统的社会主义经济体系，宏观指标是用来计算国内生产总值（GDP）的，而微观指标是利用 GDP 减去社会消费和私人消费综合计算得出的一个国家或地区的实际储蓄总量，即真实储蓄在总储蓄的基础上要扣除人造资本的折旧、自然资源的消耗、生态环境污染的损失，真实储蓄的减少则意味着区域国民财富的降低。虽然真实储蓄法也有一定的局限性，如真实储蓄分析过程中的资源环境货币化过程仍有待进一步规范、真实储蓄的结果得不到重视、资源输出地区的资源货币化是一个动态的变化等，但该方法是从历史发展的视角来分析可持续发展问题的，强调在可持续发展系统中的各子系统之间的相互作用、相互关系等，同时该方法的分析起点是世界上通用的 GDP，对于衡量区域的可持续发展水平具有积极的意义，尤其对于以工业生产为主的乡村。同时，根据真实储蓄分析过程可以看出，虽然不同区域的资源消耗和生态环境污染等价值的分析方法或者手段不同，但都是遵循真实储蓄法的思路进行分析的，该方法也具有较强的适用性。真实储蓄法的应用十分广泛，在城市乡村发展过程中也有重要的意义，作为一种较为科学的方法也为其发展提供了依据和指导。早在 1999 年，学者马小明等（1999）以山东省烟台市为试点城市，通过考察计算烟台市1990 年和 1995 年的环境污染损失值和其在 GDP 的比重，进而分析其真实储蓄占比。研究表明该市存在着以资源消耗和环境污染为代价的经济高产出现象，同时也提出了具体的对策建议，对于烟台市可持续发展具有较高的指导意义。2004 年，学者温宗国等（2004）以江苏省苏州市为例，开发了一种用真实储蓄率（genuine saving rate，GSR）衡量生态

对城市的重要性和可持续发展的城市核心研究方法，并通过使用该方法对中国 6 个主要城市的生态进行了对比和分析，验证得出了 GSR 是一种较为有效且快速衡量生态城市可持续发展工具的结论。对于乡村而言，乡村真实储蓄率对于乡村的可持续发展具有积极的意义，尤其是以工业生产为主的乡村，也同样是评判其可持续发展的有效方法，在乡村资源环境规划中应加以重视。

真实储蓄法的局限性如下：由于对资源和环境货币化的估价方法存在争议，因此尚未在决策部门的决策中广泛使用；从可持续发展的角度来看，真实储蓄弱于可持续发展的概念在某种程度上是狭窄的，不能衡量收入分配的代际公平；对于一个主要出口自然资源的货币化国家来说，由于直接影响到贸易，实际用于储蓄的资源作为其可持续发展的指示性因素，实际上很可能是不成功的，这可能是因为对于自然资源的库存价格衡量可能是一个随时间变化的价值衡量，对于主要的自然资源进口国来说，自然资源出口国可能过度开发本国的自然资源，使其发展趋势难以为继，由于实际节约价格计量是货币价值计量的一种方法，因此可以用来掩盖实际实物资源存量价值计量，使其可持续发展方向或多或少偏离实际自然资源可持续发展方向；自然资源出口国如果将其自然资源储蓄再投资为租金，也可以增加消费，在这种情况下，即使实际节省为负，仍然可以实现可持续发展。虽然真实储蓄法存在以上局限性，但是真实储蓄率体现出了可持续发展的中心原则，与需要的自然资本存量和关键自然资本存量不可持续发展指标的下滑相比，真实储蓄法的发展思路更为现实，并且由于资源和环境因素的选择，真正的节约方法更加全面。

二、模糊综合评价法

模糊综合评价法（fuzzy comprehensive evaluation method）由美国自动控制专家 Zadeh 教授在 1965 年根据模糊数学理论提出，主要是以模糊数学为依据，基于模糊关系合成的原理，将一些具有定量较难、边界模糊等特征的要素进行定量化分析，进而得出综合评价结果的方法。模糊综合评价法的基本原理是在确定一组的模糊评价因素和对象的隶属性因素（模糊评价指标）的基础上，来确定各个评价因素的权重和它的隶属度两个因素向量，以获得模糊综合评价矩阵，并将模糊综合评价的矩阵和其他因素向量进行综合评估，并通过模糊向量的计算和标准化获得模糊综合评价结果。在可持续发展分析过程中，分析的变量往往较多，且变量之间的关系错综复杂，同时各要素既有准确的一面又有模糊的一面，所以使用模糊综合评价法进行可持续发展评价是客观事物的需要，也是主观认识能力的发展。因此，将模糊综合评价用于可持续发展评价是客观的和主观的认识。将模糊综合评价法用于评价区域可持续发展水平，具有层次清晰、逻辑清晰、形象直观、实用性强的特点。同时，模糊综合评价问题具有普遍的实用价值，有助于总结经验，并且可以找到非常重要的目标以进行关键的改进和完善。

模糊综合评价法在乡村可持续发展分析中的一般使用程序如下。

1. 分析并构建乡村可持续发展的模糊综合评价指标体系

乡村可持续发展的模糊综合评价指标体系的构建是乡村可持续发展分析的基础。在指标体系构建过程中，选取的相关指标会直接影响评价结果的准确性，因此要根据乡村资源环境系统要素的特征、乡村资源环境规划搜集的基础资料和政策资料等确定影响乡村可持续发展的各项指标,确保各项指标满足乡村可持续发展评价的需求。

假设 $Y=\{Y_1, Y_2, Y_3, \cdots, Y_m\}$ 为乡村可持续发展的待评价的 m 项指标(也可以称为一级指标体系),二级指标体系可进一步细化为 $Y_i=\{Y_{i1}, Y_{i2}, Y_{i3}, \cdots, Y_{in}\}$,其中 $i=1, 2, 3, \cdots, m$,若有需要还可以进一步将二级指标分级。

2. 确定模糊指标体系评语集

确定模糊指标体系评语集的本质是确定不同评价指标不同等级,该过程是模糊综合评价的基础依据。假设 $X=\{X_1, X_2, X_3, \cdots, X_t\}$ 为 t 种评价等级的集合(评语集),评语的等级往往通过专家打分法来确定,如根据评价指标的重要性将某一指标分为 3 个等级:高、中、低,其对应的评价等级集合为 $X=\{X_1, X_2, X_3\}$,X_1 对应"高"、X_2 对应"中"、X_3 对应"低"。

3. 建立模糊关系矩阵 *R*

根据评价等级的结果,分析每个评价因素对于评价等级的隶属程度,而隶属程度主要表示具体的指标对于评价等级的属于程度,然后得到模糊关系矩阵 **R**。模糊关系矩阵的构建主要包括主观或者定性指标、客观或定量指标的模糊评判矩阵构造两种情况,不同情况下的构造方法也有所差别。

$$\boldsymbol{R}=(r_{ij})_{m\times n}=\begin{bmatrix} r_{11} & r_{12} & \cdots & r_{1n} \\ r_{21} & r_{22} & \cdots & r_{2n} \\ \vdots & \vdots & & \vdots \\ r_{m1} & r_{m2} & \cdots & r_{mn} \end{bmatrix} \quad \left(\sum_{j}^{n} r_{ij}=1\right)$$

式中,m 为指标数量;n 为评价等级;r_{ij} 为因素 Y_i 对模糊指标体系评语集 X_j 的隶属程度。

4. 确定指标权重

在模糊综合评价中,确定评价因素的权重向量 $W=(w_1, w_2, w_3, \cdots, w_m)$,其中 w_m 本质是 Y_i 对被评事物重要的因素的隶属程度。在模糊综合评价过程中,权重往往通过专家打分法来确定,即依据乡村资源环境相关研究领域的专家的相关学识、经验等来确定,主观性较强。因此,该过程往往结合层次分析法来确定各种评价指标的权重,进而提升模糊评价结果的准确性。

5. 进行模糊综合评价

利用指标评分构建模糊评价矩阵,将模糊评价矩阵与权重向量 W 进行健全分析,进而得出不同评价要素的评价结果,依次逆向分析再得出综合的模糊评价结果。模糊综合评价的目的是以乡村可持续发展为目标,按照一定的评价目的进行排序,并在此基础上对最优或者最劣对象进行分析,明确偏低或者偏高的原因,进而获得解决的具体路径,促进乡村可持续发展。

总体来看,在模糊综合评价法中,权重的确定一般需要专家的知识和经验,具有一定的缺陷。通常采用层次分析法来确定各指标的权重系数,使其更有合理性,更符合客观实际并易于定量表示,从而提高模糊综合评判结果的准确性。同时,模糊综合评价法有以下限制:对于模糊综合评价结果矩阵,采用最大隶属原则,以环境质量等级进行分类时,冲突时有发生。模糊综合评价结果仅针对不一样的环境质量水平。评估单位被划分,但是在属于相同环境质量等级的评估单位中,很难判断环境质量的优劣。模糊综合评价法采用层次分析法、专家评价法、基准法、德尔菲法和集值统计法求权。这些方法都不是绝对主导的，权重通常是由专家根据经验得出的——受人们的主观影响很大。在模糊判断时，相同的条件下，不同算法的评估结果会有所差异。例如，AHP 模糊综合评价法（通过 AHP 确定各指标的子目标和权重，多层次模糊综合评价法进行评价）能最大限度地减少个人主观判断带来的不利影响，从而获得更为客观和准确性高的评估。在多层次模糊综合评价模型中，一般采用专家意见调查法来确定权重，但是专家意见调查法在实践中的周期一般较长，这个不可忽略的缺陷确实在一定程度上降低了模型的实用性、范围和评估结果的实时性。在多级模糊综合评价方法的应用研究中，为了提高模型的可操作性，变异系数被用于确定所述模型的权重。

三、生态足迹法

生态足迹是威廉·里斯（William Rees）于 1992 年首次提出的。魏克内格（Mathis Wackernagel）在 1996 年完善了衡量可持续发展程度的指标，该方法主要是指在一定的技术条件下、在一定的物质消耗水平下，生态生产的土地面积要保持可持续生存的某个区域。生态足迹法可用于区域、国家和全球比较自然资源中人力资本和自然资本消费的承载能力，在利用分析时要基于两个事实：第一，人类可以确定自己消耗的绝大多数资源和浪费的数量；第二，这些资源和废物流的能量可被转化成相应的生物生产领域。生态足迹将每人所耗的资源转化为一个统一的生产性地理区域，通过分析计算出一个区域内生态经济足迹的总数量和供求之差（包括生态足迹债务赤字或全球生态足迹产能过剩），可以准确地反映和计算出不同的区域对于全球经济和生态环境的影响和贡献。生态足迹也可以反映单个或区域资源消耗的强度、反映区域资源供给能力和资源消费总量、揭示人类生存的生态门槛等，进而实现可持续发展措施在不同区域间的对比分析。具体的计算模型如下。

1. 划分消费项目及生态足迹转化

划分消费项目主要是将区域消费项目（谷物、肉类、燃料等）划分为生物资源、能量资源等类型，并将其来源转化为农用地、草地、林地、建筑业用地、海洋及化石能源用地共 6 种土地利用类型。由于不同类型的消费项目转化为生态足迹的方式不同，因此要分别分析区域生物资源、能量资源的生态足迹，具体见式（5-20）和式（5-21）。

$$EF_i = \frac{C_i \lambda_i}{D_i} \tag{5-20}$$

$$EF_k = \frac{a_k \beta_k C_k}{E_k} \tag{5-21}$$

式中，EF_i 为生物资源 i 消耗的生态足迹；C_i 为生物资源 i 消费总量；D_i 为生物资源全球平均产量；λ_i 为生物资源 i 所对应土地类型的均衡因子；EF_k 为生物资源 k 消耗的生态足迹；C_k 为生物资源 k 消费总量；a_k 和 E_k 分别为能源 k 的区域和全区折算系数；β_k 为能量资源 k 所对应土地类型的均衡因子，通常农用地、草地、林地、建筑用地、海洋及化石能源用地的均衡因子分别为 2.8、0.5、1.1、2.8、0.2 和 1.1。

2. 人均生态足迹分量

在分析生物资源、能量资源 6 类土地生态足迹的基础上，再将其与研究区域的人口数量进行分析，得出人均生态足迹分量（人均生态足迹）。

$$ef=\sum_{m=1}^{6}\frac{EF_m}{P} \tag{5-22}$$

式中，ef 为人均占有的生态足迹；EF_m 为土地类型 m 的生态足迹总量；P 为总人口。

3. 人均生态承载力

在分析区域人均生态承载力时，考虑到的生物多样性保护，通常按照世界环境和发展委员会（World Commission on Environment and Development，WCED）要求，将 12% 的生态土地予以扣除，计算公式如下。

$$ec=0.88\sum\alpha_m\beta_m x_m \tag{5-23}$$

式中，ec 为人均生态承载力；α_m、β_m 及 x_m 分别为土地利用类型 m 的产量因子、均衡因子与人均占有面积。

4. 生态赤字与生态盈余

若出现生态赤字，则表明研究区域的生态足迹超过了区域的生态承载力；相反，若出现生态盈余，则表明研究区域的生态足迹低于区域的生态承载力。区域的生态赤字或生态盈余也是区域人口对自然资源利用状况的具体反映，生态赤字与生态盈余的分析模型为式（5-24）。

$$\begin{aligned}er&=ec-ef\\ed&=ef-ec\end{aligned} \tag{5-24}$$

式中，er 为生态盈余；ed 为生态赤字；ec 为生态承载力；ef 为人均占有生态足迹。

生态足迹法具有以下优点：首先，生态的足迹概念分析为我们提供了一个完整的会计系统，可以通过对自然废物的吸收和利用、可再生资源的强度及其供应能力等进行一个综合的衡量，进而更准确地计算一个人类经济和社会资源消费对自然环境发展产生的贡献和影响。它可以用于对区域资源可持续利用的可比性生态足迹进行评估。这些可比性的指标已经清楚准确地表明了其可持续性。其次，自然生态的足迹概念分析可以准确地衡量一个区域自然资源吸收和消耗的可比性与强度及其对资源供应的能力，并将两者进行定量比较来判断一个区域可持续发展中的环境及其资源消费规模是否完全可持续，还可以准确地揭示不同区域的居民利用资源消费的方式及对于该区域可持续发展的影响和贡献。再次，自然生态的足迹概念分析通过引入自然生物产生的资源和土地的生态足迹概念可以实现对各种天然资源的统一描述，具有可比性，不仅可以将区域自然资源的消耗与其实际承载能力进行比较，而且可以使全球不相同区域规模的评估结果具有可比性。最后，生态足迹的计算过程是高度可重复的。这样就使得我们将生态足迹的计算方法和过程重新打包出来生成一个完整的软件数据包，它的使用可以大大促进分析模型和方法的发展和普及。

当然每一种方法也有其局限性：首先，生态足迹的分析是使用隐含和平衡的因子假设来线性地叠加不相同的各种类型生物生产土地的面积，即各种类型的生物生产土地及其自然供给产品的数量是完全可相互转换的或可互换的；其次，对生态足迹的分析通常只能够真实反映一年中的平均生物生产状况，只是对实际生物生产状况的一种度量，无法准确预测未来的趋势；最后，现有生态足迹分析模型以全球平均生产率为主要衡量基准来确定和衡量不同国家和地区的平均生物生产能力，评估区域活动中的生态足迹和土地生态承载力，但是全球平均生产率也可能受到区域生产率的显著变化影响。因此，生态足迹和土地生态承载力是区域人类经济活动中生物对生产和用地的需求及其自然供给状况变化的相对衡量指标，现有的对生态足迹的分析模型是从区域生物生产的可持续性角度出发来观察和判断区域经济发展的生态可持续性，进而维持区域人类的自然资源消费和需求，强调了足迹和土地的生产力与用地数量，但是对于土地的整体生态利用功能和生物生产质量都缺乏关注，同时该模型隐含着生物生产用地类型在空间上是互斥的假设，也就是在一定时间内具有生产功能。

复习思考题

1. 简述定性预测与定量预测的优缺点。
2. 简述专家意见结合法与德尔菲法的优势与不足之处。
3. 请指出三次指数平滑预测法的不足之处。
4. 简述什么是模糊综合评价法，并指出其优势与不足之处。
5. 简要回答灰色-马尔可夫预测模型的优势。
6. 真实储蓄法研究的起点是什么？真实储蓄法与可持续发展有什么联系？
7. 模糊综合评价法的局限性都有哪些？请简要回答并说明原因。
8. 简要说明生态足迹法的优缺点。

参 考 文 献

陈丹杰，王智勇，曲晨晓，等. 2008. 生态足迹法在土地整理规划环境影响评价中的应用 [J]. 中国农学通报，(9)：444-447.

陈怀录，冯东海，徐艺诵. 2011. 土地利用规划耕地预测方法对比研究——以甘肃省临夏市为例 [J]. 西北师范大学学报（自然科学版），47（1）：99-103，109.

程文仕，曹春，黄鑫. 2015. 趋势移动平均法在耕地面积预测中的应用研究——基于 1985～2010 年甘肃省耕地面积分析 [J]. 干旱区资源与环境，29（8）：185-189.

董杰，李欣，方运海，等. 2020. 基于改进模糊综合-指数平滑法的地下水水质评价和预测 [J]. 中国海洋大学学报（自然科学版），50（1）：126-135.

高蓓，卫海燕，郭彦龙，等. 2015. 基于层次分析法和 GIS 的秦岭地区魔芋潜在分布研究 [J]. 生态学报，35（21）：7108-7116.

胡今朝，林雨佳. 2018. 层次分析法在矿山地质环境检测中的应用 [J]. 世界有色金属，2018（22）：76-277.

贾进章，陈怡诺. 2020. 基于网络层次分析-灰色聚类法的高层建筑火灾风险分析 [J]. 安全与环境学报，20（4）：1228-1235.

李行，白丽，马成林，等. 2005. 2005～2015 年吉林省农机装备水平预测分析 [J]. 农业机械学报，(11)：89-92.

李黔湘，王华斌. 2008. 基于马尔柯夫模型的涨渡湖流域土地利用变化预测 [J]. 资源科学，(10)：1541-1546.

李帅，魏虹，倪细炉，等. 2014. 基于层次分析法和熵权法的宁夏城市人居环境质量评价 [J]. 应用生态学报，25（9）：2700-2708.

李玉平，朱琛，张璐璇，等. 1999. 基于改进层次分析法的水环境生态安全评价与对策——以邢台市为例 [J]. 北京大学学报（自然科学版），55（2）：310-316.

练金. 2019. 基于指数平滑技术的港口船舶流量预测 [J]. 舰船科学技术，41（24）：202-204.

罗娅妮. 2008. 主观概率法在财务预测中的运用——以累计概率中位数法为例 [J]. 财会通讯（综合版），（5）：49-50.

马小明，过孝民，田大庆，等. 1999. 城市可持续发展环境经济评价及案例 [J]. 中国环境科学，（2）：127-132.

余恬钰，余丰华，刘正华，等. 2017. 模糊层次分析法在台州市地下空间开发地质环境适宜性评价中的应用 [A]. 浙江省国土资源厅、浙江省地质学会：浙江省科学技术协会.

孙兆兵，王保良，冀海峰，等. 2011. 基于概率组合的水质预测方法 [J]. 中国环境科学，31（10）：1657-1662.

唐文雅. 1985. 运用矩阵决策研究宜昌县的作物优势 [J]. 华中师院学报（自然科学版），（1）：104-109.

王剑，徐美. 2011. 基于马尔柯夫模型的漾濞江流域土地利用变化预测 [J]. 水土保持研究，18（5）：91-95.

王其潘. 1994. 系统动力学 [M]. 北京：清华大学出版社.

王青，戴思兰，何晶，等. 2012. 灰色关联法和层次分析法在盆栽多头小菊株系选择中的应用 [J]. 中国农业科学，45（17）：3653-3660.

王彦威，邓海利，王永成. 2007. 层次分析法在水安全评价中的应用 [J]. 黑龙江水利科技，（3）：117-119.

温宗国，张坤民，杜娟，等. 2004. 真实储蓄率（GSR）——衡量生态城市的综合指标 [J]. 中国环境科学，（3）：121-125.

吴桂平，曾永年，杨松，等. 2007. 县（市）级土地利用总体规划中耕地需求量预测方法及其应用 [J]. 经济地理，（6）：995-998，1002.

吴英，甘霖，刘猛. 2019. 基于灰色 GM（1，1）模型的六安市农产品冷链物流需求预测 [J]. 阜阳师范学院学报（自然科学版），36（4）：89-93.

郗希，乔元波，武康平，等. 2015. 可持续发展视角下的城镇化与都市化抉择——基于国际生态足迹面板数据实证研究 [J]. 中国人口·资源与环境，25（2）：47-56.

谢英奎，段中会，王文杰. 1986. 主观概率法在沿江地区铜矿资源总量预测评价中的应用 [J]. 矿床地质，（1）：79-87.

杨晓艳，鲁红英. 2014. 基于模糊综合评判的城市环境空气质量评价 [J]. 中国人口·资源与环境，24（S2）：143-146.

曾波，刘思峰，方志耕，等. 2009. 灰色组合预测模型及其应用 [J]. 中国管理科学，17（5）：150-155.

张纯. 2005. 企业价值管理与财务预测技术选择 [J]. 管理世界，（8）：160-161.

张美英，何杰. 2011. 时间序列预测模型研究综述 [J]. 数学的实践与认识，41（18）：189-195.

张铁男，李晶蕾. 2002. 对多级模糊综合评价方法的应用研究 [J]. 哈尔滨工程大学学报，（3）：132-135.

朱文礼. 2020. 基于系统动力学的巢湖流域水资源承载力量质要素动态预测及调控研究 [D]. 合肥：合肥工业大学硕士学位论文.

钟丽燕. 2017. 三次指数平滑法在民航客运量预测中的应用 [J]. 经贸实践，（9）：299-300.

周涛，王云鹏，龚健周，等. 2015. 生态足迹的模型修正与方法改进 [J]. 生态学报，35（14）：4592-4603.

Brown R G. 2013. Exponential Smoothing[M]. New York: Springer.

Dempsey N, Bramley G, Power S, et al. 2011. The social dimension of sustainable development: defining urban social sustainability[J]. Sustainable Development, 19(5): 289-300.

Dong Z, Yang D, Reindl T, et al. 2013. Short-term solar irradiance forecasting using exponential smoothing state space model[J]. Energy, 55(1): 1104-1113.

Li G D, Wang C H, Yamaguchi D, et al. 2008. Road accident death prediction using a combined markov chain and GM(1, 1)model[J]. Journal of Grey System, 11(4): 173-179.

Ludwig M. 2013. Estimating moving average processes with an improved version of Durbin's method[J]. Statistics, 13(3): 178-181.

Nielsen A M, Fei S. 2015. Assessing the flexibility of the analytic hierarchy process for prioritization of invasive plant management[J]. Neobiota, 27: 25-36.

Saaty T L. 2013. Analytic Hierarchy Process[M]. New Jersey: John Wiley & Sons, Ltd.

Sahoo S, Dhar A, Kar A. 2016. Environmental vulnerability assessment using Grey Analytic Hierarchy Process based model[J]. Environmental Impact Assessment Review, 56(1): 145-154.

Shih Y T, Cheng H M, Sung S H, et al. 2014. Application of the N-point moving average method for brachial pressure waveform-derived estimation of central aortic systolic pressure[J]. Hypertension, 63(4): 865-870.

Steyerberg W E. 2019. Clinical Prediction Models[M]. New York: Springer.

第六章 乡村土地资源利用规划

第一节 乡村土地资源利用规划概述

随着国土空间规划的全面实施、乡村振兴战略的稳步推进、农业农村全面现代化建设的逐步实施等，乡村土地资源利用、土壤污染防治、土地整理、基本农田保护等已成为当今乡村发展的热点问题。自古以来，乡村因受经济、政策和社会资源的限制，其发展较为缓慢，造成了我国现阶段乡村发展需求迫切却缺乏相匹配的乡村规划以适应新时期农业农村发展要求的局面。土地资源作为乡村建设和发展最基本的资源，人们提出切实可行的土地资源利用与保护的方案和建议，科学合理地安排乡村土地资源利用方式、利用强度、部门间配置等，这对于实现乡村经济、生态和社会协调发展、推进乡村现代化建设、实现乡村振兴目标等具有重要的意义。本节主要介绍乡村土地资源利用规划的一些基本概念、规划编制的过程及重点内容等。

一、乡村土地资源利用规划的基本概念

乡村体系是指一定空间范围内不同层次的村庄、集镇之间相互作用、彼此联系而形成的相对完整的系统，乡村土地资源是乡村居民生产生活的物质基础，也是乡村居民及其生产生活要素的载体。作为乡村资源环境系统的子系统，乡村土地资源是由乡村宅基地、基础设施用地、园林绿化用地、耕地、林地等要素构成的综合体。乡村土地资源利用规划是指乡村在规划期内对土地资源进行超前性的计划和安排，是乡村发展建设的主要依据。根据乡村所处的具体区位条件、地区经济发展潜力、地方特色风俗文化习惯等条件，确定乡村土地资源利用方式、发展规模和方向，推动乡村自然、社会、经济可持续发展。

乡村土地资源利用规划要根据乡村自身特点确定乡村土地资源的发展方向和规模，在空间上要确保各建设项目的土地资源布局科学，在时间上要合理安排相关项目的建设进程，其内容主要是制定新的乡村土地资源利用规划、原乡村改扩建土地资源利用规划、耕地资源保护利用规划等。同时，为保障乡村土地资源利用规划的科学合理，还需要深入研究乡村的相关问题，如乡村的规模和性质、乡村的发展方向和区位优势、乡村的各种生产生活资料来源、乡村的风俗习惯、乡村居民的生活需求、乡村建设项目资金的来源、乡村工程基础资料的来源及乡村各项产业的发展现状等。在深入研究上述问题的基础上，通过研究各类土地资源之间的关系，合理地划分功能分区并确定近期和远期项目，有序地安排乡村土地资源开发利用与保护，为制定有序的、科学的乡村发展建设策略提供有力的保障。由此看来，乡村土地资源利用规划需要以国家、省、市、县等上位规划为依据，结合各乡村的历史文化背景、自然地理条件和社会经济发展状况等，确定乡村的性质和发展规模，进而统筹安排乡村土地资源的结构和布局，保障乡村土地资源的配

置合理、利用有序、管控有效等，提升乡村土地资源的社会、经济和生态综合效益。

乡村土地资源利用规划与乡村总体规划是我国在摸索农村经济社会发展方式时采用并沿用至今的主要类型，也是我国自 1949 年以来探索农村现代化建设和发展成果的依据。这两类规划联系十分密切，同时两者之间的区别也十分显著，在新时期我国的乡村建设工作中，乡村总体规划与乡村土地资源利用规划之间存在着非常尖锐的矛盾，迫切需要形成统一的认识，从而实现科学合理的乡村布局，促进乡村稳定发展。自 20 世纪 80 年代以来，我国从无到有，从简单到复杂，逐步建立起总体规划、专项规划和详细规划三层次土地利用规划体系，最终形成当前由国家、省（自治区、直辖市）、市（地级市）、县（县级市）、乡（镇）组成的五级国土空间规划体系，对于贯彻落实国家基本政策、促进经济社会发展、提升土地资源的利用效益等具有重要的意义。随着新时期我国社会经济保持高速发展的同时发展方向发生转变，现行土地资源利用规划制度在微观调控上的缺陷开始凸显。此外，关于乡村土地资源利用规划的研究起步较晚，与之相关的规划理念也不尽相同。乡村土地资源利用规划是适应新形势下土地资源管理面临的新挑战和新要求，从规划体系上细化和规范乡村土地资源利用是新形势下的必然选择，也是当前国土空间规划体系的现实需求。

根据《村土地利用规划编制技术导则》中有关任务的表述：以乡村经济情况、社会文明状况和民意等为基础，确定土地资源利用目标，并统筹安排农村经济发展、生态环境和生物群落保护、耕地和永久性基本农田保护、乡村建设、基础设施建设、文化遗产等各种类型的土地资源，并制定相关计划和落实各项安排。乡村土地资源利用规划是指在乡村范围内，为确保经济社会发展可持续化、绿色、高效，结合当地的自然环境特点、经济社会发展特色，针对地方的土地开发利用、保护等方面，在空间和时间上制定的总体布局。乡村土地资源利用规划以全局和长远利益为出发点，以整个乡村区域的土地资源为对象，科学合理地调整乡村土地利用结构和布局，进而达到合理开发利用、积极整改保护土地资源的效果。乡村土地资源利用规划的任务和《村土地利用规划编制技术导则》中明确的任务相似，即优化土地资源配置、明确乡村发展规模、落实乡村基本农田保护的任务、加强乡村生态用地的保护、满足乡村基础设施建设需求等，加强乡村土地资源利用具体管理单位的微观管理能力，保障国民经济协调发展是乡村规划编制的主要目的。

在新时期乡村振兴的战略背景下，乡村土地资源利用规划的出发点要与乡村的经济条件、文化自然条件、资源禀赋和场地条件相适应，在广大乡村居民参与的基础上，鼓励乡村居民建言献策，并尊重乡村居民的生活习惯、风俗习惯，满足乡村生产、生活、生态等用地需求，优化乡村土地资源配置，促进乡村土地资源可持续利用。

二、乡村土地资源利用规划的发展

我国土地资源利用规划的发展历史分为四个阶段，第一阶段是土地整理阶段，第二阶段是促进农业发展阶段，第三阶段是保护耕地阶段，第四阶段是集约利用阶段。自改革开放以来，我国逐步建立起覆盖主要行政单元的五级土地资源利用规划体系，但在各级规划的协调衔接上仍存在诸多问题，乡村土地资源利用规划的技术手段也相对薄弱。

　　1949 年到党的十一届三中全会召开这段时间，我国的社会主义建设事业发展经历了几次大的挫折，经济社会发展坎坷曲折，与此同时我国的乡村建设也举步维艰。早期与乡村土地资源相关的规划主要服务于个别具有政治意义的建设项目，自发状态成为全国绝大部分乡村建设的常态，并且乡村建设缺乏科学的规划与相应的技术指导。改革开放以来，国家为了盘活农村经济发展，开始全面推行农村经济体制改革，通过一系列经济措施和手段让农民收入水平翻了番，乡村建设总量也随着乡村经济的发展猛增。通过规划农村宅基地及兴建大量农村住宅，农村居民的居住和生活条件得到了极大提升，但在这一过程中，存在着滥占耕地、浪费土地等问题，导致乡镇土地资源利用效益低下。1979年，首届全国农村房屋建设工作会议在山东青岛召开，这次会议提出，各级政府要科学规划农村住房建设，设立专门机构进行专项管理，即设立农村住房建设办公室，负责农村住房建设的政府规划，此时的乡村土地资源利用规划侧重于乡村宅基地规划。1981 年，第二届全国农村房屋建设工作会议在北京召开，指出乡村规划不仅要以农村住房建设为重点，还要以大范围的乡村建设为主要内容，全面规划土地、水、路、林、村，促进农村各类用地充分利用合理安排。于 20 世纪 80 年代出台的《村镇规划原则》是当时全国各乡村规划的原则、参考依据和标准，按照当时人民公社的管理范围而编制的乡村总体规划是在乡村规划原则的指导下实施编制的。在乡村规划原则的基础上编制初步乡村规划后，乡村用地管理有了有力依据，严禁乡村和个人随意建设，一方面保障了村民的利益，另一方面也防止了耕地被随意占用，推动基层规划更加科学合理，也培养了一批优秀的基层规划人才。

　　在规划编制的实践过程中，编制部门和编制人员逐步认识到"以点论点"的规划方式存在明显的短板或局限性。随着我国农村商品经济的快速发展和乡镇企业的逐步兴起，与农业文明时代相比，乡镇关系更加密切，同时现代农村生产生活需求越来越高，各个乡镇之间已形成紧密的整体。因此，国家建设部在 20 世纪 80 年代提出了要以集镇作为建设的重点区域，从乡镇的规划体系和安排布局作为切入点，一步步调整并尽快建立完善乡镇规划的各项要求和配套措施。在此之后建设部会同国家技术监督局于 20 世纪 90年代发布了我国第一部《村镇规划国家标准》和《村镇规划标准》，加强了乡村规划与各级土地资源总体规划的协调。

　　按照我国颁布的《中华人民共和国城市规划法》规定的各项要求、指标并结合村镇规划编制的具体流程和方式，我国开始了县（市）域乡村规划体系的实践工作。《村镇规划编制办法》也为我国逐步建立健全乡镇区域乡村体系规划和小乡村规划提供法律依据和具体的实施要求，做到有法可依。2000 年，国务院办公厅下发文件，要求加强和改进城乡规划，还要以县市城镇体系规划为重点。农业、农村和农民是关乎我国国计民生重要的"三农"，在我国大踏步迈向社会主义现代化过程中，"建设社会主义新农村"是最为关键的一步，这不仅是一项重大的历史任务，也是我国政府和政党的历史使命。在实现中华民族伟大复兴的过程中，要始终把"生产发展、生活宽裕、乡风文明、村容整洁、管理民主"作为工作要求，行政、法律、经济和市场资源在全社会能够合理分配，促进均衡发展。在"十一五"期间将乡村规划建设技术和基础设施建设技术确定为关键技术，通过对我国农村实际问题的分析，针对不同地区、不同发展状况的乡村量身定制富有特色、符合现状的乡村规划设计，既保留了乡村特色又提升了乡村经济发展水平，促进了新农村建设的发展，进一步推动了乡村土地资源的合理有效利用。

作为世界第二大经济体，我国经济发展持续领跑世界，在经济发展的同时我国城市化速度也在飞速提升，不少毗邻乡村的城市出现大量农民涌入寻找工作的现象，农村人口数量的不确定性成为乡村土地资源指标分配的主要难点。同时，城市的飞速发展，使得各类园区、交通路网、重点工程对建设用地的需求越来越大，城市建设用地供需矛盾日益严峻，城市发展以牺牲耕地数量为代价的现象普遍存在。而实施土地资源控制最直接的依据是乡村土地资源总体规划，也是国家、省、市三级土地资源利用规划目标、任务和控制指标的最终落地计划。因此，在经济社会发展过程中，新情况、新问题迫切需要乡村土地资源利用规划的制定和完善。

三、乡村土地资源利用规划中存在的问题

（一）缺乏乡村建设用地的批准

由于新的土地资源利用规划对乡村建设用地的审批有一定的限制，许多城市本身的建设用地还不够，便将乡村指标纳入城市建设用地指标，但城市建设用地指标需求较大，占据了大部分的乡村指标，获得土地资源的批准许可成为大部分乡村进行建设面对的首要难题。由于缺乏许可证，只能通过盘活农村集体建设用地来获得乡村开发用地。然而，乡镇集体土地不仅分散，而且在土地面积上也受到限制，这使得新的乡村资源利用规划需要更加细致、灵活和协调，以指导这类土地的建设。

（二）乡村的违规用地现象较严重

在经济飞速发展的同时，乡镇违规用地现象更加突出。部分乡村存在不上报、不审批、非法占用耕地建房设厂等土地资源违规利用行为，大量耕地质量较高、坡度较低的高产良田被非法占用，使得国家耕地数量大幅减少，进而动摇了我国粮食安全的根基，乡村土地资源产权不清晰也会带来更多的用地纠纷。因此，国家应制定相关政策，加强对违法用地的监督管理。

（三）乡村土地生态环境问题

随着我国经济社会的快速发展，大量农药化肥的使用、乡村工业的快速发展、乡村居民的环保意识不强、乡村基础设施落后等使得乡村环境污染物产生和排放量持续增加，乡村污染物的种类、分布范围也不断增加，如重金属、有机物、激素等，乡村土地生态环境安全也受到了严重的影响。一方面由于乡村基础设施建设缓慢，农村居民在生活中产生的粪便、垃圾、污水等生活"三废"无法被合理地处理，直接威胁到土地生态环境安全；另一方面乡村农业生产过程中使用大量的农药、化肥，农药对于乡村土地来说也是不可忽视的污染，虽然农药可通过防治病虫害而提高农产品产量，但过度使用农药会对土壤生态环境、农产品质量等造成不良的影响，并且农药往往难以降解，对于未来土地环境产生持续性的影响。而过度使用化肥不但会造成土壤酸化，还会影响农产品的品

质和食用安全性等，如沿海地区水土肥沃，而土壤盐渍化导致部分耕地很难恢复甚至无法恢复耕种。因此，为了有效避免农村土地环境污染，乡村土地资源利用规划需制定合理的防控措施，预留足够的生态用地，保障乡村土地生态环境安全。

四、乡村土地资源利用规划的意义

伴随着我国经济社会、科学技术的快速发展，人口与土地、城市用地与乡村用地之间的矛盾逐渐激化，乡村的土地供需关系已经成为当今土地资源利用规划的热点问题。应开展乡村土地资源利用规划，加强对乡村土地利用供给的精细化管理，科学合理安排乡村各项土地利用活动，优化升级乡镇土地利用结构和布局。通过实施乡村土地资源利用规划，可以极大地促进乡村经济的可持续发展，进而保障乡村全面现代化的建设及乡村振兴战略任务的实现，为推进乡村战略转型和发展提供积极有益的帮助。长期以来我国的乡村一级规划一直被忽视，缺乏正确的指导，如何充分利用乡镇存量空间，是规划编制过程中面临的问题与挑战。乡村土地资源利用规划是未来农村土地资源开发利用的重要依据，对于保障新形势下农业农村发展所需各类土地、支持和服务乡村振兴战略的实施等具有重要的意义。同时，乡村土地资源利用规划是根据乡村自然环境、当地所处区域的经济状况、国家扶持政策和当地村民的想法，综合考量确定土地利用规划的方针，有针对性地计划安排各类用地布局和结构，既可保障乡村居民生产生活的用地需求，也可以保护乡村乡土文化和自然风貌。

第二节 乡村土地资源利用规划编制的要求、程序及要点

一、乡村土地资源利用规划编制要求

（一）总体要求

乡村土地资源是乡村资源环境系统的重要组成部分，依据《自然资源部关于全面开展国土空间规划工作的通知》的具体要求，乡村土地资源利用规划要突出规划的实用性，要通盘考量乡村土地资源利用、乡村产业发展、生态环境保护、农村居民点布局、乡村历史文化传承等乡村可持续发展要素，要与"多规合一"、乡村振兴战略、乡村全面现代化建设等相结合，要将乡村现有的相关规划成果融入规划中，要提前做好相关的问题研究，如乡村发展建设项目评估分析、与上位规划衔接、乡村发展规模等。因此，乡村土地资源利用要在上位规划的指引下，以严格保护基本农田、严控非农业建设占用农用地、提升土地资源利用效益、优化各类土地类型配置、保护土地生态环境等为目标，推动乡村土地资源高效、可持续利用。

（二）遵循原则

在遵循乡村资源环境利用规划的综合效益原则、上级规划衔接原则、动态均衡原则、因地制宜原则等的基础上，乡村土地资源利用规划还需要进一步依据乡村土地资源的特征，按照乡村所处区位条件、所在省份的经济发展水平等现状条件制定适合乡村发展的

土地资源利用、保护计划和安排。首先要重视对传统风俗文化的保护与传承，保持村庄特色，突出文化精髓。其次需要村民的参与，即应当在实地调查、充分征求农村居民意见的基础上进行，并且乡村资源环境规划内容和意向要透明化，通过村民会议或村民代表会批准后进行规划编制。再次是节约用地，乡村土地资源分配应科学合理，严禁占用基本农田，谨慎使用山坡地，充分利用闲置土地规划布局文娱活动场所。第四要突出特色，应充分考虑乡村原始地形地貌特征的保留、历史文化的传承、乡村生态环境的改善等问题，乡村土地资源利用规划编制及实施要在保持乡村自然景观的基础上突出文化特色，保留浓浓的乡情。最后要合法合规，乡村土地资源利用规划编制应符合上位规划确定的相关指标，并在上位规划的框架下依照相关法律规范合理安排用地布局，有计划地开展项目建设。

（三）规划目标及要点

乡村土地资源利用规划的目标是优化提升乡村土地利用结构和布局，全面推进田、水、路、林、村、房综合整治，统筹新农村建设与城乡发展，提升农村居民生活水平，满足乡村居民日益增长的美好生活需求。乡村土地资源利用规划主要包括以下 9 个方面的内容：①抓住两个导向性指标——需求和问题，并以这两个指标为导向对乡村发展条件进行综合评价，进而对乡村土地治理建设、各产业发展用地布局及乡村土地资源管理进行总体部署。②统筹乡村布局、整治改造，确定村民活动、文教卫生、福利院等公共设施用地布局和建设要求。③优化乡村范围内道路、供水排水、通电、通信等基础设施的配置布局。④确定农（林、牧）业、农副业及其他生产用地与经营设施布局。⑤确定生态环境保护的目标及其对应实施措施，确保垃圾场、公厕等环境卫生设施的配置。⑥按照乡村防灾减灾要求，设置乡村避灾场所建设所需用地。⑦明确乡村当地特色民风民俗、文化古迹等人文景观的保护措施。⑧结合乡村实际，相关土地资源利用与保护目标的制定、安排也应与乡村实际情况相吻合。⑨应保持乡村原有的地形地貌，确实需要填挖、整理的区域需经过科学论证后方可实施。

（四）规划的具体要求

乡村土地资源利用规划是基于乡村土地资源合理的开发利用、有效的整治保护等视角，对乡村土地资源在部门间的总体部署，进而协调乡村人口、资源与环境之间的关系，充分发挥乡村土地资源的生态、社会及经济的综合效益，对于乡村的长远发展具有重要的意义。乡村土地资源利用规划的内容主要包括以下几个方面：以上位规划作为主要依据，指导乡村土地资源利用规划的编制，同时遵循耕地保护和节约用地制度，优化空间布局，提升乡村居民生活水平、提高乡村居民生产积极性并且不破坏原有的生态环境；统筹协调乡村建设，保护生态、经济发展等用地需求，在安排乡村经济发展、乡村生态环境改善和社会事业发展等各项用地时应科学合理；保障上位规划确定的耕地保有量和永久基本农田保护任务的落实，不仅永久基本农田的面积不能少，永久基本农田的质量也不能降低；严格管控乡村建设用地总量规模，用地安排应以乡村公益性设施用地及宅基地的供应为先，同时应合理控制集体经营性建设用地规模，逐步提高乡村土地资源的单位产出,并且要避免浪费;将山水林田湖生命共同体作为科学的指导,提高乡村土地整治、高标准农田建设、土地生态环境质量等的水平;加大对重点自然保护区、人文历史景观、水源涵养区等生态环境用地的恢复和管理;集约利用乡村原有宅基地,建设集中居住区,在优化乡村居民居住环境的同时,提高土地的利用效率;明确乡村的工业园区、特色产业园和村庄旅游风景区等二三产业用地布局范围,在不影响生态环境的前提下,提高经济发展活力;优化乡村内部交通和对外交通路网,硬化乡村内部道路,提高乡村内部和对外交通的便利程度;落实乡村居民基本生活相关的基础设施建设安排,如路灯、公共卫生间、上下水、电网、公园绿地等。由于乡村的经济发展、资源禀赋、环境质量、人口规模等存在着区域的差异性,在具体编制过程中,乡村土地资源利用规划的具体内容需因地制宜。

在确定乡村土地资源利用规划内容的基础上,需进一步明确乡村土地资源利用规划的编制及成果的具体要求,其中乡村土地资源利用规划编制的具体要求主要包括以下几个方面。

1) 在乡村土地资源进行初步的调查和资料收集过程中,要采取实地考察、入户调查等方法收集资料,获得当地相关经济数据、土地利用现状数据、存在的问题等,了解当地居民的真实生活状态、实际需要和未来发展愿景等,准确判断全村建设发展各方面的基本情况。

2) 要切实维护村民利益、着重考虑村民意愿,编制规划过程中,保障乡村各类用地规模协调合理,科学安排布局和建设时序。

3) 规划成果要充分反映村民意见,通过咨询、论证、代表会议等多种方法和渠道,在深入了解乡村居民想法的基础上,尽可能地满足乡村居民的需求和想法。乡村土地资源利用规划的成果要求主要包括规划图、表格、控制规则和必要的规划描述。规划图应采用1:2000比例尺或更高精度的数据绘制,矢量数据采用2000国家大地坐标系和1985国家高程基准;乡村土地利用规划图应根据当地实际需求,采用统一比例尺,标明各类用地边界、园区界限、行政区范围等,并使用规范的地图配色和图例,且尽可能与上位规划保持一致;简要说明规划编制的背景和依据,特别要说明土地资源利用结构和布局调整方案的主要依据及建设用地、农用地、土地整治等相关安排的基础支撑条件,涉及项目和资金情况等实施保障措施及对规划方案论证、听证和征求村民意见等情况时也应在规划说明中具体阐述;乡村土地资源利用规划数据库应包含土地用途区、行政区范围、建设用地管制区、乡村建设控制区、永久基本农田保护图斑、生态保护红线、重点建设项目范围、基期地类图斑等数据,并依照相关规范建立健全属性。

二、乡村土地资源利用规划编制程序

乡村土地资源利用规划编制主要包括前期资料准备、规划编制及规划实施与反馈三个步骤,具体包括资料调查分析、需求预测研究、实施论证评估、确定规划目标、拟定乡村建设方案、确定农业生产保护空间、确定生态保护空间、规划土地整治事项、规划方案论证审查、规划成果公告等过程,在对具体乡村土地资源利用规划编制时,可因地制宜地调整规划编制具体程序。资料调查分析主要对乡村与土地资源利用规划相关的规划成果、经济社会数据、土地资源利用状况、较为突出的土地问题等相关基础资料进行搜集；需求预测研究则是对规划期内乡村用地的需求类型、规模、分布及资源潜力进行分析研究和测算，并对土地整理、复垦和开发整治条件进行分析；实施论证评估主要通过前期调查分析的数据，结合乡村用地需求规模、数量和布局，通过建立数学模型确定规划实施的可行性，并对规划实施后的效果做出简单预测；确定规划目标即确定规划的约束性和预期性指标，明确土地利用结构和布局优化、土地综合整治、土地生态环境恢复保护等工作的调控方向；拟定乡村建设方案，即统筹规划乡村建设用地安排，明确拟拆除、归并、保留和适当扩大的村庄类型、数量及分布情况；确定农业生产保护空间，即在保护耕地和永久基本农田的基础上，有计划地安排建设用地布局、土地整治安排，在此基础上分配园地、林地、草地、其他农用地布局，落实用途管制分区；确定生态保护空间，优先保护具有生态保护重要性的区域；规划土地整治事项，确定农用地整理范围，划定永久基本农田储备区，有计划地安排土地整理复垦开发项目；规划方案论证审查主要包括规划方案的协调、论证、优化等；规划成果公告主要是制定规划实施保障措施或管理细则等；规划的反馈主要是将乡村土地资源环境动态变化情况及时地反馈，便于决策者进行跟踪决策并及时地调整乡村土地资源环境规划方案，确保其科学性、有效性、合理性。

三、乡村土地资源利用规划编制要点

乡村土地资源是在一定的技术条件和时间范围内，乡村地域范畴内可以被人类利用的土地，具有整体性、区域性、动态性等特征。因此，不同区域、不同时期的乡村土地资源利用规划的重点内容也有所差异。在国土空间规划的全面实施、乡村振兴战略的稳步推进、农业农村全面现代化建设的逐步实施等战略背景下，乡村土地资源利用规划的重点主要包括以下内容。

（1）**落实乡村土地资源利用规划主要任务**　包括落实乡（镇）土地利用规划提出的调控任务与指标，深化、细化乡村区域内"三生"空间（生产空间、生活空间和生态空间）、"三线"范围（城镇开发边界、生态保护红线、永久基本农田控制线），并将具体管控范围用地落实到地块，引导与管控乡村发展空间，优化土地资源利用结构和空间布局，制定乡村用地功能区（禁建区、限建区和适建区），落实基础设施与公益建设用地，明确解决或缓解土地利用重大问题的规划对策，明确未来产业发展布局安排（工业园区、特色农产品种植园、现代农业示范区等），并制定相应的发展计划。

（2）**突出体现乡村土地资源利用规划的要点**　主要包括保障耕地和永久基本农田面积，统筹推进各类型乡村建设、改造与整治，调整和整合乡村各类工、农、副产业用地布局，满足乡村公共服务和公益事业建设用地需求，如交通、水利、供水、供电、环卫等用地需求，明确土地整理、复垦、开发及整治项目的建设时序，制定生态环境保护和建设用地范围与管控目标，提高乡村居民生活水平，提升乡村居民生产积极性和生态保护意识，提升乡村核心竞争力，优化乡村布局环境，保留文化特色等。

（3）**确定乡村规模和发展目标**　首先依据自然条件及其发育特征、产业或历史文化特点，明确是否有旅游或交通带动发展的可能等，分析乡村类型、性质或发展定位；

其次研究乡村发展规模，包括乡村内所有居住人口、用地情况等内容；最后研究乡村发展目标，如经济发展目标、文化发展目标、生态环境发展目标和乡村建设目标等。

（4）制定村域土地综合整治规划　　落实县（市）、乡（镇）土地整治规划，统筹安排乡村土地综合整治工程和项目，整体推进山水林田湖村路为一体的生态环境统一保护、修复和整治。

（5）完善乡村基础设施用地规划　　主要包括乡村交通用地规划和乡村工程设施用地规划，如对外交通、道路网络、道路设施（停车位、错车位、加油等）等的用地规划，以及乡村应急设施、卫生所、环卫清洁设施、老年活动中心等的用地规划。

（6）分期实施规划与近期规划安排　　规划实施分期主要包括近期、中期和远景规划，通常对于乡村而言，近期项目内容重点主要包括建设健全基础设施（道路、教育、医疗、防灾等系统）、主导产业启动计划、农民教育计划等，需预留一定的土地资源来满足乡村未来发展的用地需求。

（7）重视公共参与　　乡村土地资源利用规划方案的直接受益者是乡村居民，积极引导乡村居民参与规划编制，一方面保证了规划方案具有良好的群众基础，另一方面确保了规划实施的社会可持续性，通常采用直接观察法、访谈法、会议法等方法引导农户参与到规划之中。将专家深厚的专业背景和乡村居民对当地土地资源利用情况的了解相结合，能够把农户的意愿用科学的方法加以实现，合理配置每一寸土地资源的目标和用途。乡村土地资源利用规划可操作性强的特性更加注重土地资源与土地用途之间的对应关系，而对土地资源用途管理也更加精细化，公众参与诉求也更为集中化，由于乡村居民在不同阶段需求不同，乡村土地资源利用规划实施方法和途径各不相同。因此，采用参与式规划的方法，让乡村居民在乡村土地利用规划编制过程中更自觉、更积极地参与和监督，确保土地资源利用规划能够充分体现农户意志。

四、乡村土地资源利用分类

土地利用分类主要是用一定的分类标准和技术手段等，将区域内不同的土地资源利用的空间地域单元进行区分，是人们对土地资源进行保护利用、开发改造等的方式和成果，也是土地资源利用形式和用途（功能）的具体反映。土地资源利用分类主要以土地资源利用现状为基础，基于土地资源的用途、利用方式、空间分异特征等，按照一定的标准、层次、等级等，将土地资源划分为不同的类别，进而实现对区域土地资源统一分类和科学管理。对于乡村土地资源利用类型而言，一方面要确保土地资源类型能够覆盖乡村所有的土地资源，另一方面乡村土地资源利用规划要与上位规划相互衔接，因为其分类标准也需要与上位规划的土地资源分类标准统一。因此，2017年修订实施的《土地利用现状分类》（GB/T 21010—2017），也是我国第三次全国国土调查的基础依据。该标准将土地资源划分为12个一级类、72个二级类，具体见表6-1，也适用于乡村土地资源利用规划。

表 6-1　土地利用现状分类

一级类		二级类		含义
编码	名称	编码	名称	
01	耕地			指种植农作物的土地，包括熟地，新开发、复垦、整理地，休闲地（含轮歇地、休耕地）；以种植农作物（含蔬菜）为主，间有零星果树、桑树或其他树木的土地；平均每年能保证收获一季的已垦滩地和海涂；耕地中包括南方宽度<1.0m，北方宽度<2.0m固定的沟、渠、路和地坎（埂）；临时种植药材、草皮、花卉、苗木等的耕地，临时种植果树、茶树和林木且耕作层未破坏的耕地，以及其他临时改变用途的耕地
		0101	水田	指用于种植水稻、莲藕等水生农作物的耕地，包括实行水生、旱生农作物轮种的耕地
		0102	水浇地	指有水源保证和灌溉设施，在一般年景能正常灌溉，种植旱生农作物（含蔬菜）的耕地，包括种植蔬菜的非工厂化的大棚用地
		0103	旱地	指无灌溉设施，主要靠天然降水种植旱生农作物的耕地，包括没有灌溉设施，仅靠引洪淤灌的耕地
02	园地			指种植以采集果、叶、根、茎、汁等为主的集约经营的多年生木本和草本植物，覆盖度大于50%或每亩株树大于合理株数70%的土地，包括育苗的土地
		0201	果园	指种植果树的园地
		0202	茶园	指种植茶树的园地
		0203	橡胶园	指种植橡胶树的园地
		0204	其他园地	指种植桑树、可可、咖啡、油棕、胡椒、药材等其他多年生作物的园地
03	林地			指生长乔木、竹类、灌木的土地及沿海生长红树林的土地，包括迹地，不包括城镇、村庄范围内的绿化林木用地，铁路、公路征地范围内的林木，以及河流、沟渠的护堤林
		0301	乔木林地	指乔木郁闭度≥0.2的林地，不包括森林沼泽
		0302	竹林地	指生长竹类植物，郁闭度≥0.2的林地
		0303	红树林地	指沿海生长红树植物的林地
		0304	深林沼泽	以乔木森林植物为优势群落的淡水沼泽
		0305	灌木林地	指灌木覆盖度≥40%的林地，不包括灌丛沼泽
		0306	灌丛沼泽	以灌丛植物为优势群落的淡水沼泽
		0307	其他林地	包括疏林地（0.1≤树木郁闭度<0.2的林地）、未成林地、迹地、苗圃等林地
04	草地			指生长草本植物为主的土地
		0401	天然牧草地	指以天然草本植物为主，用于放牧或割草的草地，包括实施禁牧措施的草地，不包括沼泽草地
		0402	沼泽草地	指以天然草本植物为主的沼泽化的低地草甸、高寒草甸
		0403	人工牧草地	指人工种植牧草的草地
		0404	其他草地	指树木郁闭度<0.1，表层为土质，不用于放牧的草地
05	商服用地			指主要用于商业、服务业的土地
		0501	零售商业用地	以零售功能为主的商铺、商场、超市、市场和加油、加气、充换电站等的用地
		0502	批发市场用地	以批发功能为主的市场用地
		0503	餐饮用地	饭店、餐厅、酒吧等用地
		0504	旅馆用地	宾馆、旅馆、招待所、服务型公寓、度假村等用地

续表

一级类		二级类		含义
编码	名称	编码	名称	
05	商服用地	0505	商务金融用地	指商务金融用地，以及经营性的办公场所用地，包括写字楼、商业性办公场所、金融活动场所和企业厂区外独立的办公场所；信息网络服务、信息技术服务、电子商务服务、广告传媒等用地
		0506	娱乐用地	指剧院、音乐厅、电影院、歌舞厅、网吧、影视城、仿古城及绿地率小于 65% 的大型游乐设施等用地
		0507	其他商服用地	指零售商业、批发市场、餐饮、旅馆、商务金融、娱乐用地以外的其他商业、服务业用地，包括洗车场、洗染店、照相馆、理发美容店、洗浴场所、赛马场、高尔夫球场、废旧物资回收站、机动车和电子产品等的修理网点、物流营业网点，以及居住小区和小区级以下的配套服务设施等用地
06	工矿仓储用地			指主要用于工业生产、物资存放场所的土地
		0601	工业用地	指工业生产、产品加工制造、机械和设备修理及直接为工业生产等服务的附属设施用地
		0602	采矿用地	指采矿、采石、采砂（沙）场，砖窑等地面生产用地，排土（石）及尾矿堆放地
		0603	盐田	指用于生产盐的土地，包括晒盐场所、盐池及附属设施用地
		0604	仓储用地	指用于物资储备、中转的场所用地，包括物流仓储设施、配送中心、转运中心等
07	住宅用地			指主要用于人们生活居住的房基地及其附属设施的土地
		0701	城镇住宅用地	指城镇用于生活居住的各类房屋用地及其附属设施用地，不含配套的商业服务设施等用地
		0702	农村宅基地	指农村用于生活居住的宅基地
08	公共管理与公共服务用地			指用于机关团体、新闻出版、科教文卫、公用设施等的土地
		0801	机关团体用地	指用于党政机关、社会团体、群众自治组织等的用地
		0802	新闻出版用地	指用于广播电台、电视台、电影厂、报社、杂志社、通讯社、出版社等的用地
		0803	教育用地	指用于各类教育用地，包括高等院校、中等专业学校、中学、小学、幼儿园及其附属设施用地，聋、哑、盲人学校及工读学校用地，以及为学校配建的独立地段的学生生活用地
		0804	科研用地	指独立的科研、勘察、研发、设计、检验检测、技术推广、环境评估与监测、科普等科研事业单位及其附属设施用地
		0805	医疗卫生用地	指医疗、保健、卫生、防疫、康复和急救设施等用地，包括综合医院、专科医院、社区卫生服务中心等用地；卫生防疫站、专科防治所、检验中心和动物检疫站等用地；对环境有特殊要求的传染病、精神病等专科医院用地；急救中心、血库等用地
		0806	社会福利用地	指为社会提供福利和慈善服务的设施及其附属设施用地，包括福利院、养老院、孤儿院等用地
		0807	文化设施用地	指图书、展览等公共文化活动设施用地，包括公共图书馆、博物馆、档案馆、科技馆、纪念馆、美术馆和展览馆等设施用地；综合文化活动中心、文化馆、青少年宫、儿童活动中心、老年活动中心等设施用地
		0808	体育用地	指体育场馆和体育训练基地等用地，包括室内外体育运动用地，如体育场馆、游泳场馆、各类球场及其附属的业余体校等用地，溜冰场、跳伞场、摩托车场、射击场、水上运动的陆域部分等用地，以及为体育运动专设的训练基地用地，不包括学校等机构专用的体育设施用地
		0809	公用设施用地	指用于城乡基础设施的用地，包括供水、排水、污水处理、供电、供热、供气、邮政、电信、消防、环卫、公用设施维修等用地
		0810	公园与绿地	指城镇、村庄范围内的公园、动物园、植物园、街心花园、广场和用于休憩、美化环境及防护的绿化用地

一级类		二级类		含义
编码	名称	编码	名称	
09	特殊用地			指用于军事设施、涉外、宗教、监教、殡葬、风景名胜等的土地
		0901	军事设施用地	指直接用于军事目的的设施用地
		0902	使领馆用地	指用于外国政府及国际组织驻华使领馆、办事处等的土地
		0903	监教场所用地	指用于监狱、看守所、劳改场、戒毒所等的建筑用地
		0904	宗教用地	指专门用于宗教活动的庙宇、寺院、道馆、教堂等宗教自用地
		0905	殡葬用地	指陵园、墓地、殡葬场所用地
		0906	风景名胜设施用地	指风景名胜景点（包括名胜古迹、旅游景点、革命遗址、自然保护区、森林公园、地质公园、湿地公园等）的管理机构，以及旅游服务设施的建筑用地。景区内的其他用地按现状归入相应地类
10	交通运输用地			指用于运输通行的地面线路、场站等的土地，包括民用机场、汽车客货运场站、港口、码头、地面运输管道和各种道路及轨道交通用地
		1001	铁路用地	指用于铁道线路及场站的用地，包括征地范围内的路堤、路堑、道沟、桥梁、林木等用地
		1002	轨道交通用地	指用于轻轨、现代有轨电车、单轨等轨道交通用地，以及场站的用地
		1003	公路用地	指用于国道、省道、县道和乡道的用地。包括征地范围内的路堤、路堑、道沟、桥梁、汽车停靠站、林木及直接为其服务的附属用地
		1004	城镇村道路用地	指城镇、村庄范围内公用道路及行道树用地，包括快速路、主干路、次干路、支路、专用人行道和非机动车道及其交叉口等
		1005	交通服务场站用地	指城镇、村庄范围内交通服务设施用地，包括公交枢纽及其附属设施用地、公路长途客运站、公共交通场站、公共停车场（含设有充电桩的停车场）、停车楼、教练场等用地，不包括交通指挥中心、交通队用地
		1006	农村道路	在农村范围内，1.0m≤南方宽度≤8.0m，2.0m≤北方宽度≤8.0m，用于村间、田间交通运输，并在国家公路网络体系之外，以服务于农村农业生产为主要用途的道路（含机耕道）
		1007	机场用地	指用于民用机场，军民合用机场的用地
		1008	港口码头用地	指用于人工修建的客运、货运、捕捞及工程、工作船舶停靠的场所及其附属建筑物的用地，不包括常水位以下部分
		1009	管道运输用地	指用于运输煤炭、矿石、石油、天然气等管道及其相应附属设施的地上部分用地
11	水域及水利设施用地			指陆地水域，如滩涂、沟渠、沼泽、水工建筑物等用地，不包括滞洪区和已垦滩涂中的耕地、园地、林地、城镇、村庄、道路等用地
		1101	河流水面	指天然形成或人工开挖河流常水位岸线之间的水面，不包括被堤坝拦截后形成的水库区段水面
		1102	湖泊水面	指天然形成的积水区常水位岸线所围成的水面
		1103	水库水面	指人工拦截汇聚而成的总设计库容≥10万 m³ 的水库正常蓄水位岸线所围成的水面
		1104	坑塘水面	指人工开挖或天然形成的蓄水量<10万 m³ 的坑塘常水位岸线所围成的水面
		1105	沿海滩涂	指沿海大潮位与低潮位之间的潮浸地带，包括海岛的沿海滩涂，不包括已利用的滩涂
		1106	内陆滩涂	指河流、湖泊常水位至洪水位间的滩地；时令湖、河洪水位以下的滩地；水库、坑塘的正常蓄水位与洪水位间的滩地，包括海岛的内陆滩地，不包括已利用的滩地

续表

一级类		二级类		含义
编码	名称	编码	名称	
11	水域及水利设施用地	1107	沟渠	指人工修建，南方宽度≥1.0m、北方宽度≥2.0m用于引、排、灌的渠道，包括渠槽、渠堤、护堤林及小型泵站
		1108	沼泽地	指经常积水或渍水，一般生长湿生植物的土地，包括草本沼泽、苔藓沼泽、内陆盐沼等，不包括森林沼泽、灌丛沼泽和沼泽草地
		1109	水工建筑用地	指人工修建的闸、坝、堤路林、水电厂房、扬水站等常水位岸线以上的建（构）筑物用地
		1110	冰川及永久积雪	指表层被冰雪长年覆盖的土地
12	其他土地			指上述地类以外的其他类型的土地
		1201	空闲地	指城镇、村庄、工矿范围内尚未使用的土地，包括尚未确定用途的土地
		1202	设施农用地	指直接用于经营性畜禽生产设施及附属设施用地；直接用于作物栽培或水产养殖等农产品生产的设施及附属设施用地；直接用于设施农业项目辅助生产的设施用地；晾晒场、粮食果品烘干设施、粮食和农资临时存放场、大型农机具临时存放场所等规模化粮食生产所必需的配套设施用地
		1203	田坎	指梯田及梯状坡耕地中，主要用于拦蓄水和护坡，南方宽度≥1.0m、北方宽度≥2.0m的地坎
		1204	盐碱地	指表层盐碱聚集，生长天然耐盐植物的土地
		1205	沙地	指表层为沙覆盖、基本无植被的土地，不包括滩涂中的沙地
		1206	裸土地	指表层为土质，基本无植被覆盖的土地
		1207	裸岩石砾地	指表层为岩石或石砾，其覆盖面积≥70%的土地

第三节　乡村土地资源利用规划的内容

一、乡村发展框架确定

根据各上位规划及乡村自身的发展定位，构建"生产、生活、生态"相结合的乡村空间发展格局，同时以农用地、宅基地等土地资源类型为基础，确定主要的乡村农业生产区、建设用地区和生态保护区是乡村土地资源利用规划的重要内容。由于乡村经济、社会、自然等条件的差异性，不同乡村主导产业不同。例如，以农业生产为主的乡村主要从事种植果蔬的生产活动；以工业为主的乡村主要从事农副产品深加工的经营活动；以服务业为主的乡村则注重乡村生态环境及文物古迹的保护，发展乡村旅游业。因此，在乡村土地资源利用规划编制之前，要分析和确定乡村区域定位，并在此基础上分析当前国家政策、经济社会发展趋势、优势产业发展等对乡村土地资源利用结构和布局的影响，确定乡村发展导向和土地资源利用策略，进而明确乡村发展框架，指导乡村土地资源利用规划的编制，如社会主义新农村、新型农村社区建设、土地整治村、特色景观旅游村、土地制度改革村等（图6-1）。

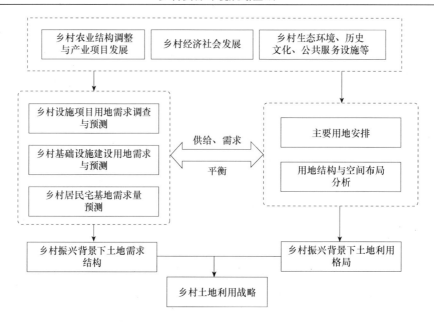

图6-1 村域土地资源利用战略确定的方法路径

二、乡村土地资源利用现状分析

乡村土地资源利用现状分析主要包括乡村基础数据收集与解析、乡村经济社会发展现状分析、乡村土地权属情况分析、乡村居民点分析、乡村公用服务与基础设施用地分析、乡村产业用地分析等。

基础数据收集与解析是指乡村土地资源利用规划的编制应当以土地利用变更数据资料为基础,即以第三次全国国土调查数据作为基础,并进一步收集乡村经济社会、永久基本农田、土地权属、土地确权及其他相关数据。

乡村经济社会发展现状分析需要充分了解乡村生产、生活、生态环境现状和真实诉求,需要调查乡村建设项目的需求、乡村村规民约等规章制度等,并通过乡村产业发展现状分析、农民和乡村集体经济收入情况分析等,掌握乡村经济社会发展潜力、增加农民收入有效途径等,进而为乡村土地资源利用规划提供基础支撑。

乡村土地权属情况分析是为了研究影响土地经营权流转和适度规模经营的障碍因子,对乡村土地所有权、承包权、经营权及其流转进行深入调查分析。

乡村居民点分析是通过对乡村居民点进行入户调查,了解村民的建筑需求、村民拆迁兼并意愿等,掌握乡村居民的家庭人口数、年收入、房屋建筑面积、建筑施工年限等基本情况。同时,在深入调查乡村居民点、查清闲置土地数量及分布的基础上,也为分析闲置土地的再利用潜力、复垦的方法和具体措施提供基础依据。

乡村公用服务与基础设施用地分析主要目的是从数量、结构和布局三方面调查乡村公共管理、文娱服务设施、农业生产设施、公共空间等的土地利用情况,基础设施分析主要是调查分析村民生活中不可缺少或能改善村民生活水平的一些项目工程或设备设施用地的数量、结构和布局,如交通设施用地、能源设施用地、防灾降灾设施用地等。

乡村产业用地分析主要是研究产业用地的规模、布局和利用方式等,对于农业而言,通过乡村农用地边界范围和利用现状进行调查，通过调查农用地利用现状、明晰其产权状况，分析农业产业化规模经营的发展空间；对于其他产业而言，在了解乡村集体经营性建设用地现状、土地权属关系等的基础上，分析区域优势，研究当地农业资源的特点、生产经营模式、经营理念及产业基础等，确定当地农村商业建设用地的开发利用潜力和途径，也可通过调查乡镇的历史文化遗产、风景名胜区等的分布范围及周边社会经济环境，阐明历史文化和风景名胜区的价值和外部发展方式。

总体而言，乡村土地资源利用现状分析是指通过全面把握乡村土地利用中存在的问题，结合以往土地利用规划实施工作中积累的经验教训，对乡村农用地、建设用地和其他用地的数量、质量和分布，生态用地保护现状等进行调查，为提高耕地后备资源综合潜力、土地集约利用率等提供依据。

三、乡村土地资源供需分析

土地资源是人类生产、生活、生存繁衍等不可代替的基础物质资料，土地资源需求是指在一定的时空内，人类为维持其生存发展而利用土地资源进行各种生产及消费活动的需求。随着时间和空间的变化，人们对土地资源需求也会发生变化，但人口数量、人们利用土地的知识和技能、土地质量、人民生活水平、社会经济发展水平等是影响土地资源需求的重要因素。首先，人口密度高的区域，由于土地资源的有限性，土地需求水平或者程度往往较高；其次，人们利用土地的知识和技能越高，单位土地产品的产量或者收益等越高，土地的供给能力也就越强；再次，土地质量的高低直接影响人们对土地需求的程度，土地质量越低，土地开发利用的成本就越高，对应的土地供给能力也就越低；最后，随着人们生活水平的提高，人们对土地供应的服务和基础物质的需求也就越高，从而使土地的需求程度也越来越高。土地资源供给是指在一定科技水平下，人类可以直接或者间接使用的土地资源的总量，包括已利用的土地资源总量和未利用的后备土地资源总量。土地供给能力则是在一定期限内某一区域的土地所能提供的有效开发和使用的限度。按照土地资源供给的特征可将土地资源供给划分为土地自然供给和土地经济供给，其中土地自然供给主要是指地球所能提供的土地资源总量，是固定的，而土地经济供给主要是指在土地自然供给的基础上，一定时空范围内的因土地用途变化或者土地价格变化而形成的土地供给总量，是弹性的。

土地供需平衡是实现乡村土地"帕累托最优"的必要条件，也是乡村土地资源利用规划所追求的目标，因此土地资源供需分析是乡村土地资源利用规划的重要内容之一，是根据规划期内乡村人口增长、国民经济和社会发展水平及各类土地利用投资水平进行的；是在全面把握乡村居民供求预期和要求的基础上，在各类上位规划的指标控制下，依据乡村土地资源现状分析结果，如土地资源空间布局、土地利用的具体情况及存在的问题，并结合未来乡村发展的定位、目标等，对乡村土地资源供需进行合理分析，进而为乡村土地资源利用规划提供支撑。

四、乡村土地资源布局与优化分析

1. 乡村土地资源布局分析

乡村土地资源利用规划的目标是依据乡村土地资源条件，将耕地与永久基本农田、宅基地、集体经营性建设用地和公共设施用地、区域交通设施用地、土地整治工程用地、生态用地等落实到具体地块，并实现各类土地资源在空间上的布局合理。

（1）耕地和永久基本农田布局分析　　掌握乡村内现有及后备耕地资源数量和质量等级，从立地条件、耕层理化性状、土壤管理、障碍因素和土壤剖面性状等方面综合评价耕地质量并划分等级，结合上级规划的用地要求，在充分考虑民意、产业发展等因素的基础上，对耕地和基本农田进行合理安排，并做好相应的保护措施，这是乡村土地资源利用规划的主要目标之一，对于保障国家粮食安全也具有重要的意义。因此，应根据前期规划搜集的基础资料，分析当前乡村耕地和基本农田的空间分布，分析耕地和基本农田布局存在的问题，包括数量、质量、生产条件等，并在保障其数量和质量均不会降低的前提下，研究其结构或者空间布局的优化策略，并制定相应的保护、管理措施等。例如，有条件的乡村可与农户签订《永久性基本农田保护责任书》，将基本农田保护的任务落实到个人，责任书内应当包括保护范围、土地类型、土地规模、土地性质等内容，规定永久性基本农田的权责、奖惩，并将永久性基本农田标注到土地承包经营权证书中，进而为乡村资源环境规划提供基础支撑。

（2）住宅用地、经营性建设用地、公共设施用地等乡村建设用地布局分析　　为了合理改善乡村居民的生活条件，在乡村建设用地布局分析中，首先要考虑到乡村人口规模、土地使用标准、空间区位条件及民意诉求等，对乡村内现有可利用资源、产业特点和发展需求进行分析，掌握宅基地、集体经营性建设、公共设施用地等乡村发展建设需求，了解其存在的主要问题，进而制定有力的解决措施，如在全面调查了解村民个人诉求及村内现有住宅类型和布局分析的基础上，统筹优化交通、公共服务等用地的布局，并制定具体的优化措施等。其次要根据乡村交通设施建设的现状，在满足土地利用总体规划规定的土地用途、规模和布局要求的前提下，结合乡村发展需求，制定现有道路的建设方案、改造措施及新道路的土地利用规模和布局等，进而优化乡村交通用地布局。

（3）生态用地布局分析　　近年来，乡村生态文明建设在乡村规划中越发重要，科学合理配置生态用地规模及布局、确定生态保护用地和生态治理区成为乡村土地利用规划工作中的重要部分。通过调查分析乡村生态用地现状，如林地、草地、湿地等具有生态保护功能的土地资源的数量、质量、空间分布等，分析其存在的问题，并研究制定有利于乡村发展的防护林、水源涵养林等的面积、分布区域、管理措施等，在确保乡村风貌更加美丽的同时，对于乡村生态文明建设也具有积极的意义。

2. 土地资源结构优化方法分析

土地资源利用规划的实质工作是优化土地资源利用结构，实现土地资源的优化配置，改善土地资源利用空间布局，促进土地资源利用制度良性循环。实现土地资源利用结构优化的关键在于科学合理地处理时间、空间、利用、数量和效益这 5 个要素之间的关系。现阶段，利用单目标线性模型优化资源配置在乡村土地资源优化配置较为常见。例如，通过劳动密集型土地利用形式，以满足基本需求为出发点，最大限度地降低总体成本，达到平衡本地生产进口和减少农村剩余劳动力的目的。然而，土地作为自然经济综合体，随着社会的进步，其用途更为复杂多样，运用单目标模型得到的结果已不能有效解决现实问题。为了弥补单目标模型的不足，多目标规划模型应运而生。具体而言，乡村土地资源利用结构优化的步骤如下（图6-2）。

（1）**设置变量** 变量设置应该因地制宜，立足于上级土地利用规划的要求，根据当地实际，结合当地土地利用方式、类型等方面进行设置，土地利用结构（S）的数学表达式为

$$S=农用地\left(\sum X_m\right)+建设用地\left(\sum X_n\right)$$
$$+其他用地\left(\sum X_k\right)$$

（2）**构造目标函数**

$$S(X)=\sum K_i\times W_i\times X_i$$

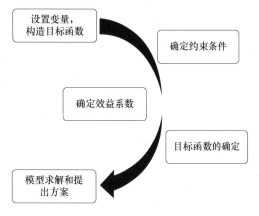

图6-2 乡村土地资源利用结构优化步骤

式中，K_i为各类用地效益系数；W_i为用地的相对权重值；X_i为各类用地的面积（hm²）；$S(X)$最大时对应的各类用地的数量为实现土地利用结构优化的各类用地面积。

（3）**确定约束条件及效益系数** 为了使规划具有动态性，通常采用趋势预测、回归预测和灰色预测等方法计算求得约束系数和约束常数。在乡村土地资源利用规划中，一般可以从土地总面积、人口总量、宏观规划及数学模型要求等方面确定约束条件。一般运用GM（1，1）方法来确定不同用途的土地资源的相对权益系数，记为K。

（4）**求解目标函数** 灰色规划中的一些系数是区间灰色值。因此，可根据GM（1，1）对模型进行白化。约束参数可以根据乡村土地利用效益高、成本低的特点来选取。计算时联合实际采用灰色线性规划程序计算，最后形成供选方案。

3. 土地资源利用布局优化过程分析

乡村土地资源利用规划中土地用途分区布局是指在乡村规划期内，以乡村自然区位条件和土地利用现状为依据，并参考乡村的社会经济发展现状、潜力和空间布局，对乡村土地依据实际用途，进行综合的用地分区。对于乡村而言，乡村地域范围内的土地资源的直接受益人、经营者及使用权拥有者都是乡村居民或者乡村集体组织，故想要实现统筹管理乡村内的土地利用及生产经营的目标，就要积极引导村民参与到土地资源利用规划中，而规划也要充分体现民意，能够被广大民众所接受。但由于不同层级的规划存在许多不同，需以土地资源利用类型为基础，运用公众参与式的分区方法对土地资源利用分区进行科学合理的划分。总而言之，乡村土地资源利用分区方法以公众参与式分区为主要手段，以土地利用现状分类为基础，辅以空间分析技术，以此建立一个统一完整的土地利用管理体系。具体而言，首先，优先划定生态用地区，该区域主要由湿地、林地等具有生态环保功能的土地类型构成，又可细化为生态安全控制区和一般生态区。其次，划定农业产业发展区，该区域主要由耕地、园地、经济林地等具有生产价值和功能的土地类型构成，又可细化为粮食种植、特殊农业种植区、蔬菜种植区、水产养殖区、林果种植区及家禽养殖区等功能区。再次，确定乡村建设发展区，该区域主要由宅基地、公共服务设施用地、特殊用地等组成，主要分为居民点发展区、特殊用地发展区、工矿用地区等。最后，确定风景旅游用地区，该区域主要是指那些具有供人观赏、游玩功能

的自然或人文景观区域（图 6-3）。

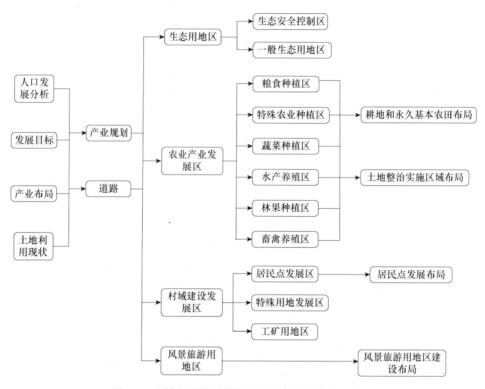

图 6-3　乡村土地资源利用规划中土地用途分区布局

保护永久基本农田、划定建设用地和划定生态保护区为核心是乡村土地资源利用规划的重要内容，若不同类型的土地资源利用界线划分不够明确则不利于基本农田保护、宅基地确权、生态保护区划定等土地资源开发利用与保护相关工作的展开，而乡村土地资源利用规划具有规划区域较小、各类土地资源利用类型及边界易明确等优点，若以乡村地域范围为基础，进行自上而下的土地资源指标任务的下达与自下而上的土地资源空间布局的整合，可有效弥补边界不清晰、权属不明确等问题。

按要素可以将乡村土地资源空间布局划分为耕地或基本农田布局优化、农村宅基地布局优化、土地整治区布局优化等。具体而言，耕地或基本农田布局优化主要在利用乡村耕地质量成果的基础上，结合公众调查、乡村发展需求等，科学合理安排耕地和基本农田的数量、空间布局等。宅基地是农村住宅开发区的主体，宅基地的布局直接影响到农村土地节约集约利用的效益和乡村的面貌，农村住宅开发区布局主要包括现有住宅用地的保护与更新、新建住宅基地和公共设施的配置与设计，现有宅基地的布局不应影响村落的外观，农村居民点发展区的布局主要涉及新乡村建设点的选址及布局问题。针对新乡村建设的宅基地布局优化通常运用 GIS（地理信息系统）空间技术，一般步骤如下：根据乡村内住宅区布局现状及布局影响因素适宜值，计算出新的适宜居住布局区域；以集中布局、少占耕地、保证耕作生产等为原则选择适宜建设点选址的地块；对地形、交通便捷度、水源远近等条件进行限制，利用软件做提取、缓冲区分析等处理；通过叠加耕地图层、缓冲区图层等剔除不适宜选址区域，最后得到适宜选址布局等级范围图。解决新乡村建设宅基地布局优化的问题通常是在解决新乡村建设点选址问题的基础上，统筹管理新乡村建设点，对选址内的交通、基础设施等建设项目进行统一规划，最后征集民意，完成新乡村建设点选址及布局工作。土地整治区主要包括粮食生产区、特色农业种植区等区域，通常采用道路工程布局及灌排工程布局两种整治区布局方法对该区域进行优化布局，道路布局尽量利用原有路况，保证农机能够进得去出得来，实现运输方便、道路短捷，尽量与现有沟渠相结合，进而促进农业生产，提高机械化耕作水平。田间道路和生产道路是田间道路工程的组成部分，生产道路间距应与耕地保持一致，排涝渠系应根据地形地貌的特点进行布置，并遵循现有的排灌渠系布局，灌溉工程的总体布局应根据工程区的地形和水源条件选用自流灌溉及排水方式。

五、乡村工程项目安排

乡村土地资源利用规划是对乡村土地资源利用超前性的计划和安排，是根据乡村的经济、社会、自然等特征，在不同部门之间进行土地资源的配置及在不同时空内制定土地资源开发、利用、保护等综合经济技术措施。因此，乡村的发展建设项目布局也是土地资源利用规划的重要内容，科学合理、有序高效地安排乡村各项发展项目实施建设对于乡村的可持续发展也具有重要的意义。

（1）土地综合整治工程　在深入调查乡村项目区土地类型构成、性质、利用情况等内容的基础上，分析研究工程实施的操作性及新增耕地的利用潜力，进一步结合项目区的自然条件、土地利用布局现状、粮食蔬菜种植区、现代化农业生产区及综合土地改良的具体要求，合理划分和科学配置农田、田间道路、灌溉排水、防护林体系等，估算工程投资规模，确定资金来源。同时，合理调整项目区土地权属、编制土地权属调整方案、改善土地综合整治区域生态环境、制定项目运营管理和实施保障措施等也是乡村土地资源利用规划要解决的问题。

（2）高标准农田质量建设　对项目区土壤发育和养分含量、作物种植、基础设施建设、农田肥力、农田质量、承包经营等方面进行调查，分析项目区高标准农田质量提高的潜力和主要限制因素（如地形地貌、坡度、土壤剖面构型、耕作层厚度等）的变化对农地质量的提升程度，进而确定不同区块提高耕地质量的途径和方向，制定提高耕地质量的方案，在项目区进行项目规划设计，明确具体操作方法和年度实施计划，并根据相关文件要求，制定项目运营管理及实施保障措施。

（3）建设用地复垦工程　对项目区进行实地调查和考察，掌握项目区各类工程的组成、规模和分布的基本情况，交通、水利等基础设施和生态环境保护情况，评价项目区复垦土地的适宜性，计算新增耕地潜力，确定项目区范围和复垦目标。

（4）乡村改造与建设工程　对于乡村建筑改造而言，首先，充分考虑村民原有居住习惯、乡村气候条件、地形地貌、文化风俗等，统筹确定乡村内建筑密度、建筑物间距及高度、容积率等指标，对乡村用地进行整理；其次，根据乡村设计风貌特征，明确符合乡村风貌特色的建筑物体量、体型和色彩的改造与建设原则；最后，应当根据当地气候、土地利用条件和使用要求，确定建筑标准、类型、层数等，优化乡村内各类建筑的布局。对于乡村基础设施改造建设而言，首先，通过研究乡村内的交通需求及其影响，确定交通进出口的方向、停车位的数量、公交站点的范围和车站的位置，以此设计、制定乡村的交通组织方案；其次，根据乡村的规划和建设能力，确定供水排水、电力、燃气、通信等市政工程、管道工程设施的位置、管径和用地界线；再次，依据村容村貌的建设要求，形成村容村貌环境卫生处理方案，合理规划公共服务设施及其用地的建设和布局；最后，确定各类灾害的防灾救灾体系。以防灾减灾为工作核心，提出一系列防洪排涝、防震抗震等减少自然或人为灾害的设防标准和行动指南。

六、乡村产业发展分析

乡村产业发展是乡村振兴的重要根基，产业兴旺是乡村振兴的基础，是乡村农业农村现代化的重要引擎，也是巩固提升全面小康成果的重要支撑。发展乡村产业，一方面，让更多的乡村居民就地就近就业，把产业链增值收益更多地留给乡村居民，农村全面小康社会和脱贫攻坚成果的巩固才有基础、提升才有空间；另一方面，将现代工业标准理念和服务业人本理念引入农业农村，推进农业规模化、标准化、集约化，纵向延长产业链条，横向拓展产业形态，助力乡村农业强、生态环境美、居民富。乡村产业发展的核心是要聚集更多资源要素，发掘更多功能价值，丰富更多业态类型，形成城乡要素顺畅流动、产业优势互补、市场有效对接格局，巩固乡村全面振兴的基础。

推进乡村产业项目有序发展，首先，要明确产业项目的发展定位、发展方向和发展目标，而项目建设的目标、建设内容、用地规模与布局应根据乡村土地利用现状、基础设施条件、乡村产业发展规划及产业项目特点合理安排布局；其次，要遵循"依托资源，突出特色，优化结构，重点突破"的战略思路，明确建筑业项目进度计划，估算实施项目的工程量和资金，评价项目收益；最后，要对资金平衡和融资风险进行分析，一方面要从乡村规划所需金额、乡村规划规模、资金来源及其余额等方面进行分析，另一方面要调查分析村庄规划建设的总体成本效益、融资方式等资金规划，制定保障措施。

七、乡村土地资源效益评价

土地资源在所有人类可以使用的自然资源中处于最重要的地位，是人类最宝贵的自然资源，也是人类生存发展的重要物质基础，在分析土地资源对人类社会基础物质生产意义时，马克思指出："劳动并不是它所生产的使用价值即物质财富的唯一源泉，正像威廉·配弟所说，劳动是财富之父，土地是财富之母。"合理的土地资源利用要将劳动与土地资源有机地结合，才能产生良好的效益，要防止土地资源的浪费和破坏。乡村土地资源利用规划正是依据乡村土地资源特征，综合考虑乡村社会经济条件和供需状况，把土地与劳动进行科学有机结合的有效手段，从而产生良好的综合效益，以达到有效、持久、公平地利用土地资源的总体目标。土地资源利用规划的目的是满足人类物质、精神等的需求，其本质是规划的效益，即经济效益、生态效益和社会效益。在土地资源开发利用与保护过程中，经济效益表明了人们对物质财富利益的追求，生态效益体现了人们对可持续发展和良好生态环境的需要，社会效益则体现了人们对社会公平和均衡发展的要求，经济、社会和生态效益之间相互联系、相互影响，也是矛盾的同一性和斗争性的具体表现。土地资源的经济与生态效益反映了土地利用的长远利益和当前利益，也体现了直接效益与间接效益之间的关系，生态效益是未来经济效益的基础，土地资源的生态环境变化对于经济收益也会产生影响，如耕地土壤污染会对农作物的产量、质量产生影响，进而影响其经济效益，土地资源的经济与社会效益之间的关系体现了局部与整体、微观与宏观效益之间的联系，如价格影响农作物的种植类型和面积，进而影响国家发展的战略需求。因此，土地资源利用规划追求土地资源综合效益，当经济、社会、生态效益出现冲突时，应优先保障整体效益和长远效益。因此，在乡村土地资源利用规划中，对规划期内的土地资源效益进行评价，需对土地资源的综合效益进行评价分析，进而研究影响土地资源利用效益的主要因素，有针对性地制定相关发展策略、管控措施等。

八、乡村土地资源用途管制

20 世纪八九十年代，以保护国家粮食战略安全为核心的土地资源用途管制是我国土地资源用途管制的主要内容，其本质是保障国家耕地资源的数量。随后，生态环境安全逐步引起国内专家学者、政府等的重视，国家首次将"环境保护"作为基本国策，因此土地资源用途管制从农用地逐步扩展到林地、湿地、水域等。党的十八大以来，"山水林田湖草"生命共同体的理念进一步被提出，习近平总书记在《关于〈中共中央关于全面深化改革若干重大问题的决定〉的说明》中强调："人的命脉在田，田的命脉在水，水的命脉在山，山的命脉在土，土的命脉在树。用途管制和生态修复必须遵循自然规律""对山水林田湖进行统一保护、统一修复是十分必要的"。土地资源用途管制力度需进一步加强，管制制度在逐步完善，管制的内容从耕地到自然空间，管制重点从数量发展到质量。

在乡村土地资源利用规划中，要根据乡村经济社会发展条件和自然、资源等条件，综合土地开发现状，按照资源环境承载力、开发潜力、土地开发利用、保护和更新改造的要求，统筹协调各类土地利用安排，以公众参与为主要方式进行管理，划分土地利用区域，制定有效的管控规则。然后通过划分乡镇土地利用功能，并与土地资源利用规划指标相结合，可以在每个土地利用区内落实规划目标、具体内容、土地利用结构、空间布局和各项措施的实施，并根据土地用途和土地制度，制定各地块的控制细则。

第四节　乡村土地资源利用规划的支持系统

随着经济社会及科学技术的快速发展，越来越多的规划支持系统被运用到乡村土地资源利用规划中，对于提高乡村土地资源利用规划的科学性、合理性、编制实施效率等具有重要的意义。乡村土地资源利用规划支持系统在有效综合计算机的方法和模型的基础上，运用专业规划模型将乡村土地资源利用规划的理论基础和现代信息技术结合，使规划的理论知识更好地与实践相结合，进而提高规划编制和实施的效率和科学性，有效指导实践工作的展开。本节主要介绍地理信息系统（GIS）的理论与技术在乡村土地资源利用规划中的应用。

一、地理信息系统的发展

（一）地理信息系统的产生

地理信息系统起源于 20 世纪 60 年代，在不同时期各领域的学者对该系统的研究角度、研究内容并不相同，该系统也一直处于不断完善发展中。1962 年加拿大的青年工作者 Roger F. Tomlinson 认为政府开展国土资源普查会耗费过多的人力和物力，十分浪费资源，他提出利用数字计算机处理和分析大量的土地利用数据，并建议加拿大地质调查局建立加拿大地质信息系统（CGIS），利用 CGIS 系统完成专题地图的叠加和面积计算等分析调查工作。随后，Roger F. Tomlinson 的建议被采纳并运用于加拿大国土资源普查中，并于 1962～1972 年在加拿大全面投入使用，CGIS 是世界上第一个可操作的地理信息系统。与此同时，美国学者 Duane F. Marble 及其研究团队，也利用计算机开发数据处理软件系统，支持土地开发利用、城市交通等方面的研究和分析，并在此基础上提出了建立 GIS 软件的思路。纵观 GIS 的发展史，可以发现 GIS 的发展过程主要分为四个阶段。

20 世纪 60 年代——开拓阶段。这一阶段计算机技术不够成熟，计算机硬件设施也十分薄弱，GIS 软件的开发受到硬件和软件的双重限制，这一阶段的软件算法较为粗糙，图形功能也不健全。

20 世纪 70 年代——巩固阶段。这一阶段计算机的硬件和软件都得到了飞速的发展，在实际工作中对于 GIS 软件的需求也与日俱增，GIS 软件得到了进一步的发展。在这一发展过程中，在扫描输入技术不断涌现的背景下，对于 GIS 软件的图形功能和数据管理的需求也进一步提升。

20 世纪 80 年代——突破阶段。随着计算机硬件水平和软件技术的逐步成熟，出现了微型计算机和移动通信设备，受益于计算机应用的普及，在这一阶段各个机构开始广泛应用 GIS 软件。这一阶段的地理信息管理则出现了完全面向数据管理的数据库管理系统（DBMS），利用操作系统（OS）更高效地管理地理数据。同时，该阶段也是 GIS 微机软件大量开发的时期。

20 世纪 90 年代——社会化阶段。在地理信息产业建立健全和数字信息产品普及的大背景下，GIS 在这一阶段成为一个蓬勃发展的新兴产业，已经融入各行各业，甚至是一个小家庭。随着社会对 GIS 认识的不断提高，GIS 也便利了人们的生活与工作，并逐渐成为普通大众日常生活和工作中重要的部分。进入 21 世纪，随着互联网的普及，GIS 的应用越来越普遍，如面向公众的车辆导航和地图查询两大功能得到了广泛的应用。

（二）地理信息系统的定义

地理信息系统（GIS）是一项结合了计算机科学、地理学、测量学、地图学等学科的综合应用技术，该系统以计算机硬件为依靠，通过计算机的硬件和软件结合实现获取、存储、检索、分析和显示空间定位数据的数据库管理系统。GIS 将空间实体作为处理对象，把空间实体的空间位置和空间关系作为处理过程的基础，并以地理概念空间为收集范围，将一定区域、特定时间内的大量数据收集起来进行汇总分析，利用最终得到的可视化的表达结果作为决策的理论依据，在土地测绘和地理研究中，应用地理信息系统是一种常规且必不可少的手段，目前还没有可以替代其重要作用的措施。

GIS涉及学科多，涵盖范围广，随着人们对GIS的深入了解，GIS的内涵也不断被深化，如GIS中的"S"包含了4个层次的意思：系统、科学、服务、研究。从系统角度出发，立足于技术层面理解地理信息系统，是指区域、资源、环境等领域中用于规划、管理、分析和处理地理数据的计算机技术系统。在这一层次上，地理数据的管理和分析能力越来越受到重视。作为一项技术层面的系统，GIS技术主要由地理信息的采集技术和地理信息的处理技术组成。其意味着需要构建一个地理信息系统工具，如给现有地理信息系统添加一个新的功能或工具、直接开发一个全新的地理信息系统、利用现有地理信息系统工具解决一定的现实问题等。运用地理信息系统解决问题需要从以下几方面出发：定义好一个问题、获取软件或硬件、采集与获取数据、建立数据库、解释和分析结果及显示和输出结果。从科学的角度看，GIS又可以理解为地理信息科学，是一个具有理论基础和技术方法的科学体系，研究者需要对GIS和其他地理信息技术中存在的理论和概念进行更深入的研究。从服务的视角来分析，随着社会的快速发展和科学技术的迅速进步，信息、互联网、计算机等技术的应用也得到了普及，地理信息系统已经逐步完成从单一的基于技术和研究的系统向多功能的地理信息服务系统的转变，如导航需求等，促进了导航GIS的产生。从研究角度来看，即利用GIS研究处理由地理信息技术引发的各类现实问题。

因此，从上述意义来看，地理信息系统在这一层面可以理解为一个用于收集、存储、管理、分析和表达空间数据的信息管理系统。系统是表达和模拟真实空间世界、处理和分析空间数据的"工具"，同时也是一种"资源"，用于人们解决空间问题，还是一项在空间信息处理和分析中重要的"科学技术"。

二、GIS在乡村土地资源利用规划中的应用

随着我国乡村发展进程的加快，乡村规划建设的管理得到了人们越来越多的关注。随着乡村的快速发展，乡村资源环境系统要素的相关属性特征不断发生变化，如土地资源利用类型、利用方式等，传统的乡村规划、农业规划、旅游规划已不能满足其需求，通过应用地理信息系统可以有效解决这类难题，使规划的编制科学合理、可操作性强。土地资源利用规划以一定区域内国民经济和社会可持续发展的要求为根据，对土地适宜性进行评价，并对不同的评价结果进行比较分析，以判断现有土地资源利用方式是否仍适合当地发展需要，在此基础上寻找土地资源可持续利用的最佳途径和结构。在乡村土地资源利用规划中广泛应用地理信息系统，构建土地资源利用规划支持系统，有利于建立一个能快速汇总、处理、分析和输出各种数据信息的系统，有利于实现多规合一，形成一张统一的规划蓝图。基于地理信息系统的土地资源利用规划支持系统，可以提供大量的空间数据，而且信息的存储、查询、检索和制图都能方便快捷地实现。

（一）基础数据库构建

在乡村土地资源利用规划编制过程中，由于基础资料涉及范围比较广泛，往往涉及多个行业和部门，很难对其进行统一的管理和应用，数据库的构建便于基础资料的查阅、存储、

分析等，同时乡村土地资源利用规划的核心资料是空间数据，在乡村土地资源利用规划的专题研究或者规划方案的编制实施过程中，往往需要将相关的数据或者指标落实到乡村的具体位置，而不同软件的数据存储格式和机构往往有所差异，在数据的使用分析过程中往往需要采用一定的技术方法和手段对不同来源和储存格式的数据进行统一处理，并形成乡村土地资源利用规划的基础数据库（图 6-4）。地理信息系统数据库可对乡村土地资源大量的空间数据和非空间数据进行有效的管理，该数据库比一般关系数据库和事务数据库的语义信息更加丰富和复杂，对乡村土地资源利用规划的多源数据管理、数据分析、规划编制等提供基础保障。

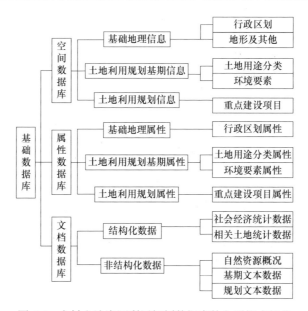

图 6-4　乡村土地资源利用规划数据库的主要组成部分

（二）乡村土地资源评价分析

乡村土地资源评价分析是深入了解乡村土地资源开发、利用、保护等情况的基础，一般包括适宜性评价、承载力评价等，基于地理信息系统的土地资源评价分析主要从简单的叠加分析逐步深入，形成了多指标分析和人工智能分析，甚至出现了多种方法的综合等。对于土地资源评价方法的研究主要目的是评价指标选取和指标标准化、权重的确定及科学确定这 4 个方面。运用地理信息系统进行乡村土地资源评价分析，将地理信息系统和决策过程有效结合，充分发挥地理信息系统在土地资源评价分析过程中的作用，使得资源评价分析的开发与研究由专家型转向社会服务型方向成为主流趋势。基于地理信息系统的乡村土地资源评价分析主要内容包含以下几个方面。

1. 乡村土地资源评价因子分析

乡村土地资源评价的关键是确定不同的评价因子，评价因子是否合理直接影响到乡村土地资源评价结果的科学性和准确性。一般根据以下几个方面来考虑评价因子。

1）根据研究区域的自然条件和社会经济特征来进行选择。

2）遵循各因子相关性原则。评价因子的具体选择要与研究区域自身特点相匹配，确定主导因子，综合考虑各因子限制性的大小。

3）遵循相对稳定性原则。根据备选因子的稳定程度来选择，所选的各因子既能体现研究区域的分布特点，又在一定时期内相对稳定。

4）根据收集获取所有资料的可能性、准确性、科学性。

2. 评价因素的权重

乡村土地资源评价的不同要素对于评价中的相关用途的影响程度是不同的，这种影响的重要程度一般利用权重来进行定量的表示。由于因素权重的确定存在相当大的主观成分，所以单用一个统一的数学方程式来计算各因素的权重是不可能的。因此，一般采用德尔菲法、排序法和层次分析法确定各因素的权重值，各因素对研究对象的影响与权重值成正比。

3. 乡村土地资源评价的资料准备

首先要将乡村土地资源评价所需要的数据信息录入地理信息系统数据库中或者依托已构建的地理信息系统数据库的数据信息，包括一些数字化后的地图、已按照规定的精度分类整理好的各因素和因子图等，然后将采集到的工作地图的扫描数据录入计算机中，得到相应的栅格数据，再通过 GIS 软件的矢量化功能将得到的栅格数据矢量化为矢量数据，将属性录入相关元素，制作各评价要素的因子图，并在地图上标注所需的地图名称、图例、注释等要素，构建乡村土地资源评价要素底图。

4. 乡村土地资源评价信息系统的建立

土地资源评价信息系统由计算机软硬件系统组成，其中包括数据库和方法库。数据库包括点、线、面实体数据和属性数据两种数据类型。方法库包括数据处理软件和空间分析软件。前者用于完成土地评价因子原始图形、原始数据的转换，后者采用叠加分析和分类分析计算土地评价单元得分。

5. 乡村土地资源评价结果分析

根据所选评价因子的得分乘以各因子的权重，得到综合得分，并进一步根据评价的目标划分为不同的评价等级，并利用地理信息系统对不同等级的乡村土地资源进行分析。

（三）乡村土地资源布局优化

土地资源布局优化即通过一定的手段和方法，使未来在经济、社会和生态实现效益最大化的土地资源利用结构，基于地理信息系统的数据整体、空间分析、模型构建等，对于优化乡村土地资源配置具有积极的意义（图6-5）。

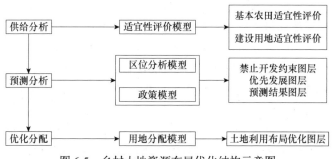

图6-5　乡村土地资源布局优化结构示意图

基于地理信息系统的乡村土地资源优化配置需要遵循以下原则：在保障乡村农业用地数量与质量的基础上兼顾满足乡村建设发展需求；乡村建设发展用地要优先开发利用适宜性的土地资源；要妥善解决乡村地域范围内不同土地资源利用类型的矛盾；防止出现散乱的乡村土地资源开发利用空间布局，确保乡村土地资源有序地、合理地、科学地开发利用与保护。乡村土地资源布局优化常用的方法有综合平衡法、灰色线性法等。乡村土地资源布局优化的本质是科学、合理地调整土地利用状况，使其布局达到最优状态的过程，影响空间布局优化质量的直接因素就是土地利用现状的准确性。利用地理信息系统对乡村土地资源布局优化的基本步骤如下：首先，开展乡村土地资源现状变更调查，利用各种专业软件，以区域遥感影像资料、土地利用现状图、地形图等相关图件为基础，结合乡村区域内自然和社会经济统计及调查资料，进行室内解译，并依据规定的精度和效果进行室外补测；其次，进行乡村土地资源适宜性评价，绘制乡村土地资源质量分布图；最后，将乡村土地利用现状图、土地资源质量分布图和土地利用结构优化图三图叠加，并进一步对乡村土地资源布局进行优化。

（四）乡村土地资源利用规划管理与反馈

以地理信息系统为平台，以与乡村土地资源利用规划相关资料为基础数据，通过统一的标准构建集中式的资料组织、查询、更新、管理等数据管理方式，进而对各种乡村空间数据和非空间数据进行分析和管理，也为不同开发工具的应用提供基础支撑，更好地为乡村土地资源利用规划提供服务。对于乡村土地资源利用规划的管理与反馈而言，支撑内容主要侧重于以下几个方面。

（1）乡村土地资源数据的输入　　在乡村土地资源利用规划的地理信息数据中，通过对乡村土地资源利用规划的图形信息与属性信息的编辑存储、数据格式转换、基础数据更新等，进而通过可视化处理，将乡村土地资源规划中的空间数据反映到屏幕中，提高不同信息的空间可读性，同时根据相关数据的变更及时调整基础数据，从而为乡村土地资源利用规划精细化管理提供基础支撑。

（2）乡村土地资源信息查询　　根据土地资源利用规划实施与管理的需求，通过地理信息系统综合查询土地资源的相关数据，包括土地利用类型分布情况、土地使用权属情况、道路交通情况、基本农田分布区域等，并通过表格、图像等方式输出，可以确保规划管理实施能够全面掌握乡村土地资源开发利用与保护现状，对于落实乡村土地资源利用规划的各项土地保护、利用、整治等项目等具有积极意义。

（3）乡村土地资源数据分析　　通过对乡村土地资源利用规划相关数据的叠加、网络分析、裁剪、地图制图等分析，为乡村土地资源利用规划的落实提供依据。例如，通过对乡村不同类型的土地资源专题图进行叠加分析，可以产生包括新的属性和空间关系的数据图；也可通过乡村建设项目选址用地分析、最短路径分析等对乡村在土地资源利用规划期间新增项目进行分析。

（4）乡村土地资源数据库的管理　　根据乡村土地资源的变更情况，地理信息系统可以实现对相关数据的更改、删除、添加等，确保地理信息系统数据与乡村土地资源利用现状数据及时准确地保持一致，从而提供实时、翔实、精确的数据，提高土地资源利用规划管理与实施的科学性和合理性。

复习思考题

1. 请结合五级土地资源利用总体规划，简述编制乡村土地利用总体规划的必要性。

2. 简述乡村土地资源利用规划的概念。

3. 简述乡村土地资源利用总体规划的内涵。

4. 请概括编制乡村土地资源利用规划需要满足的要求。

5. 编制乡村土地资源利用规划需要按照哪些步骤进行？

6. 编写乡村土地资源利用总体规划的技术方法有哪些？各有何注意事项？

7. 结合实例说说乡村土地资源利用总体规划包含哪些内容。

8. 乡村主要用地安排应优先考虑何种用地？有何意义？

参 考 文 献

陈端吕，董明辉，彭保发，等. 2009. GIS 支持的土地利用适宜性评价 [J]. 国土与自然资源研究，(4): 42-44.

韩博，金晓斌，孙瑞，等. 2019. 土地整治项目区耕地资源优化配置研究 [J]. 自然资源学报，34 (4): 718-731.

李鑫，李宁，欧名豪. 2016. 土地利用结构与布局优化研究述评 [J]. 干旱区资源与环境，30 (11): 103-110.

梁湖清，沈正平，沈山. 2002. 村镇规划与土地规划的比较及协调研究 [J]. 人文地理，(4): 67-70.

廖彩荣，陈美球. 2017. 乡村振兴战略的理论逻辑、科学内涵与实现路径 [J]. 农林经济管理学报，16 (6): 795-802.

刘紫玟，尹丹，黄庆旭，等. 2019. 生态系统服务在土地利用规划研究和应用中的进展——基于文献计量和文本分析法 [J]. 地理科学进展，38 (2): 236-247.

龙岩市国土资源局，中共龙岩市委政研室联合课题组. 2009. 乡村土地规划不能缺位——龙岩市农民建房用地问题的调查与思考 [J]. 中国土地，(1): 52-54.

吕晓，黄贤金，钟太洋，等. 2015. 土地利用规划对建设用地扩张的管控效果分析——基于一致性与有效性的复合视角 [J]. 自然资源学报，30 (2): 177-187.

孟庆香，田华文，张亚丽，等. 2010. 乡镇土地利用总体规划与村镇规划耦合研究 [J]. 中国人口·资源与环境，20 (S2): 67-69.

沈兵明. 2000. 村镇土地利用总体规划中建设用地配置的几个问题探讨——以浙江省为例 [J]. 经济地理，(5): 72-74, 90.

沈满洪. 2018. 村镇生态化治理的问题、经验及对策 [J]. 中国环境管理，10 (1): 15-19.

舒斌娟，孟梅，王凯. 2016. 基于线性规划模型的阜康市土地资源优化配置研究 [J]. 农村经济与科技，27 (5): 29-30.

孙丽娜，董爱晶，宫月. 2020. 基于三生空间的乡村土地利用空间布局优化研究——以黑龙江省明水县永兴镇为例 [J]. 中国农学通报，36 (35): 156-164.

孙莹，张尚武. 2017. 我国乡村规划研究评述与展望 [J]. 城市规划学刊，(4): 74-80.

孙玉杰，龚敏飞，邱小雷，等. 2015. 基于 GIS 的泗洪县土地利用总体规划实施评估 [J]. 资源科学，37 (10): 2001-2009.

田莉. 2016. 城市土地利用规划 [M]. 北京：清华大学出版社.

王磊，来臣军，卢平军. 2016. 城乡一体化进程中乡村土地利用效益评价 [J]. 中国农业资源与区划，37 (2): 186-190.

王群，张颖，王万茂. 2010. 关于村级土地利用规划编制基本问题的探讨 [J]. 中国土地科学，24 (3): 19-24.

王万茂. 2013. 土地利用规划学 [M]. 北京：中国农业出版社.

王向东，张恒义，刘卫东，等. 2015. 论土地利用规划分区的科学化 [J]. 经济地理，35 (1): 7-14.

王竹，孙佩文，钱振澜，等. 2019. 乡村土地利用的多元主体"利益制衡"机制及实践 [J]. 规划师，35（11）：11-17，23.

杨春德，翟荣新，朱晓伟，等. 2011. 田柳镇三村村庄布局优化实践 [J]. 中国土地科学，25（12）：55-58.

张亚丽，黄珺嫦，蔡运龙，等. 2012. 乡镇级土地利用总体规划与村镇体系规划协调评价 [J]. 中国土地科学，26（4）：91-96.

张永姣，曹鸿. 2015. 基于"主体功能"的新型村镇建设模式优选及聚落体系重构——藉由"图底关系理论"的探索 [J]. 人文地理，30（6）：83-88.

Cloke P. 2013. Rural Land-Use Planning in Developed Nations (Routledge Revivals)[M]. London: Routledge.

Contreras M, Isabel A, Rosario F, et al. 2011. Multi-use rural cadastre and the land-use planning[J]. PLos One, 10(12): e0144520.

Ioki K, Din N M, Ludwig R, et al. 2019. Supporting forest conservation through community-based land use planning and participatory GIS: lessons from Crocker Range Park, Malaysian Borneo[J]. Journal for Nature Conservation, 52: 125740.

Molinario G, Hansen M C, Potapov P V, et al. 2017. Quantification of land cover and land use within the rural complex of the Democratic Republic of Congo[J]. Environmental Research Letters, 12(10): 104001.

Rudel T K, Meyfroidt P. 2014. Organizing anarchy: the food security-biodiversity-climate crisis and the genesis of rural land use planning in the developing world[J]. Land Use Policy, 36: 239-247.

Theobald D M, Spies T, Kline J, et al. 2005. Ecological support for rural land use planning[J]. Ecological Applications, 15(6): 1906-1914.

第七章　乡村水环境规划

第一节　乡村水环境规划概述

一、乡村水环境规划内涵

水是人类赖以生存的自然资源，是资源环境系统的重要组成要素之一，也是人类生存环境中不可或缺的一部分。水环境主要指自然界中水的形成、分布和转化所处空间的环境，直接或者间接影响人类的生存和发展，可以划分为地表水环境和地下水环境，其中地表水环境主要包括河流、湖泊、海洋、沼泽等，地下水环境主要包括暗渠、浅层地下水、泉水、深层地下水等。条件优良的水环境是促进社会经济高质量发展、提升生态环境质量、提高居民生活水平的重要保障。对于乡村来说，水环境安全对于维持乡村生产生活正常运转、保障乡村粮食安全、维护乡村居民身体健康和生命安全等具有积极的意义，在乡村发展中发挥着不可替代的作用。

乡村水环境包括乡村地域范围内分布的池塘、水库、湖泊、河流及人为修建的大中小型水库、用于灌溉农田的田间沟渠、村内修建的各类水渠等，乡村水环境规划涉及生态学、环境科学、地理学、经济学等众多领域，考虑到乡村在特定时期的水环境特点，在乡村水环境规划之前往往需要对规划区域的水环境进行调查、监测、评价等，并基于现状调查和评价结果，对规划区域内人为干预水生态环境造成的或在未来可能造成的影响进行预测分析，其中人为干预主要是指乡村经济发展、社会建设等行为或者活动，然后基于相关预测结果，通过对经济发展计划的调整、社会建设布局的改善、水环境污染的统一高效处理等，最大限度地实现乡村水环境的保护与水环境污染的防治，从而维持乡村人与自然和平共处的关系、提高乡村水环境质量。在乡村水环境的保护与现有水环境污染的治理上，既可采取工程措施，也可采用非工程措施，其最终目的都是一样的，即保护现有的乡村水环境，实现乡村水资源的合理、高效利用，并且不影响后代的使用与享用、不阻碍经济社会的前进与发展。简而言之，乡村水环境规划是基于经济发展实际情况，以实现乡村水环境保护与乡村经济社会持续、高效、稳定发展为目标开展的。

乡村水环境相当于整个乡村资源环境系统的"血液"，在农田灌溉、消防用水、气候调节等方面发挥着重要作用。虽然乡村地域范围相对较小，但是对其区域水循环有着不可忽视的贡献。乡村水环境类型可以根据其特征划分为自然水环境系统及人工水环境系统。在自然水环境系统中，水循环的实现离不开水、大气、土壤三者之间的相互作用，具体包括水蒸气、降水、地表径流水、下渗的地下水等；在人工水环境系统中，水循环主要依靠人工环境的构建与人工指引，包含水运输、使用、排放、回收、净化、存储、重利用等过程，涉及饮用水、农田灌溉用水等。无论是自然水循环系统还是人工水循环系统，在水循环过程中均会消耗部分水源，但相较于自然水循环系统，人工水循环系统中的水体因为经过人为使用,水体质量往往较低,通常对于乡村水环境质量具有较高的影响。由于农业生产污染、乡镇企业生产污染、农村生活污物处理观念和技术落后等因素,乡村水环境污染问题日益突出,同时乡村水环境的管制较为宽松,改善水环境质量已成为改善农村生活环境条件、推动乡村全面现代化建设的重要内容之一。

乡村水环境规划主要根据乡村水环境的特征对其进行超前性的计划和安排,包括水源地的合理规划、水资源的合理配置、水环境污染问题的有效管治等,如农业灌溉用水的管控、乡村企业用水排放的管制等。乡村水环境规划的本质是把水作为乡村居民生存和发展的环境资源条件,利用科学的手段或方法对乡村水环境系统进行分析,摸清乡村水质和供需情况,合理确定乡村水体功能,进而统筹安排对乡村水的开采、供给、使用、处理、排放等环节。完整的乡村水环境规划包括水环境现状调查、各类水体功能区的合理划定、统筹制定水环境保护及水资源开发利用的计划、因地制宜地给出水环境污染治理与污染水源排放的对策。因此,在进行乡村水环境规划前,需全面调查乡村水环境现状,了解水环境受污染情况及污染源的分布与数量、各村庄的生活用水需求及乡村企业用水需求等,进而为乡村水环境规划提供较为翔实的资料基础。由于满足乡村经济社会发展的供水需求是乡村水环境规划的立足点,而且水资源的合理利用是水环境规划不可或缺的内容,在水资源被利用的前提下,水环境规划对水质的改善才能起到更加重要的作用,因此乡村水环境规划的本质是统筹协调水资源利用与水污染防控。

一般而言,开展乡村水环境规划涉及的主要工作内容包含以下几个方面。首先,调查、收集乡村及其水环境基础信息,并对其存在的问题进行诊断;其次,进一步结合水量、水质、水生态等确定乡村的水环境规划前期、中期及远景目标;再次,基于选定的适合该乡村的规划方法制定相应的规划措施,在制定规划措施后将各种措施结合起来提出实施计划;第四,通过模拟比较找寻给定规划方案中存在的不足,给出改善建议进行方案优化;最后,实施水环境规划方案并给出所用规划方案的评价。乡村水环境规划方案的拟定需要兼顾水体质量与水资源数量,从整体出发协调地表水、地下水、饮用水、污废水等不同水体之间的关系,合理处理区域间水环境、水环境与土壤环境、水环境与社会经济发展等之间的关系。此外,从长远战略要求出发,乡村水环境保护目标需要与乡村经济发展的规划要求相协调,从实现乡村短期建设目标的角度出发,从利于乡村经济发展、社会建设的视角,确定改善乡村水环境与合理开发利用水资源的目标。乡村水环境规划的最终目标是控制或治理水环境污染问题,实现水资源的合理、循环、高效利用,以缓解缺水问题或预防缺水现象的产生、提升乡村水环境质量或维护现有优良的水质,从而取得更高的综合效益,满足乡村居民日益增长的美好生活需要,推进乡村可持续发展。

二、乡村水环境规划原则

对于我国而言,乡村水环境污染与水资源短缺仍是不可忽视的重大环境问题,尤其是原本水资源短缺的部分乡村及工业化比较发达的乡村,同时随着工业化、城镇化的快速推进,曾经水生态环境优良、水资源充足的一些乡村也开始受到水环境问题的困扰。乡村水环境规划中防控水环境污染、优化水资源配置、强化水资源管理等的重要手段,对于缓解乡村水环境问题具有重要的意义。不同地区的水域有着不同的历史形成与发展特色及现代开发利用特色，在乡村水环境规划编制之前，需对行业骨干、地方政府、乡村居民等进行咨询并采纳其给出的合理性建议，进而确保后续编制的乡村水环境规划可实施、可操作等；在乡村水环境规划编制与实施过程中，在遵循乡村资源环境规划总体原则的基础上，还需要遵循可持续发展的原则、统筹兼顾和突出重点原则、预防为主原则、总量控制原则等原则。同时，为方便乡村水环境规划制定的各项措施、建设项目等有效落地，乡村水环境规划的各种边界尽可能地要与乡村的行政边界线相一致。

（一）可持续发展原则

在乡村水环境规划中，要求决策者根据规划区域的水环境特点、水体本身对污染的承受范围、水资源现有量及可再生能力等，在不影响后代继续享用水资源及优良的水环境的同时，又能够确保当代人能够享受水环境的益处的前提下，统筹安排对乡村水的开采、供给、使用、处理、排放。值得注意的是，在乡村水环境规划中，绝对不可忽视自然本身，优良的水环境既要为面临污染的水生态环境提供进行修复的空间，也要为没有受到破坏的水环境留下能够提升自我水质的发展空间，从而保证水资源的可持续利用，促进乡村社会经济稳定发展。

（二）统筹兼顾和突出重点原则

乡村水环境规划应统筹考虑乡村水系，分析上下游、左岸、右岸、湖泊等不同水域和水库，要确保乡村水的开采、供给、使用、处理、排放等满足乡村社会发展的短期和长期需求，做到乡村水环境合理地开发利用与保护，而不过分开发利用乡村某一区域的水资源。同时，乡村水环境功能保护目标应与乡村产业结构调整、乡村社会经济发展、乡村污染源及排污总量等相结合，做到重点水域重点保护，针对重要度较高的水域采取优先保护原则，增加投入的人力物力，进而统筹兼顾乡村社会经济发展与水环境管理，维持乡村水环境功能相对稳定。

（三）预防为主原则

《礼记·中庸》曾指出"凡事预则立，不预则废"，《中华人民共和国水污染防治法》第3条也明确指出"水污染防治应当坚持预防为主、防治结合、综合治理的原则"，对于乡村水环境保护也一样。自改革开放以来，随着乡村经济社会的快速发展，乡村水环境污染问题也日益突出，已成为阻碍乡村生态环境保护、制约乡村农业可持续发展、影响乡村居民身体健康等的重要因素。当水体受到污染后，其治理成本往往较高、治理过程较为复杂、治理周期较长等，如滇池水环境治理，仅在"滇池治理三年行动计划"（2013年实施）中就实施100个项目，总投资约341.2亿元。因此，在乡村水环境规划中应优先保护乡村饮用水生态环境，严格控制乡村工业企业污染，防控乡村农业生产污染，积极落实推进乡村水环境治理项目，进而防控或减少乡村水环境污染和生态破坏等。

（四）总量控制原则

对于水环境而言，总量控制主要是指控制一定时空范围内污染物排放到水体中的总量，可通过水环境承载力来具体衡量。水环境承载力是指一定范围内的水环境能够承受的外界影响的能力，是污染物在水体中可存在数量及时限的重要反映指标，直接反映某一具有特定功能的水源对污染物的承载能力。依据乡村水环境承载力分析结果，科学合理地制定水质控制指标及数值，对于降低水环境污染水平、提升污染水源处理效率、防控水环境污染等具有积极的意义。在实际应用中，作为特定水环境中污染物总量限定的重要参数，乡村水环境承载力约束着乡村水环境规划各项规划的内容，也是各阶段水环境监管目标确定的基本依据。

三、乡村水环境规划类型

水环境规划依据不同的分类标准可划分为不同的类型。目前我国乡村存在的水环境问题主要由乡村农业生产过程中的大量化工产品的使用、乡村生活用水肆意排放、乡村生活生产垃圾处理不当、乡村工业企业污水处理不当等因素造成的水环境污染问题，以及乡村需水量的增加、水资源浪费造成的水资源短缺问题。因此，依据乡村水环境规划中研究对象的现实需求，将乡村水环境规划划分为乡村水污染控制系统规划和乡村水资源系统规划两类，又可称为水质控制规划和水资源利用规划。以水环境污染治理与防控为主的水污染控制系统规划是开展水环境规划的基础，旨在提升水体质量，满足不同水体的功能要求，而以水资源合理高效利用为主的水资源系统规划重点在于通过引入人工技术实现水资源的循环利用与水资源生态环境的保护。

（一）水污染控制系统规划

水污染控制系统是由污染物的产生、排出、输送、处理到水体中迁移转化等各种过程和影响因素所组成的水质污染及其控制系统。水污染控制系统规划是一个较为复杂且具有针对性的过程。它的制定不能够脱离国家制定的法律法规及相关建设标准，运用具有系统性的思维与操作方法分析水污染控制系统各构成部分的相互作用关系，并以此分析结果协调各影响因子间的关系，以与水体质量相关的自然过程、经济发展、技术开发为指导，达到"小代价，大成效"的水环境污染治理成效。总体来说，水污染控制系统规划以提升水环境污染控制系统的各项综合效益为目的，基于乡村水环境污染现状、污染物排放与处理情况、水文特点等现有条件，综合考虑水污染控制系统规划方案实施与社会经济发展、人民生活水平提升的相互关系，选用恰当合理的污水治理与控制监管技术，系统地预测、模拟、监测、评估各规划决策，综合优化适合各乡村水环境的短期及长期水环境污染控制系统规划方案。其中，流域水污染控制系统规划主要是对流域性的水环境污染问题进行规划，规划主要内容及目的包括以下4个方面。第一，确定某一流域应该维持或者达到的水质标准；第二，规划流域内主要需要控制的污染物质及污染物质来源；第三，依据水体功能区划的结果及对应的水质调控标准计算各部分水体的水环境容量，对于不同的污水排放口通过精确计算分别给出各种类型污水相应的最大可排放量；第四，基于先进技术的支持，结合污水排放点的污水排放情况及对应水域的水环境容量，分析各污水排放点的经济、社会效益及技术要求高低，经打分排序给出性价比最高的几个排放点。经过各个环节的严格筛选与优化，得到可供决策者选择的各种较优的水污染控制方案。此外，还有水污染控制设施规划。水污染控制设施规划是对特定的水污染控制系统及其相关的排污系统进行建设规划。在综合考虑经济、社会和环境因素的基础上，寻求投资少、效益大的建设方案。

目前，由于政府对乡村环境管理不够严格，乡村各方面环境的污染逐渐加重。其中乡村水环境污染情况不容小觑，农村水环境保护已纳入环境保护规划，经济发达地区及经济相对落后的地区均已积极加入乡村水环境治理与管控的队伍。但就现在各地区乡村水环境现状来看，情况依旧不理想，水环境污染破坏仍是突出问题。由于水体具有流动性，小范围的水源污染、水环境破坏容易蔓延到周边区域或影响周边区域水环境的正常运转，从而导致大面积水源污染、水环境运转受阻情况的出现，落后松散的管制制度也提高了水环境问题发生的频度。农村相较于城市，由于存在资金、技术、人力资源不足等问题，各方面的管控与宣传都相对不成熟，相关监管人员及民众的环境保护意识相对较低，如此多方面的不足也造成了水环境污染因子的多样化及难以控制性。此外，除经济技术发展相对落后等不足外，乡村地区还存在城市化对乡村的反噬作用。一方面，城市聚集性的环境污染因无法完全独自消化清除且自然环境相对较差，往往会蔓延至自然环境承载力相对较高的农村。另一方面，现在很多商人就看中了乡村的环境监管力度弱，民众法律及环境保护意识低且渴望发家致富，将乡村作为重污染企业或是淘汰技术发展的基地，将污染始发地直接转移至农村。村民普遍存在先污染后治理等陈旧的经济发展观念也使得污染源不断顺利"安家落户"，而水环境等生态环境的治理却迟迟未能提上日程。但乡村水环境污染控制系统规划对未来乡村的积极繁荣发展极为重要，合理可行的规划的提出与落实有很大必要性。

（二）水资源系统规划

在人类出现之前，水资源系统只是归属于自然界的一个系统。人类出现后，情况发生了变化。人类活动的干预或多或少地改变了并将继续改变水资源系统的自然状态，使之朝着对人类更有利的方向发展。目前，尽管人类还不具备在很大程度上改变水资源系统自然状态的能力，但是与人类的关系极为密切的水资源系统已经渗入人造因素，已非纯粹的自然系统，而是一个由人工力量与自然本体相互协调、相互作用形成的复合型水资源系统。这种复合型水资源系统既包含自然生态环境及内部的生物体、江河湖海人工水库等水资源，也含有与水资源相关的各类人类生产生活活动。水资源系统受人为干预的部分是由许多人为建设的水工程单元，以及一定范围内各项水工程对应的技术支持与工程管理单元相互连接而成，人为的水工程离不开人为的管理与维护，而管理维护单位也会因为脱离水资源工程而失去存在的意义，两者是相辅相成、相互制约的关系。因此水资源系统规划不仅要考虑水资源保护问题，还需要考虑与人类息息相关的水资源利用问题。水资源系统规划是指应用系统性的分析方法与理论，总体上统筹计划安排乡村水资源利用与开发、水资源生态环境保护，针对洪水多发地区还应重视乡村洪水灾害的预防及控制措施的给出与制定。就水资源系统的分析方法来说，适用于城市地区的方法大多也适用于乡村，如优化比较法、模型预测法等。

在水资源系统规划的制定上，应遵循因地制宜的原则，结合各乡村所在流域或区域的水环境本底情况及水资源利用特点，并呼应各乡村所在区域的经济社会发展、生产力发展、生活质量改善、生态环境保护的需求，重视整体性、综合性、可行性，在多次优化的基础上给出既能实现水环境保护又能高效利用水资源的最佳可实施方案。在相对较大的尺度上展开的水资源规划是流域水资源系统规划，它更注重整体性，涉及经济文化发展、自然环境、社会福利和国防建设等方面，需要开发整治的项目很多，如洪水灾害的预防与管控、农业灌溉用水的供给、水上运输的维持等。在流域水资源系统规划中主要需要给出适用于整个流域的水资源开发利用规划部署，不仅需涵盖总体规划，还需给出具体的水资源利用结构布局和一些关键措施，满足社会各个部门的所需所求，调和自然层面与社会层面的矛盾。对于中小河流的规划，服务农业发展的主要目标包括地表水和地下水联合利用的制定、水土资源的平衡，以及与灌溉、排水、水土保持有关的总体规划，属于大江河支流的中小河流规划，应该要与整条河流的总体规划相一致。

第二节　乡村水环境评价及预测

乡村水环境质量受人类乡村居民行为和自然环境的影响，当其污染物的排放在一定程度上超过水体自我承受与修复范围时，会使水质进一步恶化，乡村居民生产生活污染物的不当处理及不合理的水资源开发利用方式往往是乡村水环境污染的主要因素。乡村水环境评价及预测是乡村水环境规划前期调研工作中的重要收尾工作，通过水环境现有资料的分析，掌握当地自然社会水环境的基本特征、水环境容量及修复功能限度，如根据乡村水环境现状资料，剖析乡村生产生活中污染物特征、污染来源、主要排放途径等，确定影响乡村水环境质量的主要因素，为乡村水环境规划的重点指明方向。乡村水环境质量的评价结果是乡村水质管理、水环境功能区划、污染防治措施制定等的重要依据，乡村水环境质量的评价并非随心而论，需要严格遵循各项评价标准并对各项拟定的指标展开评价，评价过程由简单到复杂，评价结果由单一到综合，如污染物的主要来源及扩散能力、污染物的主要成分及污染水平分级等。乡村水环境质量评价主要包括水质现状调查、目标确定、指标选取、数据测量、体系建立、结果获取，其中乡村水环境质量评估结果与决策者选用的指标及指标评估方法、测量得到的数据等内容息息相关。在水环境质量评价方法的确定上，一般采用单因素评价法、指数法、系数法、污染负荷计算等常用方法；在数据的采集与处理上，通常先确定主要的非面源污染分布情况，如水产养殖地、牲畜养殖地、耕地、工厂等，再收集生活生产的基本数据，并对所得数据进行整理、分析和评价。

一、乡村水质现状评价

任何事件的科学性评价都离不开数学统计方法，乡村水环境质量评价的开展也是如此。水质评价的进行首先是以乡村水质的相关参数作为参考指标，如水质等级、水质用途等，再采用科学的计算方法对水质进行分析，有条件的乡村可进一步对水资源的利用价值和处理工艺进行相应的分析，进而得出相关的评价结果。水质评价的主要目的是准确反映项目所在地水污染现状，找出受污染较为严重的水域及污染的布局与组成，再对其进行分析从而得到相应的水环境容量及污染变化情况，使得水环境规划有据可循。为提升水环境质量评价的科学性与可靠性，应严格监测数据的测量与获取，减少无用数据的产生。此外，在评价方法的选择上，也必须符合因地制宜与切实可行的原则，提高方案落实的时效性，避免二次重复做工。针对水环境质量评价，不同研究领域的学者给出了各类较为适宜的评价方法，本节主要介绍人工神经网络评级法、单因素评价法、模糊评价法、层次分析法、水污染指数法、物元可拓评价法、主成分分析评价法等方法在乡村水质分析中的应用。

1. 人工神经网络评级法

在水环境质量评价过程中，部分评价方法难以对影响水环境质量的部分不确定因素进行分析，而人工神经网络评级法是人类大脑思维运作体系精髓的提取与延伸，借鉴了人脑的活动方式，通过构建像人脑一样具有自主分析判定能力的模型，对影响模糊不清或存在不确定关系的因素进行处理与分析，进而得出较为精确的评鉴结果。人工神经网络评级法的优点在于灵活变通性强、可进行多方面比较、约束条件少、测算结果精度高等，缺陷在于测算水平缓慢、波动较大等。

2. 单因素评价法

单因素评价法是我国环境影响评价的常用方法，即根据村庄水环境质量标准，将各评价指标的实际监测数据与标准进行对比，以超标最严重的指标类别作为水体质量类别。具体计算方法为式（7-1）。

$$P_i = S_i / S_{si} \qquad (7-1)$$

式中，P_i 为 i 项水环境影响评估指标的污染指数；S_i 为 i 项水环境影响评估指标的测定数据（mg/L）；S_{si} 为 i 项水环境影响评估指标的标准化数值（mg/L）。

单因素评价法计算简单，但它只使用最差的水质水平来表征乡村的水质。该方法对评估所需采集的数据及对象要求极其严格，但利用该方法针对某一水体进行评价得到的结果不能用于和其他不同水体得到的评价结果进行比较，因为重要评价因素不尽相同，若仅取单个因素，不同水体有较大区别。此外，即便是同一水体，评价结果在时间尺度上也不具有可比较性。

3. 模糊评价法

模糊评价法主要根据各因素对水质影响程度进行评价分析，在数据分析时要求重新分配相关评价因子的权重，但权重的确定往往会随着所在地水环境特点的变化而变化，且受主观因素影响较大。虽然模糊评价法的主观性相对较强，但其分析简单明了，在各地水环境质量的评估上使用频度较高，其中最为常见的是模糊聚类分析法及模糊综合评价法等。

4. 层次分析法

层次分析法相较于其他方法，既融合了非量化分析方法的简便性，也涵盖了非主观化的客观描述性，具有一定的科学性与时效性。层次分析法的关键内容就是对问题进行分层化处理，构建各个划分的层次对应的指标体系和判定体系。首先，层次分析法的实施需要了解问题的本质与研究的目标，再将问题涉及的重要组成因素进行罗列，以此作为层次划分的依据。经过分层后，需要分别对每一个层次内的相关指标进行比较测试。其次，计算各指标因素的权重得分，并进行排序，从而获取某一层次的某一因素对上一个等级层次的某个因素的优先对应权。最后，采用加权计算法获得最终权重，并将其作为最佳的使用方案。具体内容可参见第五章。

5. 水污染指数法

水污染指数法（water pollution index，WPI）是几种常见水污染物浓度测定结果统合为某一概念性指标的形式化数值，能够大概反映各个层面的水质变化情况及受污染情况[式（7-2）]。水污染指数法能够将水质状况进行量化，可以直接反映数值的类别，也可实现多维时间尺度与空间尺度的水质变化情况的比较。该法对乡村水污染情况进行评价时，比较的是既定的乡村水环境水质标准与一直变化的由测算得到的污染指标数值，通过将得出的综合指标得分用于乡村水环境质量的评价，得到最终评价结果。

$$\text{WPI}_i = \text{WPI}_l(i) + \frac{\text{WPI}_h(i) - \text{WPI}_l(i)}{C_h(i) - C_l(i)} \times [C(i) - C_l(i)] \tag{7-2}$$

式中，$C(i)$ 为水质监测项目 i 的浓度；$C_l(i)$ 和 $C_h(i)$ 分别为水质项目 i 所在类别标准的下限浓度值和上限浓度值，$C_l(i) < C(i) < C_h(i)$；$\text{WPI}_l(i)$ 和 $\text{WPI}_h(i)$ 分别为水质项目 i 所在类别标准下限和上限浓度值所对应的指数值；WPI_i 为水质项目 i 所对应的水污染指数值。

6. 物元可拓评价法

物元可拓评价法是蔡文（2011）在我国建立的，主要用于处理不相容性问题。它广泛应用于水质和环境评价分析，可以解决多指标和单指标最终结果不一致的问题。水环境质量的影响因素几乎不趋向于单一化，在进行多种因素对水质影响的分析时往往会进行各因素的单一化分析，各因素间的关系没有得到很好的处理。物元可拓评价法会依据现有各因素的数据，通过建立适宜的评价体系计算得到各因素间的相关性指数，从而增强水质影响分析的综合性，解决上述问题。在具体应用中，可参照我国学者孙秀玲等（2007）发表的论文《物元可拓评价法的改进及其应用》，其介绍了物元可拓评价法的原理、在水质评价方面的优劣势及利用其改进的物元可拓评价法实证分析了水质等级。

7. 主成分分析评价法

由于水质系统组成复杂，各影响因素之间大多相互独立、相关性不强，特别是变量成分众多的水系，尤为适合采用主成分分析评价法。主成分分析即水环境质量的评价主要基于主要影响因素的分析。该评价方法的关键操作是指标的转换与影响因素重要性的分级，即在存在多个评价指标的情况下，减少评价指标数量，通过集成将其转变为为数不多的几个重要指标。对于影响因素重要性的分级，需要遵循影响因素总量不变的原则，通过内部转换，将方差值最大的影响因素转变为第一重要影响因素，此后依据方差值由大到小排列影响因素等级，而重要性由高到低的影响因素即主次成分划分的依据。主成分分析评价法因其科学合理的方法体系设计受到广大决策者的喜爱，是一定范围内水环境质量评价的常用方法。它不仅可以简化水环境质量评价的过程，还可以较为全面、准确地评估水环境质量的详细情况。

二、乡村地表水环境预测

乡村水环境预测主要是预测未来水环境变化情况，即采用先进的科学技术与方法处理收集到的信息数据资料，分析描述一定范围内水环境状况和水环境污染物在未来的变化态势及演变方向。水环境预测开展的必要性在于预防水环境的污染与破坏，通过对未来经济社会发展建设下水环境状况改变趋势，在时空双尺度下对水环境保护举措进行超前性的计划和安排，为水环境污染防控提供参考依据。水环境预测工作主要包括地表水环境预测和地下水环境预测，其中生态环境部发布实施的《环境影响评价技术导则 地表水环境》（HJ 2.3—2018）对地表水环境影响预测的总体要求、预测因子与范围、预测时期与情景、预测内容等有了明确的规定。因此，本节主要侧重于对地表水环境预测方法在乡村中的应用进行简要的介绍。

乡村地表水环境预测是以一定的预测方法为基础，预测乡村的生产、生活等活动对乡村地表水体质量的变化及影响，乡村地表水环境预测的方法主要包括类比分析预测法、物理模型法、数学模型法等。对于乡村地表水环境来说，水体自身具有通过生物对污染物的降解、运用水特性进行污染物的转化或转移等实现水体的自我净化。类比分析预测法主要是根据调查结果，估算未来乡村的水环境质量，是定性的或半定量的预测结果，通过类比调查方法获得的结果往往相对粗糙，但评估时间往往较短、评估工作水平也相对较低，当无法获得足够的参数和数据时，可以通过类比获得数学模型中所需的参数和数据。物理模型法的核心是近似缩小，该方法的使用需要构建精细化、与现实水环境相近的小型版环境模型，可以说是现实版的重现，通过小型版模型对现实环境可能遇到的情况的模拟，预测水环境质量的变化动态，物理模型法是精准又定量化的模拟，不但能够反映较为完善的乡村水环境特征，而且能给出详细的预测结果。物理模型法对基础数据的信息量要求较大，操作与实行的技术要求较高，对于资金、技术、人力、物力等资源相对不足的乡村或是评价时间紧迫的乡村不适合采用，当预测结果需求与要求精度较高时需要用此方法，它的评价水平相对较高，预测结果更严格，但其不足之处在于水中污染物的化学和生物净化过程难以在实验中模拟。数学模型法的核心是量化测定，在实际的操作中，需要使用者构建对应乡村水环境质量的数学模型，并加入人为活动干扰，从而预测人工建设项目的开展对水质变化的影响。该方法较其他方法一般来说相对简单，目前已经应用于各个地区的水质评价，可以首先考虑。然而，该方法需要一定的计算条件和必要参数的输入，并且水中污染物的净化机理难以在许多方面表达。

在进行乡村地表水环境影响预测时，需要先确定受纳水体的水质状况，预测水体的污染排放状况、设计水文条件等。在进行受纳水体的水环境质量水平评定时，需要依据人为建设活动的影响特点，对应水周期与水环境特点，确定水质状况和预测污染物浓度。一般情况下，使用环境影响评价（EIA）或已收集的水质监测数据。水污染排放预测通常以正常排放（或连续排放）和异常排放（或瞬时排放、限时排放）为基础。两种排放都需要确定污染物的来源及排放的位置和方式。

水环境在不同时间范围内的自我净化功能往往会表现不同的强度。因此在进行地表水环境预测时，应充分考虑水体在设计时间段所对应的污染净化能力。相比近海水域，内陆水域大多在旱季具有较强的自净能力，并且由于严重的非点源污染，一些水域很可能正处在汛期。进行预测时，有必要确定预测时间段的设计水文条件，如 10 年内河流连续 7 天干流，需要了解多年河流平均值及平均流量，特别是干燥季节的相关情况。

一般来说，地表水影响预测所涉及的范围应遵循前期调查范围所采用的原则，而地表水影响预测的范围应与现状调查范围相同或略小。从整个水系流域来说，根据地表水的受污染情况往往可以将其分为处于上游的水域范围、部分混合部分独立的水域范围、处于完全混合状态的水域范围。完全混合的部分是指污染物的浓度均匀分布在整个区域。其中，污染物浓度分布判定取决于水域范围内任意一处的污染物浓度与该范围内水截面的平均污染浓度的差异。当两者之差不超过 5%，则可判定为均匀分布。混合过程部分是指在到达完全混合部分之前的范围。上游河段是指排污口上游河段。在进行乡村水环境影响预测时，需要确定预测实施处的结构布局、数量组成。在预测实施处的结构布局及具体位置的确定上，需要进行多方位考虑。其中位置的选取可以考虑确定的环境现状监管中心、较为敏感的水域如饮用水源地，以便于比较工程建设对乡村地表水环境的影响。对于水环境影响预测存在超标情况的水域，从排污口开始由密集到稀疏布置多个预测点，直至达标。混合工艺段的预测点和超标范围可以互相利用。

三、乡村地下水环境影响预测

水环境包括地表和地下水环境。地下水环境中的水体主要来源于自然降雨，按其成因与埋藏条件，将地下水分为地下流水、地下潜水、上层滞留水三类。因地下水的存在与土壤有密不可分的关系，所以如果地下水受污染极易引起土壤盐碱化等问题。由于地下水具有良好的水质及稳定性，受到耕地的青睐，常被用于作物灌溉等。

乡村地下水环境影响预测是地下水评价的重要组成部分，其重点是考虑未来进行的建设项目或人为干预对地下水环境的影响。乡村地下水环境影响预测的开展，需要乡村当前的地下水环境自然状态及开发状态等现状资料。软件模型模拟预测分析结果一般包含两个方面，一方面是由于人们的建设活动直接利用地下水源或者将污染物投放至地下水源从而造成对水源的直接性影响；另一方面由于水体的流动性导致的一处地下水源的污染对其他区域水源的间接性污染，致使二次污染发生。乡村地下水环境影响预测工作的实施得到的预测结果对环境保护最大的贡献就是起到预防作用，防止已受污染水体进一步被污染及防止未受污染的水源被污染。同时，依据水体的自净能力也能够更好地分配水污染的排放，使人为建设项目开展有据可循，实现合理开发利用地下水资源的目标。

（一）预测工作规范

在建设项目的乡村水环境影响预测应按照 HJ 2.3—2018 和 HJ 610—2016 确定的原则进行。预测的范围、时间、内容和方法的确定不可脱离乡村水环境的实际情况与水文特性，必须结合当地的水环境保护要求与目标。此外，必须考虑乡村内部未来计划进行的建设活动的特点、对地下水源的需求程度等方面的问题。如果需要开展开发程度相对较弱的建设活动，乡村地下水环境影响预测的主要内容是影响程度分析和可行性分析两个方面。在影响程度的分析上，又可分为两个方面。一方面是根据建设工程的设计，在正常排放模拟得到的污染量情况下，分析地下水质的变化情况；另一方面如果完成的建设项目出现意料之外的更大污染量的排放时，乡村地下水源对污染的响应情况。如果需要开展开发程度中等的人为建设活动，在乡村地下水资源开发利用上，除了需要遵循开发程度相对较低的建设活动应遵循的原则外，还必须谨记适当利用而不过分开发这一原则。如果需要开展开发程度较高的人为建设活动，须在中等强度开发需遵循的原则上做出适当的调整与补充，最终要求只会更严格，因为高强度的建设活动更容易对环境造成影响，所以更应小心谨慎。

（二）预测范围的基本内容及重点

由于地下水具有流动性，人为限定的边界不能限定区域间水体的相互影响，所以在进行乡村地下水环境影响预测时，研究的水域范围相较于水环境基础情况的调查更为广泛，除了调查区域的水域，还需要纳入受影响后变动大的敏感区域。如果建设强度较大，将完整的水文地质单元纳入预测范围也是有很大必要性的，能够用于直接补充建设项目所在水文地质单元。预测的重点主要包括：①现有的、拟建的及规划中的地下水水源供给区；②固体废物堆砌场的地下水流经的下游段及主要污染水源的排放出口；③乡村水环境中地下水环境的敏感影响区域，如与地下水环境相关的自然保护区和一些重要的湿地及重要地质遗迹等；④可能出现环境水文地质问题的主要区域；⑤其他需要重点人为实施保护的区域。

（三）预测方法

乡村地下水环境影响预测工作的进行离不开当代先进科学技术方法的支持与支撑。目前采用的定性化预测方法的关键是找到相似状况的案例进行推理分析，而定量化预测方法的关键内容是各类模型的构建与参数的设定。其中，类比预测法、回归法、分析法、均衡法、数值法等数学模型法应用较为广泛，采纳频度较高。对于评价要求相对较低的，可采用类比预测法或数学模型法中要求相对较低的推理性方法。对于评价要求处于中等水平的预测，可采用数学模型法中的数值法或者分析法，数值法用得较少，如果研究地的地下水体系十分复杂，可以考虑采用数值法。对于评价要求较高的预测，需要采用精度要求较高、预测结果更为详细精确的数值法。当应用到模型法时，重点是实地情况的重现，所以模型构建时要求设定参数的精准性，如若不达标则需不断地进行调整；完成建模后还需对模型进行测试，做好模型的检验工作，从而提升模型模拟情况与实际情况的一致性。在进行模型构建时，关键点是模拟与实际的一致性，主要是预测范围内地下水的边界形状、平均流水量、源汇的水流平衡量、水位动态变化等主要情况。

此外，将分析模型应用于含水层污染物扩散预测时，因含水层具有水容纳和水透过的特性，在以上基础上还需补充一些条件。类比预测方法的运用，并非完全主观性的评价，应给出具体的类比条件。在类比分析涉及的对象与预期预测时间之间，也有需要关注的一些重点。例如，类比分析对象与预期预测时间需要拥有相近的环境水文地质条件和水动力场条件，同时需要注意的是，两者对应的建设项目的工程特性及乡村地下水环境受该工程特性的影响不可有太大的不同，需保持一定的相似度。

（四）模型概化

在建立地下水环境影响预测模型时，需要依据污染源分布特点、边界条件与参数类型以及地下水补径排条件等对水文地质条件进行概化，并对地下水水量（水位）、水质预测所需用的含水层渗透系数、释水系数、给水度和弥散度等参数值进行调查分析，进而为后续水环境预测提供基础支撑。地下水环境污染的排放形式与排放方式的概括是污染源概述及普遍化的主要内容。具体情况具体分析，在此前提下，可将地下水污染源排放形式细化到点源污染或者是面源污染；污染源的排放方式则可简化为不间断稳定排放或者是非持续稳定排放。

要求等级不同的预测工作确定各项水文特征数据的方式与要求也不同。评价要求相对较高的预测工作的开展，因其对数据详细性及准确性的要求较高，在各项参数的确定上需要进行现场试验从而获取地下水水量、含水层渗透系数，以及地下水的分散程度和为生产生活供水程度等方面的实测数据。评价要求相对较低或要求水平中等的预测工作的开展，所需的水文地质参数值可以从评估区域以前的环境水文地质调查结果数据中选择，或者根据相邻区域和类似区域的最新调查结果数据选择；地下水环境水文地质条件复杂的地区则应结合先前已有数据及最新调研数据进行水文地质参数值的设定。对于技术、资金条件相对落后的乡村来说，总是存在数据匮乏或者数据难以获取的地区，所以部分乡村即便只是开展评价要求相对较低或要求水平中等的预测工作，也需要通过现场实测获得各类水文地质数据。

（五）获取预测结果并分析

在确定乡村地下水环境影响预测的方法后，依据该方法进行适合的预测模型、预测因子和预测源强的选择，收集各类所需参数用于代入预测模型，计算各项结果数据。一般来说，由预测模型得到的结果需要满足一些必要条件。例如，场界范围外的区域普遍满足相关标准的要求，但允许区域内的小范围超标。但是在预测范围内的污染超过水体的自我消解能力时，水体的流动性往往会造成预测范围边界外的水体污染超标的情况，这个时候就应该改进污水池防渗措施并对相关要求进行更新，不断地确定影响预测的源强，得到更正的结果。当预测结果满足上述要求时，可停止修正与更新。在进行地下水环境影响预测时，除了一般情况，也存在意外的情况。意外情况出现时，往往伴随着污水池防渗措施失效等问题，而污水的渗漏造成地下水污染的可能性很高。此时乡村地下水环境影响预测的结果除了需要得到在项目建设的一定阶段、不同时期的特征因子的影响范围、超限范围等实测数据信息外，由建设活动造成的水体影响的最大可移动距离及最大影响强度也不容忽视。除此之外，因变化往往存在时间尺度的动态性，所以在人为建设活动范围内的环境污染物浓度现状及未来变化趋势、乡村地下水保护各阶段性的目标等都需要作为考虑对象。

第三节　乡村水环境功能分析

一、乡村水环境功能概述

水环境的主体虽然都是水，但由于人类的社会需求，在不同的区域水资源起着不同的作用，因此水环境功能区的划定是水环境规划的重要工作之一。水环境功能区是指水环境中具有特定功能的区域，它是结合社会需求与经济发展计划及水环境所在地的水资源开发利用现状三方面因素，经科学分配、合理划分得到的。水环境功能区划不仅是实现现有水环境有效保护与合理开发、水环境污染实施综合治理与科学防控的重要前提，同样也是实施和监督水环境资源保护措施的基础。乡村水环境功能区划是指在乡村范围内的水环境功能区划，依据水域现状及国家相应政策与制度，结合当地社会需求和水资源开发利用现状将水域进行划分得到的效益最大化的区域。确定功能区划的过程中需要遵循相应的原则，在此之前需要掌握常用的方法及功能区划的基本过程与步骤，并确定功能区划分的目标。

二、乡村水环境功能分析方法

（一）系统分析法

系统分析法是针对系统的目的、功能、环境、费用、效益等问题，进行充分调查研究，在收集、分析、处理所获得信息、资料的基础上，确定系统目标，制定出为达到此种目标的各种方案，通过模型仿真实验和优化分析，并对各种方案进行综合评价，从而为系统设计、系统决策、系统实施提供可靠依据。该方法在乡村水环境功能区划的应用中所包含的步骤如下：第一，基于乡村水环境现状调查，确定所规划的乡村中长期存在或短期存在的水环境问题；第二，依据乡村经济社会发展方向及水环境自身承载力确定乡村的水环境规划目标；第三，收集各项水环境规划研究中需要用到的数据；第四，基于选定的研究方法给出水环境规划方案的评价标准及各具特色的多种备选规划方案；第五，依据给出的特定评价标准评定各备选方案的适宜性、科学性、效益性等方面，并运用系统分析的理论和方法提出最佳的解决方案。在问题的界定上，要区分局部问题和整体问题，并在调查后做出最终的认定；在确定目标时，应尽量用指标来表达，以便进行定量分析和描述。此外，在前期现状调查上，我们主要通过阅读文献、访谈、观察、调查等方式开展调查研究，收集事实、观点、态度等资料和信息。虽然整个过程比较复杂，但是由系统分析法得出的乡村水环境规划针对性、综合性较强，且具有详细准确、可操作落实的特性。

（二）定性估量法

定性估量即不采取量化数据，仅凭经验或感觉对所研究问题进行大致的估量。将定性估量法应用在乡村水环境功能区划上时，需要决策者基于水环境现状及给出的现有水环境规划方案进行分析，给出合理可行的水环境功能区划判定方案。其中，水环境现状主要包括规划的乡村水环境的江河湖泊、人工水域的自然特征，乡村水环境水体污染现状及不同程度的水资源开发现状。定性估量法虽然存在主观性较强、科学性相对较差、判断结果的准确度较低等缺陷，但总体过程较为简单，步骤也不繁复。在乡村水环境建设较为紧迫、水功能区划可用时间较短的情况下，定性估量法的应用可以增强功能区划定方案的可靠性、针对性。

（三）量化分析法

量化分析就用具体的数据来表述人类社会中一些不具体、模糊的因素，从而达到分析比较目的的分析方法，其最大的特色与优点就是能够增强结果的科学性、精确性与可靠性。基于定性估量得到的初步功能区划方案，运用量化分析法精确划定水环境功能区时，应该建立适合某一乡村水环境特点的水质数学模型，并基于此模型模拟初步得到的各功能区划中水体质量情况。再由模拟得到的数据计算并评价各功能区内的水质标准、污染可承受范围等。

水环境功能区划又可细分为主体功能区划与辅助功能区划。其中水环境主体功能区划的确定应分别划定重要的水环境生态保护区、对保护区受到的破坏起一定缓冲作用的区域、已经被开发或可用于开发利用的人为干预区，最后再划定生态环境保留区。辅助功能区划分方法的运用需要完成四个方面的工作。第一，确定区域的具体范围，包括当前流域范围内的乡村规划范围内的水域；第二，收集和划分功能区数据，包括水质数据、取排水口数据及乡村的土地和水域等规划数据；第三，各功能区之间，应根据功能性高低进行各可变因素的相互协调与合理衔接，如各功能区所在位置的范围大小，尽量不要出现功能强度的突变情况；第四，从整体角度出发，评估水环境功能区划方案与乡村水环境规划方案是否脱节，做好衔接工作，针对规划不合理的水环境功能区及时做出调整。

三、乡村水环境功能分析过程

乡村水环境功能区是根据自然条件和经济发展需求划定的、执行某种特定功能的水域。乡村水环境功能区在空间上可以涵盖整个流域，也可以是流域中的一部分水域。乡村水环境功能区划在流域层次上进行，流域的一部分或一个河段不可能单独进行功能区划，因为乡村水环境功能区划不仅涉及某个功能区所在地自身的利益，还与该功能区的上下游发生利益冲突，只有在全流域协调下才能取得实质性进展。流域的层次越高，乡村水环境功能区划越重要。就全国范围而言，乡村水环境功能区划的步骤应该从一级流域逐渐向下一级流域扩展，上一级流域的区划结果是下一级流域区划的依据。

当然，任何一级的乡村水环境功能区划都不可能是一次完成的，上一级区划结果是下一级区划的依据。同时，下一级区划的结果又可能反馈到上一级，并修改上一级区划的方案。乡村水环境功能区划是一个不断反馈修改、不断完善的过程。其阶段性的成果是一个流域的所有功能区都能够达到或经过修改都能够达到既定的水质目标。

乡村水环境功能区划是对水体功能进行甄别的过程，是水污染防治规划的出发点和归宿。规划伊始，规划人员根据社会和经济发展需求预先划分和设定水体的环境功能区。预先设定的乡村水环境功能区划是否可行，需要通过经济、社会、环境的全面分析论证，这个论证过程就是水污染防治规划。因此，一个合理的乡村水环境功能区划只能产生在水污染防治规划的结尾，而不是它的开始。从这个意义上说，乡村水环境功能区划贯穿于水污染防治规划的全过程，是水污染防治规划的一个重要环节。当然，在复杂的规划过程中，功能区划工作可以作为一个相对独立的子过程处理。

人们从主观愿望出发，普遍期望乡村水环境能够提供优质的、能够满足多种用途的水，但是在客观上，乡村水环境质量受到自然和经济状况的影响和制约，往往不能完全满足人们的期望。一个具有可操作性的乡村水环境功能区划必定是需求与可能相妥协的产物。

乡村水环境功能区划是时间与空间的函数。随着时空条件的变化，乡村水环境功能区需要进行相应的调整。例如，由于跨流域调水改变了原先的水文条件，也改变了流域的环境容量；污染物排放量对水体的影响在时间上和空间上都发生了变化，乡村水环境功能区也随之产生变化；再如，流域经济发展既增强了环境保护力度，也提高了民众对美好生活向往的热情，所以有必要重新修订原先的乡村水环境功能区划。

四、乡村水环境功能分析目标

乡村水环境功能区划旨在结合乡村水环境现状与现有技术依据所需水环境功能划定科学合理、实际可行、因地制宜的水环境功能区域。乡村水环境规划也强调乡村经济发展、社会建设和水环境资源的综合性利用规划。因此，乡村水环境功能区划的目标不仅要涉及乡村水环境的保护，还需要考虑水环境开发对社会经济发展的促进作用。部分不同的水域有着近似的水功能类型，但是发挥的水功能效益却不尽相同。因此，在开展水环境功能区划的基础上，应对水环境功能区的各项功能效益高低及同一功能下不同水域的效益高低进行排序。在满足不影响经济社会发展又能够保护现有水源的基础上，根据乡村的水环境自然特征及开发利用现状，选取时效性、效益性最高的水环境功能区规划方案。水环境功能区划通过对水环境的各部分进行分工，各功能区各尽其职，从而实现各乡村对所在地水资源保护的目标，为乡村水资源的长久可持续利用提供一定的保障。所以，决策者应重视水环境功能区划这一环节，它的落实可以增强水环境保护监管的时效性与科学性，促进社会的正向发展。具体目标可细分为四个方面：第一，为增强水域保护的专业性与科学性，施行高功能严保护、低功能松保护，要求确定重点保护水域区划的目标；第二，为满足江湖水库生态环境需水量和水域生态环境系统要求，重视水环境容量，追求水环境系统能够实现良性循环的目标；第三，为减少污水净化费用，应准确计算乡村水环境对污染的自我净化能力，重视各功能区水体的自我保护功能的利用目标；第四，为减少乡村水域污染，严控污染排放口，限制污染排放量与污染治理期限，严守"污染排放严把关、治理改善分阶段"的目标。

第四节　乡村水环境污染控制规划

目前，我国各地乡村水环境污染日趋严重，也使得国家日趋重视。水环境污染日趋严重主要是由于资金、人力、物力、技术、监管等的缺乏与发展失衡等，尤其是以工业发展为主的乡村或是经济发展相对落后的乡村。乡村水环境污染的改善和控制，不仅取决于治理的技术水平，还取决于乡村相关管理制度的发展。合理的水环境控制、污染控制和乡村水环境良性循环，不仅可以解决乡村水环境问题，还可以解决与乡村发展相关的其他问题。

随着科学技术与方法的发展与进步，人类对于乡村水环境污染的响应则是不断改进与完善乡村水环境污染控制规划体系。作为水环境污染的解决对策，乡村水环境污染控制规划体系逐渐演变为一个相对更为复杂的系统，其中涉及的因素多样、设定的目标具有阶段性与层次性、规划的制定具有针对性。依据乡村水环境污染调查现状数据资料与基本评估信息，选择适当的方法与模型来构建各类统计模型，尽可能模拟实际情况以计算乡村水环境的环境容量。统计分析各类污染物对乡村水环境的影响情况，依据不同时间阶段不同水域对不同污染物的承受情况，并依据政府要求的水质标准，通过施行各项手段或措施逐渐降低水环境污染水平，综合考虑经济社会发展计划和生态效益，开展乡村水环境污染控制规划，给出最佳规划方案。目前，乡村水环境污染控制规划虽然受到了各地的重视，也在各地不断开展与落实，但由于乡村自身存在的相较于城市不完备的、落后的基础性建设，定量或定性分析中所需的各类数据的难以获取性，乡村各级管理监督机制的不完善性，乡村人民及环境工作人员的环境保护意识薄弱性，乡村水环境污染防治与治理的技术落后性及缺失性等原因，乡村水污染控制规划的深入开展、准确制定、高效落实难以达到较高水平。

一、乡村水环境污染控制规划操作规范

1. 水质现状的评价

确定水环境污染类型和主要污染河段。实地观察测量数据是可获取的最好的第一手资料，最常用的方法是现场监测水质。根据各河段受污染情况、水环境保护目标及水域现状，以及规划研究纲要要求，确定水质现状调查监测断面，对各断面进行 24 小时监测。

评价不同水环境质量时，不同特点的水体需要执行不同的标准。乡村溪河的支流水系评价的开展，不可脱离《地表水环境质量标准》（GB 3838—2002）的五级标准，集中式生活饮用水地表水源地应不低于Ⅲ类水质标准。对用于农业生产灌溉水体的水质评价应该遵循 GB 5084—2005《农田灌溉水质标准》规定的各项原则。根据该方法可以确定乡村主要污染物和主要的污染水域，从而为水环境污染治理措施与方案的确定指明方向，给出水环境保护目标拟定依据。

2. 社会经济发展评价与预测

乡村水环境污染防治规划应当与社会经济发展目标相一致，而不是相互矛盾。因此，要做好社会经济发展现状的调查，在此基础上，分析乡村的性质和规模，对未来的发展趋势做出正确预测，为城镇水环境污染防治规划提供重要依据。

3. 水环境变化趋势预测分析

人类对于水资源的开发利用需求随着人口的增多、社会建设的推进、人类对生活质量要求的提高而不断增加，而这些需求的增加在增加被利用的水量的同时，也提升了污染水体的排放量。对于乡村也是如此，因此乡村水环境变化趋势的预测与影响因素的调查与数据统计及数据分析是水环境规划中必不可少的一项。其中相关的调查数据和预测数据主要包括水环境容量、污染物排放总量、维持水质良好的污染排放标准等。数据的全面性与准确性与乡村水环境规划落实的效果有着直接的相关性，应充分重视。

4. 现状资料调查与收集

乡村水环境现状的调查涉及自然环境现状、社会经济现状、生产发展现状、民俗历史现状的调查等，调查手段包括问卷调查、文献资料查阅、政府统计数据调查等。

5. 明确功能区划与目标

乡村水环境的监测与高效管理是有效实施的前提，而乡村水环境功能区划又是高效

管理与规划落实的重要前提。乡村水环境功能区准确的划定不但有利于针对性强的水环境污染控制与治理的开展，而且也为不同功能区及污染区水域具体的水环境容量的确定限定了范围。划定乡村水环境功能区，必须坚持最基本的可持续发展原则，做到当代人可用，后代人也能用。除水环境前期现状调查数据资料外，还需考虑乡村的经济社会发展计划。

乡村水环境功能区划确定后，通过经验判断或是采用最优控制水平判定的方法，拟定工业达标排放的水体污染值、生活用水排放标准、水质需要维持的最低标准等与乡村水环境污染治理与环境保护相关的短期目标和长期目标。

6. 功能区水环境容量评估

乡村水环境容量的预测计算需要构建数学模型，通过将相关数据代入模型，计算出对应的乡村水域的生产生活排放的主要污染物的布局及特点，根据各污染水源排出口对乡村内部产生的污染排出的贡献率能够获取到量化的数值。运用水质模型，将乡村水质管控目标与水环境的污染浓度现状数值作为参数代入计算，得到对应水域的各类污染排放物的最大限度值。模型的运用与数据的计算，不能够脱离乡村水环境规划方案中给出的水功能区划及各阶段的规划目标，还有当地经济社会发展的相关政策与水质标准。然后根据预测的排放量进行计算，主要采用比例分配模型、加权分配模型、最优降价率分配模型和最优方案分配模型。采用最优方案分配模型时，边际成本法可用于优化各方案间的最优综合方案。

7. 经济效益评估

乡村水环境污染控制规划由于会影响经济社会发展、民众生活、自然环境改善等方方面面，所以污染控制规划能够带来的经济效益很难进行量化计算评估。而且相较于当前加工产品的生产、出售、计价等统一化流水式过程，污染控制规划的成本较为容易计算，但后期获得的效益却不是明码标价出售的产品，效益的高低还与后期管理维护相关。所以还具有时间尺度上的动态变化，需要根据各阶段的需求基于一些算法进行大致的估算。其中，环境保护效益的计算方法有三种：直接计算法、按再生产成本计算法、按环境污染和损害防治成本计算法。

8. 规划方案实施与管理

在确定各乡村对应的水污染控制规划方案后，方案的落实与监管是更为重要的工作，它关乎社会经济效益、自然保护的实现。其中，方案实施的及时性与完整性与后期管理力度的大小对于水环境污染的控制与预防也是全过程的重要内容之一。但是真正开展中小乡村水环境污染控制规划时，必须因地制宜，实事求是，一切规划不能够脱离实际情况，尽量做到依据乡村的现状量力而行。

二、乡村水环境污染控制规划现有的难题

1. 资料缺乏，数据不准

对于以乡村企业为主的区域，政府及企业在社会生产生活管理和监督等多方面缺乏相关数据，尤其是乡村水环境数据。由于一些企业环境保护意识较低，也不愿意主动将资金投入在资源使用与污染排放、处理等方面，同时政府的监管及督促力度较弱，使得

企业更是钻空子、省资金，减少在环保工作上的投入。因此，在乡村水环境污染现状的调研中，很容易碰壁，不完备的数据记录、不充分的数据资料，使得研究缺乏动态性和完整性。即便有的乡村在环保工作上宣传、管理、监察到位使得企业在环境保护工作上的投入较多，也有较多的记录设备，可获取的数据较多，但是由于乡村人民环境意识的不足和专业知识的缺乏，在相关水环境污染记录设备上的选择会存在缺陷，即不完善的记录系统或是重复性较高的记录系统或是较为落后的记录系统，使得人们也无法获取得到准确性和可利用性、全面性高的可靠的环境基础数据资料和统计资料。此外，时间和经费的限制也会让政府和企业在环保事业的落实上选择从快从简。在这样的现状资料获取背景下，乡村水环境污染控制规划的前期现状调研工作难以开展，数据的难以获取性也加大了数据分析的难度，而数据分析的缺失也就意味着乡村水环境污染特点及变化规律将是一个无法解开的谜。因此，资料不足和数据准确性问题的解决是整个乡村水环境污染控制规划可以开展的基础与关键。

2. 水环境容量不易估量

水环境容量可以简单地理解为某一水域在满足某些水质要求的情况下，能够消解外部投入的污染物的能力。相较于城市水环境容量的研究，研究乡村水环境容量的文献资料还不多。由于城市与乡村在发展模式、资金技术等方面都存在较大差异，所以乡村水环境容量的计算估测并不能完全照搬城市的分析方法，而是要基于乡村水环境特点进行创新性研究与完善。因此，在理论、手段和方法上都存在不足。此外，由于水环境污染现状数据的缺失及研究技术和设备的落后，也没有办法精确地计算乡村水环境容量，导致能够体现生态效益和经济效益、更合理的产业布局、更经济有效的污水处理设施设计的水污染物排放标准的制定也受到了很大的制约。

3. 水污染物排放不合理

随着时代的发展，国家层面对水环境污染的重视不断加强，在乡村污水排放上，也明确要求遵照全国统一的排放标准。但中国幅员辽阔，人多地广，各个地区乡村的农业、工业发展现状多不同。企业与农作物类型的不同会直接导致排入水环境的污染物的种类与浓度不同，所以现在要让各个乡村都遵循现有的全国统一的排放标准，略显脱离实际，具有不合理性，也会导致各区域乡村的水污染物排放不能做到精确到位的管理。此外，乡村水环境污染存在管理失衡现象。例如，现在很多乡村为了响应美丽中国构建目标，开展个别村的特色化建设，造成规划管理失衡的现象，不利于整个镇的全面有益发展。对于各方面条件相对优越的村庄，政府用于加强这类村庄环境卫生管理、文化建设、基础设施建设的资金与技术、人力相对较多。但乡村的资金有限、人力有限是不可无视的事实。对个别乡村的强力支持与重视就会相对应地忽视对其他乡村的环境保护，尤其是以工业为主的乡村。由于追求经济效益为先，政府会适当降低管理、监察力度。而且这类乡村往往存在环境保护责任不明确问题，企业与政府的相互推脱会导致水污染问题解决的延后，从而造成局部乡村的水污染问题尤为严重，不利于统一的水环境污染控制规划。

4. 脱离实际，盲目照搬

不同的乡村有着不同的水环境，即便是在同一乡村由于自然作用、人为干涉等原因，水环境也可能随着时间而改变，即乡村水环境均具有独特性和动态性的特点。在具体的乡村水污染控制规划中，应根据乡村水环境的自身特点及变化特征进行因地因时制宜的规划，给出一个适合该乡村水污染预防、水资源合理利用、水污染治理的规划方案。但是，从我国当前的发展状态来看，有不少乡村在规划建设中，不顾乡村自身水环境污染的实际情况，既不细致分析乡村水污染的主要源头，也不考虑乡村水环境容量，仅仅只是生搬硬套一些大城市现有的水环境污染控制规划模式，如照搬大城市普遍存在的污水处理厂等；脱离乡村水环境的实际情况，在规划必走的程序、必有的内容上动手脚，偷工减料，为加快完成上级分配的任务，让上级看到满意的结果，甚至会营造短暂假象或是伪造数据提交报告。如此盲目照搬、脱离实际的做法，不但没有起到乡村水环境污染控制的效果，反而会扩散污染、加大污染面，或是破坏环境本身，不利于优良水环境的构建及水污染的控制。

5. 乡村间缺乏协调合作

中小城镇可行使的行政职能和拥有的行政权力及财力物力是有限的，在协调自身与相邻城镇之间的关系上较为困难，且时效性较低。即便领导干事有这样的想法，由于权力地位有限，久而久之也会丧失主动协调相邻城镇的想法。由于无法协调相邻乡村在整体水环境规划上达成一致协议，也会导致某一乡村水环境规划无法给出较好的方案，或落实的方案无法达到预期的结果。水是一直处于动态变化的物质，在乡村水环境规划中有些内容，如河流水质规划就会因为各城镇之间的分离导致调查研究无法深入进行，规划方案无法较为准确、完整地给出。

6. 保护规划难以实施

对于资金、人力、技术有限的乡村，缺乏完善的强有力的管理机构是常见现象。这也是倒逼乡村水环境及其他环境问题不能得到及时处理与保护的重要原因之一。就目前我国的现状来看，乡村水环境保护规划的通病包括规划中给出的各种措施在实际落实上，缺乏有力的监督及及时的考核。此外，乡村水环境规划目标的完成与否还没有成为考核各级领导的规章中的内容之一。这也使得规划方案的真正落实情况及后期的经济效益容易受到忽视。在具体的规划阶段，乡村水环境规划并未认真贯彻落实可持续发展理念，并且在具体水污染控制过程中，水环境和当地经济、社会相关作用关系并未充分理清，没有充分重视水环境功能及效益，这样虽然能够确保乡村发展阶段保持经济效益最大化，但并未认清经济增长对于环境产生的巨大破坏，我国很多乡村均存在上述问题，特别是以工业生产为基础的乡村。很多乡村水环境规划过程中，缺少系统化规划指标，并未形成完善性系统化理论体系，现有规划指标难以充分展现乡村水环境系统性特征。规划开展过程中，并未具有充足的监管技术支持，尤其表现为水环境系统整体价值缺乏科学化评价方法。乡村水环境污染控制阶段，各级政府部门缺少强力监管手段及措施，这样致使水污染控制措施难以获得全面执行。

三、乡村水环境污染控制规划中存在问题的对策

针对乡村水环境污染控制规划中存在问题，应从人民个体、环境工作者、企业、政府的水资源环境保护意识层面，企业、政府的水资源环境保护法律、制度、政策层面，农业科学技术研发与推广层面等方面切入，给出问题的解决对策。

1. 加强环境保护教育

乡村水环境保护是多年来开展的一项十分重要的宣传工作，但人们的认识水平还远未达到应有的高度，其中领导的环境意识是环境保护的关键，要增强各级政府的意识和责任感及水环境保护专职人员的专业性与自觉性。通过增强对水环境监管的各相关部门专职人员的培训及对普通民众关于水环境重要性的科普，一方面提高专职人员的专业性与熟练度，另一方面提高各地民众的水环境保护与监督意识。

2. 建设与完善基础设施

乡村水环境污染控制规划各项决策的确定往往会因为乡村各项水环境基础数据的缺失或者难以获取而被搁置、延期进行或是只基于定性判断或是粗略的数据做大概的判定。如此的做法不但难以使水环境污染得到治理，即使得到治理与管理，水质的改善效果也并不明显。因此，加强乡村水环境基础设施的建设与完善具有极大的必要性。其中与水环境相关的基础设施主要有污水排放管网及收集点、初级污水净化设施、独立于排污系统的雨水运输与收集系统等。在有条件的情况下，尽量将工业污水采用相互独立的管网系统进行排放与收集。对于水环境基础设施缺乏的村庄，相关部门应予以重视，并给以更多的经济与政策支持，以及技术指导、人力支援。对于水环境基础设施缺失或是设施完备但长久失修的村庄，应拨出适当的资金用以基础设施的完善或是进行透彻的修理与维护。各村庄间的水环境设施应相互联系，最终由镇区进行统一管理与监督，为未来的乡村水环境污染控制规划提供数据基础。

3. 加强监测与管理工作

乡村水环境污染控制规划的有效实施与较高经济、生态效益的获取，离不开规划落实过程中的监督和规划完全落地后的管理与维护。规划实施过程中的监督有利于保证规划的百分百落实，当问题出现时，可以有充足的人员及时做出调整，保证规划落实的时效性，防止拖延工期。规划完全落地后的管理与维护是规划中的各项治理或保护措施见效的重要保障。随着时间的推移，新设备也会变成老设备从而产生一些意料之外的问题，这时及时的维护有利于帮助规划各阶段性目标的实现，提高规划项目的性价比。规划后期对水环境污染控制规划进展进行监测的部门主要有乡村水环境监测中心及进行数据收集与整理的环境保护监测部门。在乡村水环境的管理上，这些部门应起到带头作用，协调各乡村实现一体化、网络式管理。建立健全各级管理网络体系，呼吁各级人民加入水环境保护的行列。这些部门在进行监测与管理的同时，还需就监测与管理过程中遇到的一些问题进行总结与汇总，以便后期修复工程的开展，对于未来顺应时代变化而进行的新一轮的水环境污染控制规划也能够提供一定的参考性或作为规划注意点，避免同样的错误产生。

4. 实事求是，因地制宜

对于工业生产起步相对较晚、自然环境优势更大的乡村来说，注重对水环境污染的根本性解决，可以借鉴城市污水处理模式中适合乡村的部分，更重要的是结合乡村特色进行自主创新。充分发挥并加强自身的环境优势，结合生态建设理念，研究水环境治理模式。对于相比城市经济建设发展较为落后的乡村，应该形成具有乡村特色的水环境污水处理模式，而非一味地照搬城市的处理模式。要从战略高度尽快摆脱"污水二级处理厂建设是水污染治理的主导方向"的误区。结合中小城镇的经济和生态环境条件，建设以源头治理和分流生态工程系统技术为主导的中小城镇。排水标准应与区域乡村水环境特点紧密结合，对于不同的污染物因子予以不同的管理标准。对于不同的监管目标，应选择最适合当地特点的模式，进行城市污染物减排总量的分配。例如，经济欠发达地区应以最低成本为目标。如果治理成本最低的方案仍然达不到目标，应适当降低环境质量目标，采取分步实施的方法。

5. 紧贴社会经济发展计划

对于多数乡村而言，水环境规划保护工作往往与整个经济社会发展计划相脱节。在做乡村经济社会发展计划时，应该着重考虑乡村水环境规划与保护，并将其视为乡村经济社会发展中的重要内容之一。调动社会各级民众、各行各业的力量，积极运用法律监管、经济赏罚、技术创新等多样化方法，全面加强乡村水环境污染治理工作。深入研究经济与水环境的关系，恰到其分地发挥政府的宏观管理机制及市场运营的相关监管机制，全面推进乡村水环境保护与基础设施建设、水资源科学合理化利用等各项工作，不仅要保护水体，还要认识水体与经济、社会、环境的相互联系。要多次研究规划模式，大胆试验，努力创新治理手段。它不仅可以使水环境污染防治规划顺利进行，而且有助于解决主要乡村的水环境问题。在乡村水环境污染控制管理中，水质目标、污染控制措施等都在进一步推进流域污染控制规划，对改善我国流域水质、促进生态建设具有重要意义。

第五节 乡村水环境规划基本步骤

乡村水环境规划不但能够有效制约污染物的排放并对其进行分级分类管理，还能为乡村水资源的科学合理化利用提供参考依据。该规划是针对一定时间范围及一定区域范围内的水环境综合设计规划相应的阶段性水环境保护目标及所需采取的方法与措施。乡村水环境规划旨在协调经济社会发展与水环境变化的关系，在不破坏水环境本身的前提下充分挖掘最大的社会经济效益。作为大范围下的区域水环境规划的重要组成部分，乡村水环境规划遵循可持续发展和人地协调发展的基本原则。乡村水环境规划的开展，第一工作是尽可能收集乡村水环境全方位的现状信息资料，并用适当的方法与软件做全面化分析，摸清水功能、水质的供需关系，合理确定水功能和水质目标，然后进行开发、供应、利用、治理及排水，并做出统一的安排和决定。总体而言，乡村水环境规划的基本步骤主要包括6个方面。

一、现状调查与分析

基础信息采集即收集研究主题下研究对象的现有原始资料信息。在乡村水环境规划的前期基础信息采集中，依据所研究乡村的特点，收集乡村水环境自身现状、管理开发现状、政府政策技术支持、经济发展计划等基础信息；调查收集水质、水生态、污染源、乡村管网、污水处理等现状。环境保护技术与设备相对较为落后，人们的环保意识及环保知识相对欠缺的乡村，往往会存在现状资料不完备、数据资料难以获取或准确性有待考证的问题。在这种情况下，还需要进行补充监测、数据重采集等工作。

在采集到相对完整的乡村水环境数据资料信息后，需要应用各类资料及数据，采用对应的方法对水环境污染、水环境质量、水资源利用等方面进行综合性分析。为找出水环境相关问题产生原因的本质，应综合分析乡村水环境的水质、水量、水生态的现状资料。此外，要做到问题与问题出处的对应，以便后期具体规划方案的给出。除规划范围和重点关注的乡村外，依据调查数据及分析结果，分别对乡村水环境污染情况、水质状况、水资源开发利用现状进行评价。基于量化或非量化方法开展的乡村水环境评价的内容主要包括水资源利用率现状、水资源需求程度、现有水质状况、污染物质种类、现存各类水环境污染的对应污染程度、各类污染的扩散范围等方面的内容。水环境现状评价及指标或标准的拟定必须基于数理统计方法并选用实际的观测数据，统计数值应与相应的标准值相对应。

二、明确各层次规划目标

规划目标的确定可明确整个规划的前进方向，对于规划方案的拟定具有指导性作用。在乡村水环境规划目标的确定上，除了需要考虑乡村水环境外，还需要考虑国家的发展建设政策、当地的经济社会发展水平。依据国民经济和社会发展要求及乡村水环境的客观条件，可以大致从 3 个方面确定乡村水环境规划的目标，即水生态修复与保护、水环境质量、水资源开发与利用。确定各个层次各个阶段的规划目标的工作并非一次就能完成并确定的，首先初次目标方案的给出不应该是唯一的而应该是多个的，然后对于不同的目标制定方案进行多方比较与分析、反复修正与完善、论证后才能够最终下定论。不同的乡村在实际落实前，规划人员、有关专家、社会公众和政府部门可以协商，确定规划的总体目标。在规划总体目标确定的前提下，为指导规划方案的制定、实施并评估其效果，需提出规划指标体系，并分解得到规划具体指标和不同阶段应该达到的目标。在乡村水环境规划中，当地社会经济水平、水资源开发程度、水环境保护与管理等指标是乡村水环境规划指标体系中常规的几项。

具体指标的制定需要综合考虑所研究乡村水环境的现状，选择代表性因素，参考相关计划，并在与决策部门协商的基础上确定，如乡村水环境质量、饮用水源达标水质标准值、工业用水循环利用率、清洁生产企业比例、生活废水回收处理率、单位 GDP 用水量、环境保护宣传率、公众对环境的满意度等具体指标。根据选择的指标，列出规划基准年的现状值，并分阶段提出预期可达到的目标值，形成近期及远期的规划目标，促进规划的落实，使得规划不断增效。

三、规划方法的选择

不同的乡村有着不同的水环境特点及不同的自然地理条件、社会风貌形态、未来社会经济发展规划，这也就造成了规划方案可落实的基础条件的不同。因此，在规划方法的选择上，即便目前常用的是模拟比较和数学规划两种方法，但也需要视实际情况做到"因地制宜"。

在水环境规划中，往往需要分析开发建设活动对水环境的影响，进而为水环境规划方案编制提供基础支撑，在分析方法中，基于动力学理论的系统动力学方法、引入模拟技术的系统模拟方法、强调方案细化的组合方案比较法等方法是模拟比较法中常见的三种方法。作为半定性半定量规划方法，系统动力学方法操作的核心是建模技术，特色是注重仿真的连续性。该方法尤为适用于水环境现状数据不能够全面获取的乡村水环境规划，因为系统动力学法在应用时，对水环境变化过程等的历史数据的依赖性较小，主要关注的是子系统之间的影响关系。但在使用该规划方法时，还必须重视人为因素，因为建模者的主观因素会大大影响模型的客观表示。系统模拟方法是利用环境系统模拟技术模拟水环境系统的变化过程，通过模拟结果与分析结果获取规划对策，给出令人满意的水环境规划方案。该方法研究的关键内容是水环境动态变化与社会经济发展的相互关系及相互作用特点，通过选择适当的变量和敏感性分析，得到融合社会经济发展体系和水环境变化体系的社会经济水环境系统模型。模拟结果的给出多数是以图像的形式，或者将经济社会与水环境的关系转变为某些数学关系。组合方案比选法是根据研究体系确定的乡村水环境规划目标（短期、中期或长期），在经济技术可行的前提下，提出实现这一目标的各种控制措施，并将这些措施组合成若干备选方案，然后通过仿真、成本效益分析和比较，从每个方案中选出一个或两个方案，供决策部门采用。

数学规划方法因优良的特性而被广泛应用于水环境规划当中。包含动态规划、（非）线性规划的数学规划方法是一种优化方法，通常由目标和约束两部分组成。这一方法应用的关键是数学规划模型的构建，且选用的各项参数必须符合乡村水环境的实际情况。构建得到与实际情况相符的模型后，计算等后续工作主要由软件处理，然后得到结果。需要注意的是，构建得到的水环境规划模型中，乡村水环境系统的目标函数的确定及约束条件的设定必须全面考虑乡村水环境的经济发展状况、技术开发程度及水资源利用与污染现状。上述区域水环境规划的常用方法各有利弊，但不是相互独立的，而是相互交叉、相互结合的。在实际工作中，应根据水环境规划的不同特点，采用不同的规划方法，并注意各种方法的结合。具体规划方法应根据乡村水环境规划的具体类型确定。

四、规划措施与方案的确定

在乡村水环境目标确定后，实现这一目标的途径、措施往往存在多种方案，如何寻找满足经济效益的最小费用及满足可行性要求的具有较强实施落实性的方案是乡村水环境规划的重要任务。在制定乡村水环境规划的方案中，主要有水污染控制与水资源合理利用两方面的规划措施。可供考虑的措施包括：调整经济结构形态和工业生产布局；实施环保节能的生产流程；提高现有水资源的利用效率，减少浪费；充分挖掘并利用水系统本身的自我净化能力；采取预防为主，治理为辅的农业和城市非点源污染控制；发挥水体自身具有的生态恢复功能；根据各乡村的实际情况给出相应的污水排放指标及限制值，严格管控污水排放量；针对乡村的具体需求适当增加乡村水环境的污水集中处理点，在资金足够的前提下引进先进技术用于污水处理，从而增大污水处理的强度。

在目前乡村水环境规划措施的选取中，多采用环境经济大系统的规划方法，水环境污染治理重点从污染末端向生产全过程控制扩散转移；从农业、工业等产业的结构、布局及工艺过程的设置合理性及生态环保性来考虑，采取促进有利于环境的产业结构、布局、技术、装备和政策，以实现水环境污染的控制及调节。水环境污染消解的主要途径是合理利用环境的自然净化能力进行吸收，辅以人工生态工程措施。但对于部分污染力较强或污染量较大的污染物，乡村水环境可能无法自我消解，这时须采取无害化处理的手段。其中无害化处理的形式有很多，通常有集中治理与分散治理两种方法，相比于分散治理，集中治理的投资效益更高，且经济费用更低。针对乡村内的非点源污染，采取预防为主、治理为辅的措施，政府做好宣传与监管工作，将水环境保护的工作落实到每一个人身上。相关环境管理部门须严格把控各企业的污物排放量，给予明确的污染物排放指标，并实行定期检查，做好监管工作。

依据上述思想与规划措施，根据问题诊断、基础研究及专项研究的成果，即可提出可供选择的规划实施方案。其中主要包括污水处理与资源优化方案、水资源保护与开发利用方案、水环境检测与管理方案。基于不同的乡村水环境背景，需要做到因地制宜地选取经济有效且具有可操作性的规划方案。

五、规划方案的择优选取

多元化的水环境污染与开发利用因素，使得针对各类水环境问题提出的解决处理方案也是多种多样的。但在规划方案真正落实时，只能选定一个最佳方案，因此须采用成本效益分析法、系统分析法、构建数学模型法等方法进行各种规划方案间的比较，从而获取最佳方案。在不具备最优规划的条件下，可应用方案的模拟优选方法，从可行的方案中找到较好的方案。不同的水环境规划方法各有优势，但并不相互排斥。在实际工作中，应根据水环境规划的不同特点，采用不同的规划方法。此外，熟练掌握各类方法，注重多种方法的结合，灵活应用各类方法，使水环境规划方案更科学、更符合实际。由于除环境目标之外，还存在着政治、经济和技术等条件约束，因此采用数学模拟的量化方法可能并不能得到一个可以实施并落到实地的规划方案，更不能得到最佳规划方案。这个时候就需要将最优方案与其他各种因素或目标进行统一、协调，基于已经建立的水环境与经济相协调的规划模型，测算已得出的各类规划方案所需要的投资金额及其他条件，并评估该规划模型对当地乡村经济社会的近期影响与远期影响，最后才能够确定最佳的实用方案。

六、规划的实施与评估

乡村水环境规划的实施与管理也是规划的重要组成部分。计划的成功与否取决于最终的计划能否被采纳和实施。无论计划以何种形式实施，它实际上都体现了计划本身的价值和功能。同时，要根据乡村水环境恶化和规划实施情况，对规划实施效果进行评价。建立规划评价体系，确定评价指标体系，制定监测方案并反馈评价结果。其中制定监测方案包括污染源分布与排放的监测，水质、水生态和水资源监测等内容。

此外，在开展乡村水环境规划时，还应特别注意几个问题。第一，根据现在和未来的乡村水环境用途，在保护区的划分上应严格依据各项原则与规定，基本确保各乡村所涉及的饮用水源水量的充足性和水质的高标准性。第二，在进行规划时，不可将各村庄的水环境分离，应进行统一化规划与管理。第三，不可忽视乡村水环境可能存在的水污染问题及水灾害问题，结合各乡村的土地利用情况及乡村人口变化情况，综合考虑人类及经济社会对乡村水生态、水量、水质的改变和对乡村水环境污染的影响等方面。在乡村水环境污染的治理上，必须做到就地处理，不转移、不扩散，即需要妥善处理水流主干与支干、水域上中下游、河流两侧水岸、水系相连通的各乡村水环境的相互关系。在洪水灾害问题的考虑上，主要侧重灾害的减免，通过人为治理达到理想的效果。总体来说，乡村水环境规划是一个需要反复修改完善的工作，其过程需要基于环境现状的变化与物质基础进行反复协调与决策，经过反复推敲最终得到最佳总体规划。所以，对于乡村水环境规划而言，需做短期和长期的规划及效益的权衡，以及考虑相应措施实施的相关性；仔细探讨乡村水环境规划对应的需求与模拟得到的规划方案的可实施性间的关系；综合考虑乡村水环境对社会经济发展的影响及时代变迁、经济发展可能会对水环境造成的影响和环境之间的关系，从而确保乡村水环境规划的最后可落实性与有效性。

复习思考题

1. 乡村水环境规划主要分为哪几种类型？划分的依据是什么？如此划分有何意义？

2. 乡村水环境功能区划的原则有哪些？原则的遵循有何优点？请举例说明。

3. 乡村水环境的评价方法有哪些？请举例说明，并指出各自的优缺点。

4. 地表水影响预测与地下水影响预测为何要分开进行？简单说明理由。

5. 何谓水污染控制系统？

6. 简述水污染控制系统规划的内容和特点。

7. 简述乡村水环境现在面临的主要问题及解决策略。

8. 简述流域水污染控制规划研究的目的和内容。

9. 乡村水污染控制规划主要使用的方法有哪些？

10. 针对不同的乡村应如何选择适合的规划方法？

11. 简述水资源系统规划的目的、任务和规划层次。

12. 分享你所在地区的典型乡村水环境规划案例。

参 考 文 献

蔡文. 2011. 可拓论及其应用 [J]. 科学通报，(7)：673-682.

樊庆锌，任广萌. 2011. 环境规划与管理 [M]. 哈尔滨：哈尔滨工业大学出版社.

冯娜. 2018. 南四湖入湖河口水质变化趋势分析与预测模型研究 [D]. 青岛：青岛理工大学硕士学位论文.

韩彬. 2012. 水环境规划技术方法综述 [J]. 科技信息，(2)：134.

何俊仕，粟晓玲. 2006. 水资源规划及管理 [M]. 北京：中国农业出版社.

侯英姿，陈晓玲，王方雄. 2008. 基于 GIS 的水环境价值模糊综合评价研究 [J]. 地理科学，(1)：89-93.

黄凯，刘永，郭怀成，等. 2006. 小流域水环境规划方法框架及应用 [J]. 环境科学研究，(5)：136-141.

黄中华. 2015. 环境模拟与评价 [M]. 北京：航空航天大学出版社.

孔海燕, 陈珂, 赵颖, 等. 2018. 村镇水环境质量评价及其数量分析方法研究 [J]. 中国资源综合利用, 36 (3): 109-111.

李名升, 张建辉, 梁念, 等. 2012. 常用村镇水环境质量评价方法分析与比较 [J]. 地理科学进展, 31 (5): 617-624.

李茜, 张建辉, 林兰钰, 等. 2011. 村镇水环境质量评价方法综述 [J]. 现代农业科技, (19): 285-287.

李如忠. 2007. 基于不确定信息的城市水源水环境健康风险评价 [J]. 水利学报, (8): 895-900.

刘臣辉, 申雨桐, 周明耀, 等. 2013. 水环境承载力约束下的城市经济规模量化研究 [J]. 自然资源学报, 28 (11): 1903-1910.

刘登峰, 王栋, 丁昊, 等. 2014. 水体富营养化评价的熵-云耦合模型 [J]. 水利学报, 45 (10): 1214-1222.

刘立忠. 2015. 环境规划与管理 [M]. 北京: 中国建材工业出版社.

刘年磊, 蒋洪强, 卢亚灵, 等. 2014. 水污染物总量控制目标分配研究——考虑主体功能区环境约束 [J]. 中国人口·资源与环境, 24 (5): 80-87.

刘小玲, 甘建文. 2015. 珠三角地区水环境空间分异及其优化对策研究 [J]. 中国农业资源与区划, 36 (4): 1-9.

刘晓宇, 王雪平. 2018. 地下水环境影响预测相关问题探讨 [J]. 环境影响评价, 40 (2): 86-89.

孟伟庆. 2011. 环境管理与规划 [M]. 北京: 化学工业出版社.

潘争伟, 金菊良, 吴开亚, 等. 2014. 区域水环境系统脆弱性指标体系及综合决策模型研究 [J]. 长江流域资源与环境, 23 (4): 518-525.

荣冰凌, 孙宇飞, 邓红兵, 等. 2009. 流域水环境管理保护线与控制线及其规划方法 [J]. 生态学报, 29 (2): 924-930.

孙一鸣, 刘红玉, 李玉凤, 等. 2016. 基于水文地貌法模型的城市湿地水环境功能评估——以南京仙林典型湿地为例 [J]. 生态学报, 36 (10): 3032-3041.

唐圣钧, 奉均衡, 张海凤. 2010. 基于生态环境约束条件下的永州市城市发展策略研究 [J]. 城市规划学刊, (S1): 172-176.

汪芳, 王舜奕, Martin P. 2018. 城镇化与地方性中的水资源: 可持续视角的水环境保护利用与水空间规划设计 [J]. 地理研究, 37 (12): 2576-2584.

王博, 杨志强, 李慧颖, 等. 2008. 基于模糊数学和 GIS 的松花江流域村镇水环境质量评价研究 [J]. 环境科学研究, 21 (6): 124-129.

王金南, 许开鹏, 迟妍妍, 等. 2014. 我国环境功能评价与区划方案 [J]. 生态学报, 34 (1): 129-135.

王晓, 冯启言, 王涛. 2014. 环境影响评价实用教程 [M]. 徐州: 中国矿业大学出版社.

王喆. 2014. 环境影响评价 [M]. 天津: 南开大学出版社.

许玲燕, 杜建国, 汪文丽. 2017. 农村水环境治理行动的演化博弈分析 [J]. 中国人口·资源与环境, 27 (5): 17-26.

杨国栋, 王肖娟, 尹向辉. 2004. 人工神经网络在村镇水环境质量评价和预测中的应用 [J]. 干旱区资源与环境, 18 (6): 10-14.

杨清可, 段学军, 王磊. 2016. 基于水环境约束分区的产业优化调整——以江苏省太湖流域为例 [J]. 地理科学, 36 (10): 1539-1545.

张昌顺, 谢高地, 鲁春霞. 2009. 中国水环境容量紧缺度与区域功能的相互作用 [J]. 资源科学, 31 (4): 559-565.

朱柏荣, 廖振良. 2008. 小城镇环境规划中水环境分析方法探讨 [J]. 环境科学与管理, (7): 170-172.

Carter J G, White I. 2012. Environmental planning and management in an age of uncertainty: the case of the Water Framework Directive[J]. Journal of Environmental Management, 113: 228-236.

Filho S. 2005. Water treatment: principles and design[J]. Engenharia Sanitaria E Ambiental, 10(3): 184-184.

Foerster A. 2011. Developing purposeful and adaptive institutions for effective environmental water governance[J]. Water Resources Management, 25(15): 4005-4018.

Ma L, He F, Huang T, et al. 2016. Nitrogen and phosphorus transformations and balance in a pond-ditch circulation system for rural polluted water treatment[J]. Ecological Engineering, 94: 117-126.

Milligan T G, Law B A. 2013. Contaminants at the sediment-water interface: implications for environmental impact assessment and effects monitoring[J]. Environmental Science & Technology, 47(11): 5828-5834.

Schaefer A I, Hughes G, Richards B S. 2014. Renewable energy powered membrane technology: a leapfrog approach to rural water treatment in developing countries[J]. Renewable & Sustainable Energy Reviews, 40: 542-556.

Singh K P, Malik A, Sinha S. 2005. Water quality assessment and apportionment of pollution sources of Gomti river (India) using multivariate statistical techniques: a case study[J]. Analytica Chimica Acta, 538(1/2): 355-374.

第八章　乡村大气环境规划

第一节　乡村大气环境规划概述

大气环境保护对于保护人民群众根本利益、防治大气污染、促进生态文明建设、推进社会可持续发展等具有重要的意义，良好的空气环境是人民日益增长的美好生活的向往，也是《中华人民共和国大气污染防治法》《大气污染防治行动计划》《中华人民共和国环境保护法》等相关法律制度实施的最终目标之一。大气环境的优劣对于乡村生态系统具有直接或者间接的影响，进而关系到乡村可持续发展，在我国经济社会快速发展的背景下，乡村的综合水平也得到了快速的提升，但是在乡村发展的过程中，部分乡村大气环境中有毒有害物质的相关指标也相应地提高，并对乡村居民身体健康、生活舒适度及乡村生态环境产生危害。科学的乡村大气环境规划对于协调乡村社会经济发展、提升大气环境及保障乡村居民健康等具有积极的意义，也是制定与落实乡村大气环境保护措施行之有效的手段。

一、乡村大气环境规划基础概念

大气环境是指一定区域范围内的生物赖以生存的空气的相关特性，主要包括温度、湿度、风速等物理特性，二氧化碳、氮气、氧气、氢气、微量杂质等化学特性，以及悬浮在空气中的病毒、细菌、花粉等的生物特性。国际标准化组织（ISO）对大气污染的定义为："往往由人类活动或者自然过程等引起的某种物质进入大气环境中，呈现出足够的浓度，达到了足够的时间，进而对人体或者环境造成危害的现象。"例如，当大气环境的二氧化硫超标时，对于人体健康而言，会引起人们呼吸道疾病，若部分被氧化成三氧化硫并形成酸雾还会使人们恶心、呕吐，甚至会导致死亡现象的出现；对于植物而言，会影响或者损伤植物的生理机能，通常植物会发生落叶或者死亡现象，如伦敦烟雾事件、马斯河谷烟雾事件和多诺拉烟雾事件等；对于生态环境而言，该物质是酸雨形成的主要来源之一。

乡村大气环境规划主要通过预测分析社会经济、自然资源等乡村资源环境系统要素对大气环境产生的影响，结合乡村空气质量变化特征的预测分析结果，并根据一定的标准对乡村大气环境进行综合分析，进而在空间和时间上合理地安排乡村大气保护相关工作，促进乡村可持续发展。作为乡村资源环境规划重要的组成部分，乡村大气环境规划的核心目标是保障乡村大气环境质量，即通过调整或者改善乡村地区的产业结构、能源利用效率、人口结构、乡村建设项目等，如改变乡村能源结构和功能方式、规划乡村企业大气污染物排放标准、合理使用秸秆、落实乡村绿色发展理念，降低大气环境污染物的排放、提升环境容量，提高乡村大气环境质量，其本质是为了平衡和协调乡村区域内部的大气环境与乡村社会、经济等之间的关系，以期达到乡村大气环境系统功能的最优化，最大限度地发挥乡村大气环境系统组成部分的功能，乡村大气环境现状分析、乡村大气环境质量预测评价、乡村大气环境规划目标的确定、乡村大气污染防治策略制定等均是乡村大气环境规划中重要的研究内容。与乡村资源环境系统中其他要素的规划相比，乡村大气环境规划通常具有基础性的数据需求量较大、规划方案的编制内容涉及更广、相关要素预测和分析的要求精度更高等特征。在乡村大气环境规划的资料收集过程中，应保障监测点位、监测要素、污染源调查的准确性和全面性，在大气环境预测分析过程中，应根据乡村内外部区域污染影响现状评估结果、不同时期乡村新增污染源的位置及排放规律、可替代规划方案的污染与排放情况等特点选择合理污染因素。

二、乡村大气环境规划类型

乡村大气环境规划往往是对乡村大气污染的排放和控制进行协调和平衡，通常涉及大气环境系统功能的最优化、大气环境中污染物质的排放与综合管控、乡村不同大气环境功能区域对于大气环境质量要求的差异性等。按照不同的划分标准，乡村大气环境规划可以划分为不同类型，按照时间可以划分为乡村大气环境近期规划、中期规划及远景规划；按照规划的内容或者控制目标可以划分为乡村大气污染控制规划和乡村大气环境质量规划两种类型；按照规划要素可以划分为乡村大气环境总体规划、乡村企业大气环境规划、乡村交通运输大气环境规划等。本节主要对乡村大气污染控制规划和乡村大气环境质量规划进行重点的介绍。

乡村大气污染控制规划主要是针对污染的排放进行控制和排放后的污染物质回收治理，并提出合理的大气污染物排放总量控制方案，为乡村生产生活提供充足的大气环境容量；乡村大气环境质量规划的核心目标是提高规划区域的环境质量，即根据乡村不同大气环境功能区的现实需求，制定或者规定不同功能区大气污染物的浓度限值。乡村大气环境规划既要保障大气环境质量又要对污染排放进行控制，这两种规划之间不是独立的而是相互影响、相互作用的，并构成了大气环境规划的全过程。乡村大气环境质量规划的本质是根据现有的乡村功能区划分和国家编制的大气环境质量标准，控制乡村不同功能区域的大气污染物浓度，由于乡村不同功能区对于大气环境质量要求不同，大气污染物控制强度也不相同。同时在乡村大气环境质量规划编制过程中也要考虑现在或者将来的乡村总体发展建设，在遵循相关法律法规、保障乡村经济发展质量不降低、维护乡村居民生活水平等的基础上，提高大气环境质量，保障乡村居民健康，推进乡村生态文明建设，促进乡村经济社会可持续发展。乡村大气污染控制规划主要依据乡村现在的经济本底、发展方向和规模、产业结构、产品种类、资源保有率和大气环境容量等相关指标，对该乡村实行一系列的大气污染控制规划，不同区域的大气污染控制规划的重点往往有一定的差异性，如对于一些还未受到大气环境污染或者污染较轻的乡村，乡村大气污染控制规划主要是提供合理的发展指导，对于一些已经受到污染的乡村，乡村大气污染控制规划主要是提供直接的、可行的技术改进方案。大气环境污染控制规划通常也会考虑气象条件带来的影响，气象条件好的区域有利于减少废气排放对大气造成的污染，气象条件差的区域会给区域大气环境治理带来难题。乡村大气污染控制要综合考虑当前的实际气象条件、当前制定的主要环境目标和乡村的紧急情况、污染物主要来源等因素，通常用大气污染控制模型来分析在气象条件不利的情况下废气排放量与大气环境优劣的对应关系。

三、乡村大气环境规划程序

当前，我国大气环境治理力度、治理能力、污染防控意识、治理水平等方面均稳步提升，但由于我国大气污染物排放总量较大、传统煤烟污染并未得到全面解决、以 $PM_{2.5}$ 为特征的区域性复合型大气污染等问题依然存在，我国大气环境防治问题依然较为突出，发达国家上百年工业化过程中逐步出现的大气污染问题，在我国近二三十年的快速发展中集中出现并呈现结构型、压缩型、复合型特点。乡村作为我国经济社会发展的薄弱区域，其大气环境污染治理力量薄弱、污染防控意识不足等问题依然突出，乡村大气环境污染问题依然是乡村生产生活过程中最为关注的问题之一，乡村大气环境规划在乡村发展过程中逐步被重视，尤其对于以工业生产为主的乡村。乡村大气环境规划首先要进行系统性的分析，该系统由多个子系统组成，针对这个复杂的系统要进行全面的了解和认识，才能对整个大气环境规划的流程和具体实施目标有一个清晰的认识。因此，首先要了解能流过程，并且是乡村区域的能流过程，能流过程即能源从产生到运输再到使用的过程，这个过程必定包含了污染物质的排放过程，只有充分了解污染源和污染的扩散途径才能有效地把控污染的排放。其次要对大气环境规划设定符合实际情况的目标，目标的设定要遵循实际，如污染治理能力、设备及技术先进程度等方面，对当前状况和资源的合理分析是设置一个科学可行目标的前提。乡村大气环境规划的重点就是依据实际确立目标，将目标与实际协调与平衡，找出能够实现大气环境规划目标的最优方案，最终对该方案进行实施，其具体过程如图 8-1 所示。

1. 基础资料调查、收集与分析

与乡村大气环境相关且充分可信的数据资料是乡村大气环境规划的基础，也是乡村大气环境评价、分析、预测等的重要支撑，对于乡村大气环境规划的科学性、合理性、适宜性等具有重要的影响。在开展基础资料的收集工作前，需要大致了解乡村的人口、社会、经济、自然等相关情况，熟悉规划区域的基础情况。乡村大气环境规划的资料收集与分析通常包括大气环境质量现状调查与分析、其他相关规划资料的收集与分析、敏感区域的调查与分析等。

2. 问题分析

乡村大气环境问题分析是乡村大气环境规划的基础步骤。在进行乡村大气环境问题的调查与分析之后，通过大量的调查数据、科学的评估方法、前期相关的规划材料等分析当前乡村大气环境所面临的主要问题，预测在一定时期内乡村有可能发生的环境变化趋势，以便于后续针对该问题，制定一系列的环境解决方案。

3. 确定环境目标

确定乡村大气环境目标要综合考虑当前乡村区域的环境本底、乡村区域大气环境现状及功能分区等，同时还要协调和平衡当前区域作为社会经济发展区域所要面临的大气环境方面的挑战。为制定合理的乡村大气环境目标选取和设计合理的大气环境指标，并对目标进行可行性分析，从而最终确定环境目标。

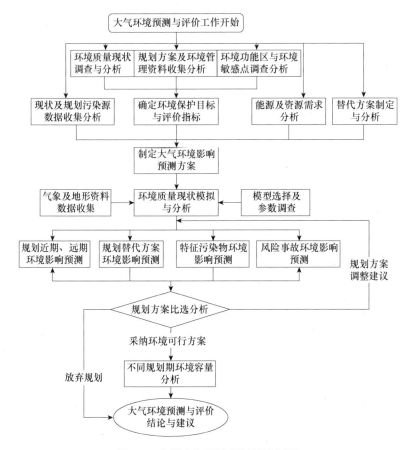

图 8-1 乡村大气环境规划的流程图

4. 建立响应关系

影响乡村大气环境规划因素的其中一项重要指标是污染源与环境目标之间的关系。大气质量可以通过数学建模和实测资料进行表述，通过对污染源强度与其浓度的定量描述可以得到相关线性关系和回归曲线，进而为污染源布局评价、污染源贡献评价、控制方案的评价、建立技术经济优化模型的环境约束方程等的研究分析提供基础支撑。

5. 规划方法的选择与规划模型的建立

基于乡村大气环境污染的主要特点，通过对能源性污染采取污染源治理，对综合控制规划在内的工艺实行集中治理与控制，最终寻求对各类用能设备和工艺废气的综合控制。对于空气中的主要能源性污染源，要充分分析污染气体产生的过程和机理，对某些明显的污染方法进行标记，分析该种污染的特定性质和特定污染贡献率，从而利用特定的模型进行分析，如 ADMS 大气扩散模型、ISC-AERMOD 模型、A-P 值法等大气环境容量测算模型；灰色关联度分析、ARIMA 模型等大气环境污染物预测模型等。

6. 确定优选方案

确定优选方案是实现规划目标的关键步骤，可以根据乡村实际情况进行调整。例如，依据乡村的经济结构对污染源的排放进行类别限制、对相应污染源排放企业的生产工艺进行改进和提升、对工厂增设相应污染气体过滤或吸收设备等，从而提高清洁生产的效率。通过对以上方案的综合考虑，从多种方案入手，选定最优规划方案。

7. 方案的实施

乡村大气环境规划方案的实施主要侧重考虑该方案实施后的实际作用是否显著及规划方案是否符合国家规定的相关法律法规。无论是规划方案的编制还是实施都要考虑到其现实可行性及未来是否能取得良好的成效，只有取得良好成效才能证明规划方案的设计是成功的，从而最终达到乡村的规划效益。

在乡村大气环境规划编制过程中，由于乡村大气环境质量、经济社会水平、自然资源禀赋等的差异，在具体编制过程中，需要因地制宜地实施乡村大气环境规划的主要程序，提升规划编制的效率、科学性、合理性等。

四、我国乡村大气污染主要来源

1. 煤炭及秸秆的燃烧

伴随着我国乡村居民生活水平的提升，乡村的能源消耗也逐步增加，尤其对于煤炭而言，由于其使用时间长、价格低、方式简单等，在我国乡村地区被广泛使用，但是由于其燃烧尾气排放方式简单，未经处理的尾气往往是乡村地区环境污染的主要来源。另外，由于乡村农业生产技术水平的提升、乡村农业劳动人员外流、短时间内大量消耗农作物秸秆的经济效益或者资源化技术水平较低、秸秆自身的原因等，农作物秸秆燃烧事件层出不穷，乡村环境系统容量往往难以承受大量秸秆焚烧产生的大气污染物，导致乡村大气环境污染的现象产生，一些乡村的大气环境甚至出现重度污染。

2. 乡村农业生产过程中农药、化肥的大量使用

自 20 世纪 90 年代以来，我国农药及化肥的施用量均居于世界前列，据 2015 年的中国农药网报道，我国农药使用量在 175 吨左右，远高于世界的平均水平，其中仅 50 吨左右直接作用于农作物，其余的则进入土壤、大气和水体中，造成乡村地区大气污染。对于化肥而言，农业生产过程中不合理的化肥使用方式及化肥具有易分解和挥发的特征，如尿素、硫酸铵等铵态氮肥，往往会导致化肥在农田土壤作用过程中发生气态的损失。同时，化肥在制造、存储、运输等过程中也会对大气环境产生一定的影响，如氨肥在分解过程中产生的氨气在大气中到达一定浓度时不仅会刺激人体鼻、喉、呼吸道黏膜等，还可能导致气管、支气管等人体组织发生病变，进而影响人体健康。

3. 乡村畜禽养殖

在乡村畜禽养殖过程中，由于科学技术、环保意识、经济效益等因素，乡村畜禽养殖户或者畜禽养殖场往往不会对畜禽粪便或者废弃物进行无害化处理，同时由于畜禽粪便的产生数量较多、利用水平较低、循环利用过程中的堆积发酵、种植业与养殖业之间联系较低等，其产生的硫化氢、挥发性有机酸、苯酚、氨气、醛类物质、粪臭素等有毒有害物质直接排放到大气环境中，导致乡村畜牧场圈舍周边大气环境中出现有毒有害污染物质的浓度较大，进而导致乡村大气环境出现局部性污染，同时，粪便堆周围的空间，有毒有害挥发性气体浓度大，也可形成乡村局部性空气污染。

4. 乡村企业大气污染

20 世纪 80 年代以来，我国乡村企业快速发展，对于推动乡村经济社会发展、解决乡村剩余劳动力、促进城乡一体化发展等具有重要的意义。但是，在乡村企业发展壮大的同时，由于乡村企业的科学技术水平、企业管理能力、资源利用效率等较低，各种大气污染物排放总量也持续上升。同时，受乡村自然、经济、社会等的影响，乡村企业往往以技术含量较低的粗放式生产经营模式为特征，以资源粗放利用、牺牲环境为代价的现象在乡村企业发展中也时有发生，小型农药厂、造纸厂、印染厂等普遍存在于企业发展较为突出的乡村，也为乡村大气环境治理带来了一定的困难。

总体来看，我国乡村大气环境污染的污染物主要来源于煤炭及秸秆的燃烧、农药和化肥的大量使用、畜禽养殖、企业大气污染等，污染物种类繁多、治理难度也较大，与城市大气环境污染相比，乡村大气环境污染物排放主体更分散、排放方式更隐蔽。同时，乡村居民的组织性相对较低，农业生产活动的时间、方式、强度等难以统一，进而造成乡村大气环境污染发生的随机性或不确定性较高，对乡村大气环境监测、管控等也带来了一定的困难。

第二节　乡村大气环境规划的主要内容

一、乡村能流分析

能流过程通常会随着社会经济发展而发生相应的变化，由于社会经济发展通常依靠产业的规模不断扩张，而产业的快速发展会增加自然资源的利用与消耗，进而增加大气污染物的产生与排放，因此能流分析在一定程度上也是社会经济运行过程的分析，乡村农业、工业、服务业等的发展也带动了乡村经济社会发展，但是也是对大气环境质量的一种损耗。在乡村社会经济的系统中，乡村居民生活水平的提高导致消费水平的增长，消费水平的增长会造成对于能源的进一步消耗，能源的消耗使得能源燃烧造成的能源性污染递增，进一步加剧空气中污染物质的排放，最终导致大气环境质量更加恶劣。大气环境规划中的一个基本方法是能流分析。能流分析主要是对能源产生和排放过程中能量排放途径和扩散方法进行分析，从而针对特定问题寻找出可行的解决方案，能流分析结构是以能源使用为源头的宏观能流网络图，能流分析包括以下几个部分。

（一）能流过程与平衡分析

能流过程简而言之是能量流动的过程，能量流动即能量在不同位置的移动，能量首先从污染源产生，产生之后进一步通过设备进行能量转换，一部分的能量被转化为其他能量形式，而另一部分发生物理化学反应后产生了污染物。能流的输入分析即对能源的性质、结构和类别进行分析，能流的转换分析是对能源产生后的转换过程所带来的收益和转换效率进行分析，能流分配主要是对能量流通途径和使用量进行分配合理性分析。在能量的终端要进行科学的工艺改造和工艺提升才能减少污染物质的增加，在能量转换过程中可以利用燃烧或者催化等手段吸收和消耗污染物质，由于我国当前使用的燃料主要是含硫量比较高的石油，同时脱硫技术还较为落后，所以空气中的主要污染物是由煤燃烧后产生的碳氧化物及二氧化硫组成，所以煤的能流转换过程应是一个关注的重点。

其中常见的煤的能流转换过程包括：煤-热转换用于北方地区家庭供暖、煤-电转换用于企业或工厂发电、煤-气转换用于家庭日常生活等。这些煤转换过程是部分乡村煤使用的主要方式，通过对这些煤用量总体水平的评估，可以对乡村区域的大气污染状况进行能流分析。

能流平衡分析主要是通过平衡和协调系统内的输入、输出和流量，对大气污染物的能流进行平衡分析。大气污染物的能流由污染物的能量和流失量组成，其中污染物的流失量可以用治理量和排放量两个指标进行衡量，这两者的比例能够反映乡村对于污染物的污染排放和污染控制程度及能力。

（二）能流过程优化分析

大气污染物能够通过能源的合理优化进行控制，如采用相应的数学方法和模型进行排污转换效率提升分析，数学建模要求设置相应的参数，常规的参数包括排污系数等参数，并且考虑相应的经济成本和设备先进性及相关转换效率，这些参数相互之间要进行合理考量，如排污系数和能流转换效率要针对经济技术指数和投资费用指数进行相应的增减。能流图作为能流过程优化分析的基础，能够展示能量的转换过程和新能源产生的方式，目标线性规划可以得到直接的能流规划方案，多目标线性规划方法可以对多个目标建立线性对应关系，从而更好地进行规划方案的选取。

二、乡村大气环境评价与预测

大气环境的评价是对当前的环境状况进行客观的定性和定量的实测和统计，为大气环境的治理提供前期的标准或考量。定性的方法主要是设置评估范围，将符合某一评估范围的值作为一个定性标准；定量评估就是要充分利用实测数据，建立科学合理的指标体系和参数，通过建立模型，对大气环境进行评价。大气环境的预测及目标确定则是依据当前乡村区域的实际结果、功能区划分和未来发展方向及乡村区域范围以外的更大范围的环境规划进行目标的设置。乡村大气环境规划要依据乡村特点进行设置，充分考虑乡村的区域特点，结合乡村区域的功能区划分、社会经济条件、技术水平的先进性等条件对乡村大气规划的内容进行增减，从而对乡村大气环境规划的具体内容和结构组成进行完善。

（一）乡村大气污染源检测分析

1. 乡村大气污染源检测目的

乡村大气污染源检测即掌握乡村空气中的污染物质是否达到国家规定的排放标准和要求。通过对污染源的检测可以达到对排放物中污染物质种类、数量和排放规律的检测和统计，可以进一步查清污染物的来源，查清空气恶化或者好转的规律及趋势，提前做好预测和防范，从而推动关于污染物的排放标准法规和政策的修订和落实，改善空气质量，更好地保障人们的生活水平。

2. 乡村大气污染源检测的内容与要求

对于乡村大气环境污染物应该从多方位、多角度进行检测，如从物理、化学和生物学角度进行定时检测，具体检测内容包括有害物质浓度、废气排放量和有害物质排放量等。在设备正常运作的情况下，对乡村生产所排放的污染源，应根据变化特点和周期进行系统性检测。与空气质量检测相比，污染源排放的废物中有害物质浓度高、排放量大，检测方法和方式也有所差别，在确定检测时间和频率时，要考虑当地人民生活规律及工厂的运作时间，在进行污染气象观测时要同步进行现状检测，若不需要进行气象检测则需搜集附近的气象站台数据。

3. 乡村大气污染源检测结果的统计和分析

乡村大气污染源检测结果不能包含极端值，要将这些极端值剔除。浓度统计包括以下 4 个指标：超标率、监测期均值、日均值和最大值等。一般以时和日作为数据获取单位，监测污染物的变化，分析污染物的浓度及其影响因素之间的关系。

（二）乡村大气环境现状评价

乡村大气环境现状评价作为环境系统工程，包括乡村污染源实测与评估、乡村大气环境现状数据分析处理、乡村大气环境现状评价等方面。

1. 乡村污染源调查和评估

乡村污染源的调查是根据实际情况对乡村内部的污染源性质、类型、排放浓度和排放量等进行调查，污染源的评价则是依据其实际污染状况进行评判，估算出当前污染对乡村区域的影响是否严重，确定该乡村区域的主要污染物质。进行乡村大气污染源调查时，应按照政府环境保护部门的统一要求进行工业污染源调查，而开展生活污染源和交通污染源调查时需结合乡村的具体情况。调查资料和基础数据要能够满足环境污染预测和方案制定的需要，主要包含了以下几个方面。

（1）画出污染源分布图　　大气污染源可按类型标识在 $1km^2$ 的网格内，如工业污染源则需要在网格内标识出工厂的具体位置、排放口方位、烟囱的具体高度等，在编制乡村大气环境规划工作时，大气污染源分布图是在规划区域内的网格上标明主要大气污染的位置分布。烟囱高于 40m 的高架源烟囱要逐个标出；烟囱低于 40m 的小炉灶作为面源划分成片，标明片的位置、污染程度。点源和面源的统计分别有以下方面：点源调查统计内容包括排气装置底部中心坐标和平面分布图，烟囱代号、高度和内径、烟气出口平均温度和速度，污染物代号和排放量；面源调查的统计内容包括将规划区划分成网格，乡村单元较小所以一般选取 500m×500m 的网格，利用网格统计面源参数，如污染源中心坐标和面积、面源污染物排放的几何高度、烟气浓度和强度、污染物种类等。

（2）排污量及排污分担率　　污染物主要包括烟尘、氮氧化物、碳氧化物和硫化物等。以二氧化硫和烟气为例，计算排污量和分担率。工业生产过程中一般会产生烟尘颗粒物和硫化物。首先应计算工业耗煤量，利用近 5 年的统计资料统计年耗煤量。然后，利用耗煤量估算企业或单位的烟尘和二氧化硫总排放量及每个行业的分担率。

二氧化硫及烟尘估算的年排放量按式（8-1）计算。

$$m'_s = 1.6 \times B \times S$$
$$m'_p = B \times A \times b(1-n)$$

（8-1）

式中，m'_s 和 m'_p 分别为燃烧所排放的二氧化硫和烟尘（t）；B 为年耗煤量（t）；S 为煤的含硫量（%）；A 为灰粉含量；b 为飞灰量，自然通风的情况下取值为 15%～20%，风动炉的情况下取值为 30%～40%，沸腾炉取值为 60%～80%；n 为平均除尘效率。

若要计算总排放量，可按式（8-2）计算。

$$m_s = m'_s + m''_s$$
$$m_p = m'_p + m''_p$$

（8-2）

式中，m''_s 和 m''_p 分别为工业生产过程中排放的二氧化硫和粉尘（t）。

调查生活源所排放的烟尘和二氧化硫则通过对近 5 年的生活能耗和人均生活能耗进行调查，进一步计算二氧化硫和烟尘的年排放量。生活源的排放分担率一般不做调查。交通污染源会产生氮氧化物、道路扬尘、碳氧化物等主要污染物，由于乡村的快速发展，乡村的交通流量日益增大，也渐渐成为污染源的主要组成部分。

（3）排污系数　　排污系数表示单位产品在正常的生产和管理等条件下所产生或者排放的污染物数量的统计均值，也称排放因子。排污系数的确定对于大气环境污染状况分析具有重要的意义。在乡村生产生活中，通常秸秆、煤炭等燃烧的排污系数是乡村大气环境污染物的主要来源，对于工业发达的乡村而言，排污是影响乡村大气空气质量的主要原因，通常调查工业锅炉的燃煤量和排污量，并将其平均值作为乡村区域的排污系数。对于乡村二氧化硫和烟尘的排放，往往可以在查清乡村某区域供煤来源的基础上，结合煤燃料的主要成分，估算二氧化硫和烟尘的排放量。

2. 乡村大气污染物现状评价

乡村大气污染源检测分析能够有效分析乡村大气污染物的源头、扩散路径和分布状况，乡村大气环境现状评价则能够对其环境进行初步判断，进一步明确大气环境目标。对大气环境质量和污染控制之间的关系分析，可以通过观察和分析大气污染物浓度的时空分布特征得到大气污染源的现状评价。首先是污染源区域位置，其在很大程度上决定了其危害程度，处于人口居住较为稠密区域的污染尽管不是特别严重，也会给当地居民的生活带来很大影响，并且有些污染源是单独位于某一区域，而有的污染源位于集中污染区域。相较于处于集中污染区的污染源而言，处于单独区域的污染源带来的危害更小，因为广阔的区域能够更好地吸收或吹散大气污染物质。另外还要考虑污染源的位置，如处于盛行风向的上风地带还是下风地带或者上风向还是下风向，处于河流的上游还是下游。其次是污染源的排放规律，污染源的排放规律不同所造成的危害程度也有所区别。其排放规律主要表现为是白天还是夜晚排放，是间歇性还是连续性的排放，是均匀还是不均匀的排放。再次是污染物的排放方式，对于废气排放来说，是否经过过滤口过滤在很大程度上影响了大气污染程度。同时，其排污方式是分流、分类排放气体还是混合排放气体也会导致危害程度不同。烟囱的高度同样影响废弃物的污染程度。最后是污染物的物理化学特征，不同污染物化学物质的含量不同，对于人体和环境的危害程度也有差异，在相同排量的约束下，其危害程度也会不同。

可以将以上参数都作为评价参数，利用模式识别或聚类分析等数学方法来建立评价模型，通常主要是通过对污染源的危害程度进行评价从而得到主要的污染源和污染物。

（1）标化评价法

1）实测法：废弃流量和污染物浓度值可以通过对乡村空气质量的现场测定得到，利用式（8-3）计算得到污染物的排放量 Q_i。

$$Q_i = Q_n \times C_i \times 10^{-6} \tag{8-3}$$

式中，Q_i 为废气中包含的第 i 类污染物的源强（kg/h）；Q_n 为标准状态下废弃体积的流量（m³/h）；C_i 为废弃中第 i 类污染物的浓度值（m³/h）。

2）物料平衡法：产品在生产时投入的原料的物料量与产品使用后产生的物料量与流失量之和应该是守恒的。该方法适用于无法经过实际测量得到数据的污染源，通过式（8-4）可计算出污染物的源强。

$$\sum Q_{原料} = \sum Q_{产品} + \sum Q_{流失} \tag{8-4}$$

式中，$\sum Q_{原料}$ 和 $\sum Q_{产品}$ 分别为投入和产出物料总和；$\sum Q_{流失}$ 为流失量。该方法不仅适用于整个生产过程的物料核算，也适用于某一环节或生产设备的局部核算。

3）排污系数法：这种方法也称为经验估算法，其中要使用经验排放系数和单位产品产量，利用式（8-5）来计算污染排放量。

$$Q = K \times W \tag{8-5}$$

式中，Q 为污染物的排放量；K 为排放系数；W 为产量，以单位时间表示。

目前，污染物的排污系数指标可以参考《第二次全国污染源普查产排污核算系数手册（正式版）》，尽管排污系数可通过相关查询得到结果，但是不同污染物的原料、工艺、设备、技术和生产过程等不同，所以排污系数在总体上还是存在着差异，应对查询得到的排污系数进行修正，以得到贴合实际情况的排污系数。

4）类比法：该方法是依据类似的工程项目的实际排污情况进行推算得到预计排污量的方法，在进行类比时要考虑对象与对象之间是否具有相似性和可比性，在有差异的部分要进行适当的修正。

5）经验公式法：某些污染物的排放量可以根据现有的经验公式进行推算，如燃煤二氧化硫的排放量计算如下。

$$Q_s = 1.6 \times B \times S \times (1 - \eta) \tag{8-6}$$

式中，Q_s 为二氧化硫排放量（kg/年）；B 为耗煤量（kg/年）；S 为燃煤中全硫含量（%）；η 为二氧化硫脱硫效率（%），不同产地煤的含硫量不同，可通过煤质分析报告得出数据。

（2）确定大气主要污染物及主要污染源　主要污染物的确定：从高到低依次排序计算得到的乡村区域各类污染物的污染负荷，再对各污染物占乡村区域总的污染负荷比进行计算，该乡村的主要污染物是累计百分比高于 80% 的污染物。主要污染源的确定：可采用与污染物测定相同的方法，同样将累计百分比高于 80% 的污染源作为该乡村的主要污染源。

（三）大气环境污染预测

大气环境污染预测的首要工作是对污染指标和主要大气污染物的变化趋势进行预测，要通过数学建模和将一系列的指标体系作为输入参数。大气环境污染预测主要包含两方面：一是对污染排放量进行预测，污染量预测可以通过简单的推算得出；二是对大气环境质量进行相应的变化预测，宏观上的大气环境质量预测需要综合考虑多种因素和使用较为复杂的数学模型进行计算。

三、乡村大气环境规划目标和指标体系

（一）乡村大气环境规划目标

乡村大气环境规划目标的制定是一项重要的工作，关乎着最终大气环境规划的作用与效益，是乡村大气环境规划中的重要部分，乡村大气环境规划目标的科学性和规范性在很大程度上决定了整个大气环境规划是否具有意义，而该目标又进一步取决于大气环境调查资料及乡村功能区的划分，不同的环境本底和功能区划类型决定目标的高低。因此，制定乡村大气环境规划目标要综合考虑社会经济与生态环境之间的相互协调、大气环境质量的高低、大气污染是否得到合理控制等要素。

1. 乡村大气环境质量目标

乡村大气环境质量目标依据乡村不同环境功能区而确定，通常是由一系列表征环境质量的指标来体现。大气环境质量目标作为最基本的目标，在乡村不同功能区会有所差别，一方面该目标的制定受乡村不同地域的具体功能区影响，另一方面该目标的实现程度可以反映乡村大气环境保护措施的实施成效。

2. 乡村大气环境污染总量控制目标

乡村大气环境污染总量控制目标在乡村大气环境规划中十分重要，乡村大气环境污染总量控制目标的制定不仅要考虑乡村全区域污染总量的控制，还能研究污染总量分配到源的目标，通过获得源允许排放污染量，从而更加精确地对污染物的排放进行削减，当削减后的污染总量达到控制总量时，大气环境污染总量控制目标就算是达到了。但是在设置目标时要考虑乡村的实际情况，不能按照"一刀切"的方式进行削减，要考虑到乡村区域的经济技术水平、当前发展现状及产业发展方向等。

3. 乡村大气环境规划目标可行性分析

乡村大气环境规划目标可行性分析是决定规划方案是否能在实际中应用的一个关键步骤，通常情况下乡村大气环境规划目标可行性分析应该是一个多方向、多环节和复杂的分析过程。乡村大气环境规划目标合理与否直接影响到规划的合理性和科学性。乡村大气环境规划不同于普通的大气环境规划，乡村大气环境规划的目标可行性分析既要考虑乡村区域经济发展水平的落后性、科学技术发展的局限性、整体规划的稀缺性等问题，也要考虑一些符合乡村区域范围较小、大气环境改善成本通常较少、环境防控措施易实施等特征。乡村大气规划目标的可行性分析可以根据乡村大气环境现状、环境预测的目标及规划目标落实方案进行成本效益分析，进而确定大气环境规划目标的合理性，也可

以调研分析已经实现相关规划目标的其他乡村，通过观察比较、总结相关经验、乡村对比分析等，对乡村大气环境规划目标可行性和不足之处进行评判和修改完善，也可以将乡村大气环境规划目标发送给相关权威专家、管理部门等，通过多方面的比较研究来判断该规划目标是否具有可行性。

（二）乡村大气环境规划的指标体系

大气环境指标体系能够描述某一区域的环境特征与环境质量，在编制大气环境规划时要设计完善的指标体系，指标体系是大气环境规划的重要构成部分。为充分考虑不同区域的大气环境情况和污染程度，需要对已有的环境指标体系进行适当的调整和更新，将环境污染防范与治理纳入考虑因素，还要综合考虑未来的环境建设，进而对指标体系中的某些指标进行管控。乡村大气环境规划指标体系必须要能够反映大气环境的整个体系特征，通过定性和定量的综合判别，可以大体得到大气环境质量的评价结果。通常乡村大气环境规划指标主要包括气象气候、大气环境质量、污染控制、乡村建设规划和其他常见的大气指标，在构建乡村大气环境指标体系时，需根据乡村的实际情况，对常规大气环境规划指标进行适当的修改、增减等，进而使构建的乡村大气环境规划指标符合乡村大气环境保护、发展建设等的需求。同时，由于乡村大气环境规划的内容复杂、涉及学科多样化，所以乡村大气环境规划是一项既具有专业性又十分综合的规划，而乡村大气环境规划指标需要从众多的统计、调查、监测指标中科学地选取出，综合指数法、层次分析法、加权平分法和矩阵相关分析法等是大气环境规划指标选取常用的方法。

四、乡村大气环境功能区划分

乡村大气环境规划的重点内容是对乡村区域的大气环境功能区进行划分，由于不同功能区的经济发展规律和发展定位不同，所以其集中的乡村资源环境系统要素、生活主体等也会不同，进而对大气环境要求也有区别，所以划分功能区是乡村大气环境规划实施污染物总量控制的一项重要前提。依据当地政府或者国家总体战略，大气环境功能区通常被划分为三类，而乡村大气环境功能区的划分同样也可以依据其实际情况进行划分，即一类功能区、二类功能区和三类功能区。

（一）大气环境功能区划分的目的

首先，乡村大气环境功能区划分是为了保障工业区、居民区、商业区、旅游区和文化功能区等不同社会功能区域的社会功能正常发挥，要对不同的社会功能区采取不同的大气环境标准，这些标准要与政府相关法规和规划相符。其次，功能区的划分要充分考虑区域的地理特征，要合理地利用河流、山川、道路等自然条件，从而尽可能少地做边界处理。在一类功能区要保障其处于最大风频的上风区，而三类功能区则要尽可能处在最大风频的下风区。这样处理能够在增大污染物的排放总量的同时，减少治理成本的上升。所以科学合理地选取功能区不仅要考虑地理条件，还要考虑当地村域的气象气候条件。最后，对乡村区域划分功能区并进行合理的大气环境规划是一项新的环境管理办法，也是一项有力的污染控制决策。

（二）大气环境功能区的划分方法

大气环境功能区划分常用的方法是多因子综合评分方法，该方法是定性与定量相结合，通过选取定量指标，对定量指标的数量范围进行划分，从而得到一系列定量指标的范围区间，将这些范围区间进行定性描述和标记，将多个因子重复上述划分步骤，依据专家打分或其他方法确定相关指标的权重，最终得到功能区划分标准。根据国家相关文件规定，一般将乡村划分为三类功能区，常见的划分步骤主要包括确定评价因子、单因子分级评分标准的确定、单因子权重的确定、单因子综合分级评分标准的确定、评价结果的最终确定等，具体过程描述如下。

1. 确定评价因子

评价因子的选择要进行综合考虑，通常要考虑到社会经济指标、气象条件指标和污染强度指标。社会经济指标主要包括人口、居住密度、科教文卫建筑密度等方面。由于风向对大气环境的影响很大，所以气象条件主要考虑风向的因素。污染强度主要用污染系数来衡量，通常会考虑污染的面积、强度和方位等因素。

2. 单因子分级评分标准的确定

二类功能区单因子分级评分标准见表 8-1。依据不同情况下的指标描述和情况将分级标准划分为 5 个级别，从很不适合到很适合。人口、商业、科教医疗单位密度和工业产值从很低（很小）到很高（很大）这 5 个标准进行评判；风向因素用下风向到上风向这 5 个标准进行评判等。对于污染系数也依据上述方法按实际情况进行划分。

表 8-1　二类功能区单因子分级评分标准

指标描述	很不适合	不适合	基本适合	适合	很适合
人口密度	很大	较大	一般	较小	很小
商业密度	很大	较大	一般	较小	很小
科教医疗单位密度	很大	较大	一般	较小	很小
单位面积工业产值	很高	较高	一般	较低	很低
主导风向	下风向	偏下风向	中间	偏上风向	上风向
主导污染系数方位	下方位	偏下方位	中间	偏上方位	上方位
最小风频	上风向	偏上风向	中间	偏下风向	下风向
最小污染系数方位	上方位	偏上方位	中间	偏下方位	下方位
基本风向	下风向	偏下风向	中间	偏上风向	上风向
基本污染系数方位	上方位	偏上方位	中间	偏下方位	下方位
单位面积污染物排放量	很大	较大	一般	较小	很小
大气污染程度	很严重	较严重	一般	较轻	很轻

乡村大气环境功能分区的确定方法见表 8-2。

表 8-2　乡村大气环境功能分区的确定方法

评价描述		单因子综合评分值比较	功能区
很适合或适合	—	—	二类功能区
基本适合	很适合或适合	—	三类功能区
	基本适合	$A \leqslant B$	二类功能区
		$A > B$	三类功能区
	不适合或很不适合	—	二类功能区
不适合或很不适合	—	—	三类功能区

在表 8-2 中，A 和 B 的计算公式如下。

$$A = \frac{X_{2\max} - X_2}{X_{2\max} - X_{2\min}}, \quad B = \frac{X_{3\max} - X_3}{X_{3\max} - X_{3\min}}$$

式中，$X_{2\max}$、$X_{2\min}$、X_2 分别为二类功能区基本合适的上下限和该子区为二类功能区的综合评分值；$X_{3\max}$、$X_{3\min}$、X_3 同理为三类功能区的相应值。

3. 单因子权重的确定

依据不同因子的重要性不同，对各个因子赋予不同的权重。通过对单因子进行赋权，可以计算得到综合指标的评价结果。

4. 单因子综合分级评分标准的确定

综合分级评分是将各个因子赋权后得到的综合计算值的范围进行划分，划分的范围再进行定性评估。

5. 评价结果的最终确定

最终通过对每个区域的实际情况调查，对调查结果与评判结果进行对比，将评判结果进行合适的调整，从而得到最终的评价结果。功能区的划分能够将各个乡村区域进行定性划分，划分的结果有利于后续乡村大气环境规划目标的划分。

五、大气污染防治规划目标可行性分析

大气污染防治规划的具体内容还应将国家标准作为参考，在满足国家标准的基础上，再依据当地实际情况进行调整。大气污染防治规划不仅要按照相关内容严格实施，还要进一步遵循以下防治方案与措施。

（1）**发展清洁能源并改善能源结构**　　能源结构对于大气环境的影响十分重要，以往主要是采用煤和石油等不可再生能源，如今越来越多的清洁能源被投入使用。2019年我国最大规模无干扰地热供热系统在西安交通大学创新港启动。该创新技术采用了领先的钻孔技术，能够将热能泵打入地表底层，从而对地热能进行无缝接收，将地热能进行有效传导。这种技术能够实现大气污染零排放，可以在中国北方乡村区域的大规模供暖中加以利用，从而减少北方地区由于燃煤供暖产生的严重大气污染。该工程的实施能够在很大程度上减少不可再生能源的利用，在一定程度上减轻空气污染对人体健康的危害。

（2）**加强工业污染的防治，并对工业污染的工艺流程进行改进**　　工业污染是大

气环境污染的主要原因，控制工业污染对于大气环境质量提升具有重要意义。同时，工艺流程的改进也能够进一步提升污染控制效率，优良的工艺流程能够很大程度上减少工业生产过程中产生的污染气体，还能够充分利用资源，做到资源的合理有效利用。

（3）加强机动车尾气排放控制，减少尾气污染　　机动车尾气是大气中二氧化硫、二氧化碳和氮氧化物的主要元凶。我国当前汽车使用数量不断升高，汽车尾气排放在城市地区较为严重，但是随着城市化进程的加快，乡村区域也出现越来越多的机动车，部分乡村作为国道或者高速公路的枢纽，汽车尾气污染也非常严重。所以，在乡村区域也要将控制汽车尾气排放作为下一步工作的重点，纳入乡村大气环境污染控制规划当中。

（4）提高绿化面积　　大面积的绿叶能够对大气中的细微颗粒起到很好的吸附作用，从而降低大气中的粉尘浓度，绿化面积的提高，不仅能提高大气环境质量，还能提高居民生活的幸福感。在马路两旁设置绿化带能够起到隔离和吸附粉尘的作用，还能隔离一部分公共交通产生的噪声。在工业园区内，绿化带设置的高度普遍较低，这是为了防止有害气体泄露后无法及时扩散。总体上来说，我国的绿化面积较低，尤其是在乡村，绿化面积更低，有待进一步提高。

第三节　乡村大气污染物总控制量

2018 年修正的《中华人民共和国大气污染防治法》第二十一条提出了"国家对重点大气污染物排放实行总量控制"及"确定总量控制目标和分解总量控制指标的具体办法，由国务院生态环境主管部门会同国务院有关部门规定，省、自治区、直辖市人民政府可以根据本行政区域大气污染防治的需要，对国家重点大气污染物之外的其他大气污染物排放实行总量控制"。对于乡村大气污染物总量控制而言，乡村大气污染物排放总量与大气环境质量之间的定量关系、大气污染物的削减与成本费用之间的定量关系等需要实行总量控制后才能得出，只有建立这两部分间的相互关系才能保障乡村区域的大气环境质量。乡村大气污染物总量控制能够通过强制手段，减少部分企业或工厂的污染物排放，以往位于乡村区域的主要污染源都是来源于秸秆燃烧等，如今企业和工厂为了寻求租地成本的降低和污染治理的宽松标准纷纷将选址瞄向乡村区域，使得乡村大气环境污染治理面临着更加严峻的形势。

一、大气污染物总量控制区边界的确定

大气污染总量控制区可以简称为总量控制区，当前的大气污染总量控制区主要是依据国家和地方政府相关部门的要求，对乡村实行的相应经济和环境保护规划来确定的，除了总量控制区以外的其他城市和乡村区域为非总量控制区，通常将其他农村和工业发展水平较低的区域设置为非总量控制区。在排放二氧化硫和二氧化氮等污染物总量较大的区域应该合理设置总量控制区，同时依据相关的污染排放控制目标对边界区域进行合适的调整。确定总量控制区常常需要考虑多方面的因素，常见的需要注意的有以下几个方面。

1）在一些受到严重污染的乡村地区，要将包括污染源在内的所有环境质量超标区域囊括在总量控制区的范围之内，并且还要将乡村其他规划中未来有利于社会经济发展的

区域及一些可能产生新污染的区域纳入考量的范围内。

2）在一些暂未受到严重污染的乡村，要对一些孤立的污染源和一些即将遭受重度污染的区域，按照科学的方式进行划定，若不要求对单独污染源进行划定，则尽可能将密集污染区和密集污染区未来可能覆盖的区域进行划定。

3）乡村局部地区可能被划定为新的经济发展区或工业园区，那么这些区域也要被划定到总量控制区。

4）总量控制区的边界划定还要考虑到风向因素，风向对于控制区内的大气环境影响较大，所以要在上风向和下风向设置特定的控制区。

5）总量控制区的面积要依据相关法律法规和严谨的模型推导综合得出。一般情况下，控制区的面积和范围不应该囊括一些农田、耕地、森林和水域等地方，这些地方属于零大气排污区域，总量控制区的区域范围主要包括污染密集区和主要污染区，其边界大小不能随便增加。

确定大气污染总量控制区边界的方法一般有两种：一是依据行政边界划定，二是根据环境影响评估（environmental impact assessment，EIA）确定控制边界。其中，在用 EIA 确定边界时，要将各项目的 EIA 范围进行叠加，从而确定总的污染物控制边界。利用 EIA 划定控制边界时，要遵循以下几个原则。

1）区域主要由主导风向为轴的矩形构成，并且以污染源作为矩形的中心。

2）不同项目等级的边长有所差异。三级项目处于 4～6km；二级项目处于 10～14km；一级项目处于 16～20km，具体实施过程中还可根据实际情况对少数排放量较大的项目进行调整。

3）如果边界外围区域包含了环境敏感区域，则应该将边界进一步扩大至外围区域，如果区域内包含荒山或沙漠等生态敏感区，则应该适当将边界缩小。

二、大气污染物允许排放总量分析

A 值法、P 值法、$A-P$ 值法及反推法是大气污染物容量分析的常用方法，对于大气污染物排放总量控制具有积极的意义。

A 值法与 P 值法计算各有特点，A 值法可以计算区域总的允许排放量，但是无法将总允许排放量分配到每个源，进而无法得到每个源所允许排放的污染量。P 值法与 A 值法相反，只能计算每个烟囱允许排放的污染量，但是由于其无法对烟囱个数进行限制，所以无法对全区域的污染排放量进行控制。将 A 值法与 P 值法相结合可以有效地解决源污染的允许污染排放量问题，进而分析区域污染总控制量。$A-P$ 值法主要以大气环境质量控制标准为控制目标，在考虑到大气污染物在不同高度排放、扩散及稀释等规律的基础上，分析控制区大气污染物排放总量限值及点源大气污染物排放限值，应用范围较广，因此本节主要具体介绍与分析 $A-P$ 值法。

但是 $A-P$ 值法只能通过现有的污染源状况对每个污染源的允许污染排放量进行计算，无法对潜在的或未来可能存在的污染源的排放总量进行预估，这是由于 $A-P$ 值法只能利用已有的基础数据，计算得到各功能区的 P 值，才能将各功能区的值分配到点源上。为了解决这一问题，可以通过大气环境模型进行反推法计算，模型反推从总体上计算得到各区域的污染源排放总量，进而还可以对区域的污染源位置、排放浓度和强度及污染排放高度进行反推。反推法的基本原理为 $\beta=f(Q)$，其中，β 为某区域大气污染物浓度（mg/m^3）；Q 为影响该区域的大气污染物排放量（t/年）。

（一）区域总允许排放量分析

A 值法是区域系数分析方法的一种，其本质是以大气环境质量目标值为基础，根据区域总面积及区域范围内不同功能区的面积进行计算分析总量控制区的允许排放总量。

$$Q_{ak}=\sum_{i=1}^{n}Q_{aki}=\sum_{i=1}^{n}A_{ki}\frac{S_i}{\sqrt{S}}$$

$$S=\sum_{i=1}^{n}S_i \qquad A_{ki}=A(C_{ki}-C_o)$$

（8-7）

式中，S 和 S_i 分别为总量控制区的总面积和功能区 i 的面积（km^2）；A_{ki} 为第 i 功能区的某污染物排放总量控制系数 [10^{4}t/（年•km）]；A 为地理区域性总量控制系数（10^{4}km^2/年）；C_{ki} 为功能区 i 的年日平均浓度限值（mg/m^3）；C_o 为背景浓度（mg/m^3）；Q_{aki} 为功能区 i 的某污染物排放总量限值（10^{4}t）；Q_{ak} 为控制区某种污染物年排放总量限值（10^{4}t）。

（二）低架源允许排放总量分析

在《制定地方大气污染物排放标准的技术方法》（GB/T 3840—1991）国家标准规定的功能区低架源（几何高度低于 30m 的排气筒排放或无组织排放面源烟囱）的允许排放总量限值分析模型如下。

$$Q_{bk}=\sum_{i=1}^{n}Q_{bki}=\sum_{i=1}^{n}a\times Q_{aki}$$

（8-8）

式中，Q_{bk} 为控制区某污染物低架源或地面源年排放总量限值（10^{4}t）；Q_{bki} 为功能区 i 的某污染物低架源或地面源年排放总量限值（10^{4}t）；a 为低架源排放分担率（%）。

（三）中、高架点源允许排放总量分析

中架点源主要是指几何高度不低于 30m 且低于 100m 的排气筒，高架点源主要是指几何高度不低于 100m 的排气筒，中、高架点源产生的污染物会在风向作用下对整个污染控制区造成影响。点源允许排放总量限值的分析公式如下。

$$Q_{pki}=P_{ki}\times H_e^2\times 10^{-6}$$

$$P_{ki}=\beta_{ki}\times \beta_k\times P\times C_{ki}$$

$$\beta_{ki}=\frac{Q_{aki}-Q_{bki}}{Q_{mki}}$$

（8-9）

$$\beta_k=\frac{Q_{ak}-Q_{bk}}{Q_{mk}+Q_{ek}}$$

式中，Q_{pki} 为功能区 i 的某污染物点源排放限值；P_{ki} 为功能区 i 的某污染物点源排放控制系数；H_e 为排气筒高度（m）；β_{ki} 为功能区 i 的某污染物点源调整系数，在 β_{ki} 大于 1 时，

β_{ki} 可取值为 1；β_k 为总控制区域内的某污染物高架点源调整系数；C_{ki} 为功能区 i 的日平均浓度限值，见式（8-7）；P 为地理区域性点源排放控制系数，具体见《制定地方大气污染物排放标准的技术方法》；Q_{mki} 为功能区 i 的某污染物在所有中架点源的年排放总量限值（10^4t）；Q_{mk} 为控制区某污染物在所有中架点源的年排放总量限值（10^4t）；Q_{ek} 为控制区某污染物在所有高架点源的年排放总量限值（10^4t）。

三、总量负荷分配原则

区域污染源允许排放总量如何分配到不同污染源是当前区域污染物总量控制的核心，当前国内外的分配原则可以划分为按燃料或原料用量的分配原则、一律削减排放量的分配原则、优化规划分配原则。

按燃料或原料用量的分配原则是按照燃料或者原料用量进行分配，即通过调查得到控制区内的总排放污染量，对各企业或工厂的污染源的原材料和材料来源及质量进行统计，从而分析控制区内污染物总量分配到各个源的方法。该种方法在实际操作上具有可实施性，但是缺点是原材料的使用量、质量及来源这些因素是不稳定的，并且也没有考虑到各个污染源对环境质量贡献率和污染物排放几何高度的差异，所以分配结果往往与实际情况有一定的误差。

一律削减排放量的分配原则是指在进行源允许污染量分配之前要对控制区的总排放量进行分配，可进一步细化为等比例削减分配原则、A-P 值分配原则及按贡献率削减排放量分配原则。等比例削减分配原则是对各污染源的污染排放量进行相同比例的削减，最终得到控制区的污染总量，并将总的污染允许排放量分配到各个源。但是这种分配原则存在明显的缺点，由于不同污染源对大气环境造成的影响不同，并且污染源所在区域的治理能力有差异，如果对所有污染源的污染排放量都进行等比例的削减是不科学的，通常只有在污染区比较密集和控制区较小的情况下才会使用这种分配方法。A-P 值分配原则是利用 P 值计算得到 A 值，即某一区域或不同乡村功能区的污染物允许排放总量，污染物允许排放总量经计算得到 P 值，即每个污染源的允许排放量，这种分配原则较为简便，并且能够利用现有资料，进行宏观尺度上的分析。按贡献率削减排放量分配原则是对不同贡献率的污染源进行不同程度的削减，最终达到控制区的总允许排放量目标。贡献率即是不同污染源所排放的污染物对大气环境所造成影响的程度大小，这种分配原则相较于以上两种更具公平性，但是这种分配原则在减小允许污染排放总量、治理成本等方面还需要进行改进。

优化规划分配原则可以进一步划分为源强优化分配原则和最小治理费用分配原则。其中源强优化分配原则是根据污染源的排放强度进行适当的削减，从而达到合理的削减量和总的削减量，通过对污染源排放量进行削减分配最终达到污染物总排放量减少的目的。尽管这样会给一些企业或工厂带来难题，但是污染物排放总量的下降意味着能够为大气环境质量的提升和治理成本的减小提供可能。最小治理费用分配原则是以治理成本为依据，在治理总成本最小的情况下，对污染削减量进行合理的分配，以达到总量削减原则。这种分配原则可以与其他分配原则或者多源模式相结合来解决污染物排放量削减和最佳分配的问题。

第四节　乡村大气环境规划综合防治措施

　　乡村大气环境规划中综合防治措施的制定与落实是保障乡村大气环境质量的重要抓手，对于解决乡村大气污染问题、改善乡村大气环境质量、保护乡村居民身体健康、推动乡村全面现代化建设等具有积极的意义。首先，大气污染综合防治措施的制定与实施要考虑到防治的成本费用与效率、乡村区域的防治技术、乡村污染源的布局情况等，进而分析不同防治措施是否符合乡村区域的管理水平和承受能力。其次，在防治方法上还要考虑技术的科学性、合理性和可行性，通过对技术和方案的综合评估得到最优的大气环境规划综合防治措施。最后，大气环境规划综合防治要从多个方面进行，如果简单地进行治理，不减少源污染的排放，那么只会增加治理成本，起不到根本性的成效。为了减少污染物对大气环境造成的影响，应该在减少现有污染排放量的基础上，利用诸如风向等气候因素对污染物实现自净，还要加强乡村区域的环保意识，对于一些废弃用地进行改造建设，增加绿地面积。

一、优化乡村能源使用结构

1. 优化乡村居民生活能源使用结构

　　乡村生活污染造成的废气排放包括两个部分：一是生活能耗带来的废气排放，二是生活污染的年排放量，归根结底是乡村生活能源的消耗引起的。生活污染物主要产生于交通尾气的排放、农村生火做饭或是秸秆燃烧产生的烟尘及劣质煤燃烧产生的二氧化硫等，主要污染物以二氧化硫和烟尘为主。

　　对于我国乡村而言，当前乡村居民日常生活使用的能源主要是传统的不可再生能源，这些不可再生能源包括石油、煤和天然气，在这些不可再生能源大规模使用过程中排放的污染物又是导致大气环境污染的主要来源，对乡村大气环境造成了一定的负担。为了降低使用不可再生能源对乡村大气环境的影响，首先，在乡村日常生活中倡导使用新能源，新能源是当前寻求能源突破的一个重要战略，已经被广泛应用的新能源包括太阳能、风能及潮汐能等。太阳能能够解决居民生活中的日常用电和供暖问题，风能可以转化为电能进行发电和传输，这些新兴能源在一定程度上缓解了不可再生能源的开采与利用，也能够有效地减少给大气环境带来的污染。其次，逐步改变乡村日常生活中使用燃料的构成，由于每吨煤燃烧会排放大量的灰尘等有害细微颗粒，还包含一些没有燃烧完全的碳粒和煤灰，并且煤污染是当前所使用的燃料中污染最为严重的。液体燃料所排放出的污染往往比煤炭低，石油产生的粉尘量只有燃煤产生粉尘量的 1/100～1/50。气体燃料燃烧排放的粉尘量通常比液体更少，气体和液体在运输上更为便捷，能够减少很多人工成本。因此，逐步减少乡村固态燃料的比例，增加乡村气态或者液态燃料的比例，对于改善乡村大气环境质量具有积极的意义。最后，提升乡村日常生活使用燃料的质量。对于部分乡村而言，由于煤炭是常用的燃料，短时间内很难被取代，提高燃料的质量是乡村大气环境防治的重点。由于刚开采的原煤燃烧后会产生大量的有害烟雾和粉尘，这些烟雾和粉尘集中高浓度排放时会造成严重的大气污染。如果对原煤进行处理可有效减少污染物排放，常见的手段是根据煤的性质和成分对其进行液化或气化，提高煤的热燃烧效率。为了改善大气环境并有效利用能源，可以通过改进煤炭加工工艺，改变煤的燃烧方式，来减少燃煤污染。

指导农村居民对土灶进行改造，提高其燃烧作物秸秆时的利用率。大部分土灶由于结构不合理，作物秸秆燃烧的大部分热量随着烟气而散失，改变土灶结构，对于乡村大气污染防治具有重要的作用。秸秆的燃烧不仅会污染大气，大量燃烧后的秸秆所覆盖区域的土壤还会产生板结，不利于作物的生长繁殖和农村生态环境，在高速公路沿线燃烧秸秆还可能引发重大的交通事故，对于有条件、机械化程度高的地区适宜让秸秆粉碎还田，还可以进一步提高土壤肥力。

2. 优化乡村企业能源使用结构

使用新能源、改变燃料结构和优化煤的燃烧方式虽然能够在一定程度上缓解燃煤对大气造成的污染，但是对于乡村企业和工厂而言，煤炭的使用依旧占着主导地位，其中也考虑到了对于原煤处理所带来的加工成本，为缓解主要的燃煤污染源对大气环境造成的负担，有必要提高高质量煤炭使用量、采用有效的防污染治理技术等。对于提高煤炭使用质量而言，鼓励乡村企业使用含氮（N）、硫（S）、磷（P）等元素较低的煤炭，减少含硫、含氮的氧化物等大气污染物的排放；对于乡村企业的大气污染物排放而言，可以依据污染气体的具体性质对其进行回收、催化、吸收、吸附和燃烧，进而控制气体污染物质的排放总量，考虑大气污染物的回收技术和成本问题，吸收、吸附和催化可作为乡村企业污染物处理的主要方法；对于乡村企业的颗粒物排放而言，由于颗粒物质本身含有污染物质，其大量存在直接影响到乡村大气环境质量，当前主要的处理颗粒物的设备包括重力沉降设备、旋风式集尘器等，乡村企业可以结合自身实际情况，选择不同类型的除尘设备或者通过组合使用对大气颗粒物质进行处理。

3. 鼓励乡村清洁生产

乡村清洁生产即在乡村生产生活过程中尽可能地提高能源的效率、减少污染物排放、减少资源过度消耗等，使用高效的管理方式和技术手段，从源头把控污染物的排放。乡村企业实施清洁生产就是要改革生产工艺，设计更加合理和科学的工艺路线，减少资源的不合理利用和资源浪费。对于乡村生产生活而言，鼓励乡村提升能源的利用效率、加大能源的循环利用力度、优化清洁生产在乡村生产生活中的比例等，对于保障乡村大气环境质量、推动乡村可持续发展等具有重要的意义。

二、提升乡村生态系统净化能力

1. 提升乡村大气自净能力

大气自净能力即大气环境系统对污染物的稀释、沉降和自然降解的一种能力。大气自净能力在不同区域高低不同，因为这种自净能力会受到当地气象气候、地理条件的影响。提升大气自净能力可以从以下几个方面入手：一是优化乡村污染源的布局；二是调整乡村的功能区规划；三是增加乡村企业或工厂烟囱的几何高度。对于乡村经济社会发展水平较高的乡村，通常可以在乡村区域范围内划分商业区、居民区、工业区和文教区等不同功能区，一些污染排放强度较高、规模较大的乡村企业或工厂应设置在乡村人口稀少区域，尽可能远离乡村居民生活区，减少大气污染物对乡村居民生活及健康造成的不利影响。对于一些对空气污染较低的工厂，可以将其集中在乡村企业园区，并且其位置要结合地形及风向，将企业或工厂设置在污染系数最小的上风向，功能区的合理布置及工业布局能够在一定程度上增强大气的自净能力，还有利于产业之间的协作，减少运输成本。

2. 合理利用乡村绿色植物

绿色植物能够将二氧化碳转化为氧气，并且可以阻挡和吸收粉尘，在乡村公路两旁或者乡村企业周边一定数量的绿色植物能够起到很好的空气净化作用。绿色植物还可以降低企业生产过程和交通产生的噪声，加强乡村绿化设施建设，对改善乡村大气环境质量具有积极的意义。

植物在大气环境净化中起到了重要作用，不仅能够降低污染物在空气中的浓度，还可以起到防尘、隔音的效果。地面上的绿色植物可以增加地表的粗度，使得空气中的粉尘或细微颗粒更好地沉降，或者是吸附下降过程中因碰撞掉落的颗粒。由于很多植物的表面会产生油性液滴或黏性液汁，所以植物对于粉尘的吸附作用是非常强的。并且植物叶片面积通常是其地面占地面积的 20 几倍，对粉尘和噪声起到了极强的阻挡作用。绿色植物还能够巩固沙土，防止水土流失。风沙扬尘是北方地区常见的大气环境问题，在一些空气比较干燥、风沙污染较为严重的北方城市增加植物的种植能够起到有效作用。绿色植物的净化作用在大气污染浓度较低、污染范围较广的情况下能够起到非常好的效果，当前乡村绿化设施建设在乡村区域还没有被重视起来，乡村区域也是企业和工厂的选址区域，所以有条件的乡村应加强绿化建设。

在乡村企业集中区和居民区设置一定的绿色隔离带能够有效阻挡工业区产生的废气物质飘向居民区，从而降低对居民生活造成的不利影响。绿色隔离带的设置也要根据乡村居民区和企业集中区的间隔进行适当的调整，当地的地形条件和气象气候也要纳入考虑范围。通常来讲，要鉴别出乡村企业排放出来的废气的污染强度、具体性质、对人体健康的危害程度及居民区空气质量要求等从而对绿化隔离带的密度和高度进行调整。对于乡村企业或者工厂来说，绿色隔离带不能过高，因为企业在生产的过程中可能会发生有毒气体泄漏事件，那么过高的绿色隔离带会造成有毒气体无法及时排放或被风吹散稀释，造成企业工人中毒或身体健康受到威胁等严重情况的发生。

三、利用乡村大气环境综合防治技术

（一）生物质能利用技术

生物质能分布广泛，具有多种转化方式，其数量也较大，虽然单位生物质能源的热值低于其他燃料，但是生物质能可以实现不断循环利用，是一种环保能源。生物质燃料的燃烧会剧烈放热，所以需要足够的氧气和适合的温度为其燃烧提供条件。因此，空气量、时间和温度是生物质能源燃烧过程中不可缺少的条件。生物质能源燃烧机理过程如下：首先，生物质燃料最初的燃烧部分在其表面，通过表面燃烧产生火焰，这个过程伴随着剧烈的化学放热反应；其次，生物质燃料的表面燃烧后会在外围形成碳层，碳层的

燃烧是一个较长的过程,是生物质燃料的一个过渡燃烧区域;再次,经过一段时间,生物质燃料表面只剩下少量燃料燃烧,整个燃烧过程进一步深入生物质燃料的深层,燃烧过程中产生的一氧化碳与氧气结合,在扩散过程中产生二氧化碳,在燃料表面形成薄的灰壳;然后,生物质燃料继续向内部燃烧,外围的燃烧过程主要是一氧化碳与氧气结合生成二氧化碳的燃烧,从而在外围形成比较厚的灰壳,由于燃烧带来生物质燃料的膨胀与燃烬,灰层中产生微小的孔组织和通道,此时较少的短火焰包围着该块状物体;最后,随着灰壳的不断增厚,燃烧基本结束,大部分可燃物被消耗掉,这是燃烧的最后一部分,整个灰色的球体不再产生火焰。

1. 生物质热裂解的基本工艺及技术形式

生物质热裂解是指没有空气和其他氧化条件的生物质燃料的不完全热降解,从而产生碳、可冷凝液体和气体产物。生物质燃料的燃烧温度和升温速率不同,会导致不同的燃烧过程,包括快速热解、常规燃烧和慢速燃烧。快速热解采用超高的升温速率、超短的停留时间和中等的热解温度,使有机高分子在没有氧气的情况下分解成短链分子,这是碳和气体的最小产物,从而获得最大的液体产物。介质温度和反应速率能产生相同比例的固、液、气产品。热解过后生成了碳,低温长期缓慢热解可产生高达30%的碳产量,释放能量约占50%。

生物质热裂解过程分为粉碎、热裂解、炭和灰的分离、气体生物油的冷却和收集生物油等。同时,在进行原料的预处理时,需要将原油内的水分进行分离,得到较为干燥的原油。粉碎可以提高生物油的加热速度,在很大程度上提高生物油的收率,因此应粉碎原料,减小原料粒度,不同的反应器对生物物质的粒径要求不同,但是根据不同的粒径进行加工,所需要的加工费用也有所不同,粒径越小,所需要的加工费用也就越高,所以在选择粒径大小的同时也要综合考虑加工成本费用。热裂解生产生物油的技术在很大程度上取决于加热和热传递速率、温度及能否快速冷却,只有在满足如上的一些要求之后,才能最大限度地产出质量更高和数量更多的生物油,但是在目前众多的生物油提炼工艺中,还没有发现最好的工艺类型。炭和灰的分离实际上就是炭的分离,因为所有的灰分都留在了炭中,将炭从生物油中分离是十分困难的,并且没有必要将炭分离应用到所有生物油的提取中,但是在一些高级的工艺流程中,由于碳在二次裂化过程中会产生催化作用,在液态生物油中会产生不稳定因素,从而导致杂质的提取,因此必须快速分离碳和灰。气体生物油从热解生成到冷凝的温度和时间影响液体产品的质量和组成,随着挥发性产品停留时间的增加,二次裂化产生不凝气的可能性增大,因此挥发性产品的快速冷凝可以有效地保证原油的产量。在生物油的收集过程中要避免生物油冷凝后堵塞设备。

2. 厌氧消化技术

厌氧消化技术也可以转化生物能源,即在厌氧消化技术支撑下,通过对原料的厌氧发酵得到可燃的沼气。沼气是一种在厌氧条件下由微生物发酵产生的可燃气体,在适宜的温度、湿度和pH下,沼气的主要成分是甲烷和二氧化碳,并含有少量的氢气、氮气、一氧化碳、硫化氢和氮化氢,沼气作为一种高热值的清洁气体具有很高的应用前景。

厌氧消化过程实质上是一种发酵过程,发酵过程是微生物进行的有机物代谢和能量传递与转换过程。通过连续分解有机物，将绝大部分的有机物转化为甲烷气体，将其余的有机物作为微生物的能量消耗。依据温度、投料方式、发酵内容、流动模式和建设规模的不同，可以对发酵工艺进行多种划分。典型的厌氧消化工艺是以畜禽粪便为主要原料的沼气工程。以禽畜粪便作为消化厌氧的主要物质来源，主要是为了治理禽畜粪便产生的污染问题。将粪便作为原材料可以起到环保和资源再利用的作用，使得农业生产更加趋向于生态化，不仅解决了能源的清洁问题，还减少了由于大量焚烧秸秆所产生的农村污染问题，进一步起到消除臭气、防止致病菌扩散和繁殖等作用，解决了大型养殖场的粪便处理问题。另一个典型的厌氧消化工艺是以农作物秸秆作为主要原料的沼气工程。秸秆气化是将秸秆转化为沼气的技术，这个过程需要微生物的发酵和催化作用，秸秆作为沼气的生产原料可以使农村地区大量的稻草、玉米秸秆等得到很好的利用，秸秆在沼气工程中的推广使用能够让更多的农户使用清洁能源，同时那些无法进行转换的残渣能够用作有机肥施入田地，可以进一步提高农作物剩余物质的使用效率。

生物质燃料是乡村地区最为常见的燃料，能够在很大程度上解决农村地区的用能问题，这种燃料的燃烧是最传统和最基本的燃料利用。然而，生物质燃料在乡村地区普遍是在老旧的炉灶中进行燃烧，其能量利用率和利用结构都不太合理，从而导致燃烧效果不尽如人意。不仅如此，低效燃烧还导致燃料浪费和大规模环境污染。生物质燃料作为一种清洁燃料现在普遍应用于乡村区域，因为在乡村区域获得这些燃料较为便捷，常见的生物质燃料包括秸秆、粪便等，这些燃料通过发酵处理可以产生沼气，且只需要建设沼气发酵池，就可以利用原本废弃和无用的秸秆和粪便产生沼气，对于乡村人居环境整治也具有积极的意义。

（二）污染物生成机理与控制排放技术

1. 硫氧化物生成机理与控制排放技术

硫氧化物的危害主要包括硫氧化物本身的危害及与其他污染物的协同危害。二氧化硫是构成硫氧化物的主要成分之一，二氧化硫可与水相互作用形成硫酸盐、亚硫酸盐和硫酸，所以人体在呼吸时，二氧化硫很容易与人体呼吸时产生的水汽相互作用，生成对人体健康有危害的物质，从而导致肺病或呼吸疾病的发生。例如，当二氧化硫进入人肺的内部时，会导致毒性增强，并且会通过协同作用增强其他一些致癌物质的危害程度。同时二氧化硫还会对植物造成危害，会导致水稻等作物的减产甚至死亡。一般来说，植物对二氧化硫的耐受性很弱，所以植物很容易受到二氧化硫的侵害，二氧化硫还会腐蚀各种材料，降低各种材料的使用年限，造成财产损失。由于硫氧化物是部分乡村大气污染的主要污染物之一，有必要对硫氧化物生成机理与控制排放技术进行分析介绍，进而指导乡村大气环境规划中具体防控措施的制定与实施。

（1）煤炭脱硫技术　　我国现今开采的石油与煤炭的硫含量相对较高，作为乡村生产生活常用的燃料，其燃烧后会产生大量污染大气环境的硫化物，不光会损伤人的身体健康，还会造成酸雨，腐蚀乡村房屋和农田。在一般条件下，硫化物经过燃烧生成的二氧化硫占总产物的大部分，一些二氧化硫还会形成过量的三氧化硫，三氧化硫在空气中的尘埃颗粒中凝结形成酸性粉尘雾。当前主要是利用物理法或化学法对煤炭进行脱硫处理，物理脱硫主要是利用物理方法脱除煤中含有的硫铁矿和灰分物质，常用的方法有重力分离法、高梯度磁分离法等，化学脱硫是以化学反应为主要单元操作的脱硫工艺，如石灰法、双碱金属法等，但是由于化学脱硫的成本较高，所以使用还不普及。

（2）重油脱硫技术　　通常的重油脱硫技术是在重油中灌入氢气，高压高温加氢精制是一种催化反应，但是渣油中相对分子量为 1000～5000 的沥青质容易结焦，所以可以采用不同的工艺对其进行加氢脱硫。沸腾燃烧主要是利用空气将热物质吹到沸腾状态，使其与煤颗粒上下滚动。型煤加工与燃烧过程脱硫是通过改变煤的形状，将煤加工成蜂窝煤、煤砖和煤球等形状，并依据煤的含硫量加入适量的固硫剂，保证燃烧尽可能少的硫，减少硫氧化物的生成。

（3）煤炭的气化和液化　　通过对煤炭的气化和液化可以有效提高煤炭的利用效率，得到更加清洁、环保的二次能源。煤炭的气化和液化可以脱除其中绝大部分含硫物质和灰分等污染物。通过煤炭气化和液化也可以获得有价值的化学气化和液化原料。煤炭气化除用作工业和民用燃料外，还可以大规模地应用到冶金工业所需要的化工合成原料气。煤气生产时要进行脱硫，主要是去除煤中含有的 H_2S 和有机硫。例如，可以利用氨法吸收煤炭中的硫，通过氨对 H_2S 进行吸收，再将 H_2S 转化为二氧化硫进一步利用。煤炭液化是将炭煤转化为液态的碳氢化合物，再在碳氢化合物中加入足量的氢对其进行化学转化，使其分子量降低，去除氧、氯和硫等物质。

2. 氮氧化物排放及控制机理

人们对氮氧化物危害的认识近 50 年才逐步开始，人们以往主要认识到硫氧化物是大气污染物，但乡村大气环境中氮氧化物超标严重时，也会造成人窒息死亡。鉴于以上严重的危害性，氮氧化物所导致的大气污染，逐渐引起了人们的重视。大气中的氮氧化物是由于各种燃烧产生，并且燃烧主要排出的还是危害性较大的一氧化氮和二氧化氮，由于人类的生产生活，燃烧所产生的氮氧化物高达 0.53 亿 t。氮氧化物相比硫氧化物在生成的过程中还受到许多其他因素的影响，燃烧产生的氮氧化物依据氮的来源可以被分为以下几种：氮化物在高温下生成氮氧化物；氮化物在高温下进一步燃烧产生氮氧化物；氮化物部分燃烧后生成氮氧化物。氮氧化物的治理途径有两种：一是在燃烧中抑制氮氧化物的产生，这种方法称为燃烧治理；二是对已经生成的氮氧化物进行吸收治理，控制其排放，这种方法称为排烟脱氮。常见的控制氮氧化物排放的方法包括以下几种：对燃料进行改质和转化；改善燃料处理工艺；燃烧污染气体；废气脱硝法；提高烟囱几何高度；降低燃耗。对燃料的转化和改质能够从根源上去除氮氧化物的产生，采用新的燃烧方法也是一种从源头治理的方法，所以现今工厂企业主要采用这两种方法减少氮氧化物的污染。不同燃料对于氮氧化物排放系数的差异也较大，其中煤的排放系数是最高的，其次是煤＋重油，排放系数较低的是灯油和天然煤气。所以通过对燃料的改质可以获得排放系数小的优质燃料。燃料混烧也是减少氮氧化物生成的一种方法，通常如果一类燃料不足，就可以加入另一种燃料进行混烧。混烧率越高，氮氧化物的排放系数也就越低。例如，将天然煤气和高炉煤气进行混烧，随着混烧率的增加，氮氧化物的排除系数持续下降，并且下降的速度不断增加。

为了避免已经投入生产的乡村企业或工厂花费大量的财力和实践建设改造设备，还可以采用新的燃烧方法。新的燃烧方法包括低氮氧化物烧嘴、两阶段燃烧、水或蒸汽的喷入和烟气再循环燃烧。现阶段所采用的低氮氧化物燃烧技术还不是很成熟，达不到排放的标准和要求，所以必须采用人工排烟脱氮法。低氮氧化物烧嘴可以促进燃料与空气的良好混合，从而实现地空燃比燃烧。两阶段燃烧是当空气过剩系数小于 1 时在第一阶段燃烧后再继续进行燃烧，使得在氧气被送入后燃料可以燃烧充分，可以通过燃烧器实现两阶段燃烧，从而减少氮氧化物的产生。

复习思考题

1. 简述乡村大气环境规划的概念、类型及主要程序。
2. 我国乡村大气污染物主要来源有哪些？
3. 简述 *A-P* 值法的原理及其在乡村大气环境规划中的作用。
4. 我国乡村大气污染防治面临的主要问题有哪些？
5. 简述乡村大气环境规划与城市大气环境规划之间的区别与联系。

参 考 文 献

丁峰，李时蓓. 2010. 规划项目大气环境影响评价要点及案例研究 [J]. 长江流域资源与环境，(5)：572-577.

方叠，钱跃东，王勤耕，等. 2013. 区域复合型大气污染调控模型研究 [J]. 中国环境科学，33 (7)：1215-1222.

高玉冰，毛显强，Corsetti G，等. 2014. 城市交通大气污染物与温室气体协同控制效应评价——以乌鲁木齐市为例 [J]. 中国环境科学，34 (11)：2985-2992.

郭怀成. 2009. 环境规划学 [M]. 2 版. 北京：高等教育出版社：68-107.

韩会娟，马蔚纯，朱俊，等. 2008. 省域公路网规划大气环境评价方法研究 [J]. 复旦学报（自然科学版），(4)：33-40.

韩伟强. 2006. 村镇环境规划设计 [M]. 南京：东南大学出版社.

黄涛. 2013. 环境规划与影响评价 [M]. 北京：科学出版社.

江梅，张国宁，张明慧，等. 2012. 国家大气污染物排放标准体系研究 [J]. 环境科学，33 (12)：4417-4421.

金兆森，陆伟刚，李晓琴. 2019. 村镇规划 [M]. 南京：东南大学出版社.

李玉麟. 1995. A-P 值法在城市大气环境规划中的应用 [J]. 环境科学导刊，(1)：24-31.

林立忠，朱斌. 2006. 基于可靠性理论的区域大气环境质量风险评价模型探讨 [J]. 中国人口·资源与环境，(1)：62-65.

刘仁志，汪诚文，郝吉明，等. 2009. 环境承载力量化模型研究 [J]. 应用基础与工程科学学报，17 (1)：49-61.

马晓明. 2006. 大气环境管理决策支持系统 [M]. 北京：化学工业出版社.

梅应丹，高立，邱筹，等. 2021. 基于理性预期理论的大气污染经济成本评估 [J]. 中国人口·资源与环境，31 (2)：24-33.

秦耀辰，谢志祥，李阳. 2019. 大气污染对居民健康影响研究进展 [J]. 环境科学，40 (3)：1512-1520.

尚金城. 2009. 环境规划与管理 [M]. 北京：科学出版社.

石敏俊，李元杰，张晓玲，等. 2017. 基于环境承载力的京津冀雾霾治理政策效果评估 [J]. 中国人口·资源与环境，27 (9)：66-75.

佟华，刘辉志，胡非，等. 2003. 城市规划对大气环境变化及空气质量的影响 [J]. 气候与环境研究，(2)：167-179.

汪光焘，王晓云，苗世光，等. 2005. 现代城市规划理论和方法的一次实践——佛山城镇规划的大气环境影响模拟分析 [J]. 城市规划学刊，(6)：22-26.

王颖，霍玉侠，侯雅楠，等. 2011. 区域规划环评中大气环境监测点位布设研究 [J]. 中国环境监测，27 (6)：33-35.

王韵杰，张少君，郝吉明. 2019. 中国大气污染治理：进展·挑战·路径 [J]. 环境科学研究，32 (10)：1755-1762.

王占山，潘丽波. 2014. 火电厂大气污染物排放标准实施效果的数值模拟研究 [J]. 环境科学，35 (3)：853-863.

魏巍贤，王月红. 2017. 跨界大气污染治理体系和政策措施——欧洲经验及对中国的启示 [J]. 中国人口·资源与环境，27
（9）：6-14.

吴健生，谢舞丹，李嘉诚. 2016. 土地利用回归模型在大气污染时空分异研究中的应用 [J]. 环境科学，37（2）：413-419.

席北斗. 2015. 城乡环境污染控制规划 [M]. 北京：科学出版社.

徐华清，朱松丽，朱晓杰，等. 2005. 我国实施能源规划环境影响评价的综合政策建议 [J]. 环境保护，（5）： 48-51.

徐华清. 2005. 我国实施能源规划环境影响评价的综合政策建议 [C]. 中国环境保护优秀论文集（2005）（上册）： 中国环
境科学学会： 783-787.

郑秀苹，于雷，万军，等. 2020. 城市环境总体规划总结与探索 [J]. 环境保护科学，46（2）：1-5.

周敬宣. 2010. 环境规划新编教程 [M]. 武汉：华中科技大学出版社：47-65.

Buccolieri R, Salim S M, Leo L S, et al. 2011. Analysis of local scale tree-atmosphere interaction on pollutant concentration in
idealized street canyons and application to a real urban junction[J]. Atmospheric Environment, 45(9): 1702-1713.

Liakakou E, Vrekoussis M, Bonsang B, et al. 2007. Isoprene above the Eastern mediterranean: seasonal variation and contribution to
the oxidation capacity of the atmosphere[J]. Atmospheric Environment, 41(5): 1002-1010.

Liu C H, Leung D. 2015. Parallel computation of atmospheric pollutant dispersion under unstably stratified atmosphere[J].
International Journal for Numerical Methods in Fluids, 26(6): 677-696.

Macchiato M F, Cosmi C, Ragosta M, et al. 1994. Atmospheric emission reduction and abatement costs in regional environmental
planning[J]. Journal of Environmental Management, 41(2): 141-156.

Miao S, Jiang W, Wang X, et al. 2006. Impact assessment of urban meteorology and the atmospheric environment using urban
sub-domain planning[J]. Boundary-Layer Meteorology, 118(1): 133-150.

Sandy-Edith B G, Isao K, Shinji W, et al. 2014. Analysis of criteria air pollutant trends in three mexican metropolitan areas[J].
Atmosphere, 5(4): 806-829.

Thompson A M. 1992. The oxidizing capacity of the earth's atmosphere: probable past and future changes[J]. Science, 256(5060):
1157-1165.

第九章　乡村固体废物管理规划

近年来随着经济的发展，乡村产生的固体废物数量激增，废物分布的分散性也增加了收集回收的难度。目前乡村中尚未设立专门的环境管理和清理队伍，大量的固体废物随意堆放在公路、江河湖泊和沟壑中，任其在自然条件下分化分解，不仅会影响乡村的整体环境，固体废物产生的渗滤液还会随着时间慢慢由土壤表层渗入地下深处，污染水体和土壤，危害人类健康。研究表明，我国"癌症村"的数量已达 200 多个，乡村已成为癌症的高发地区，再加上乡村居民环保意识相对薄弱和乡村处理技术相对落后，固体废物难以进行有效管理。因此，建立健全乡村固体废物管理规划体系对推进我国城镇化建设具有重要意义。

第一节　乡村固体废物概述

一、乡村固体废物的定义

《中华人民共和国固体废物污染环境防治法》对固体废物做出的定义为："在生产、生活和其他活动中产生，丧失本有使用价值或虽然没丧失使用价值，但被废弃或抛弃的固态、半固态或气态的物质，以及法律和行政法规规定的其他应纳入固体废物管理的物品或物质。"结合该定义和乡镇的特点，本文所称乡村固体废物，是指在乡村生产建设、村民日常生活等相关活动中，因丧失原有使用价值或者未丧失使用价值但被废弃或者抛弃的固体、半固体材料。

二、乡村固体废物的分类

农民生产生活所在的基本场所是乡村，多数由村庄和集镇两部分组成，乡村区域以农业、畜牧业、养殖业等为主导产业。乡村健康良好的发展是国家解决粮食问题、维护社会稳定和安全、提高整体经济发展的基础。随着城镇化和农民生活水平的不断提高，乡村区域内人民的生活方式也发生了重大变化，随之带来的废物污染问题也对乡村生态环境造成了严峻的压力，并成为现代乡村建设面临的一大难题。一般来说，乡村固体废物主要包括以下几类。

（一）生活垃圾

乡村生活垃圾为乡村地区的广大村民提供日常生活所需，抑或为其日常生活提供其他服务的过程中产生的固态、半固态或气态废物。按其主要组成成分可分为有机和无机两大类，其中有机垃圾指质量分数大于 40%且小于 50%的食品垃圾、树叶等；无机垃圾指质量分数大于 20%且小于 40%的灰渣、砖石等垃圾。在乡村区域内，生活垃圾中部分具有一定价值或使用价值，如废铝、废铁、玻璃瓶、纸箱等，大多数村民都会自己分类收集，然后进行二次售卖；而没有利用价值的部分将被村民丢弃到垃圾桶，并由乡村清洁员收集后倒入填埋场。

2016 年底，全国乡镇级区划数量为 39 945 个，乡村人口数量为 5.64 亿人。由于农村生活垃圾缺少完整的基本数据，本文通过梳理总结相关文献资料，得出我国乡村人均生活垃圾日产生量为 0.5~1.0kg/（人·d），按乡村生活垃圾产生率中值计算，2016 年我国乡村生活垃圾产量约为 1.54 亿 t（表 9-1）。

表 9-1 各乡村生活垃圾人均日产量

地区	年份	乡村人均生活垃圾日产生量 [kg/（人·d）]
北京	2015~2016	0.67
河北	2015~2016	0.57
山西	2015~2016	0.44
内蒙古	2015~2016	0.54
上海	2015~2016	0.67
浙江	2015~2016	0.52
安徽	2015~2016	0.97
福建	2015~2016	0.65
河南	2015~2016	0.26
湖北	2015~2016	0.80
湖南	2015~2016	0.52
江苏	2014	0.91
辽宁	2014	0.80~1.10
江西	2013	0.18~0.47
天津	2012	0.80~1.50
黑龙江	2011	0.31~0.44
山东	2011	0.81~0.99
广东	2011	0.73
吉林	2010	1.17

资料来源：马晓明，2006；周敬宣，2010；吴健生等，2016；李玉麟，1995；Tompson，1992；方叠等，2013；石敏俊等，2017；刘仁志等，2009；林立忠和朱斌，2006

随着国民经济的发展和农村地区生活水平的提高，垃圾产生量也呈增加趋势。乡村地区相对城市而言，人口居住地在空间范畴上较为分散，村民缺乏保护乡村环境的思想意识，加之我国多数农村地区还没有建设配套专业的垃圾处理系统，虽然垃圾产生量在不断增加，但大部分垃圾都是随意倾倒在乡村的田野、路边和水边，导致许多河流成为天然垃圾桶。在腐败菌的作用下，随着包含在垃圾中的有机物质的不断降解，会滋生大量细菌、病毒、蚊蝇等及破坏水体和土壤生态环境平衡的渗滤液。目前，国内对生活垃圾处理的研究大多集中在城市层面，而忽略了对农村生活垃圾污染的研究。在城乡差距不断缩小的同时，乡村区域所产生生活垃圾，尤其是农村农业面源污染，已逐步引起重视，如生态宜居是乡村振兴战略中提出的核心发展要求之一。

（二）养殖业固体废物

家禽牲畜养殖过程中产生的粪便、废饲料、散毛、养殖舍垫料和意外死亡的家禽牲畜尸体等都属于养殖业固体废物。主要污染物可归纳为以下三类：①畜禽粪便和其分解产物，主要包括固态有机物和恶臭气态物质，其中固态有机物包含有机酸、蛋白质、碳水化合物等，恶臭气态物质有硫化氢、会挥发的脂肪酸等；②伴生生物，主要指会引起人们和家禽牲畜生病的细菌、真菌和病毒等病原性的微生物；③养殖废水，即家禽牲畜等养殖过程中产生的动物尿液及为冲刷这些粪便尿液而产生的污水。其中，家禽牲畜的粪便排放量占总污染物排放量的比重最大，家禽牲畜的粪便排放量与其性别、生长时段、所属种类、喂养饲料，甚至天气、地理位置、养殖规模等都有一定的联系。动物的排泄粪污参数即指该种类别的动物平均每天的粪污产生数量，我国多个研究机构和研究学者对动物的排泄粪污参数进行了相关研究，但由于统计方式或地区差异，其所给出不同种类动物的排泄粪污参数不尽相同。其中《畜禽养殖业污染治理工程技术规范》给出的猪、牛、鸡、鸭等动物的排泄粪污参数，具体见表 9-2。

表 9-2　不同动物排泄粪污参数

项目	单位	牛	猪	鸡	鸭
粪	kg/（只·天）	20.00	2.00	0.12	0.13
	kg/（只·年）	7300.00	730.00	43.80	47.45
尿	kg/（只·天）	10.00	3.30	—	—
	kg/（只·年）	3650.00	1204.50	—	—

资料来源：《畜禽养殖业污染治理工程技术规范》（HJ 497—2009）；边炳鑫等，2018

随着人民生活水平的不断提高，人们对肉、蛋、奶的需求以每年 10%左右的速度逐渐增加，使我国养殖业也发生了较大变化，由原本的家庭副业转变为一个独立行业。与此同时，养殖规模也由分散型向集约型转变。2017 年，我国家禽牲畜养殖的集约化率达到 58%，相较 2016 年增加了 2%，规模养殖逐步成为肉蛋奶生产供应主体。这种顺应国家发展需求的集约规模化养殖，改变了原有分散饲养、到处收购、长途运输的模式，在促进畜禽生产效率提升的同时，节约了大量的人、物、财；但是也把畜禽养殖业和种植业分开了，在养殖过程中所产生的粪便和污水难以再用传统的方式回田处理，加之养殖作业人员多数缺乏防污环保意识，造成我国养殖污染现象比较严重，因此，养殖业固体废物也逐渐成为乡村环境治理的一大难题。

近年来，随着我国家禽牲畜养殖户数量的不断增加和养殖业规模化经营的不断扩展，不可避免地带来了数量巨大的养殖业固体废物排放问题，成为我国农村地区面源污染的主要因素之一，使得乡村环境的承载压力不断增大。20 世纪 90 年代末期，我国（除去港澳台地区）家禽牲畜养殖户和养殖场的固体废物年产总数量超出 19 亿 t，是同期工业固体废物产生量的 2.4 倍，而且拥有 COD 含量高达 7117 万 t，流失量为 797.31 万 t（表 9-3）。除此之外，排放的畜禽污水中 N、P 等元素浓度较高，造成周边水体富营养化等一系列问题的产生。乡村规模化畜禽养殖业所产生的环境问题主要由以下几方面因素造成：①畜禽养殖业与农业严重分离脱节，由于规模经营的畜禽养殖场周边的耕地数量较少，不足以对周边家禽生物养殖过程中产生的粪便进行完全吸收，即现有的家禽牲畜养殖场不符合单位标准畜禽养殖所需配套耕地 1 亩（1/15hm²）的基本要求；②现有乡村种养场的科学管理规划不足，部分乡村畜禽养殖场建设建在城区上风向或居民区附近，尤其那些靠近人们饮用水水源地（50m 以内）的养殖场，会对周边乡村居民的饮用水质量构成威胁；③处理技术工艺落后，目前乡村仍有大量畜禽养殖场使用传统水冲粪或水泡粪湿法清粪工艺，这类处理方法不仅耗水量巨大且会给后续污水处理造成困难；④环境管理意识薄弱，目前大多数规模经营的畜禽养殖场在建设中或者投产前并未进行专业的环境影响评价和上报审批；⑤缺少环境治理和综合利用设施或机制，环境治理和综合投资也非常短缺。如何科学、合理、高效地对养殖业固体废物进行无害化处理，不仅关系到我国未来畜产品的安全供给，对乡村环境建设及社会文明发展也具有十分积极的促进作用。

表 9-3　1999 年我国部分地区畜禽养殖排放污染物总量一览表

地区	污染物产生数量（万 t）		规模养殖产生量（万 t）		工业污染物产生量（万 t）		生活污水 COD	每公顷耕地负荷粪便水平（t）	
	粪便量	COD	粪便量	COD	固体废物	COD		现实值	预警值
全国（除港澳台）	190 366.00	7 117.00	21 535.60	805.19	78 441.00	691.74	697.00	14.64	0.49
北京	637.60	27.90	195.00	8.54	1 161.42	3.03	13.90	18.54	0.62
天津	303.60	12.20	62.80	2.52	407.16	4.72	11.80	6.25	0.21
河北	12 708.00	469.30	1832.70	67.67	7 156.24	58.10	21.80	18.46	0.62
山西	4 192.90	139.10	317.00	10.52	6 242.17	29.20	17.60	9.14	0.30
内蒙古	6 460.70	170.90	683.40	18.08	2 510.29	11.99	12.00	7.88	0.26
辽宁	4 272.40	173.70	728.30	29.60	7 545.10	34.46	38.20	10.24	0.34
吉林	7 191.20	268.70	666.70	24.91	1 770.08	21.29	22.30	12.89	0.43
黑龙江	5 509.30	205.20	896.20	33.39	2 880.63	19.38	35.10	4.68	0.16
上海	587.50	28.40	233.10	11.26	1 211.14	8.92	26.10	18.64	0.62
江苏	5 119.40	211.30	1 220.90	50.40	2 906.72	29.72	37.70	10.11	0.34
浙江	1 683.30	82.50	392.70	19.24	1 361.48	31.81	27.50	7.92	0.26
安徽	8 163.30	311.60	813.20	31.04	2 973.63	18.66	27.70	13.67	0.46
福建	2 267.20	104.10	425.60	19.40	1 589.54	14.95	17.00	15.80	0.53
江西	5 182.80	220.10	658.00	27.94	3 983.56	7.94	29.70	17.31	0.58
山东	18 960.00	667.60	2 319.10	81.56	5 166.06	55.00	48.40	2 466.00	0.82
河南	17 895.00	639.00	1 240.40	44.29	3 477.02	50.46	42.80	22.06	0.74
湖北	6 005.50	255.00	800.30	33.98	2 510.58	33.39	37.40	12.13	0.40
湖南	8 784.00	388.20	1182.40	52.25	1 869.37	35.75	30.20	22.22	0.74

续表

地区	污染物产生数量（万 t）		规模养殖产生量（万 t）		工业污染物产生量（万 t）		生活污水 COD	每公顷耕地负荷粪便水平（t）	
	粪便量	COD	粪便量	COD	固体废物	COD		现实值	预警值
广东	6 716.40	295.90	1 357.30	59.81	1 877.37	33.96	51.00	20.53	0.68
广西	9 031.10	364.30	853.30	34.41	2 068.24	52.18	26.10	20.49	0.68
四川	14 442.00	591.80	1 513.30	62.01	4 395.82	37.80	31.30	15.75	0.53
贵州	7 213.70	270.60	301.10	11.29	2 925.10	8.20	17.10	14.71	0.49
云南	8 589.70	325.40	462.00	17.50	3 117.42	28.39	14.60	13.38	0.45
陕西	3 586.30	130.40	324.40	11.80	2 623.92	16.91	16.10	6.98	0.23
甘肃	4 424.00	144.80	458.10	15.00	1 699.34	5.83	8.30	8.80	0.29
宁夏	8 528.00	25.60	92.70	2.78	418.51	6.93	3.40	6.72	0.22
新疆	575.10	142.20	884.70	21.86	702.34	13.26	9.30	14.44	0.48

资料来源：边炳鑫等，2018

（三）种植业固体废物

在蔬菜瓜果、粮食苗木、糖油拌料等农作物的种植、收获、加工处理过程中产生的废弃花朵、树叶、根茎、果壳（核）等固体废物即种植业固体废物。种植业固体废物可分为初生固体废物和次生固体废物。其中，初生固体废物是指产生在农作物生长地及其附近的固体废物，如蔬菜瓜果、粮食苗木、糖油拌料等作物在收获和出运前在田间、水边、沟渠等地产生的固体废物；次生固体废物是指农作物收获、出运后产生的固体废物，多指在家庭、交易市场和深加工场所产生的废物，如蔬菜在交易市场的净菜过程中去掉的部分外叶和根，蔬菜加工食用前去掉的一部分叶和根。

其中，作物秸秆是种植业固体废物中最主要的部分，通常指农作物籽实收获后的植物残体。碳是植物秸秆组成中占比最大的元素，以下依次是钾、硅、氮、钙、镁等元素，而纤维素和半纤维素是植物秸秆最重要的有机成分，此外植物秸秆还包含蛋白质、木质素、油脂、氨基酸等，因此秸秆类废物相对其他废物而言，拥有较高的开发利用价值。由于目前我国并没有将作物秸秆产量纳入统计范畴，因此现有研究一般根据植物籽实产量和相关经济系数计算得出。它们大多采用粮草比法计算，即主副产品比系数法，粮草比＝粮食产量/秸秆产量。据《中国统计年鉴 2019》中主要农作物的产量，可知 2018 年我国产生了约 51 434.8 万 t 的玉米秸秆，在总量 100 811.7 万 t 的农作物秸秆中占比最大（表 9-4）。

表 9-4　2018 年我国主要农作物秸秆资源数量

作物种类		作物产量（万 t）	谷草比	秸秆产量（万 t）	秸秆占比（%）
谷物	稻谷	21 212.9	1.0	21 212.9	21.04
	小麦	13 144.0	1.0	13 144.0	13.04
	玉米	25 717.4	2.0	51 434.8	51.02

续表

作物种类		作物产量（万 t）	谷草比	秸秆产量（万 t）	秸秆占比（%）
豆类		1 920.3	1.5	2 880.45	2.86
薯类		2 865.4	1.0	2 865.4	2.84
棉花		610.3	3.0	1 830.9	1.82
油料	花生	1 733.2	2.0	3 466.4	3.44
	油菜籽	1 328.1	2.0	2 656.2	2.63
	芝麻	43.1	2.0	86.2	0.09
麻类		20.3	2.0	40.6	0.04
甘蔗		10 809.7	0.1	1081.0	1.07
甜菜		1 127.7	0.1	112.8	0.11
合计		80 532.4	—	100 811.7	100

目前我国种植业固体废物的利用率较低，多处于取暖、薪材、动物饲料或肥料等低水平利用状态，大部分固体废物并未得到充分利用。我国许多乡村地区对小麦、玉米、水稻等农作物秸秆处理方式多为随意丢弃或者焚烧，这样简单粗暴的处理不仅会损伤土壤肥力，对周边环境造成污染，还容易引起火灾，破坏乡村原有的生态环境平衡，危害周边人群的身体健康。我国是一个人口多、资源少的农业大国，若把产生量极大的种植业固体废物（如作物秸秆）加以充分开发利用，既能缓解乡镇化肥、饲料、燃料等资源短缺问题，又能保护乡镇生态环境，促进农业健康快速持续发展，实现乡村地区经济、社会、生态效益的齐头发展，建设低碳新型农村体系。

（四）农用薄膜污染

农用薄膜（简称农膜）主要指蔬菜大棚等农用棚膜和地膜两种。农用薄膜的推广使用，不仅对我国种植结构调整、耕作制度改革和高效、高产、高质量农业生产转变产生了较为深远的影响，而且有利于增加农民的收入。据统计，我国地膜覆盖面积由 1988 年的 0.3 亿亩增长到 2018 年的 2.67 亿亩，翻了将近 90 倍，农膜覆盖面积居世界首位。虽然农膜的使用给我们带来了可观的经济和社会效益，但是也破坏了乡村地区原有的良好生态环境。其中，最严重的是膜残留污染，是指农用薄膜的老化和破损，由于恢复不彻底，也被称为"白灾"。全国各地区 2017～2018 年农用薄膜使用情况见表 9-5。

表 9-5　我国（除港澳台）各地区 2017～2018 年农用薄膜使用情况一览表

地区	农用薄膜使用总量（t）		地膜使用总量（t）		地膜覆盖面积（hm²）	
	2017 年	2018 年	2017 年	2018 年	2017 年	2018 年
全国（除港澳台）	2 528 365	2 464 795	1 436 607	1 403 991	18 657 168	18 764 667
北京	8 973	8 243	2 342	2 079	11 620	10 155
天津	10 906	9 070	3 751	3 178	53 711	46 990
河北	128 100	109 833	61 564	52 960	1 000 371	812 312

续表

地区	农用薄膜使用总量（t）		地膜使用总量（t）		地膜覆盖面积（hm²）	
	2017 年	2018 年	2017 年	2018 年	2017 年	2018 年
山西	49 998	49 067	31 734	31 145	588 132	591 970
内蒙古	94 306	93 969	77 593	75 707	1 333 222	1 358 116
辽宁	24 791	117 976	37 906	39 019	310 755	313 713
吉林	60 752	56 216	29 874	30 567	192 955	180 782
黑龙江	79 770	77 431	31 185	28 835	284 710	263 186
上海	15 664	14 781	3 800	3 453	16 551	14 003
江苏	115 085	116 064	44 986	44 963	601 693	592 749
浙江	67 891	68 731	28 945	28 624	157 958	154 577
安徽	97 601	97 828	43 089	43 150	427 543	1 420 717
福建	62 415	60 002	31 882	31 412	140 238	135 761
江西	53 509	52 218	33 198	32 328	133 656	131 206
山东	287 098	276 935	114 244	107 536	1 989 055	1 871 482
河南	157 298	152 838	73 023	68 402	984 362	1 005 120
湖北	65 876	63 554	37 585	32 049	404 130	375 830
湖南	85 209	85 397	56 594	56 357	724 379	719 987
广东	45 867	44 814	26 708	25 050	139 083	137 618
广西	47 693	47 195	36 300	34 594	574 517	435 664
海南	27 642	23 539	16 643	9 159	48 735	54 945
重庆	45 479	44 625	24 642	24 367	256 632	253 872
四川	130 993	120 186	90 949	83 476	996 719	966 537
贵州	51 138	55 031	31 901	28 063	320 498	297 982
云南	120 150	119 685	96 235	96 111	1 065 242	1 096 429
西藏	1 870	1 778	1 478	1 592	3 175	3 178
陕西	43 954	44 147	22 322	20 932	436 924	427 697
甘肃	172 188	161 272	108 388	113 432	1 388 762	1 316 617
青海	8 416	7 556	6 699	5 601	76 380	69 160
宁夏	15 087	14 975	11 580	11 662	199 574	194 369
新疆	252 646	269 839	219 467	238 188	3 795 886	3 511 943

资料来源：《中国农村统计年鉴 2019》

　　据统计，农膜残留量在 60～90kg/hm² 是符合相关标准要求的，而目前我国的乡村地区的农膜残留量高达 165kg/hm²，远远高于一般标准。农用薄膜对作物产量的影响主要表现在以下两个方面：①邻苯二甲酸二异丁酯，是农用地膜中的增塑剂，其长期滞留于农地中会发生溶解并渗入土壤，毒害种子、幼苗和植物，限制作物生长发育；②残留的农用棚膜或地膜会降低周边农作物的渗透性和水分含量，对农用地土壤的孔隙率和渗透性产生影响，使农用地的抗旱性能和其他物理性能变得脆弱，最终导致减产。农用薄膜残留量对土地主要物理性能的影响见表 9-6。

表 9-6　农用薄膜残留量对土地主要物理性能的影响

农用薄膜残留量（kg/hm²）	含水量（%）	容量（g/m³）	密度（g/m³）	土壤孔隙率（%）
对照（不含农用薄膜）	16.2	1.21	2.58	53.0
37.5	15.5	1.24	2.60	52.4
75	15.9	1.29	2.61	50.5
150	14.7	1.36	2.65	48.6
225	14.3	1.43	2.63	45.7
300	14.5	1.54	2.67	42.3
375	14.4	1.62	2.66	39.2
450	14.2	1.84	2.70	35.7

资料来源：边炳鑫等，2018

（五）乡村企（工）业固体废物

乡村企（工）业是我国乡村地区经济发展中不可或缺的部分，其发展为我国乡村经济快速发展贡献了重要力量。乡村企（工）业的建设发展使得乡村区域原有单一的、以农业生产为主的经济结构发生翻天覆地的变化，形成了现今多种的、复合的，农业、工业、服务业、商业等协同发展的经济结构，促进了乡村企（工）业经济的协调发展。随着我国城乡一体化快速推进，乡村企（工）业在社会和经济发展中扮演的角色越来越明显，乡村企（工）业的总产值在全国工业总产值中的比重也呈增加趋势（表 9-7）。

表 9-7　全国乡村企（工）业发展状况

年份	1985 年	1997 年	2002 年	2010 年
乡村企（工）业数量（万个）	1 222.5	2 015.0	2 132.7	2 742.5
职工人数（万人）	6 979.0	13 050.0	13 287.7	15 892.6
在农村劳动力总数中的占比（%）	18.8	28.4	27.6	32.4
乡村企业增加值（亿元）	772.31	20 740.32	32 385.80	112 232.00
占全国国内生产总值份额（%）	8.50	26.11	26.76	28.20
乡村工业增加值（亿元）	518.08	14 527.99	22 773.03	64 769.17
在全国工业总产值中的占比（%）	15.02	44.10	48.01	40.26
乡村企（工）业纯利润（亿元）	217.4	4 355.5	6 962.7	27 187.3
上缴税收（亿元）	137.4	1 526	2 693.5	11 328.0

资料来源：边炳鑫等，2018

我国大多数乡村的产业体系是由村集体和个体联户组成的中小型产业体系，涵盖 40 多个主要产业和上百个小产业。乡村企（工）业固体废物主要特征有：①产量大，品种多，成分杂，来源相对集中；②性质稳定，易于实现综合利用；③"三性"污染，即潜在性、间接性、长期性。乡村企（工）业固体废物本身并非污染物，但若不对其进行及时有效的处理，而是任由村民随意堆置，不仅会使数量有限的土地资源被大量占用，其中的有害成分一旦分解释放还会使周边的空气、土壤、水体等受到间接污染。此外，乡村企（工）业固体废物中有毒物质的转化迁移是一个潜在而长期的过程，可能导致严重的危害。

（六）建筑固体废物

建筑固体废物是指村民在房屋建设、拆迁中产生的，如碎砖块、废瓦片等建筑垃圾，以及装修粉饰中产生的，如废油桶、废油漆等装修垃圾。其中，建筑垃圾在大多数乡村自行吸收，村民利用其建筑地基或在乡村修路；废油漆、废涂料等有毒有害物质混入生活垃圾填埋；而在装修房屋过程中产生的垃圾则多被作为生活垃圾来处理。

三、乡村固体废物的主要特征

1. 种类多、来源广、产生量大

据统计，人类的食物主要依赖于近 100 种动植物提供，而乡村固体废物主要伴随农业生产而产生，只要从事农业生产活动，就会产生废物，因此农村废物的种类繁多。近年来，随着家禽牲畜养殖大户的增加，其所产生家禽牲畜粪便数量也随之增长。此外，城市中的一些高污染企业迫于文明城市建设、高地价等压力，逐渐向城乡结合区域或者边远乡村地区转移，这些企业的转移在带动乡村经济发展的同时，也给乡村生态环境埋下了隐患。由于乡村管理相对疏松，多数工业厂家在乡村地区发展均存在着未合理利用自然资源、工厂选址随意、厂房布局混乱、工艺设备落后、环保意识及管理手段薄弱等问题，给乡村生态环境造成了很大威胁。此外，城市固体废物向乡村地区的转移，使过去几十年里以易腐烂分解的果皮菜叶为主的乡村垃圾状态产生变化，形成今时今日塑料袋、塑料盒、纸制品、金属制品、废电池等多种成分并存的状态。此外，不易降解程度和对乡村环境产生危害程度在乡村固体废物中的比例也呈逐渐增加趋势。

2. 堆放随意、安全隐患多

近年来乡村居民的消费结构发生了很大的变化，导致乡村地区固体废物呈现产生数量增加化、组成成分复杂化，由以前的有机垃圾为主逐渐向有机垃圾、无机垃圾共存转变的趋势。由于乡村地区管理监督的不足及人们环保意识的薄弱，许多大型的家禽牲畜养殖场并没有建设在距离居民生活区较远的非影响范围内，甚至有些养殖场就建设在乡村居民的生产生活区域内。随着乡村家禽牲畜养殖户数量的不断增多和养殖规模的不断扩大，乡村所产生的家禽牲畜粪便和宰杀这些牲畜产生的皮毛、肠肚等固体废物的数量也随之增多，若这些废弃物未能得到及时有效处理，就会转变成为有害垃圾，对周边人体健康和乡村生态环境造成极大危害。多数乡村都没有设置建设固定的乡村垃圾堆放点和配套专业的垃圾收集、集运、焚烧、填埋处理设施，若乡村管理存在不足，则多数垃圾会被没有环保思想意识的村民随意丢弃在路边、田埂、荷塘边等地，严重破坏乡村地区的村容村貌，也会对乡村道路的正常通行造成影响，给乡村居民的身体健康带来安全隐患。

四、乡村固体废物的主要危害

近年来随着我国经济的不断发展，乡村固体废物的排放呈现愈演愈烈的态势，这无疑会对乡村生态环境造成严重危害。例如，作物秸秆的随意堆置占用大量耕地，露天焚烧污染周边大气环境；禽畜养殖所排放的废物不仅污染地下水还会传播疾病；废弃农膜会对土壤环境造成重金属污染；生活垃圾的随意丢弃除了影响乡村景观外，还会对人居环境的适宜性造成影响。乡村固体废物对环境的危害主要表现在以下 4 个方面。

1. 对大气的污染

在处理乡村固体废物过程中，由于仅进行了较低效率甚至根本未进行除尘处理，致使大量粉尘颗粒进入大气，造成区域大气污染；而由于风化、侵蚀等原因，露天堆放的乡村固体废物中的细小颗粒会随风飘散在周边环境，进一步加大空气中的粉尘含量，加重大气污染。此外，在适宜的湿度和温度下，随意丢弃和排放的固体废物还会进行生物降解，会产生数量巨大的毒害物质和令人发呕的恶臭气味，如废弃煤矸石自燃、家禽牲畜粪便发酵等，会产生有臭鸡蛋气味的硫化氢、硫醇和会挥发的有机酸等气体物质，对大气环境造成污染。同时，多数乡村的一些简单的固体废物处理设施（如填埋场）也会排放大量温室气体，如甲烷等，污染周围空气，危害人体健康。

2. 对水体的污染

农村固体废物对水环境的影响可分为直接污染和间接污染。直接污染是指乡镇固体废物直接排放到水环境中，污染水源。例如，大量乡村固体废物被直接排放或随着地表径流进入乡村内的小溪、河流，或随风吹散进入水体，对水中原有鱼类、贝类、藻类等生物生长构成威胁，污染人们饮用水源。一些类似于农作物秸秆之类的固体废物，若被直接堆放在河道边甚至河道内，还会造成河道阻塞，挤压岸堤，致使河流泄洪功能受阻，进而使河水满溢，淹没农作物、冲倒房屋，危害当地乡村居民的生命财产安全。乡村固体废物通过雨水等环境介质进入水体，会间接造成水源污染，如农作物秸秆和家禽牲畜粪便在露天堆放过程中会发生分解，产生多种有毒有害物质，破坏土壤生态环境，污染地下水，或随雨水进入乡村池塘、河流，使得乡村水体富营养化问题进一步加重。

3. 对土壤的污染

乡村固体废物的随意堆放会占用土地，随着乡村固体废物数量的增多，其所占用的土地数量也在不断增大。同时，固体废物堆放时间过长，其所含有的有毒有害物质会逐渐渗入土壤，对土壤环境的生态平衡进行破坏，使固体废物中难以降解的、对土壤原有的生态平衡和生物群落结构造成破坏的毒害物质在未来几十年甚至上百年都滞留在土壤中，引起土壤酸碱化、毒化等问题，抑制土壤微生物活性，破坏土壤原有的生物群落结构和功能，制约植物正常生长，致使作物减产。此外，农用薄膜使用后造成大量残膜滞留于土地，致使土壤渗透性和含水量下降，土地抗旱性减弱，并导致农作物减产。

4. 对人类健康的影响

乡村畜禽养殖业固体废物中的畜禽尸体、粪便含有大量寄生虫、致病微生物等，若未及时有效处理，这些病原微生物、病菌等就会迅速扩散，直接进入周边环境，不仅会对当地畜禽养殖业的自身安全构成威胁，还有可能造成人畜共患病的发生，威胁周边人群的健康和食品安全。根据世界卫生组织调查研究，在人和动物之间可发生交叉感染的传染病，如近些年频发的禽流感，就是人和禽类发生交叉感染的传染病之一，严重危害人类健康。

第二节　固体废物规划实践进展

一、国外固体废物管理政策与措施

日本、美国和欧盟（欧洲联盟）发达国家等关于农村环境治理和固体废物污染防治的管理规划相对我国起步较早，管理和治理体系较为完善，发达国家把与固体废物的污染防治立法纳入环境管理的全范围，对固体废物采取减量化、资源化和无害化的"三化"处理，且在相关立法中，也以"三化"为固体废物的处理重点内容，制定生产者责任延伸等相关制度，将企业单位的生产责任延伸到产品的整个生命周期，以及对产品生产的全部过程实施控制监管措施。发达国家通过创新发展思路、科学管理模式和先进科学技术，在固体废物污染防治方面取得了显著成效。

（一）日本

日本因本土资源较为匮乏，一直致力于通过建立固体废物回收法律体系，来达到减少固体废物的污染排放目的。经过多年实践发展，日本目前已经构筑了一个较为完善的固体废物回收利用的法律体系，成为世界上固体废物防治法律体系建立与发展最为完善的国家之一。

日本早期颁布实施的，与固体废物污染防治相关的，且先后于 1974 年、1976 年、1983 年、2001 年等多次修订的一部重要综合性法律为 1970 年发布实施的《废弃物处理法》。1990 年以后，日本开始逐步引入循环经济等相关概念，针对特定废物通过制定法律法规，提出相应收集、运输、贮存、治理要求，如《关于促进新能源利用等特别措施法》针对新能源的综合利用、储存等，《容器包装再利用法》针对容器包装物的再生利用和回收处理，《家用电器循环利用法》针对大型废旧家用电器的循环利用等进行明确规定。2000 年的《循环型社会形成推进基本法》对有利于促进固体废物循环综合利用的许多政策制度进行了相关规定，明确了排放废物行为人责任（对于固体废物排放的行为人必须要承担相应的回收责任）和扩大生产行为人责任（生产行为人必须承担产品销售后的废物回收责任）的两个原则。该法是日本确定走循环型社会道路的基本性法律，也指明了日本 21 世纪经济社会发展的主旋律。21 世纪以后，日本又针对砖瓦等建筑材料、食品资源、废旧汽车及采用低碳绿色的采买方式等进行了专项规定，颁布了一系列法律法规，逐步完善了日本循环经济的法律体系。这些法律法规制定的各项具体法律措施非常严格且易于遵守，充分发挥了各方力量的作用，体现了日本政府对固体废物资源化利用的重视程度。

日本的固体废物防治规划可始于环境基本法的制定，日本政府于 1995 年 12 月 16 日决定了构筑"循环、共生，参与国际合作"的第一次环境规划，努力将日本建设成为对环境负荷较小的循环型社会，使人类可以和地球资源持续共生。规划中涵盖了控制固体废物产生和再利用对策等相关内容。第二次环境规划是日本政府于 2000 年 12 月 22 日制定的，这次规划特别关注两方面内容，即特别注重规划可实施的时效性和从理论框架到实践建设转变的可操作性。日本政府于 2006 年 4 月 7 日第三次对日本的环境规划进行了相关制定，提倡环境、经济和社会的协调发展。在第二次、第三次环境规划中，实现固体废物的循环利用、构建循环型社会均是规划的重点内容。2013 年 5 月，日本政府制定了一项新的计划，以达到减少垃圾人均日排放量、建设循环型社会的目标，其中指出，通过扩大买进改装商品及积极使用二次物品等，努力将 7 年后的国民人均垃圾排放量减少至 890g，比 2011 年下降 9%。

（二）美国

美国是全世界固体废物数量产生最多的国家，随着人民环保意识的不断提高和对固体废物价值的重新认识，美国政府逐步建立了较为完备的固体废物污染防治体系。

1899 年的《废弃物法》可视为美国的第一部废物管理法，禁止向任何具有通行运输功能的河流或支流倾倒丢弃任何废物，但这项法律并不是为了废弃物而专门制定的，其制定主要目的是防止水污染。美国具体针对固体废物的法律，应为 1965 年颁布的《固体废弃物处置法》，该部法律对固体废物填埋场建设的一般标准进行了制定，并为各地方州政府提供技术援助；也是在 1965 年，美国政府成立了一个固体废物管理机构，专业处理固体废物污染，确保美国固体废弃物得到安全合法处理。之后美国又陆续颁布实施了《资源保护与回收法》（RCRA）和《超级基金法》。其中，《资源保护与回收法》设立了 3 个既相互区别又相互联系的项目：危险废物项目、无害废物项目和地下储藏罐项目。危险废物项目在 RCRA 副标题 C 下，建立了一种对危险废物从产生到最终被清理的全过程进行控制的体系，即所谓的从"摇篮"到"坟墓"模式；无害废物项目在 RCRA 副标题 D 下，鼓励各州制定自己的综合计划来处理无害的工业和地方固体废物，并对各地方的固体废物填埋地和其他固体废物清理设施设定标准，禁止固体废物公开倾倒；地下储藏罐的项目在 RCRA 副标题 I 下，对含有有害物质和石油产品的地下储藏罐进行规范。同时，美国还鼓励各州制定适合自己的综合政策计划来对固体废物进行处理，如纽约市制定了《美国纽约市固体废物处理 20年规划（2006—2026）》，要求 2007 年前将 25% 的可循环利用垃圾转交私营企业进行处理；此外，纽约市规划还将努力节约费用，每年至少节约 2000 万美元，并将建立一个以水运为主的可回收垃圾运输网络，最大限度地减少卡车运输，该规划为纽约市垃圾处理制定了新的框架，制定了高标准的循环利用目标，建立了相应的垃圾处理体系和公众教育制度，以确保更多的垃圾得到有效利用。

以乡镇固体废物畜禽粪便为例，美国还先后出台了一系列的法律法规，进一步完善了美国的固体废物管理法律体系，见表 9-8。此外，美国农业部还针对规模化养殖场、水生生物养殖场、非点源污染、地表水质管理等出台了一系列的政策指令，确保固体废物的无害化处理。

表 9-8　美国与畜禽养殖污染防治相关的法律法规

法律法规名称	要点
《清洁水法》	将集约化规模化养殖场作为点污染源，并针对非点源污染制定了相应的治理规划，明确要对养殖规模较大的养殖户和养殖场实行排污许可制度
2002 年《农场安全与农村投资法案》	该法案指出不仅要对采取相应措施保护良好生态环境的农牧民提供专业技术支持，还要依据农牧民采取的实际环境保护措施的数量和保护范围给予一定奖励，使其达到最高环保标准
《CSP 计划》	将农民和牧场主的补贴划分为三种类别，每种类别的年最高补贴为 4.5 万美元，合同期限在 5～10 年

续表

法律法规名称	要点
《水污染法》	主要针对家禽牲畜等养殖场的管理和建设进行重点规定,明确对于超过一定规模的家禽牲畜养殖场必须实施环境许可证制度
《动物排泄物标准》	该标准主要适用于大型的农场企业,要求各个大型农场企业应完成氮管理计划,且该计划应在2009年及以前完成
2008年《农场法案》	该法案规定,项目资金支出的60%必须专款专用,用于解决养殖业造成的水土污染问题等

（三）欧盟

就废弃物立法而言,欧盟的废弃物立法无论是体系的完备性还是其立法技术与内容的先进性与全面性,无疑都是全世界最好的。经过近40年的发展,欧盟废弃物立法取得了令人瞩目的成就。欧盟废弃物立法是建立在欧共体条约的基础之上的,其立法的关键目标和原则是高水平环境保护、环境损害的预防和补救及污染者付费原则。

欧盟关于废弃物管理的第一项指令是1975年发布的《废弃物框架指令》,该指令确立了废弃物管理的基本目标和处置体系。1990年通过的《废弃物政策决议》,强调了以环境保护为目的的综合废弃物政策的重要性。1991年,欧盟制定了废弃物生产者要承担相应处理责任的制度,并通过颁布与废弃物管理相关的法律法规,明确了危险废物合理处置的方式方法。1994年颁布的《包装及包装废弃物指令》,对包装废物进行了规范。2003年通过的《电子废弃物指南》,指出要对电子废物的回收拆解、再利用和再循环加以注重。2005年通过《朝向可持续的资源利用：废弃物预防和循环的主题战略》,涵盖了改善一般立法框架、预防废弃物的负面影响和促进废物循环三方面主要内容,其目的在于减少废弃物从产生到处置的整个生命周期内,经循环引起的对环境的负面影响。2007年,欧洲议会为成员国实现减少浪费和资源回收的目标做出了相关规定。同时,欧盟对于污水污泥等固体废物用于农业生产使用时,尤其针对土壤保护制定专项指令规定,此外还有《废弃物填埋指令》《废弃物焚化指令》等专项废弃物法律法规,进一步完善了欧盟的固体废物法律法规体系。此外,欧盟发达国家对于农业固体废物的管理体系也相对完整,尤其在畜禽养殖污染防治方面,见表9-9。

表9-9　欧盟等针对畜禽养殖污染防治法律法规及要点

地区	法律法规名称	要点
欧盟	《农村发展战略指南（2007—2013）》	欧盟农业发展基金提供资金支持的农业环保项目,其中农业环保款项大约占全部农村发展项目的22%
德国	《畜禽粪便法》	没有经过无害化处理的家禽牲畜粪便等不得排放进入地表与地下水源区域;一定区域养殖场内的畜禽养殖量应与该区域拥有耕地面积相适应;每公顷土地上家禽牲畜养殖数量要符合标准
挪威	《水污染防治法》	该法律对于禁止排放污水区域进行相关约束,如禁止家禽牲畜等养殖废水排放进入江河内,禁止将家禽牲畜粪便等倾倒堆置在冰雪覆盖的土地上
法国	《农业污染控制计划》	对养殖户（场）的家禽牲畜养殖规模进行规范,对其允许养殖面积进行一定的约束限制,禁止将猪粪等排泄物直接喷洒在土地上,而且要主动采取措施减少氮、硝酸盐等污染物排放,保护区域生态环境的,给予一定的政府补贴
荷兰	《污染者付费计划》	规定了畜禽粪便的税额标准

二、我国固体废物管理政策与措施

我国农村固体废物管理目前还处于起步阶段，相关的制度建设也在逐步完善。对于我国农村地区而言，实施固体废物管理的基础性法律为《中华人民共和国固体废物污染环境防治法》。现如今我国除针对乡村地区畜禽污染、种植废物等特殊废物有系统的法律法规和标准之外，专门针对乡村固体废物管理的法律法规并不多。《中华人民共和国环境保护法》中只针对县级以上人民政府进行了强制要求，必须设置环境保护行政主管部门，而多数地区乡级政府都没有专门的环境保护机构，随着面源污染问题严重性的逐步显现及农村固体废物对面源污染负荷的重要贡献，农村固体废物管理逐步受到重视。

（一）乡村固体废物管理相关的法律法规

对乡村固体废物污染环境防治的相关制度进行了全方位多视角规定的基本法律为《中华人民共和国固体废物污染环境防治法》，该法分为 6 个部分：①固体废物污染环境防治的总则，主要对该法制定的目的、适用范围及参与主体进行了简要介绍；②固体废物污染环境防治的监督管理，针对固体废物排放的监督标准、监督部门、监督形式进行概述；③固体废物污染环境的防治，就禁止产生固体废物的单位和个人的排放、处置事项及应采取资源化利用措施进行介绍；④危险废物污染环境防治的特别规定，明确了危险废物的收集、处理等相关规定；⑤法律责任，对违反本法律相关规定的处罚措施进行概述；⑥附则，主要就该法中一些名词定义进行了规定。虽然在《中华人民共和国固体废物污染环境防治法》中针对瓜果苗木种植业的废物处理、秸秆焚烧等方面提出了严格要求，但鉴于我国乡村地区经济发展水平相对较低、生活配套设施建设相对落后等情况，该法仅指出要慢慢实现乡村固体废物的综合利用和安全处置，即对乡村固体废物管理只提出了基础性要求。

我国乡村固体废物回收利用要遵循减量化、资源化、无害化的"3R"原则，借鉴国内外经验，将农村生态循环与经济活动相结合，注重农村固体废物的综合利用，对固体废物等物质和能源进行多层次循环利用，通过传统的农村经济和生态系统逐步向良性循环转变，达到节约资源与改善生态环境的目的。

（二）生活垃圾污染防治的相关规定

目前我国初步形成了以法律、行政法规、部门规章和地方政府管理办法等为框架的生活垃圾污染防治体系。例如，《中华人民共和国环境保护法》中的污染防治原则是我国乡村生活垃圾污染防治立法的基本原则。《中华人民共和国循环经济促进法》制定的相关原则和制度，对乡村生活垃圾的循环处理和综合利用起到了引导作用。《中华人民共和国固体废物污染环境防治法》以"减量化、资源化、无害化"作为乡村生活垃圾处理的基本原则，要求认真做好乡村生活垃圾的分类收集、便捷运输、无害处理的各个环节，还明确了各级人民政府防止与治理生活垃圾污染的主要职责。《中华人民共和国清洁生产促进法》在一定程度上反映了对乡镇生活垃圾生产的控制要求，规定了乡镇企业在清洁生产过程中应当遵循的制度和原则，这对从源头上减少生活垃圾的产生具有积极意义。

（三）农作物秸秆的相关法律规定

农作物秸秆是我国乡村农业固体废物的主要来源之一，焚烧是秸秆处置的一种普遍现象，秸秆焚烧所产生的环境问题也一直是我国大气环境污染治理的焦点。我国各级政府及相关部门在 1999 年至 2015 年间相继颁布了关于秸秆焚烧管理的许多法律法规。除国务院及其部委的相关法律法规外，许多省份对禁止秸秆焚烧的区域做出了相应的规定，但有些省份缺乏相关规定。

1. 国务院及其部委的相关规定

1999 年的《秸秆禁烧和综合利用管理办法》由国家环境保护总局等多部门联合出台，对机场、交通干线等禁止焚烧作物秸秆范围边界进行了规定；《进一步加快推进农作物秸秆综合利用和禁烧工作的通知》也对作物秸秆禁止焚烧区域做出了规定，如大中城市的边缘区域等；2008 年，环境保护部为确保空气环境质量，也发布了相关通知，将焚烧秸秆严重的部分中心城市和省份划为重点禁烧区；2009 年全国人民代表大会常务委员会也对促进农作物秸秆的综合利用进行相关规定，距离城镇建成区 5000m 的范围内，禁止无遮挡露天焚烧秸秆，且在 2012 年底前，全区禁止露天焚烧秸秆；2015 年修订的《中华人民共和国大气污染防治法》指出相关负责单位要指定禁止焚烧秸秆、树叶和其他会造成烟雾和灰尘污染物质的区域。

2. 各省份对禁止秸秆焚烧的区域做出的相应规定

2000 年陕西省《关于进一步做好秸秆禁烧和综合利用管理工作的通知》对省内重点禁止焚烧城市和机场、高速公路等重点禁烧范围进行规定；山东省人民政府办公厅于 2003 年发布了相关通知，提倡要排泄与封堵相结合，为秸秆综合利用和禁止焚烧创造良好的氛围，并通过机械化措施，拓宽综合利用渠道，使秸秆成为宝藏；2010 年安徽省环境保护厅也出台相关规定，要求负责单位及时划定禁止焚烧区域，并向社会公布；同年，浙江省出台了有关促进农业废物处理与利用的办法，指出有关部门要统筹规划建设秸秆项目，支持以秸秆为原料的饲料、蘑菇生产，纺织等加工业，支持秸秆还田等；2014 年，河北省提出要坚持"五化"并举，坚持创新引领，推动秸秆利用产业化进程，全面提高区域乃至全国的秸秆综合利用率。根据各省份的相关规定，可以得出禁止秸秆焚烧的重点区域仍集中在机场附近、高速公路附近和城乡人口密集区。

（四）畜禽养殖污染控制政策管理体系

我国畜禽养殖污染防控的管理体系较为完善，在法律、行政法规、部门规章以及地方政府的管理条例等不同层面都进行了详细规定。

从法律法规层面来看，主要有以下相关法律条例对畜禽养殖污染进行了规定。《中华人民共和国农业法》中的第 58、65、66 条内容分别针对农用薄膜、作物秸秆、家禽牲畜养殖废物的污染防止与治理及综合利用进行相关规范；《中华人民共和国固体废物污染环境防治法》指出，应当按照国家有关法律、法规的规定对养殖过程中产生的家禽牲畜粪便进行收集、贮存、利用或者处置；《中华人民共和国清洁生产促进法》要求家禽牲畜养殖户应科学合理使用饲料添加剂，采用先进养殖技术，提高养殖固体废物的综合利用，防止生态环境遭到污染；《中华人民共和国畜牧法》提出家禽牲畜养殖应建立档案，记录家禽牲畜病死及无害化处理，确保其排放污染物符合标准；《中华人民共和国大气污染防治法》要求对养殖场的家禽牲畜粪便和病死尸体进行及时有效处理，防止排放恶臭气体。这些法律法规的相关规定，是促进畜禽养殖业健康发展和乡镇环境保护和谐统一的有力保障，也可提高乡镇畜禽固体废物综合利用水平。

在规范标准层面，多个国家部委也相继对畜禽养殖废物管理出台了一系列的污染控制标准，如环境保护总局于 2001 年和 2002 年分别制定了《畜禽养殖污染防治管理办法》和《畜禽养殖业污染防治技术规范》两个规范办法，对家禽牲畜养殖场的位置选择、环境评价、污染登记及超标排污费用等进行约束；对养殖企业允许的日平均排放最大浓度、最大恶臭气体排放量等标准规定则出自质量监督检验检疫总局颁布的和畜禽养殖业相关的《畜禽养殖业污染物排放标准》（GB 18596—2001）；要求对家禽牲畜等粪便排泄物进行高温堆肥和沼气发酵的卫生标准，即出自卫生部 2012 年制定的《粪便无害化卫生要求》（GB 7959—2012）；《畜禽粪便干燥机质量评价技术规范》（NY/T 1144—2020）和《畜禽粪便安全使用准则》（NY/T 1334—2007），这两部出自农业农村部的规范准则分别对畜禽粪便处理标准和使用准则进行了相关介绍。

（五）农用薄膜的相关管理规定

我国在农业废地膜及其他固体废物污染防治方面还存在许多立法空白，目前在综合立法中仅附加了一些规定。专门处理和管理这类农业固体废物的法律法规相对较少。《农用塑料薄膜安全使用与控制技术规范》规定了农用塑料薄膜废弃物的回收利用；而对废弃塑料制品的及时回收、资源化处理和循环再利用等内容进行标准规范的，则出自国家环保行业试行标准《废塑料回收与再生利用污染控制技术规范》。

第三节　乡村固体废物管理规划的内容

一、乡村固体废物管理规划的指导思想与基本原则

（一）指导思想

1. 全面落实"三化"

对乡村区域的固体废物实行减量化、资源化和无害化管理办法，即固体废物的"三化"处理。其中，减量化是指从源头上尽可能地减少乡村固体废物的产生数量和体积；资源化是指对于难以减少的乡村固体废物实现其废物利用的最大化和合理化；无害化是指对于不可再利用的乡村固体废物，其收运、处置都应和乡村环境相融，对周边人群和环境不产生危害。

2. 实施全过程控制

基于产生、收集、运输、储存、循环再利用及最终安全处置的全过程对乡村固体废物实行及时有效的管理与控制，开展乡村固体废物的污染防治与科学处置，进而实现乡村固体废物的全过程控制。

3. 加强固体废物分类

乡村固体废物的类型繁多，对乡村环境的作用方式和危害程度也不尽相同，在乡村固体废物的收集、运输、处理过程中，应根据乡村固体废物危害特性差异、危害程度等区别对待，尤其要对乡村危险废物进行重点分类管理和处理，防止其对周边人群健康和乡村生态环境造成破坏。

4. 循环利用

循环利用是指在乡村固体废物中收回物质和能源，将前一种乡村固体废物用作后一种产品的原料，再利用该种产品使用过程中或使用完后产生的固体废物生产第三种产品，以此来减少乡村固体废物的排放量，使有限的资源得到最大化利用。

5. 可持续发展

要积极主动地采取环境友好的方式，对自然资源进行科学合理利用，避免自然资源的过度开采和粗放利用，妥善处理产生于各类资源利用过程中的废物，完善乡村固体废物的分类回收、便捷运输和综合利用，避免因乡村固体废物的不合理处置与利用造成的资源浪费，影响乡村可持续发展。

（二）基本原则

1. 实事求是、因地制宜

乡村固体废物管理规划必须考虑当地乡村实际，包括乡村所处的地理气候条件、资源环境禀赋、社会生活习惯和经济发展水平等，提出恰当的规划与管理目标，制定可操作性较强的管理方案与实施策略，使乡村固体废物管理的远期目标规划和现状有机结合。

2. 远近结合、以近为主

乡村固体废物管理规划应与当地的区域总体规划、经济发展规划和社会经济发展战略等规划相适应，联系各方面发展目标，正确处理短期建设和长期发展的要求，紧抓中短期管理建设内容，把握长远发展方向。

3. 弹性规划、突出重点

乡村固体废物管理规划中应考虑众多的不确定因素。例如，要把人口增长速度的变化、生活方式的变化、国家宏观政策的调整与重点全面结合起来，突出瓶颈，提供切实可行的替代方案，进而选取最优化的方案。

4. 区域组团、统筹规划

乡村固体废物管理规划应打破就地论地局限，实现在县城、市域甚至更大区域范围内固体废物的统筹管理，优化固体废物综合利用网络，实现规划设施的统一设置和区域共享，根据区域一体化发展要求，将设施分层次、分组团布置，优先考虑实施重点示范工程，逐步推广，实现均衡发展。

二、乡村固体废物管理规划的类型和特点

乡村固体废物管理规划是在尽量降低处置成本、资源利用最大化、环境影响降低最小化等的前提下，对乡村固体废物管理体系的各个环节和层次进行调整、整合和优化，从而制定出更加切合实际的规划方案，使整个乡村固体废物管理系统处于健康运行状态。

（一）乡村固体废物管理规划的类型

按照不同的角度，乡村固体废物管理规划可划分为不同的类型：①按照规划涉及的废物种类，可分为乡村固体废物综合管理规划、乡村生活垃圾管理规划、乡村养殖业固体废物管理规划、乡村种植业固体废物管理规划、乡村农膜管理规划、乡村餐厨垃圾管理规划等。②按照规划涉及的工作性质和领域，可分为配套设施建设规划、产（行）业发展规划、风险防控与能力建设规划等。③按照规划涉及的废物管理环节，可分为综合利用和资源化类规划、静脉产业类规划、污染防治类规划等。这种规划类型的划分只是从不同角度对规划进行的技术分类和总结，并不是规范化、程序化的制度规定。同一个规划，按照不同的角度来划分，可具有不同的属性。

（二）乡村固体废物管理规划的特点

与水污染、大气污染相比，乡村固体废物有自身的特点，因此乡村固体废物规划也在此基础上呈现出自己的特点和规律性。

1. 综合性和专项性相结合

由于乡村固体废物的种类较多，不同行业间固体废物差异较大，故其处理利用方式也有所不同。加之各乡村间由于其主导产业所在自然地理位置的不同，其产生的固体废物种类和组成也存在较大差别，且对于同一个乡村而言，其所处的时节不同，固体废物处理的工作重点也不尽相同。现阶段我国乡村固体废物管理规划多呈现出专项性特点，如农作物秸秆专项规划、秸秆焚烧综合利用方式、加快农作物秸秆综合利用的意见等。但对区域或村庄整体而言，在国家减量化、资源化、无害化的宏观要求下，各类固体废物的管理规划在体现针对性的同时，需加强不同种类、不同环节和不同处理方式间固体废物的综合分析及规划设计，统筹考虑解决固体废物对乡村环境的影响。

2. 资源性和污染性相结合

乡村固体废物管理规划的首要目的，就是解决固体废物产生的环境污染问题。同时"固体废物是放错位置的资源"，如若采用的技术和方式合适，多数乡村固体废物都可以实现资源化再利用。例如，生活垃圾被用来焚烧发电、堆肥发酵等均实现了乡村固体废物的资源化再利用，而针对乡村企业的工业废物，如煤矸石、粉煤灰等，对其进行资源化综合利用更是无害化及解决环境风险的主要手段。对乡村固体废物进行合理的资源化利用，可以说是通过资源化的手段消除固体废物的环境风险，实现乡村生态、经济和社会效益的协同发展。

3. 一次和二次污染防治并重

乡村固体废物自身会对水、空气、土壤等环境造成污染，并影响乡村环境，同时固体废物在处理处置过程中，赋存形态会发生改变，则其含有的有毒有害物质也会相应地转变为气态、液态、固态等物质，且由于处理工艺技术的不同，处理过程中还可能发生化学作用而形成新的污染物，这些污染物质如果不经妥善收集和处理而排放进入环境介质，会导致二次污染问题。二次污染是乡村固体废物对其周边环境造成污染的重要途径之一，因此在固体废物管理规划中防治二次污染占有重要地位，如生活垃圾和危险废物焚烧过程中的大气污染物排放控制措施,填埋工艺中对防渗措施和渗滤液处理的要求等。

4. 市场产业与公共服务并存

乡镇的固体废物能否得到及时有效的科学处理与乡镇的生态环境质量关系十分密切,是政府必须提供的公共服务,而生活垃圾等基础设施建设和运行等更是属于政府应提供的基本公共服务,所以各级政府是当地固体废物处理处置的主要责任者。因此,乡村固体废物管理规划要充分发挥乡村政府的作用,明确政府职责。除此之外,乡村固体废物处理也可看作一种市场行为,市场可以自发调节部分乡村固体废物的资源属性,使其处理处置成为一项具有投资回报的产业。

三、乡村固体废物管理规划的技术方法

乡村固体废物管理规划涉及固体废物排放量现状与评价、产生量和排放量预测、循环经济产业链设计、固体废物排放安全处置方案优化等方法,本节将主要介绍固体废物管理规划调查评价和产排量预测。

(一) 固体废物调查评价

1. 调查内容

现状调查应建立在需求分析的基础上,从主要相关资料的搜集、整理入手,根据调查清单逐项调查、分析与评价,调查可以包括必要的现场检测、勘察及专家咨询等。根据前述乡村固体废物种类和规划内容,调查主要包括以下 6 个方面的内容:①乡村生活垃圾情况调查。调查乡村生活垃圾分类收集方式、现有的垃圾回收站点、垃圾清运站数量、垃圾转运点的分布、垃圾转运方式;生活垃圾现有回收利用方式、回收利用率;现有生活垃圾处理设施,包括地理位置、处理类型(如填埋、焚烧、堆肥等)、设计处理能力、实际处理能力、设施运营机构及管理水平、设施运营状况等。②乡村养殖业固体废物情况调查。调查乡村养殖业的数量、规模、所在具体位置、畜禽粪便等固体废物的产生量和种类、现有处理方式、处理率及距离乡村居民点和饮用水源的距离等。③乡村种植业固体废物情况调查。主要对作物秸秆的产生量、种类、现有处理方式、处理率、处理量、综合利用率等进行调查。④乡村农用薄膜情况调查。调查乡村农用棚膜和地膜的使用总量、现有地膜的覆盖面积及农膜在土地中的残留量等。⑤对于乡村工业固体废物,除了调查其来源、产生量外,还应调查各类乡村工业固体废物现有的处置收集方式、堆存数量、占用土地面积、产值、利润、集中处置场所的数量、能力、处理量等。⑥社会经济数据情况调查。收集并分析乡村相关的经济水平、产业结构、各类产业布局现状及社会与经济发展远景规划目标数据等。

2. 调查方法

(1) 收集资料法　　收集资料法是现状调查常用的方法,也是一项基础的调查方法。主要通过各种可能的渠道、方式查阅、收集相关的资料和数据,具有节省人、物、财等资源和适用范围广等优势。首先,应根据需求列出所需资料和数据清单,按照清单查阅、收集已有资料中相关内容和数据。例如,就固体废物相关资料而言,可根据乡村固体废物类型,如生活垃圾、种植业固体废物、养殖业固体废物、农用薄膜、乡

村工业固体废物等，系统收集有关统计资料（包括统计年报、年鉴、公报等）、以往规划及其他含有有用信息的资料等。当前，由于信息化技术的普及，一些数据的收集可以通过网络、数据库搜索等方式实现。走访调查是收集资料的另一种方式，在已有资料无法满足需求的情况下，可通过走访调查的方式进一步获取相关资料。走访调查即通过与相关的政府主管部门进行拜访询问，获取数据资料的方法。这种方式的优点是能够在较短的时间内快速获得大量信息，缺点是信息可能较为分散，需要进一步整理。另外，走访调查方法获得的数据一般来说较为粗略，需要其他的调查方式予以辅助。

（2）现场调查法　　顾名思义，现场调查法就是通过直接的现场调查获得数据。野外调查法可以弥补数据采集方法的不足。根据用户的需求，直接获取第一手数据。但野外调查法可能会受到气候、季节和仪器设备的限制。现场调查法主要分为普遍调查和抽样调查两类。普遍调查是对所有需要调查个体进行逐个调查，准确了解每个个体的现实情况，该调查方法收集的资料比较全面、准确、可靠，但是存在工作量大、耗时费力、组织工作繁重等缺点；抽样调查是根据随机原则，从所有被调查者中，选择部分个体进行调查，从而计算出总体情况。

（3）现状评价　　现状评价又称为现状评估，是建立在现状调查基础之上的资料与数据处理、分析过程。现状评价是乡村固体废物管理规划编制的关键与基础环节，其评价质量与作用取决于现状调查所获得的资料数据及所采用的评价方法，评价结果与结论是乡村固体废物管理规划编制过程中重要的参考和依据，关系到规划目标、重点任务及保障措施设定的合理性与针对性。现状评价方式主要有以下两类：①专项评价，又称类别评价，该类评价方式主要采用定权法、专家判断法、统计分析等方法，描述、判断单一类别环境要素现状和变化对周边环境质量的影响等。②综合评价，在这种评价方法中，常用清单法、矩阵法和环境指数法，对各类环境要素的现状进行评价判断，进而结合其变化评估对总体环境质量的影响。

（二）乡村固体废物产排量预测

乡村固体废物产排量预测是乡村固体废物管理规划的关键环节。科学地预测乡村固体废物产生量、排放量及其他特征，可为乡村固体废物处理处置的工作规划及处理处置方法的研究设计提供主要参数。对乡村固体废物进行预测，首先应理清影响乡村固体废物数量和性质的因素，主要有三种：①内在因素。指直接导致乡村固体废物数量和性质变化的因素，如人口数量、乡村建设、生活水平等会对乡村生活垃圾的数量产生影响，而乡村产业类型、所在地域差异、居民消费方式等会对乡村生活垃圾的性质变化产生影响。②社会因素。指道德规范、行为规范、法律法规、政策制度等间接的外部影响因素，本质上是人类社会对整个乡村固体废物产生体系的干预。③个体因素。指乡村居民本身的受教育程度、环保意识、行为习惯等。上述三类因素对于乡村固体废物管理而言，彼此间存在密切联系，并不是相互孤立的，因此，在对乡村固体废物的数量和性质进行预测时，需要综合考虑以上三种因素。

目前可用于乡村固体废物管理规划中数量预测的方法有许多，有回归分析法、指数平滑法、灰色预测法、产排污系数法等，这些方法在实际应用中各有利弊，其应用条件和预测效果也各不相同。

1. 回归分析法

回归分析法建立在"假设输入变量的变化会影响系统输出变量的变化"的基础上，即假设输入和输出变量间存在因果关系。简单回归（OLS）和多变量回归是回归分析法中的常用模型。简单回归（OLS）模型具有操作简单，实用性较强，但预测精度受限的特点；多变量回归模型解释性较强，对因果关系的处理十分有效，但数据量要求大，相应的计算工作量也大。在乡村固体废物预测中，简单回归（OLS）模型、多变量回归模型都得到了较为广泛的应用。下面将以乡村生活垃圾产生量为例介绍简单回归（OLS）模型的应用。

目前乡村生活垃圾产生量预测主要采用人口预测和回归分析两种方法。其中回归分析法以往年乡村生活垃圾的产生量数据为基础，据此预测规划期内的乡村生活垃圾的产生量。根据已知年份乡村生活垃圾年产生量（基数）计算预测年度给定变量 X 的 Y 值（乡村垃圾产生量），用最小二乘法进行计算，并利用 X 的回归曲线拟合垃圾年产量 Y。其计算过程如下。

线性回归方程

$$Y = a + bX \tag{9-1}$$

指数回归方程

$$Y = dc^X \tag{9-2}$$

式中，Y 为预测年的垃圾产生量；X 为垃圾产生量预测年度与起始年度之间的差值；a 为截距；b 为斜率；c 为底数；d 为常数。

线性回归

$$a = \frac{\sum_{i=1}^{n} y_i - b\sum_{i=1}^{n} x_i}{n} \tag{9-3}$$

求解

$$b = \frac{n\sum_{i=1}^{n} x_i y_i - \sum_{i=1}^{n} x_i \sum_{i=1}^{n} y_i}{n\sum_{i=1}^{n} x_i^2 - \left(\sum_{i=1}^{n} x_i\right)^2} \tag{9-4}$$

式中，x_i 为计算垃圾产生量基数的年度与起始年度之间的差值；y_i 为各年度的垃圾产量基数；n 为获取垃圾产量的时间（年）。

把求解出的 a、b 值代入线性回归方程中。在实际应用中，两个变量之间的函数关系可能不是线性的，但多数情况下，我们可以通过变量的代换将非线性问题转化为线性问题。

对 $Y = dc^X$ 指数回归方程进行两边取对数处理，可得 $\ln y = \ln d + x \ln c$。

令 $y^* = \ln y$，$e = \ln d$，$f = \ln c$，则得到线性回归方程 $y^* = e + fx$。

通过上述处理可将非线性回归转变为线性回归问题。在预测乡村生活垃圾时可先求出相关系数，确定垃圾变化是线性还是非线性回归，再取相关系数的最高值计算。

均方差计算公式：

$$\delta = \sqrt{\frac{\sum_{i=1}^{n}(y_i - y_i^*)^2}{n-2}} \qquad (9-5)$$

可以求出垃圾产生量预测的误差值。因此，垃圾产生量为

$$Y = y^* \pm \delta \qquad (9-6)$$

2. 指数平滑法

乡村固体废物的产生受许多因素的影响，其中很多因素的变化与时间息息相关，因此通常采用时间序列方法定量分析乡村固体废物的产生趋势，其特点是将乡村固体废物产生量与单变量的时间进行关联。

自 C. C. Holt 在 1958 年首次提出指数平滑法后，经过 40 多年的发展，该方法现在在各个领域均得到了广泛应用。指数平滑法是一种特殊的加权平均法，其有 4 种类型，但简单指数平滑法应用最为广泛。因此，多数情况下可以用简单指数平滑法代替指数平滑法。指数平滑法的通用公式如下。

$$S_{t+1} = aY_t + (1-a)aY_{t-1} + (1-a)^2 aY_{t-2} + (1-a)^3 aY_{t-3} + \cdots + (1-a)^n aY_{t-n} + \cdots + (1-a)^t aY_1$$

$$(9-7)$$

式中，S_{t+1} 为 $t+1$ 期的指数平滑趋势预测数值；S_t 为 t 期的指数平滑趋势预测值；Y_t 为 t 期实际观察值，Y_{t-1} 等以此类推；a 为权重系数，取值在 0~1。

3. 灰色预测法

运用灰色模型进行预测期年度时间序列数据预测的方法即灰色预测法。对于已知一些信息和不知一些信息的乡村固体废物管理规划而言，固体废物就是一个灰色系统，所以有关乡村固体废物产生量的预测可以用灰色模型进行预测。灰色预测模型的基本思想是把已知的、现在没有明显规律的时间序列数据进行加工，并通过生成序列寻求现实规律，灰色预测模型的主要特点是用较少的数据建立模型，实现高精度的预测。

4. 产排污系数法

产排污系数法常用于乡村生活垃圾和工业固体废物产生量的预测。一般情况下，可以根据行业增加值、产品产量和资源消耗量的预测，以及各种固体废物的产生当量系数的预测，计算得出各种固体废物产生量预测值。

（1）预测技术路线　乡村固体废物预测模块包括产生量预测、处理量预测、新建处理规模预测及投资与运行费用预测 4 个组成部分，通过乡村固体废物产生量预测和制定控制目标，计算得出乡村固体废物未来的处理数量和综合利用量；根据现有乡村固体废物处理能力和设施情况，计算未来乡村需要新建的固体废物处理规模；再分别根据投资与运行费用系数，最终计算出固体废物的治理费用。

乡村固体废物产量的一般表达式为

$$W=PS \qquad (9\text{-}8)$$

式中，W 为预测乡村固体废物年产生量（10^4t/年）；P 为乡村固体废物产生系数，即单位工业产量的固体废物产生量；S 为预测的年工业产量（10^4t/年）。

因此，乡村固体废物预测的关键是识别和取得相应固体废物的产生系数或排放系数。

（2）预测变量和参数　　在预测中，涉及一系列参数与变量的引用、分析、计算和制定，包括外生变量预测、技术参数估算、控制性变量制定和最终的输出变量四大类，见表 9-10。

表 9-10　乡村工业固体废物和生活垃圾预测的变量参数

变量类型	工业固体废物		生活垃圾	
	指标	单位	指标	单位
外生变量	行业增加值	万元	人口	人
	资源开采量	万 t		
	资源消费量	万 t		
技术参数	各类乡村工业固体废物产生当量	万 t/亿元	人均垃圾产生量	kg/（d·人）
	其他废物所占比例	%	投资费用系数	万元/t
	投资金额系数	万元/t	运行金额系数	元/t
	运行金额系数	元/t		
控制性变量	综合利用系数	%	无害化处理比例	%
	处置系数	%	各种模式处理比例系数	%
输出变量	各种工业固体废物产生数量	万 t	乡村生活垃圾产生数量	万 t
	乡村工业固体废物利用总量	万 t	生活垃圾无害化处理量	万 t
	乡村工业固体废物处理量	万 t	各种处理模式垃圾处理量	万 t
	乡村工业固体废物处理投资	亿元	生活垃圾处理投资	亿元
	工业固体废物处理运行费用	亿元	生活垃圾处理运行费用	亿元

（3）乡村工业固体废物产生量预测　　乡村工业固体废物产生量预测的基本思路为：首先分析找出乡村工业固体废物的主要产生行业，预测出行业增加值、产品产量或资源消耗量；然后根据历史数据分析，外推出科学技术进步对乡村工业固体废物产生当量的影响；预测乡村主要工业固体废物产生量；其他工业固体废物产生量根据历年主要工业固体废物产生量占乡村工业固体废物总产生量的比例参数和主要类型的工业固体废物预测产生量进行估算。

外生变量选取。在不同种类乡村工业固体废物的产生量预测中，根据其产生的特点，外生变量采用不同的形式，主要包括实物量和行业增加量两种，实物量与固体废物产生量之间存在着更为直接的联系，而行业增加量预测所需的数据更容易获取。在无法简单利用实物量进行预测的条件下，则通过采用行业增加量作为外生变量的方法进行预测。

科技进步系数预测方法。首先根据历年来各类乡村工业固体废物的产生量与主要行业的产生增加值、产品产量或资源消费量的关系，计算出历年产生当量；然后根据产生当量的变化情况，计算出科学技术进步系数的平均值；将该值作为近期该类工业固体废物产生量预测的科学技术进步系数值。在长期时间序列预测中，对科技进步系数值可略做调整，如远期科学技术进步系数值可取近期的 2/3。

（4）乡村生活垃圾产生量预测　　乡村生活垃圾产生量预测的基本思路为：以乡村生活垃圾产生量现状为基础，对各种影响到乡村生活垃圾产生量的因素进行筛选，并合理组成一套我国乡村人均生活垃圾产生量预测的因子体系，运用线性回归和分类分析方法，构建乡村每人每日生活垃圾产生量预估模型，并结合预测时间点、乡村人口数量和每人每日生活垃圾产生量进行预估，进而计算得出预测期乡村生活垃圾总产生量；结合乡村生活垃圾利用处置的现状和历史变化趋势及环境保护和社会经济发展的要求，制定出乡村生活垃圾污染治理与资源化利用的近期和中远期规划目标。

影响乡村生活垃圾产生量的因素很多，与影响乡村固体废物数量和性质的因素相似，也可分为内在、社会和个体三类，详见表 9-11。

表 9-11　影响乡村生活垃圾产生量的指标

因素分类	指标分类	具体指标
内在因素	人口	人口数量
		人口密度
	经济发展水平	生产总值
		社会消费品零售总额
		村民消费总额
		食品类零售总额
		村民可支配收入
	基础设施建设水平	燃气普及率
		道路清扫面积
	地理位置	气象条件
社会因素	是否采用垃圾减量化措施	垃圾减量化率
	是否采用垃圾分类回收措施	垃圾回收利用率
	是否采用垃圾再利用措施	
个体因素	村民的消费习惯	
	村民的生活方式	
	村民的受教育程度	
	村民的宗教信仰	

以上三类因素相互影响。内在因素直接影响着乡村生活垃圾产生总量与成分构成。尤其乡村人口、经济发展水平、燃气普及率等，是预测乡村生活垃圾产生量的关键参数。对于不同地区生活垃圾产生量研究，地理位置、气象条件等也是重要影响因子。社会因素如垃圾减量化、垃圾分类回收等政策，通过改变个人的消费习惯来减少垃圾产生，是宏观调控的重要手段。个体因素主要包括当地村民的文化消费习惯和受教育程度，直接影响人均生活垃圾产生量。

第四节　乡村固体废物管理规划的编制步骤及内容

一、乡村固体废物管理规划的编制步骤

由于乡村固体废物管理系统的复杂性，规划工作也是一个相对复杂的过程，不仅包括大量的数据调查和分析，还包括许多规划方法的应用和模型构建。规划制定后，我们还要进行对比和调研论证，以求得最优化的结果。

（一）规划总体设计

乡村固体废物管理规划的总体设计主要包括确定规划目标、对象、范围和主要内容等。在此基础上，在总体设计时还应明确规划系统的结构和指标体系，设计规划的系统流程及规划的衡量指标体系等内容。根据规划编制的要求，有针对性地开展规划编制前期研究，对规划中涉及的重点固体废物进行基础性研究，为规划的编制奠定基础。

（二）固体废物现状调查与评价

乡村固体废物管理规划编制的基础性工作即现状调查与评价，而通过调查所取得的相关基础资料是开展管理规划定量和定性分析的主要依据。现状调查与评价的目的是掌握规划区域内固体废物产生和管理的现状，发现和识别存在的主要问题，从而确定主要管理措施。管理规划研究应从乡村基本环境背景、各类固体废物产生量、固体废物处理处置现状、现有管理和防控措施及效果等方面开展现状调查，在调查的基础上，开展相应的专项评价和综合评价。

（三）固体废物管理预测与优化设计

选用科学合理的管理规划方法，构建乡村固体废物产生量、处理量预测及管理控制系统的规划模型，以获得反映实际系统本质的理想规划方案，主要包括乡村各类固体废物产生和排放现状及预测；乡村各类固体废物管理技术经济评估；处理场所选址及交通运输路线设计；乡村固体废物处理量分配优化设计；与固体废物相关的空气、水体污染物扩散控制及与运输相关的噪声污染控制等；与乡村固体废物管理相关的工作项目和资金渠道设计；乡村固体废物政策、管理措施等。

（四）固体废物管理方案优化分析

首先根据管理规划模型运算结果，产生相应不同条件下的管理规划方案。为了增强管理规划方案的有效性，可采用风险分析方法及效用理论、回归技术等，加强与决策者、专家、管理部门的交互过程，获得有用的反馈信息，进而调整模型，分析比较不同管理规划方案的效果，力图获得更加切实、可操作的优化方案。

二、乡村固体废物管理规划的编制内容

由于乡村固体废物的种类、处理处置方式及制定乡村固体废物管理规划的部门行政级别的不同，乡村固体废物管理规划的具体内容不尽相同。但总体上来讲，乡村固体废物管理规划一般都包括以下 6 个方面内容：产生量预测、防控需求分析、规划范围和目标指标确定、规划主要任务的确定、规划重点工程筛选和规划保障措施制定。

（一）乡村固体废物产生量预测

乡村固体废物产生量预测主要分析同各类乡村固体废物密切相关的人口数量、经济水平、产业发展、消费习惯、产品周期等的现状和发展趋势，分析各关联因素对乡村固体废物产生量和产生性质的影响，结合现有各类乡村固体废物产生数据，进行测算和确定规划期间乡村固体废物的产生量和基本性质，为后续防控需求预测和目标措施制定打下基础。对于侧重乡村固体废物环境污染防治的规划，还要对特定类型的乡村固体废物对不同环境介质造成的压力进行测算，并将控制固体废物对周边乡村环境造成污染的防控措施和环境介质的环境恢复措施纳入规划。

对乡村生活垃圾管理规划，首先需要掌握现有的乡村生活垃圾产生量和清运量，同时重点了解规划乡村区域内人口发展情况、经济和村民生活水平、产业结构变化等情况，并对影响乡村生活垃圾产生量的乡村人口数量等因素和影响乡村生活垃圾性质的村民生活水平等因素进行相关分析。对于乡村工业固体废物管理规划，重点需要掌握乡村规划区域内的产业发展规模、工艺技术水平、清洁生产水平等因素对乡村工业固体废物的产量、性质和类型的影响。

（二）乡村固体废物防控需求分析

乡村固体废物防控需求分析主要包括以下内容。

（1）已有处理处置能力分析　　主要包括乡村区域内的企业自由或社会化综合利用设施、贮存设施、终端处置设施的处置能力和技术水平状况、设施运行期限等。掌握处置设施数量、规模、处置废物类型、处置采用的工艺技术、服务期限等信息。

（2）废物流向分析　　主要包括乡村区域内产生的固体废物中，由企业自行处置的量、进入社会化处理设施处理的量、需要进入终端处理设施的量、流入或流出区域范围废物的量等数据分析。

（3）新增处理处置设施能力预测　　根据上述乡村废物产生量、已有处理处置设施能力和服务期限、废物流向、废物性质等信息，分析需新增的综合利用设施、终端处理设施、收集转运设施的处理能力。

（4）废物处理处置的二次污染防治需求分析　　乡村固体废物的处理处置会伴随物质赋存形态的转变，造成水体、大气和其他类型固态污染物的排放。例如，填埋处置会形成污染物质在一个集中区域内的长期存在，对周边环境造成影响。因此，乡村固体废物的处理处置要特别关注二次污染的防治问题，严格遵守国家的各项法律法规和产业政策。乡村固体废物管理规划要分析预测乡村固体废物的转运、贮存、资源化、最终处置

过程中的二次污染压力和防控需求。

（5）政策措施需求分析　　分析现有的经济管理政策、法律法规、制度措施等对乡村固体废物防控的作用和影响，分析国内外相关政策法规的发展方向，分析规划近、中、远期目标对各类政策、法律法规和管理制度的需求。

（6）产业支撑需求分析　　乡村固体废物种类繁多，其处理工艺技术和设备需求也不尽相同，故而需有工程设计、施工制造、设备研发、总成加工等相关的产业支撑能力配套。乡村固体废物同时也是一种资源，不仅需要终端处置，也需要进行产业化综合利用，其处理处置方式同市场需求、行业发展、技术和产业支撑情况密切相关，因此乡村固体废物管理规划需对乡村技术发展和应用情况、综合利用产品需求情况、产业设备支撑情况等进行分析。

（三）规划范围和目标指标确定

规划范围一般根据属地管理的原则，按照不同级别的行政区域进行界定，也有根据流域或自然、产业集聚区域确定规划范围的。规划的目标和指标需要根据规划期内乡村固体废物的产生情况及对环境的压力分析，以改善环境状况和防范环境风险为主要目的，结合规划对象的性质特点和防控规律，综合考虑多种适用防控措施后确定。

（1）规划范围　　主要考虑规划区域、对象和时段。规划区域是规划在空间上的范围界定。固体废物管理规划按照不同的行政区域级别，可以划分为国家级、省级、地市级等，部分区县或者产业园区也可根据防控形势的需要制定区域内特定的固体废物或与固体废物相关的综合利用管理规划。部分重点流域、水库库区等地区，结合水污染防治要求，需要确定固体废物的综合防治方案，也属于固体废物管理规划的一种。而对于乡村固体废物管理规划而言，可以规划对象即针对废物种类的范围进行界定，可包括乡村区域内全部的固体废物种类的综合性管理规划，也可针对某一特定类型的乡村固体废物，如生活垃圾、畜禽粪便、作物秸秆等进行专项管理规划。

（2）规划目标指标　　规划目标阐述在规划期内所要达成的主要目的。按照目标涵盖面可分为总体目标和具体目标（分项目标），按时间长短可分为近期、中期和远期目标。规划指标是规划目标的具体分项细化，有定性指标和定量指标之分，通常以定量指标为主。根据规划目的和规划任务的不同，规划指标也可细分为设施能力建设目标、处理处置率指标、制度能力建设指标、监督管理指标等。

（四）规划主要任务的确定

规划的主要任务应同规划的目标指标相匹配，能够支撑规划目标的实现，同时具有可操作性，能够进行分解落地，有明确的实施主体和责任主体。乡村固体废物管理规划主要任务一般包括以下6个方面。

（1）源头减量化　　源头减量化任务通常对应总的固体废物总量管理目标和监督管理目标等。通过从乡村固体废物管理的前端环节入手，减少最终需要处理处置的乡村固体废物数量，从而达到防范固体废物环境风险、保护和改善环境的目的。源头减量化任务措施随废物种类的不同而有所区别。乡村生活垃圾主要借助减少过度包装、促进垃圾分类、改善能源结构等手段来实现源头减量；乡村工业固体废物则借助清洁生产的推进、工艺技术的改进、多级选矿和综合利用的实行、贮存条件的改善等措施来实现源头减量。

（2）处理处置设施建设　　由于我国乡村固体废物污染防治工作起步较晚，固体废物处理处置基础设施长期处于不足状态，缺口较大。因此，在现阶段和未来一段时间内，加强乡村基础设施的建设仍旧是我国乡村固体废物环境污染防治工作的重要环节，也是各类乡村固体废物管理规划的重要内容，部分乡村固体废物管理规划甚至直接体现为处理处置设施的建设规划。乡村基础设施主要包括常规的、技术成熟的规模化处理处置设施和收集、转运设施设备等，同时也可涵盖新技术示范项目等。

（3）辅助设施建设和污染防控　　辅助设施包括收集转运设施、二次污染防控设施等。辅助设施通常作为处理处置设施建设的一部分内容，进行统一规划。对于乡村生活垃圾的收集转运设施和体系建设，通常需要规划专用的转运站，并配置相应的设备和车辆，转运站的布局和规模需要进行专业规划设计。乡村固体废物管理规划中一般会通过设计乡村内固体废物处理处置设施采用的技术路线（如焚烧、综合利用、填埋等）、明确处置设施的布局和选址要求、明确处理处置设施应当达到的技术要求和污染防控要求等方式，来对乡村固体废物集中处置处理设施的二次污染防控进行宏观规划和设计。

（4）法律法规、标准、政策制定　　制定乡村固体废物管理规划时，通常需要考虑宏观层面、制度层面中涉及的乡村固体废物管理问题。这需要对属于基本管理制度的法律、法规、标准等展开研究，适时进行调整完善，从根本上促进和改善乡村固体废物的管理和污染防控状况。同时，大到整个固体废物管理环境的改善，小到规划的实施、规划任务和工程的落地及有效运行，都要有财政、环保等相关政策的跟进。所以，完善的规划体系中应当包括相关的政策研究和制定。

（5）加强监管能力建设　　我国乡村经济快速发展，各类环境问题集中涌现，各类环境因子呈现复合污染的特征，加之环境保护工作长期投入不足，历史欠账明显。突出表现就是环境监管能力不强，监测监察力量薄弱，主要力量在应对常规污染物上，对特征污染物、新型污染物、固体废物环境风险防控、突发环境事件等领域的监管和应对能力不足。因此，在现阶段，加强监管、加强能力建设仍旧是乡村固体废物管理规划的主要任务。

（6）规范、促进市场和产业发展　　乡村固体废物的处理处置离不开设计、工程、设备、运营等产业的支撑。固体废物的资源化属性和固体废物处理的产业化运行模式也决定了行业发展的市场特征。我国由于乡村固体废物管理工作开展时间较短，多数同固体废物处理处置和管理运行相关的产业还处于发展培育期，某些领域的技术研发和生产制造能力尚不足以支撑国内庞大的市场需求和越来越高的环保要求，部分行业的市场运行环境和政府宏观监管还不尽完善。这些问题在相当大的程度上会影响乡村固体废物污染防控的经济社会成本及目标的实现。因此，在乡村固体废物管理规划中，可据实际需要，对相关的产业支撑、市场建立和发展进行规划任务设计。

（五）规划重点工程筛选

工程建设是规划落实的重要抓手。乡村固体废物基础设施建设规划、污染防控规划等一般需要进行配套的重点工程规划设计。狭义的工程规划设计包括乡村市政基础设施建设、乡村企业固体废物污染防治设施的首批建设、升级改造与综合利用、重大设备装备制造、示范项目建设等；广义的工程规划设计还包括调查、监测等能力建设和重大的管理制度、体系建设等。同工程规划设计相配套的，还包括投资估算和资金筹措渠道设计等。

（六）规划保障措施制定

规划保障措施主要从政策、机制、管理等领域，分析与规划实施密切相关的节点，明确和理顺相关要求，制定具有针对性的措施，以保障规划的顺利实施。通常是与乡村固体废物污染防治规划实施具有直接关联的方面，包括各利益相关方职责（政府职责、企业职责、公众职责）的确定、监督考核机制的建立、法律法规标准的完善、行业（产业）发展政策制定、经济产业环境的培育、社会公共服务的提供、资金投入模式的确定等。制定规划的保障措施应当避免面面俱到，突出针对性和可操作性。

复习思考题

1. 简述我国乡村固体废弃物的主要类别。
2. 固体废弃物处理的"三化"原则是什么？
3. 目前我国乡村固体废物管理存在哪些问题？
4. 固体废物产排量预测的常用方法有哪些？
5. 乡村固体废物管理规划具有什么特点？
6. 乡村固体废物管理规划的编制步骤有哪些？
7. 乡村固体废物管理规划编制的主要内容有哪些？

参 考 文 献

边炳鑫，赵由才，乔艳云. 2018. 农业固体废物的处理与综合运用 [M]. 2 版. 北京：化学工业出版社.

陈柏昆. 2005. 固体废物处理与处置工程学 [M]. 北京：中国环境科学出版社.

国家统计局. 2019. 2018 年中国统计年鉴 [M]. 北京：中国统计出版社.

国家统计局农村社会经济调查司. 2019. 2018 年中国农村统计年鉴 [M]. 北京：中国统计出版社.

韩智勇，旦增，孔垂雪. 2014. 青藏高原农村固体废物处理现状与分析——以川藏 5 个村为例 [J]. 农业环境科学学报，33（3）：451-457.

韩智勇，费勇强，刘丹，等. 2017. 中国农村生活垃圾的产生量与物理特性分析及处理建议 [J]. 农业工程学报，33（15）：1-14.

何可，张俊飚. 2020. "熟人社会"农村与"原子化"农村中的生猪养殖废弃物能源化利用——博弈、仿真与现实检验 [J]. 自然资源学报，35（10）：2484-2498.

环境保护部. 2009. 畜禽养殖业污染治理工程技术规范（HJ 497—2009）[S]. 北京：中国标准出版社.

金建君，王志石. 2005. 澳门固体废物管理的经济价值评估——选择试验模型法和条件价值法的比较 [J]. 中国环境科学，（6）：751-755.

李丹，陈冠益，马文超，等. 2018. 中国村镇生活垃圾特性及处理现状 [J]. 中国环境科学，38（11）：4187-4197.

刘成海，尹海东，李伟. 2015. 市域村镇生活垃圾治理专项规划探析——以辽宁省辽阳市为例 [J]. 规划师，31（7）：117-123.

闵超，安达，王月，等. 2020. 我国农村固体废弃物资源化研究进展 [J]. 农业资源与环境学报，37（2）：151-160.

邵振鲁，李厚禹，李晓晨，等. 2020. 农村固体废弃物中抗生素及耐药基因的赋存及风险管理 [J]. 生态毒理学报，15（4）：112-122.

谭志雄，任颖，韩经纬，等. 2021. 中国固体废物管理政策变迁逻辑与完善路径 [J]. 中国人口·资源与环境，31（2）：100-110.

田文栋，魏小林，黎军，等. 2001. 城市固体废物的焚烧实验 [J]. 中国环境科学，21（1）：49-53.

王涛，史晓燕，刘足根，等. 2014. 东江源沿江村镇生活垃圾物理特性分析 [J]. 农业资源与环境学报，31（3）：285-289.

王曦. 1992. 美国环境法概论 [M]. 武汉：武汉大学出版社.

王志国. 2013. 基于 GIS 技术的农村生活垃圾收集布点方法研究 [D]. 哈尔滨：东北林业大学硕士学位论文.

徐亚，能昌信，刘玉强，等. 2016. 基于环境风险的危险废物填埋场安全寿命周期评价 [J]. 中国环境科学，36（6）：1802-1809.

杨渤京，王洪涛. 2006. 农业固体废物堆肥生产复混肥的工艺试验研究 [J]. 环境科学，（7）：1464-1468.

杨永春，刘治国. 2007. 近 20 年来中国西部河谷型城市固体废弃物污染变化趋势 [J]. 干旱区资源与环境，（12）：47-56.

杨玉峰，傅国伟. 1998. 工业固体废物容量总量控制的研究 [J]. 环境科学，（4）：90-93.

周英男，闫大海，李丽，等. 2015. 烧结机共处置危险废物过程中重金属 Pb、Zn 的挥发特性 [J]. 环境科学学报，35（11）：3769-3774.

朱建国. 2015. 农业废弃物资源化综合利用管理 [M]. 北京：化学工业出版社.

Dong Q Z, Tan S K, Gersberg R M. 2010. Municipal solid waste management in China: status, problems and challenges[J]. Journal of Environmental Management, 91(8): 1623-1633.

Fu H Z, Ho Y S, Sui Y M, et al. 2010. A bibliometric analysis of solid waste research during the period 1993—2008[J]. Waste Management, 30(12): 2410-2417.

Huang K, Wang J, Bai J, et al. 2013. Domestic solid waste discharge and its determinants in rural China[J]. China Agricultural Economic Review, 5(4): 512-525.

Li W B, Yao J, Tao P P, et al. 2011. An innovative combined on-site process for the remote rural solid waste treatment—a pilot scale case study in China[J]. Bioresource Technology, 102(5): 4117-4123.

Solomon U U. 2009. The state of solid waste management in Nigeria[J]. Waste Management, 29(10): 2787-2788.

Stephen B. 2014. Solid Wastes Management[M]. New York: John Wiley & Sons, Ltd.

Tian H Z, Gao J J, Hao J M, et al. 2013. Atmospheric pollution problems and control proposals associated with solid waste management in China: a review[J]. Journal of Hazardous Materials, 252-253C(10): 142-154.

Programme U. 2010. Solid Waste Management in the World's Cities[M]. Abingdon: Taylor and Francis.

Wang A, Zhang L, Shi Y, et al. 2017. Rural solid waste management in China: status, problems and challenges[J]. Sustainability, 9(4): 506.

Wang H, Nie Y. 2001. Municipal solid waste characteristics and management in China[J]. Journal of The Air And Waste Management Association, 51(2): 250-263.

Wenjing L U, Wang H. 2008. Role of rural solid waste management in non-point source pollution control of Dianchi Lake catchments, China[J]. Frontiers of Environmental Science & Engineering in China, 2(1): 15-23.

Yang N, Damgaard A, Kjeldsen P, et al. 2015. Quantification of regional leachate variance from municipal solid waste landfills in

China[J]. Waste Management, 46(11): 362-372.

Ye C, Ping Q. 2008. Provision of residential solid waste management service in rural China[J]. China & World Economy, (5): 118-128.

Zarate M A, Slotnick J, Ramos M. 2008. Capacity building in rural Guatemala by implementing a solid waste management program[J]. Waste Management, 28(12): 2542-2551.

第十章　乡村资源环境规划的分析与论证

第一节　乡村资源环境规划可行性研究

一、乡村资源环境规划可行性研究的基本原理

（一）乡村资源环境规划可行性研究的基础概念

可行性研究最初被用于美国田纳西河的开发治理，联合国于 1978 年编写了《工业可行性研究编制手册》，并于 1980 年与阿拉伯共同编写《工业项目评价手册》。我国的可行性研究开始于 20 世纪 80 年代，国内学者将国外关于工程建设前期的可行性研究引入中国，并结合中国实际情况分析了可行性研究在工程建设过程中的重要性、分析方法、研究过程等，现已被广泛运用于医疗、教育、政府管理、规划等领域，如产业发展规划、新技术的利用、多媒体教学、政府绩效管理、社会保障制度等，已经形成了比较完整的理论、程序和方法。

对于项目建设而言，可行性研究是通过对市场进行实地调查，分析项目可选择的技术工艺方案，对财务水平进行评价，对各种投资项目进行市场、经济、技术的可行性研究。其目的是从经济和技术角度出发，就如何进行项目建设和改造提出合理的建议，并预测其可能获得的经济效益。其本质是依据给定的范围，进行方案选择，使得资源充分发挥其价值，从而提高项目的效益水平。乡村资源环境规划可行性研究首先是以乡村资源环境系统为核心，统筹考虑乡村经济、社会和自然等乡村资源环境系统要素，综合确定乡村资源环境规划的可行性，进而为规划的编制单位、管理单位、具体实施单位等提供科学的依据，并最终选择合理的规划方案。资源环境规划可行性研究往往需要考虑多方面因素，从系统整体的角度来不断完善规划方案，要求规划的编制团队结合团队成员不同的研究领域和专业知识，在乡村资源环境规划涉及的多个领域进行协同工作，因此可行性研究不仅应用于乡村资源环境规划总体方案的分析，也贯穿于乡村资源环境系统要素规划，如乡村土地资源利用规划、乡村大气环境规划、乡村水环境规划等。

（二）乡村资源环境规划可行性研究的类型

在可行性研究中，由于可行性研究的对象、研究目的、研究内容等的差异性，可行性研究划分的类型也存在较大的差异，对于乡村资源环境规划可行性研究而言，从研究的对象可以划分为乡村土地资源利用规划可行性研究、乡村水环境规划可行性研究、乡村大气环境规划可行性研究、乡村固体废物管理规划可行性研究等不同乡村资源环境系统要素规划可行性研究；从研究的内容可以分为乡村资源环境规划经济可行性研究、乡村资源环境规划技术可行性研究、乡村资源环境规划社会可行性研究等；从研究的过程可以划分为乡村资源环境规划前期可行性研究、乡村资源环境规划编制期可行性研究、

乡村资源环境规划实施与管理期可行性研究等。

二、乡村资源环境规划可行性研究的主要内容

可行性研究不是一蹴而就的，相反要经过不断细化、不断深入、不断优化才能达到研究目的，而且可行性研究往往是分阶段的，其中前一阶段研究是后一阶段研究的基础，而后一阶段的研究是前一阶段研究的深化和延续。如果经评估研究发现规划方案的某方面存在着风险，如规划要素的预测结果存疑、规划方案可实施性不足、规划方案难以满足乡村发展需求等，规划编制人员通常根据可行性分析过程，分析风险的原因并找到风险源头，进而进一步优化规划方案，提升规划方案的科学性和合理性。若经过反复筛选方案，该规划方案的某一方面仍然存在较高的风险，则应该在研究文件中加以说明或者重新编制，从而避免规划难以落地或者无法有效指导乡村综合发展等问题。乡村资源环境规划的可行性通常针对经济、技术、社会等方面进行研究分析。

项目经济可行性分析主要通过成本-效益或损益、成本-效能等分析方法对建设项目的质量、价值等进行分析，进而确保项目效益的最大化，具体包括盈利能力、投资回收率、不确定因素、财务净现值等分析。对于乡村资源环境规划而言，由于规划实施过程中需要资金的投入，如乡村基础设施建设、乡村产业项目落地、环境治理、土地整治等，经济发展水平比较高的乡村资金投入往往会更高，使乡村资源环境规划符合乡村经济社会发展水平是乡村资源环境规划经济可行性研究的主要内容。乡村资源环境规划经济可行性分析包括资源开发利用成本-效益分析、土地整治成本效益分析、污染物排放达标处理成本分析等。例如，对于乡村资源开发利用的成本-效益分析，要深入研究以确定资源的可用性、资源的质量、所处的环境情况和开发利用价值等，虽然传统的乡村资源开发借助了资源价格低廉甚至没有价格的优势，使得资源开发利用成本更低，但这样开采不仅会浪费乡村资源，也会对乡村资源开发企业本身产生创新抑制，不利于其进行产业的转型升级，对其发展产生一定影响，通过资源成本-效益可行性分析，可对乡村资源合理开发、充分利用等的问题开展深入研究，保证资源开发企业自身可以得到发展。

对于项目而言，技术可行性分析主要是指分析一定时期内拥有的或者可能拥有的技术能力能否实现项目的目标、功能、性能等，侧重于对所采用的技术进行分析，通过评估技术的先进性、高效性等对项目产生的影响来优化技术或评估可供选择的工艺技术条件和设备条件来选定最优的技术组合方案。乡村资源环境规划的技术可行性分析主要依据现有的科学技术或者工程技术，分析乡村资源环境规划中各项发展建设目标需要采用的科学技术是否合理，能否为实现乡村资源环境规划目标提供基础的保障。

由于乡村资源环境规划与乡村居民息息相关，居民的受教育水平、环保意识、生活习俗等直接或者间接影响乡村资源环境规划的实施效果。因此，需要进行社会可行性分析，而乡村资源环境规划社会可行性分析主要是指在乡村资源环境规划编制过程中或者完成时应公开征集乡村居民的意见，如乡村固体废物的管控、乡村企业污染物总量控制等，同时由于乡村资源环境规划的特殊性，在规划方案最终确定后应积极进行相关宣传，让乡村居民了解规划的背景、前景、规划项目等，使乡村居民意识到参与规划编制、实施、管理等的必要性和重要性，进而提升规划编制与实施的效率，更有效地指导乡村可

持续发展。

虽然在规划中确定使用的先进科学技术往往需要更高的使用费用，但是其往往也会带来较高的生产效率，进而提升乡村的发展速度。例如，对于乡村种植业而言，针对乡村发展情况，规划有条件的乡村发展绿色产品，虽然需要的技术水平较高，但是其价格也较高，且更容易被消费者接受，对于提升乡村产品的品牌知名度、保护乡村环境质量、提高乡村居民收入等也具有积极的意义。同时，通过先进的科学技术使乡村获取更佳的经济收益之后，再反过来完善技术，可推进乡村发展的良性循环。同时社会可行性分析是技术可行性分析的重要前提，若乡村居民不认可规划提及的新技术的使用，那么规划就难以实施，而规划方案中的建设内容、建设方案、建设重点也直接或间接地与乡村居民相关，在规划方案最终确定时也需要征求乡村居民的同意。因此，对于乡村资源环境规划而言，经济可行性分析、技术可行性分析和社会可行性分析并非矛盾，而是相互联系、共同作用的，合理的乡村资源环境规划可行性分析对于推动乡村更好和更快发展具有积极的意义。

三、财务评价指标

财务评价指标有三个层次，包括基本指标、修正指标、评议指标。评价财务状况最主要的方法是功效系数法和综合分析判断法，其中功效系数法的基本原理是对基本指标和修正指标进行评分比较，是一种定量的评价分析方法，综合分析判断法是一种定性的分析方法，其原理是对评议指标进行比较，评议指标可以修正前面定量分析的结果，使得定量与定性结合起来，从而得出更为准确的结果。在乡村资源环境规划中，对于项目的资源利用情况和为了改善环境所进行的投入，可以直接表现为货币形式，即采用功效系数法评价进行定量分析，而项目对资源环境的影响和破坏等，有时难以用货币来进行衡量，在财务评价过程中往往用定性的方法进行评价，通常采用综合分析判断法。财务评价一般包括以下步骤：先计算定量指标（基本指标和修正指标），再计算定性指标（评议指标），综合定量和定性指标的得分情况，得出结果。财务评价指标内容是乡村规划项目财务评价的核心，因此下面主要对其进行具体的介绍与分析。

（一）项目盈利能力指标

项目盈利能力指标主要包括营业利润率、成本费用利润率、盈余现金保障倍数、总资产报酬率、净资产收益率和资本收益率 6 项。营业利润率是指项目付清所有费用（包括营业时消耗的水电费、物业费、管理费等）后剩下的金额与销售净额的比值，比值越高则项目获取效益的能力越强。成本费用利润率是指项目一段时期内总利润与总成本费用之间的比值，体现的是企业花费单位成本费用，项目所获得的利润，可以反映项目将投入资金转化为收益的能力，成本费用利润率值越高，表示项目将成本费用转化为利润的能力越强。盈余现金保障倍数是指项目在一段时期内现金净流量与净利润之间的比值，体现的是项目净利润中流动资金的水平，盈余现金保障倍数越大，表明项目的净利润中流动资金越多，所以有利于资金的周转，使得项目的收益更有保障。总资产报酬率是指项目所得投资报酬与总的投资额之间的比值，总资产报酬率越高，表明项目的投入产出水平越高，企业的盈利能力越高。净资产收益率是指项目税后利润和净资产之间的比值，净资产收益率越高，说明投资所带来的收益越高。资本收益率是指项目一定时期的税后利润与企业实际收到的投资人投入的资本的比值，资本收益率越高，说明企业进行自有投资的经济收益越好。

（二）项目清偿能力指标

项目清偿能力指标主要用来反映项目偿还贷款的能力，包括资产负债率、借款偿还期、流动比例、速动比例。

资产负债率是指项目的负债总额与资产总额之间的比值，是用来反映项目的负债程度，给债权人进行投资提供一定的参考，如果资产负债率等于1或者大于1，表明该项目已经没有净资产甚至所持资产都不够用来偿还债务。一般情况下这种数值是不合理的，但是从债权人利益方面来考虑，债权人所关注的就是发放贷款是否安全，他们希望项目能将他们所投入的资金加以利用并获取收益，这样他们的投资才能有保证，到期后可以收回本金和利息，所以对他们来说值越低越好；从股东的角度来考虑，股东所关注的是项目的盈利情况，只要资金的盈利水平超过贷款所带来的损失，自己所持的股份也会分红，所以对他们来说资产负债率越大越好，相反，若进行贷款所带来的盈利效益不及贷款利息，再增加贷款就会使得项目的收益下降，自己所持的股份也会缩水，所以这时越小越好；从经营者的角度来考虑，他们需要对项目进行经营，要考虑项目的资金周转、盈利水平等多方面的因素，要对资产负债率有清楚的认识，而不是单纯地依据值越大越好或者值越小越好来决策，同时也必须认识到项目的利润与风险并存，权衡利弊，综合考虑，做出合理的决策。

借款偿还期是指根据财税规定，在项目投产后，将项目的盈利收益用于偿还项目所借贷款及偿还全部本金和利息所需时间，只要借款偿还期低于借款协议中的期限，就可以认为该项目具有偿还借款的能力，若借款偿还期太长，可以通过少量多次借款、向多方借款、用其他贷款偿还现有贷款等方式，来降低借款偿还期，使项目具有偿还借款的能力。

流动比例是指流动资产与流动负债之间的比值，流动资产可以经过周转和变换形态，转变为资金。当债务到期时，项目必须要通过资金来偿还，才可以进行流动资产变现，所以流动比例可以反映项目偿还负债的能力，流动比例值越高的项目，偿还负债的能力往往也就越强，合理的流动比例应该高于2∶1，就算一半的流动资产在到期前不能转变为资金，流动负债也能如期偿还。

速动比例是指速动资产与流动负债之间的比值，速动资产是指项目中可以短时间转变为资金的流动资产，所以速动比例可以间接地反映项目将资产立即变现用来偿还债务的能力。通常情况下，该值低，项目短期偿还债务的能力弱，进而影响项目的盈利水平，风险较大；该值高，则会造成速动资产占用资金过多，大量资金闲置，资金利用率低，进而造成一定程度的损失。一般速动比例维持在1∶1比较合理，债务到期立马变现用于还款，具有短期偿债能力，但是还要具体情况具体分析，不同行业要求的速动比例也不同，如超市零售业，花费大量资金用于商品的购置，其速动比例不高，但是可以维持其健康发展。

（三）外汇效果分析指标

如果乡村规划项目要将产品销售给外商和外贸部门或者从他们那里进口商品，则需要对项目进行外汇效果分析，其中需要对财务外汇净现值、换汇成本和节汇成本等指标进行分析，最终确定项目的方案。

财务外汇现值可以查阅外汇流量表得出。因为受到汇率波动的影响，外汇收益难以从金额上进行简单的比较，所以通常采用财务外汇净现值来比较，即把项目每年的财务外汇现值换算到基期汇总后的现值，通常用来评价项目投产后对国家外汇水平造成的影响，若财务外汇净现值为 0，说明该项目不会对国家外汇造成影响，而且值越大越好，如果值大于 0，则说明项目会对国家外汇产生积极效果。

换汇成本是指项目销售产品给外商或外贸部门，从而得到单位外币所需要投入的成本，该指标反映了产品出口后所得利润与所耗成本之间的关系，进而给项目是否出口产品提供参考。产品成本可以折换成本国货币，所以可以用多少本国货币换取一单位的外币，来衡量有无经济利益，参照的依据就是外汇利率，如果换汇成本高于外汇利率，则出口无经济效益，此时应该减少出口数量甚至不出口，因为出口的产品越多，项目亏损越大，相反则产品可以进行出口，所以出口项目盈利的关键就是比较换汇成本与外汇利率的大小关系。

节汇成本是指项目生产产品用于替代商品进口而花费的成本和通过此方式所节省的外汇成本之间的比值，该指标可以用来判断项目产品的竞争力，其参考的标准同样是外汇利率，若节汇成本小于外汇利率，则表明项目产品生产成本低，比进口产品更具有竞争力，可以在本国市场或者国际市场上获得可观的经济效益，所以项目应该进行产品生产，并在国内和国外进行产品推广，若大于外汇利率，则说明进口产品要更为经济，所以项目产品应该选择进口产品。

（四）财务评价参数

国家发展和改革委员会为进行经济的宏观调控而测定各行业投资的基准收益率，并定期公布，为投资人对项目是否进行投资提供参考。基准收益率是投资人有意愿进行投资时项目预期所必须超过的收益率，如果项目的预期收益率达不到该水平，投资人就不会进行投资，因此基准收益率也是判断项目方案是否可行的参照依据。

第二节　乡村资源环境规划费用效益分析

一、费用效益分析概述

（一）费用效益分析的内涵

费用效益分析起源于 19 世纪中期，起初是一种"消费者剩余"的说法，所谓"消费者剩余"是指消费者可以接受的最高价格与实际价格的差额。它作为一种最早的学说被社会广泛应用。随着社会的发展进步，直到 20 世纪中叶，才出现了费用效果分析的说法，并逐渐被人们所认可。从经济实践上讲，费用效果分析与社会公共资本投入的增多及相关公共服务行业的逐渐壮大是分不开的，费用效果分析从本质上讲等同于费用效益分析。

费用效益分析是指对规划或项目实施所产生的财务费用及所收获的经济效益进行收集、统计、核算和比对等，总结出得失、优劣的一种方法，从发挥作用的视角来看，费用效益分析是一种可为决策者合理决策提供建议和帮助的分析方法，一般在工程规划、项目建设领域中广泛使用。对于乡村资源环境规划而言，费用效益分析是福利经济学与资源分配理论在社会实践中的具体应用，有时也被称为"成本效益分析"或"代价利得分析"，是一种甄别和衡量规划总体效益的系统性方法，主要是分析规划的实施对自然资源环境等的影响，主要考虑各行动方案选择决策后预期的费用与效益，而不是考虑过去实际发生的费用与效益，经过系统分析论证，从诸多方案中遴选出有利于优化资源配置的最佳方案。

费用效益分析通常要对规划者提交的诸多行动方案实施评价，综合考虑项目所能关系到的各种信息因素，分析处理之间的层次关系，找出较为合理的信息脉络体系，做出科学的评价结果，为科学选择合理的规划方案提供可靠依据。乡村资源环境规划的费用效益分析是对入选的诸多方案逐一进行分析，对每个方案都给出具体的分析结论，供决策者参考，重在"分析"而不在"评优"，其本质是通过对两种或少数几种项目方案进行比较，比对的所有项目方案中不一定存在最好或最优的方案，只能分析得出哪种方案是更好或更优秀的结论，而不是分析项目方案能够达到最优状态应该满足什么条件。虽然费用效益分析存在一定的局限性，但这种分析的方法和程序在促进经济效果方面有进步和发展，能为决策者提供较高的参考价值。

常规的费用效益分析往往不会考虑规划的实施对资源环境的影响，因为资源环境的影响只是作为某个项目、规划和方案的外部效应，决策者一般不会予以考虑，只是针对财务和经济效益进行考量。在具体实践中，参与评价的人会站在各自的立场上，从不同的角度分析评价某一项目规划的实施是否合理，从而会出现不同的分析评价法，但其可以归纳为以下两个方面，即考虑了资源环境影响的费用效益分析方法，一般是站在政府和社会的立场上，统筹考虑社会的各项效益；没有考虑资源环境影响的费用效益分析方法，主要是站在企业和个人的角度，侧重于企业的利润和个人收益。乡村资源环境规划的费用效益分析是基于社会和政府的视角进行考虑分析的，分析的是社会在规划方案实施过程中的综合效益，通过不同方案的社会综合效益的对比分析来确定不同乡村资源环境规划方案的优劣程度，进而为乡村资源环境规划方案的确定提供决策依据。

（二）费用效益分析的理论基础

1. 资源环境价值论

资源环境价值论即资源环境广泛存在于宇宙之中，被人类社会广泛使用，体现了它的使用价值，人类生存需要它，社会发展要开采它，经济进步离不开它，长期以来，在人们心目中早就承认了它的使用价值属性。但是历来有些学者始终坚持它是无价值的。一些持有"资源环境无价值观"的学者，普遍认为"无价值"的原因是：①资源环境丰富无限，使用和消耗自然资源完全可以满足人们的生产和生活需要及社会的进步和发展，不需要人们去劳作，也不需要社会去生产。资源环境广泛存在，是使用不完的，不会出现匮乏和枯竭的现象。所谓价值是指物品能够供人们利用，能够满足人们需求的特性。资源环境是自然而然存在的，是从来就有的，它与人类的劳动是没有关系的，不因劳动而产生，所以它不具有价值。②资源环境不是商品，而商品的本质属性是价值，由于资源环境不是商品，因此不具备商品的本质属性，也就没有价值。但是鉴于人类社会面临资源短缺的困境，许多学者就提出了"资源环境价值观"，指出虽然资源环境是自然存在的，但是它可以被人们直接利用，或者是通过开发、挖掘、生产等形式广泛被人们利用，同时它不是无穷无尽的，是有限的甚至是稀缺的。资源环境价值观主张资源环境既是一种资源，具有稀缺性的特征，同时又是一种资产，具有很高的价值。

2. 资源环境的稀缺性

环境作为一种资源，就必定要为人类社会所利用，不断的利用就会产生越来越多的消耗，随着消耗的逐渐增加就会导致资源的稀缺甚至是枯竭。当今世界，随着人口的日益增长和社会生产力的不断发展进步，亟须获取越来越多的资源环境，势必会造成资源的匮乏甚至枯竭，自然环境也会越来越恶劣，从而逐渐展露出它的稀缺性。例如，不加节制地浪费水会造成淡水资源越来越少，大肆猎杀会使珍稀物种减少甚至灭绝，无端的乱砍滥伐会导致水土流失，过度的开发建设致使耕地急剧减少等，最终导致自然环境的品质下降，严重影响人们日常生活。

3. 公共物品理论

对于资源环境而言，当其作为一种公共物品时，首先具备不可分割性，它是人类社会共有的，不是某一个国家或个人的，它是为全社会服务的，供人类社会共同占有和支配的，体现了共同受益性。除此之外，它还具有无竞争性，指企业消费无须参与相关的竞争，也就是说企业的生产边际成本为 0，在现有资源环境供给基础上，就能够满足企业需求；同时，企业边际拥挤成本也为 0，也就是说本企业与其他企业共同消费资源环境，相互间不会产生影响。此外，它还具有消费无排他性，即某个人、家庭或企业对资源环境的消费，不会影响、妨碍到其他人、家庭或企业一同享用。像空气、水、矿藏等，都具有上述部分或全部特征。资源环境作为一种公共物品，人们可以共同拥有和使用，但是无法真正划分清楚，同时它又比较稀缺，所以当我们把资源环境作为商品使用时，就应当充分考虑它的价值和特性，不能恶意侵占或者据为己有，更不能无序滥用，并要求消费者使用资源环境时要支付相应的费用。

4. 外部性理论

外部性理论是环境经济学的理论基础，一方面，外部性理论揭示了市场经济活动中一些低效率资源配置的根源；另一方面，它又为如何解决环境外部不经济性问题提供了可供选择的思路或框架。资源环境使用价值的一种无偿转移是指在项目规划实施过程中，实施主体对其他个体之间发生的主要实施活动范围之外的经济活动，以及这种经济活动引发的相关经济权益的损害，实施主体对由此产生的成本和危害不是全部予以承担的，而是进行一定数量的转移，确切说就是损害了他人或者社会利益。例如，工业企业对自身的固体废物进行科学处理，这就产生了外部经济性，如果不加处理就予以排放，那么就产生了外部不经济性。而事实就是非此即彼、此长彼消的关系。生产者的生产活动必然会产生一定的固体废物，生产者倘若排放不加处理或者处理不到位的固体废物，势必会减少环境容量，也会增加社会对废物处理的成本，一定程度上破坏了生态环境。与此同时，废物处理者通过对废物妥善处理，虽然会增加额外费用成本，但是会使环境承载容量增加，还会增加相应的社会福利服务。只有企业增加对废物处理的投入，要求生产部门对废物进行科学有效的处理或者支付一定的费用转交处理企业实施处理，才能缩小外部不经济性，从而增大它的外部经济性，才能实现资源环境外部性的内部化。

环境容易产生外部不经济性问题主要由于资源环境具有公共物品属性，它本身不具有价格，企业主体在利用资源环境生产经营过程中，为了自身的发展、获取更大的利益，有时就会关停污物处理设施，乱排或偷排废物，势必会造成自然环境的破坏，而企业无须考虑这种排放行为要付出怎样高昂的社会代价。此外，排放者从生产活动、废物排放或消费中获取了经济利益，相关部门不去督导企业对废物实施处理，也不去督导企业对破坏的环境予以整治和修复，势必会使企业或消费者无所顾忌地排放，就会导致国家和社会要承担废物处理及环境整治的成本，从而给自然环境造成更大、更多的外部不经济性问题。

经济活动主体的经济行为产生的各种不良后果和影响，生产和消费企业却不投入相应的资金成本予以治理和修复，变相地增加了企业的盈利，使得社会的经济效益受到了损害，产生了边际成本的占比失衡现象。如果不及时整治，经济主体对经济活动数量的决定势必会建立在私人成本和费用效益的基础上，与社会成本和社会收益严重脱节。两者之间的差异体现在社会边际成本与私人外部成本之差，即外部边际成本。经济主体的外部不经济性行为必将转嫁给其他社会成员，从而致使生产或消费的数量超过社会环境所能容纳的合理范围，最终损害了全社会的公共资源环境。同样的道理，也势必会产生相应的外部边际效益。

（三）费用效益分析在乡村资源环境规划中的作用

资源环境是为人类社会所共有和支配的，具有公共属性，由于地域国别及储量的不同，难免会产生一些利益纠纷，特别是某些外部负效应问题的存在，必然会导致政府管控不力、市场失去调节能力及资源效益发挥不高等诸多问题。具体表现为企业或个人在经营活动、制作生产及日常消费过程中，虽然自己不会承担经济活动所造成的后果，但是会使其他社会成员利益损失。其主要成因是生产或消费主体为谋取更大的利润，而对外部负效应置之不理，疏于管控。例如，某一化工厂，盈利是它的内在动因，为了使企业利润达到最大化，对企业产生的工业废水不按规程处理，最终出现处理不到位甚至未经处理就私排乱倒现象，这样由于治污排污方面没有投入资金或者投入了较少的资金，虽然使企业的利润大大增加，但是却极大地影响了社会居民的生活安全，同时也影响其他企业的生产经营活动，严重地破坏了生态环境。外部负效应的本质就是生产和消费过程中相关成本的向外转化。因此，在做环境规划时，强烈要求决策者对外部性相关问题深入考虑，并全部写进决策过程中去，力争做到环境外部性内部化，最大限度地满足社会福利，促进资源环境的合理有效配置。因此，要深入展开环境费用效益分析，使外部性内部化、货币化。

　　乡村资源环境规划费用效益分析是一种综合考虑空气、水、环境等相关要素，将规划方案的资源环境成本或费用全部考虑在内，最终让规划方案的编制或决策者等通过全盘分析规划所要带来的财务效益、经济效益及相关的资源环境效益的方法。乡村资源环境规划费用效益分析的目的是从乡村的各个角度出发，全面分析规划方案实施对于乡村资源环境的收益大小，重点解决如何将外部成本转变成内部成本的问题，全面考虑经济活动对乡村自然资源环境系统的相关影响。一方面，费用效益分析研究论证的大多是理论性较强的客观数据要素，可以减少决策者的主观能动性，使决策更加客观及合理；另一方面，费用效益分析得出的是区域内如何合理分配自然资源，满足整个社会资源配置使用的结论，因而它可以作为乡村资源环境规划评价与自主决策的重要依据。因此，乡村资源环境规划在编制实施过程中，应该全面考虑乡村范围内的各种要素并权衡要素间的利弊关系，选取符合本地乡村发展的指标，排除各种不利因素，给政府决策提供可操作性意见、建议，让优秀的规划得以落地。对其成本和效益要搞好分析论证，要全面地考虑项目规划对资源环境造成的影响，将资源环境外部成本内部化，从而达到有效利用资源环境的目的，避免项目实施过程中造成过度消费。

　　对于乡村资源环境而言，费用效益分析对于乡村资源环境规划具有判断、预测、选择、导向等作用。在分析乡村资源环境规划方案的价值时，人们通过主观判断难以对规划方案中乡村资源环境系统要素的费用和效益进行科学的分析，因而难以科学认知乡村资源环境规划在实施过程中的费用与效益，通过合理的费用效益分析方法，可以客观分析乡村资源环境规划的实施过程和方案，判断规划方案实施后可能得到的结果。预测作用主要是指乡村资源环境规划是长期的，在进行费用效益分析时，统筹考虑规划方案实施的短期成本和效益，而且还要分析其中期、远景的费用与效益。因此乡村资源环境规划的费用与效益分析对长期总成本与长期总效益的总体分析，体现了该方法对于乡村资源环境规划的预测功能。乡村资源环境规划的费用与效益分析往往是对多个乡村资源环境规划方案的费用与效益的对比分析，进而确定费用效益最佳的方案，其本质是对对象方案的净效益进行评价分析，并在此基础上对不同规划方案进行序列分析，择优选取。

二、费用评价

　　费用评价也就是对某一项目投入或支出的相关费用及收益进行分析研判，从而得出该项目的盈亏状况。这里的费用是指国家、企业或个人从事社会生产、生活、医疗、环保等活动占用土地、建设设施、购置设备、雇佣劳动力、采购原材料等所需支付的资金成本，以及活动所产生的各类收益的总称。由于费用可以分为直接费用和间接费用，那么费用评价也就有直接费用评价和间接费用评价之分。

　　（一）直接费用评价

　　直接费用评价是指对项目实施过程中所发生的各项直接费用进行分析研判的活动。那么，乡村资源环境规划直接费用评价就是指对实施乡村资源环境规划所发生的直接费用进行分析研判，得出具体的评价结果。这里的乡村资源环境规划直接费用是指乡村为保护生态环境、改善提高生活质量及维护各类设施正常运转所投入的具体费用。具体包括以下几个方面。

（1）**项目建设费用**　一般用货币予以表示，也可以通过市场价值法计算得出。其中与资源环境保护相关的基础设施包括水系、绿化、园林及环境监测等设施，要求规划投资者对这些基础设施进行投入。在初期时可能需要较大的投入，后期进行维护修缮时还需要增加该方面的投入，但是随着时间的推移，也要根据实际情况进行不间断的投入，要不断更新相关基础设施，从而保持较好的生活环境品质，不断提高乡村居民的生活水平和生活质量。

（2）**项目运行费用**　主要包括项目运行时需要投入的人力、物力及财力等，通常按照市场价格进行估算。对于资源环境保护基础设施来说，只是保障其建设完成是远远不够的，还需要保障后期的运行和维护修缮等，要雇佣专门的工人操作、检查及维修这些基础设施，使其时时刻刻保持良好的运行状态，发挥优良的环保效能，避免因为操作不当、维护不到位及设备老化更新不及时而造成的设施瘫痪和不必要的损失。

（3）**管理、监测及科研咨询等相关费用**　通常也是采用直接市场评价法予以核算。资源环境管理是运用先进的技术力量和高效的管理方法，对人类破坏环境的行为予以管控，对发展社会经济与保护环境、维护生态平衡等之间的关系进行协调的一系列活动。资源环境管理的目的是保障经济长期稳定增长，同时也要为人类提供一个良好的生产和生存环境；资源环境需要进行各种指标监测，主要包括空气质量的好坏、化学污染的程度及生态环保的状态等内容。各项内容都要及时准确，以便更好地确定环境污染、环境质量的优劣状况，从而及时采取应对措施。资源环境科研咨询是指对资源环境进行的相关学术研讨、各类信息咨询等相关内容。

（4）**生态治理费用**　资源环境生态治理通常采用生态恢复、人工修复等方法进行。在实施乡村资源规划过程中偶尔会造成的山体破坏、植被减少、生态污染等问题，需要投入一定的费用进行治理和修复，这部分费用大都采用估算方法。乡村资源规划实施时，要根据生态环境的破坏程度，有针对性地进行土地整治、生态修复等工作。其中，土地复垦工作是最主要也是最难的一项。要采用深挖填埋、覆土再造、生物技术等措施进行有效复垦，对于那些开挖量大、亏欠量较多、在生产建设过程中因挖掘损坏、坍塌凹陷、碾压严重的土地要进行大力整治，最好让其恢复耕种利用或生态涵养功能。这就要求规划投资者承担恢复其建设工程中破坏的生态所需要的费用。

（5）**侵害的赔偿费用**　资源环境侵害是指实施乡村资源环境规划过程中因占用耕地、砍伐林木及拆占房屋等对村民造成的侵害。形成这些侵害，就应该给予相应的赔偿费用。这部分费用，通常是采用直接市场评价法予以计算。乡村资源环境规划的实施，是指按照乡村国土空间规划确定的性质和分类，经过相关审批程序，采取相关政策法律等手段，运用项目工程建设等方式，对乡村进行综合整治和开发，对那些配置不合理、利用不充分，以及小、散、远、闲置的农村居民点住宅用地进行深度开发利用，进一步集约利用土地，提高土地效能，调整社会生活方式，提高村民生活质量，创造良好生态环境的过程。其实质就是合理规划，充分利用土地。这就要求规划者高标准谋划，科学合理规划，同时也要求开发者充分预算赔偿费用，按时支付环境侵害而造成的赔偿费用，确保乡村资源规划的顺利实施。

（6）**废弃物不可利用的损失费用**　　资源环境废弃物的损失是指堆放或排放的废弃物，不能充分利用而造成的经济损失。废弃物一般是指工业企业在生产、建设和使用过程中产生的一些废弃的东西，主要是废气、废水和废物，也称"三废"。这些废弃物以现有技术还不能对其加以利用，就需要予以排放，由于没有得到充分利用势必造成一定的损失。无法利用和回收并不表示废弃物没有价值，只是其价值在现有技术水平下还不能予以利用或充分利用，如果要加以利用还会耗费较大的资金成本，对企业自身来说并不划算，因此这类废弃物资源往往会被浪费。这就要求规划实施者承担这些废弃物资源未能得到合理利用而造成的损失费用。

（7）**其他直接费用**　　即除了上面介绍的资源环境费用之外出现的一些关于资源环境方面的其他直接费用。

（二）间接费用评价

间接费用评价是指对项目实施过程中所发生的各种间接费用进行分析研判。那么，乡村资源环境规划间接费用评价就是指对实施乡村资源环境规划所发生的间接费用进行分析研判，做出具体的评价结果。这里所说的乡村资源环境间接费用主要是指国家或社会为了实施乡村资源环境规划而造成的一些环境影响因素等方面的代价，具体是指在实施乡村资源环境规划过程中对环境污染和生态破坏造成的环境损失。这部分费用一般不以货币形式直接表现，可以通过剂量反应关系进行量化或者货币化。资源环境间接费用主要包括以下几种。

（1）**农业损失**　　是指区域内的农、副产品等受乡村资源环境规划的影响而造成的农业损失。乡村资源环境规划需要占用土地（主要指耕地），使得当地村民的耕地面积减少，甚至会使耕地质量降低，进而减少农民的收入。乡村资源环境规划也可能带来环境污染，导致周边土地肥力下降，导致农产品亩产量和质量降低。土地使用情况也可能会因为规划的进行而有所改变，占用农田用于开发建设，导致农、副产品总产量下降。

（2）**林业损失**　　是指实施乡村资源环境规划建设过程中，需要占用原有林地，使原有林地被破坏，同时会对现有的林业资源造成一定的损失，可以采用直接市场价值法进行评估。乡村资源环境规划建设活动，势必会对现有林木造成不同程度的破坏，有时还会带来永久性的破坏，甚至可能对稀缺树种造成不可再生的毁灭性破坏，也可能由于树种单一而引发大面积病虫害的隐患。乡村资源环境规划建设活动，也可能会使得整片的林地被分割成零散的林地，致使林地的生态涵养功能大幅度下降，造成野生动物活动范围减小，栖息地被严重破坏，进而导致野生动植物种类和数量逐渐减少，给生态多样性发展带来不利影响。

（3）**水土流失损失**　　是指由于实施乡村资源环境规划建设，使原有地貌植被遭受破坏等引起的水土流失，一般采用恢复费用法予以估算。水土流失势必会破坏、侵蚀土壤耕作层，使得土地肥力日趋减弱甚至衰竭，导致作物产量降低，人地供需矛盾凸显。农民为了生存发展，就会大量开垦坡地，种多收少，演变成"越穷越垦、越垦越穷"的恶性循环。

水土流失还会造成作物产量不足,经济发展受阻,农村贫困现象加剧。严重的水土流失还会造成山洪、泥石流等自然灾害,生态平衡受到严重影响,居民日常生活严重受到威胁等,制约乡村经济的可持续发展。

(4)水资源损失　　是指乡村资源环境规划严重影响地表及地下水的水质、水量而造成的损失。地表水是指地球表面上存在的水,是人类生产、生活用水的重要来源。地下水是指储存于地表以下的水源,由于水量大、水质好,是工业生产、农业灌溉、矿业开采和城市生活的重要水源之一。乡村资源环境规划导致生活废水、生活垃圾及污染废水,通过雨水的地表径流对地表水造成污染,大量的污水渗透到地下,还会造成地下水源的污染,对村民日常生活、畜禽养殖、生产灌溉等造成不良影响。此外,对一些废物的填埋处理不当,也会使有害物质渗透扩散出来,污染下层土壤及地下水源。

(5)财产损失　　是指在乡村资源环境规划实施中,需要占用村民的土地或房屋等。需要村民退出宅基地,按照政府相关规定和标准,必须给予相应的补偿,这种财产损失可以采用多种方式予以补偿,包括支付一定数量的货币、给予回迁安置相应的住房及住房与货币补贴相结合等方式,无论是哪种方式,都不能使原有的生活条件降低。具体的拆迁政策和补偿标准,各地可以根据本地区的实际情况科学合理地制定,尽可能地满足村民的意愿,减少矛盾纠纷。

(6)资源环境其他间接费用　　主要包括除上述费用以外的资源环境其他间接费用。

(三)注意事项

在乡村资源环境规划费用分析时,应注意以下几个方面:首先,对乡村资源经济费用的真实度量是对资源在其用途中最经济的一种价值进行分析,只有通过这种形式,才能真正反映出与所有社会目标有关的资源的稀缺性;其次,规划项目的费用分析中应划分出资源环境保护设施所需要的费用,如乡村企业的燃煤锅炉、乡村污水处理设备等,提高环境保护设施的应用效率对于解决环境污染问题具有重要的意义。若仅考虑资源环境投资的话,应该将环境保护设施费用从规划项目中分离出来,由于大多数环境污染控制技术对环境有二次影响,如安装的烟气脱硫装置需要更多的能量投入来维持其正常运转,因而易引起其他二次污染物的排放,造成新的环境损害费用。

三、效益评价

(一)效益评价的定义

效益是指某种活动所能达到的利益程度及所能产生的具体收益效果,是所收到的利益和所达到的效果的总称,效益评价则是指对某种经济活动所产生的经济效益进行科学合理的分析。效益评价可以具体分为经济效益评价和社会效益评价两种类型,经济效益评价是指对人们从事某项事业及劳动所收获的利益成果进行分析,社会效益评价是指对在具体经济效益以外的对社会物质文化生活有一定好处的效果进行分析,二者既存在着不同,又有着密切的联系。经济效益大都是人们所追求的社会效益的前提,反之,社会效益是人们追求经济效益的最终目的。经济效益与社会效益的差异主要表现为经济效益额度在实际工作中能够十分直接地体现出来,也可以通过具体的经济指标予以展现,计算出具体的效益成果,但是社会效益额度则不会那么明显地体现出来,很难以具体数据进行计量,必须借助于各种间接的经济指标通过考核等形式才能评价出来。

（二）效益评价的构成

对于乡村资源环境规划而言,效益的构成主要包括社会效益、经济效益及生态效益,效益评价主要是指分析乡村资源环境规划的实施对乡村区域内社会、经济发展等所创造的社会、经济利益水平。具体而言,社会效益评价是指对规划的实施所能产生的社会效益进行的评价,也就是指合理利用现有的资源环境,创造更大的社会效益,来满足村民的生存需要,使人们更加快乐幸福,具体包括对区域内的公共基础设施等的使用效果、满意程度的评价等。经济效益评价就是分析项目规划的经济效益良好程度,也就是投入多少资金,支出多少成本,收获多少有益成果等,且通过乡村资源环境规划,区域内居民是否能够取得良好的经济效益,获得较大的经济收入,居民的经济生活水平是否得到较大提高。生态效益评价主要是对某一经济活动的实施是否能够满足生态需求,给生态环境带来的效益进行评价,其本质是指人们在社会生产、生活中赖以生存的自然生存法则或者遵循的生态平衡规律给人类的生存成长环境带来的有益影响和有利效果,平衡的自然生态环境能够维系良好的生态系统高效运转,创造更高的价值。例如,评价分析区域内的生物、林草、水域、土壤、空气等状况的好坏,探寻迅速整治和高效修复的路径和方法。

四、费用效益评价

（一）费用效益评价定义

费用效益评价主要是运用经济学、数学和系统学等方面的知识,依照一定的评价程序、相关要求和具体准则,细致分析实施某一社会项目的工程规划、建设规划及其他专业规划等所需投入的相关费用,以及能够为社会经济发展带来的具体经济效益,以便为决策者做出决策或者调整决策提供科学有力的决策依据。

费用效益评价主要依据福利经济理论,其评价的原理是通过社会生产、日常消费来解决人们的物质文化生活需求,具体来讲就是看社会福利的大小情况,当人们生产劳作的总体经济收入远远大于人们日常消费的总体费用时,表明社会的福利较好。费用效益评价是一种经济评价法,其本质是按照相应的参数指标,采用货币的形式评价具体经济行为给人们带来的良好效果及提高的全部社会福利,从而表达出最终的费用效益,并将该经济活动的费用和效益进行比对,得出具体的净收益情况。评价中,我们还要全面考虑项目实施的实际影响及长远影响,还要全面衡量项目占用资源所付出的相应代价,大多采用那些能够反映资金时间价值的相关指标,也就是具体的动态净收益指标,依据这些指标去评价该项目的经济可行性,从而得出真实的结论。

（二）乡村资源环境费用效益评价的内涵

乡村资源环境费用效益评价是把乡村资源、自然和地理环境等因素纳入费用效益评价，全面评价某个经济活动、项目规划方案所投入的资源环境成本及各类相关费用，不仅要考虑财务成本和经济效益，还要考虑资源环境所能获取的效益。乡村资源环境费用效益评价方法则是从社会全方位多角度出发，全面分析某一经济活动、项目规划方案对整个国民经济、社会发展净贡献的多少，它解决的最主要问题就是将外部成本内部化，全面地考虑了社会经济活动对自然系统的影响。乡村资源环境费用效益评价所使用的数据一般具有较强的客观性，决策者在主观上很难把持；乡村资源环境费用效益评价的结论又真实反映了全社会范围内对资源配置优化的需求，可以作为资源环境规划评价与决策者做出决策的主要依据。

（三）费用效益评价原则及方法

在实际进行费用效益评价时，通常要对项目的费用效益进行深入分析，根据社会投入资源资本数量、经济活动所创造的效益数量及能够真实反映社会资源合理配置和市场供求状况的相对价格等，最后采用科学的计算方法来确定项目投入、产出资源的范围和数量，在此过程中一般要坚持识别原则和比对原则。识别原则即在对项目进行资源效益评价时，一定要识别清楚哪些为费用，哪些是效益。通常来讲，费用就是社会经济发展过程中生产生活等活动所消耗的实际资源数量；效益是指社会经济发展中生产生活等所创造及节约的实际资源。比对原则即每个项目在实施过程中，既有直接费用效益，又有间接费用效益，二者共同存在，相辅相成。由于项目所处的地域、环境等各种客观因素，具体实施中难免会有这样或那样的复杂问题，依照识别原则很难辨别和确定投入消耗与产出收益，这样极易导致缺项漏项和重复计算。因此，通常采用比对分析的方法进行评价，也就是正确识别和估算实施项目与不实施项目对社会经济发展的不同影响，通过计算投入产出资源的数量，来比对消耗和收益的多少，就不难得出项目的实施过程中是使效益增加还是使费用增加，再排除各种不利因素的影响，也就得出了项目活动的实际效果，项目的可实施性与否也就能够抉择了。

净效益、效费比及内部收益率是常用的费用效益评价方法，其中净效益是指总效益扣除总费用之后的余额，当净效益大于 0 时，则表明项目社会所得大于社会所失，也表明该项目或者规划方案是可以被实施或者接受的，相反，则是不可取的，因此可以看出净效益分析方法的优点是避免负效益的产生。效费比是指规划方案或者项目的总效益与总费用之间的比例，若该比例值大于 1，则表明该规划方案或者项目的总收益高于其总费用，表明该规划方案或者项目是可行的。在实际应用中也可以用费效比来分析，即总费用与总效益之间的比例，主要是指当效益和成本的现值相等时，净现值等于 0 的投资回报率，通常用迭代处理法分析内部收益率，在分析项目净现值的基础上，若净现值大于 0，则需采用该净现值分析过程中更高的折现率来分析，一直分析到该净现值正值接近于 0，然后继续提高折现率，一直分析到净现值为负值，在该过程中，若净现值过小，即采用上述的方法继续增大该值，直到该值接近 0，然后再根据接近于 0 的相邻正负两个净现值的折现率，用线性插值法分析其内部收益率。

第三节　乡村资源环境规划可持续性评价

一、可持续性评价概述

（一）可持续性评价的概念

与可持续发展相关的评价方法涵盖面非常广泛，不同研究领域对于可持续性评价理解也有所差异，但可持续性评价是为可持续发展服务的，而可持续发展是指既满足当代人的需要，又不损害后代人满足需要的能力的发展，其本质是自然资源的数量、科技文化水平、生态环境质量等能够持久满足人类社会生产、生活的物质文化需求，并且不会给人类社会健康发展造成危害。因此，从该视角可以看出，可持续性评价就是通过分析某一项目、规划方案等的实施对社会可持续性发展影响的水平或者程度进行客观、合理的分析。对于乡村资源环境规划而言，可持续性评价的核心在于分析乡村资源环境规划对乡村区域社会、环境与经济方面的影响，确保能够在规划范围、期限等明确的情况下，对不同的乡村资源环境规划方案做出科学合理的选择。具体而言，就是在规划方案编制完成阶段，对不同规划方案实施后可能会对社会资源环境造成的各种影响进行分析、论证和研判，是分析规划方案实施对社会资源环境影响的根本制度和有力举措，也是选择合理的规划方案的重要依据。在对乡村资源环境规划可持续性评价的过程中，首先要确保使用的各种信息都要参考当前最科学的评估知识与方法，其次要注意可持续评价对象或者内容的层次性，最后要涵盖乡村发展的相关的底线信息。

在乡村资源环境规划可持续性评价过程中，要坚持公平合理、科学分配、节约创新和适当保护的评价理念。具体而言，公平合理是指人类社会各群体、各时代所拥有的资源数量要相对平衡及合理分配，包括不同时代、不同区域之间的发展机会、社会利益等要相对均衡，不应出现由于一时的发展需求，而去侵占和破坏后代的资源环境和发展利益，而是应该为后人预留或创造更多的资源和社会财富。乡村作为不同时期人类生存发展的一个空间，其可持续发展需共同享有资源环境和社会财富，共同享有生存权利、合理分配社会生产力等。科学分配是指人类在社会生产生活中，要本着科学分配的思路，合理占有和使用乡村资源环境要素，不盲目扩大生产和需求，切忌无限度占有使用资源，当超出合理的分配原则，乡村资源环境的可持续发展往往会受到影响。同时，在消耗乡村自然资源的同时必须要根据社会人口数量、密集程度、社会需求大小及资源环境总量等制约因素，科学制定相应的限制条款，充分考虑乡村社会经济发展需求与自然资源环境的承载能力之间的内在关系，科学合理地分配现有的资源，使其持续地为乡村发展服务。节约创新是指人类在社会生产生活中要本着节约创新发展理念，一方面减少对现有的资源环境消耗，最大限度地节约一切可用资源，另一方面要开拓创新，放眼于更广阔的资源空间，创造更多更广泛的可用资源，以满足当代及下一代的生产生活需求，乡村可持续发展的核心之一就是提升乡村资源环境的发展效率，促进乡村资源环境可持续发展。适当保护是指人类在社会生产生活中消耗和使用资源，确保各类污染物处于乡村环境系统可接受水平，对那些相对匮乏紧缺的自然资源的开发利用要加以控制，必要时要予以适当保护，同时对那些由于生产生活给资源环境造成的破坏要加以整治和修复，必要时要关停。对于乡村而言，要加强对乡村资源环境的保护和利用，必要时要以法律的形式加以限制，从而达到适当保护的效果。

（二）可持续性评价的目的

可持续性评价的目的概括地讲就是通过对规划方案实施情况的分析、预测、论证和判断，得出该规划实施后带来的利与弊，从而选择或者优化规划方案，其主要目的可以集中概括为以下几个方面：第一，有利于提升规划方案的科学性、合理性，使规划方案的指标体系更加完备，从而更加符合可持续发展的要求，在乡村资源环境规划可持续评价中通过综合分析可持续发展的相关要素，逐步推进乡村社会、经济及环境共同发展。第二，能够进一步反映可持续评价的具体内容，合理地做出资源环境影响评价，预测出乡村范围内的可持续发展状况。第三，可以对项目决策者起到引导作用，认清规划方案实施的资源环境影响评价，确保规划区域的可持续发展目标的实现。第四，便于决策者甄选出更加优秀的规划设计及备用方案，能够更加科学合理地评估出乡村区域规划范围内的可持续发展潜力，使规划实施方案前后的可持续发展状况清晰可见，易于规划方案的设计者、评价者及决策者全面领会、系统把握，充分展示出乡村范围内可持续发展的长处和短板。第五，能够及时发现项目规划存在的不利于乡村将来可持续性发展的问题，通过比较分析规划方案可持续发展的各项指标体系，分析研究可持续性发展的总体趋势，从规划区域的可持续发展指标体系中能够看出其将来的可持续发展趋势，有针对性地进行项目规划方案调整，使之更加科学、合理，具有可持续性发展的潜力，进而为政府决策者提供科学合理的决策依据，实现乡村范围内经济、社会、生态环境等可持续性发展的目标。

（三）可持续性评价的内容

对于乡村资源环境规划而言，其可持续性评价的内容主要包括乡村自然环境、经济环境和社会环境三个方面的评价。乡村资源环境规划可持续性评价是将与乡村资源环境有关的经济、自然环境及社会等各个方面的因素联系起来，并通过一系列科学的逻辑、合理的步骤，综合分析乡村资源环境规划的可持续性。通常从经济、自然环境和社会三个方面综合论证乡村资源环境系统各要素在未来一定时期可能发生的变化及所能保持的相对稳定性，进而分析乡村资源环境规划的可持续性。经济层面的持久发展是首要条件，自然环境的持续利用是基础要素，社会层面的全面发展是最终目的。

经济层面主要是指规划项目或者方案的实施要有足够的经济因素作支撑，必须处理好经济因素与其他各种因素的关系，推动乡村经济持续健康发展，保障乡村经济财力的平衡有序。在乡村经济可持续性评价过程中应关注经济的转型发展、能源结构改革、经济发展效率等方面的内容，进而从保证经济快速、健康、协调发展的视角分析经济可持续性发展。

在自然环境可持续性发展方面，首先要坚持尊重自然、保护自然、顺应自然的发展理念，遵循"科学合理、循序渐进、用保兼备"等原则，对乡村环境状况、环境控制、环境建设等方面的内容进行综合的评价分析，其中良好的自然环境状况是保障经济社会协调发展的基础，高效的社会经济发展水平是促进自然环境持续发展的根本保障，而这些是相辅相成、和谐共生的；保持自然资源的持续发展，需要社会在加速发展经济的同时，加强生态文明建设，改善治理环境，节约能源消耗，减少污染物排放，优化消费机制；加大环境建设力度，科学调整用地计划，如还耕于林、还耕于湖、还耕于草等，对受到破坏的生态环境必须加快恢复或重建，满足子孙后代对资源与环境的需求。

对于社会层面而言，乡村社会是一个综合统一的有机整体，是人类社会赖以生存的基础，体现着人类、自然和社会的有机统一，缺少任何一方都不能称为社会，可持续发展要保证社会、政治、经济、文化、生态协调发展，营造社会、物质、精神及生态文明共存的社会氛围。人口水平、生活质量、市政设施等是推动乡村社会全面进步和人口素质全面提高的重要因素，也是社会可持续性评价的重要内容。

二、可持续性评价指标体系的建立

（一）可持续性评价指标体系建立原则

可持续性评价的基本过程主要包括制定评价指标、收集必要信息、信息处理分析、形成判断和制定决策，其首要任务就是要根据评价的对象建立适当的指标体系。对于乡村资源环境规划而言，可持续性评价指标体系是一个完整的系统，有着复杂的层次结构，通常根据乡村社会-经济-环境三者的历史现状、层次结构、复杂变化及特色需求去确定符合实际的指标体系，同时每一相关要素之间都要互相联系、互相配合、互相补充及互相支持，共同组成一个系统的整体。因此，指标体系建立要遵循科学性、针对性、延续性、协调性及实用性等基本原则。

具体而言，科学性原则是依据乡村资源环境规划的规划区域，通过真实有效的乡村基础数据，制定目标清晰、要素准确、层次合理的评价体系，对于评价指标的具体选定，需仔细研究其他同类型的评价指标，再根据数据统计和实际调查的结果，最终综合确定所要选择的可持续性评价指标体系。

建立可持续性评价指标体系需坚持针对性原则，坚持实事求是的发展理念，立足规划区域的经济发展现状，找短板查弱项，有针对性地分析研究关键问题，科学合理地确定贴近自身实际的、适合地区持续发展战略目标的、符合既定的可持续发展目标的指标，同时还要根据不同规划区域的环境、资源、社会生态条件等因素，从实际出发，科学合理地确定指标，把握最为紧要的、起决定性作用的指标。

可持续性评价指标体系的建立也需坚持延续性原则。乡村社会、经济和自然环境的各要素之间是一个动态延续的变化发展过程，共同推动区域发展演化，因而评价指标的建立也是一个动态性的过程，并贯穿于规划方案的编制、审定、实施、调整及最后的评估阶段，从而使可持续性评价在规划的各个阶段得以顺利延续，通常规划方案要根据实际情况的发展，采取有效的应变措施，做出相应的调整。因此，确定可持续评价指标时要重点考虑短期内变化相对平稳的指标的主导地位，涉及远期项目规划指标的选定时，就要全面论证设计指标体系，及时将那些不合时宜的指标予以变更、调整甚至删除，还要根据社会经济发展水平、国家政策体制变化等实际需求，对某些指标进行合并或者拆分甚至还要增加一些新指标，从而使修改后的指标体系能够更好地延续使用。

对于协调性原则而言，评价指标体系是一个有机协调的整体，要能够比较全面地反映规划区域内政治、经济、文化、社会和生态环境等方面的协调发展性，并保持可持续发展的特征，既要有整体评价，又要有分项评价，还要突出重点。以单一指标分析规划方案或者项目的可持续性是远远不够的，应该在相应的评价层次上，全面考虑规划范围内社会经济、政治文化及生态环境等因素的制约限制，统筹考虑各种指标的影响程度，确定权重，进行综合分析和评价，使规划所涉及的各个层面达到相辅相成、和谐统一的状态，而不是仅仅关注某一方面的因素。

建立可持续性评价指标体系需遵循实用性原则，即要求评价指标具备较强的实用性和可操作性。指标选定时要突出那些实用性强、易于操作的指标，将那些没有价值、难以操作的指标替换掉，注重考虑指标的简洁性、便捷性及高效性，尽可能考虑数据的易获取性和采集性，并且指标之间具有可比性，从而容易辨别不同，区分优劣，增强可操作性。

（二）可持续性评价指标体系建立过程

自可持续发展被提出以后，诸多研究机构及专家学者就开始对可持续发展的评价指标进行探讨。从最早的单项型和复合型，到后来演变发展成为一个指标体系，具体包括环境经济型和经济福利型、程度体系和指标体系等，而指标体系起初只是一个框架，后来才发展完善并涵盖了机构、经济、社会及环境等方面。可持续性评价指标体系的提出对于推动社会、经济、文化的可持续发展具有重要的意义，这一体系能够有效监测社会系统的发展状态及政府制定一系列方针政策的过程，尤其是表示环境方面的指标能够准确地展示人与环境的关系，从而使人类清楚地认识到对环境的影响，但是也存在指标数量过大，操作不灵活等诸多弊端，在联合国提出的可持续发展指标体系的基础上，我国结合实际国情、数据的可获取性等在《中国可持续发展评价报告（2018）》中提出了符合我国可持续发展的指标评价体系，如经济发展、社会民生、资源环境、消耗排放和治理保护，具体如表 10-1 所示。

表 10-1　《中国可持续发展评价报告（2018）》中的可持续评价指标体系

一级指标	二级指标	三级指标
经济发展	创新驱动	科技进步贡献率
		研究与试验发展经费支出与 GDP 比例
		每万人口有效发明专利拥有量
	结构优化	高技术产业增加值与工业增加值比例
		信息产业增加值与 GDP 比例
	稳定增长	GDP 增长率
		城镇登记失业率
		全员劳动生产率

一级指标	二级指标	三级指标
社会民生	教育文化	财政性教育经费支出占 GDP 比例
		劳动年龄人口平均受教育年限
		每万人拥有公共文化设施面积（个数）
	社会保障	基本社会保障覆盖率
		人均社会保障财政支出
	卫生健康	卫生总费用占 GDP 比重
		人口平均预期寿命
	均等程度	贫困发生率
		基尼系数
资源环境	国土资源	人均耕地面积
		人均绿地（含森林、林木、草原、耕地、湿地）面积
		土壤调查点位达标率
	水环境	人均水资源量
		水质指数
	生物多样性	生物多样性指数
	大气环境	市区环境空气质量优良率
		监测城市平均 $PM_{2.5}$ 年均浓度
消耗排放	土地消耗	单位建设用地面积二三产业增加值
	水消耗	单位工业增加值水消耗
	能源消耗	单位 GDP 能耗
	主要污染物排放	单位 GDP 主要污染物排放
	工业危险废物产生量	单位 GDP 危险废物排放
	温室气体排放	非化石能源占一次能源比例
		碳排放强度
治理保护	治理投入	生态建设资金投入与 GDP 比
		环境保护支出与财政支出比
		环境污染治理投资与固定资产投资比
	废水处理	再生水利用率
		污水处理率
	固体废物处理	工业固体废物综合利用率
	危险废物处理	工业危险废物处置率
	垃圾处理	生活垃圾无害化处理率
	废气处理	废气处理率
	减少温室气体排放	能源强度年下降率
		碳排放强度年下降率

对于乡村资源环境规划而言，可持续性评价是乡村为实现可持续发展在其建设过程中的具体应用，其评价对象主要是针对乡村资源环境规划方案或者规划项目的可持续发展，评价范围为乡村资源环境规划区域，评价的依据是可持续发展的理论内涵。从资源环境层面来说，乡村资源环境规划可持续性评价是在保证乡村承载能力的前提下，不断推动乡村社会经济健康发展；从经济发展层面来看，乡村资源环境规划可持续性评价是在重点发展经济的基础上，既要谋取乡村社会福利，又要保护乡村资源环境，最大限度地争取社会福利，最大限度地减小对自然资源环境的破坏；从社会民生层面来说，是快速发展乡村经济，逐渐提高社会福利指数；从消耗排放来看，是减轻乡村居民生产和消费活动对自然的消耗和负面影响，缓解自然存量快速减少的现象；从治理保护层面来看，乡村资源环境规划可持续性评价关注的是乡村治理和保护大自然所做出的努力，是自然存量的增加。

乡村资源环境规划的可持续发展主要包括城市基础设施建设、自然资源的可持续利用及生态环境的修复与保护等，其目标是在保护自然资源环境的条件下，利用行之有效的政策方法，提升环境的负载能力，优化环境质量，使人们过上美好幸福的生活，资源环境、经济发展与社会民生是乡村资源环境规划可持续发展的重要内容。乡村资源环境可持续发展的核心是确保社会经济发展不能超出自然环境的承载力范围，在坚持习近平总书记的"两山"理论的基础上对自然资源要有计划地开采，积极稳妥地做好生态治理和修复工作，保护和改善自然环境，全面提升乡村资源环境的承载力，积极探索开发利用新的能源去代替那些不可再生的能源，在倡导使用可再生资源的同时也要积极加以控制，不能让其消耗速度大于再生速度，大力倡导节能减耗，多渠道控制自然资源的消耗量，从而使乡村资源得以修复生息，更好地为乡村发展提供服务。乡村经济可持续发展是乡村资源环境规划重要目的之一，乡村经济稳步提升对于解决乡村民生问题、提升乡村生活品质、培养乡村居民保护环境意识具有积极的意义，同时也可以让乡村有足够的资历和财力及先进的科学技术去保护和改善环境或者维护良好的生态环境，乡村经济总量增长水平、科技进步贡献率、全员劳动生产率及经济效益和经济结构变化等是分析乡村资源环境规划的经济可持续性的重要因素。社会民生的发展主要是指社会全面进步、经济全面发展、人们生活质量普遍提高、幸福感普遍增强，社会更加文明和谐等。对于乡村资源环境规划而言，其具体体现在乡村居民收入差距的缩小、乡村居民就医条件的提高、乡村受教育程度的提升、乡村社会保障的进一步落实等，社会民生的可持续发展是实现乡村可持续发展的重要保证，也是分析乡村资源环境规划方案优劣的重要的依据之一。

三、乡村资源环境规划可持续性评价的主要程序

对于可持续性评价的方法，前面已有具体的介绍，下面主要概述乡村资源环境规划可持续性评价的主要程序。

首先，设定评价背景和确定评价范围的目的是确保在可持续性评价过程中综合考虑乡村社会、经济、生态环境等多要素，判断当前的部分发展策略是否依然对乡村的可持续发展发挥作用，对于分析乡村在发展过程中面临的挑战和机遇也具有重要的意义。

其次，由于乡村资源环境规划的可持续性评价通常以目标为导向，所以在评价过程中往往需要确定作为评价标准的可持续发展目标，同时确定可持续发展目标也是乡村可持续发展体系的主要构成要素，需要满足乡村可持续发展的需求，在确定可持续发展目标时需遵循涵盖一般性主题、连贯性和时效性、针对性等原则。

再次，可持续性内容界定是针对乡村可持续发展目标而确定的，通过分析乡村可持续发展的要求、数据可获取性、可能忽略的与可持续发展相关的因素等，分析规划方案中不同发展指标对可持续发展的影响程度，进而为后续乡村资源环境可持续性评价提供支撑。

第四，进行可持续发展的评价，该过程主要包括单项指标评价和多目标评价方法，其中在单项指标评价中，进行比较的是属性值，不同属性的比较方式也有所不同，一些指标的好坏可以通过属性值的大小反映，需根据实际的指标来定，不过某些属性既不是越大越好，也不是越小越好，如工业"三废"的排放，虽然环境有一定的自净能力，但是突破这个极限之后，可能导致稳态的破坏，最终造成环境可恢复能力丧失，所以"三废"的处理也要掌握一个度，处理到一定程度即可，如果要将废物全部进行人工处理，将花费大量的资金，若某些单项指标可能要通过两个或两个以上属性反映，这时就要通过加权平均或一些特殊处理方法，最终确定评价指数；多目标评价方法是根据确定的评价目的，利用各种资料，提出两个或两个以上的可行方案，并根据评价准则，借助一定的科学手段和方法，用系统论的观点对比各种评价方案，考虑成本与效果之间的关系，权衡利弊，进行优选评比，选择出技术上先进、经济上合理、现实中可行的最佳或满意的评价方案进行后续实施，并根据方案的反馈情况对方案进行修正的全部行为过程。

最后，制定评价报告并确定合理的规划方案是依据可持续评价结果，对比分析不同规划方案或者项目所制定的目标、发展策略等对于可持续发展目标的实现程度，并进行系统有序的记录分析，进而为乡村资源环境规划提供决策依据。

复习思考题

1. 乡村资源环境规划可行性研究目的是什么？可行性研究的基本原理和内容是什么？
2. 费用效益分析的基本原理是什么？它与费用效益的综合分析有什么联系？
3. "消费者剩余"的概念是什么？
4. 什么是乡村资源环境规划可持续性评价？它与可持续发展理念有何联系与区别？
5. 可持续性评价指标体系的建立要参考的原则有哪些？

参 考 文 献

傅荧. 2001. 交通运输项目费用效益分析的理论与实践 [J]. 经济研究参考，(21): 28-34.

洪亮平，林丹．2007．城市规划可持续性评价方法探讨［J］．城市规划学刊，（3）：35-40．

黄忠平．2018．基于规划环境影响评价的可持续发展指标体系解析［J］．环境与发展，30（12）：29-30．

李红祥，王金南，葛察忠．2013．中国"十一五"期间污染减排费用-效益分析［J］．环境科学学报，33（8）：2270-2276．

李郇，李裕瑞，杨振山，等．2017．局部收缩：后增长时代下的城市可持续发展争鸣［J］．地理研究，36（10）：1997-2016．

梁仁君，林振山，许汝贞．2006．基于 GIS 的沂蒙山区退耕还林（草）规划方案分析［J］．水土保持研究，（1）：136-138，141．

刘浩，刘璨．2015．生态系统恢复可持续土地管理措施的成本效益分析——基于中国西部干旱地区数据［J］．林业经济，（11）：94-105．

刘庆庆，黄锡生，叶轶．2015．国土规划可持续发展评估研究［J］．探索，（3）：174-179．

刘帅，沈兴兴，张震，等．2018．基于成本效益分析的地膜回收政策研究——以甘肃省景泰县为例［J］．中国农业资源与区划，39（3）：148-154．

龙花楼，蔡运龙，万军．2000．开发区土地利用的可持续性评价——以江苏昆山经济技术开发区为例［J］．地理学报，（6）：719-728．

龙花楼，张英男，屠爽爽．2018．论土地整治与乡村振兴［J］．地理学报，73（10）：1837-1849．

罗伊·莫里森，刘仁胜．2015．生态文明与可持续发展［J］．国外理论动态，475（9）：114-119．

马艳梅，吴玉鸣，吴柏钧．2015．长三角地区城镇化可持续发展综合评价——基于熵值法和象限图法［J］．经济地理，（6）：47-53．

马中．1999．环境与资源经济学概论［M］．北京：高等教育出版社．

渠立权，邵远征，舒帮荣．2014．农村新型社区建设的可行性评价方法和规划体系［J］．中国农业资源与区划，35（1）：89-94．

渠晓莉，毋晓蕾，陈常优，等．2010．土地综合整治效益评价研究——以河南省陕县为例［J］．国土资源科技管理，27（6）：78-84．

曲兴亚，邵红月．1998．自然、经济、社会全面的可持续性发展［J］．行政与法，（3）：11-12．

申革联．2003．化州市科普公园规划方案分析［J］．城市问题，（6）：35-37．

孙亚南．2016．长江经济带核心城市可持续发展能力评价［J］．南京社会科学，（8）：151-156．

王保顺，杨子生．2014．土地整治可行性分析指标体系初探［J］．国土资源科技管理，31（3）：64-69．

王万茂．2006．土地利用规划［M］．北京：科学出版社．

王肖惠，陈爽，姚士谋，等．2017．长三角新城区资源利用效率与环境可持续性评估研究［J］．人文地理，（4）：74-83．

杨东峰．2016．重构可持续的空间规划体系——2010 年以来英国规划创新与争议［J］．城市规划，40（8）：91-99．

杨涛，杨华，邹妮妮，等．2010．城市单向交通可行性分析及规划探讨——以南宁市为例［J］．规划师，26（5）：85-90．

岳超源，李洴．1998．环境、资源与可持续发展的多目标评价［J］．环境保护，（12）：28-30，47．

赵丽萍，于兴龙，张欣．2009．资源利用和环境业绩与财务评价体系的重建［J］．环境保护，（8）：14-17．

庄晋财，王春燕．2016．复合系统视角的美丽乡村可持续发展研究——广西恭城瑶族自治县红岩村的案例［J］．农业经济问题，37（6）：9-17．

訾晓杰．2009．煤炭建设项目环境影响费用——效益分析及指标体系设计［J］．经济师，（2）：90-91．

Baltas A E, Dervos A N. 2012. Special framework for the spatial planning & the sustainable development of renewable energy sources[J]. Renewable Energy, 48: 358-363.

Bentrup G. 2001. Evaluation of a collaborative model: a case study analysis of watershed planning in theintermountain west[J]. Environmental Management, 27(5): 739-748.

Ettazarini S. 2011. GIS-based multi-source database, a strategic tool for sustainable development planning: case of Qalaat Mgouna, Morocco[J]. Environmental Earth Sciences, 62(7): 1437-1445.

Guan J, Zhang A, Aral M M. 2013. An optimization approach for sustainable development planning of savanna systems[J]. Journal of Arid Environments, 98(11): 60-69.

Leeuwen M G, Vermeulen W, Glasbergen P. 2010. Planning eco-industrial parks: an analysis of Dutch planning methods[J]. Business

Strategy & the Environment, 12(3): 147-162.

Patel D P, Srivastava P K. 2013. Flood hazards mitigation analysis using remote sensing and GIS: correspondence with town planning scheme[J]. Water Resources Management, 27(7): 2353-2368.

Popławski Ł, Rutkowskapodołowska M, Podołowski G, et al. 2011. Potential of applying databases in the planning process of sustainable development[J]. Methods in Enzymology, 466(1): 284-293.

Quaddus M A, Siddique M. 2001. Modelling sustainable development planning: a multicriteria decision conferencing approach[J]. Environment International, 27(2/3): 89-95.

Wang F, Jiang D, Qi S, et al. 2020. An adaboost based link planning scheme in space-air-ground integrated networks[J]. Mobile Networks and Applications, 26(4): 1-12.

第十一章　乡村资源环境规划的实施与管理

乡村资源环境规划是乡村资源开发利用、环境保护、经济社会发展的一项重要的基础性工作，乡村资源开发利用水平、环境保护与治理措施、经济社会发展效率等直接关系到乡村居民生活质量的高低，而且关系到乡村的生态环境建设与可持续发展。随着乡村社会经济快速发展，乡村资源环境规划对未来乡村社会的发展起着引导性作用，通过加强乡村资源环境规划的管理有助于提升乡村资源环境的利用效率、促进乡村经济社会与资源环境协调发展，并且资源环境规划是乡村各项建设的依据，为促进乡村发展建设达到更理想的发展，需要提高乡村资源环境规划的实施与管理效果，进而推动乡村经济社会、资源环境等高效、稳定、持续发展。

第一节　乡村资源环境规划成果资料

一、乡村资源环境规划成果资料的内容

（一）乡村资源环境规划图

规划图主要是将规划区域范围内的未来各项发展安排以图片的形式具体表现出来，具有规划信息的载负、传输、认知等功能，其中规划图的信息载负功能主要是指规划图是规划信息的载体，可以容纳移动的规划信息；规划图的信息传输功能是指规划图是空间信息传输的重要工具之一，规划编制者按照规划的原始信息、规划目标、规划方案等，合理地使用图形语言，最终以图片的形式将规划信息传递到规划管理、监督、实施主体；规划图的认识功能主要是指通过对规划图的分析与解释，可以了解规划区域的空间发展结构、发展过程、发展趋势等相关信息，通过对比分析不同时期的区域规划图，可认知规划区域的发展与演变。

乡村资源环境规划图是乡村资源环境规划成果的主要组成部分，可以有效反映乡村资源环境的开发利用、保护等总体设计信息，对于指导乡村发展与建设具有重要的意义。在编制乡村资源环境规划图的过程中，要依据乡村资源环境规划目标、规划内容、规划期限等相关规划文字信息，以及乡村资源利用现状图、环境质量评价现状图、乡村各项工程规划图等图片信息进行分析，对乡村现有的资源环境在时空上进行合理安排，进而指导乡村的发展建设，以期获得最大利用效益并实现乡村自然-生态-社会的可持续发展。同时，为了简化规划图内容、细化乡村规划的内部设计，乡村资源环境规划图通常还包括乡村居民点规划图、乡村各类规划项目的工程规划设计图、乡村资源环境系统要素规划图等，如乡村渠道纵横断面图、乡村各类建筑物设计图、乡村水环境规划图、乡村土地资源利用规划图、乡村产业规划图等，在具体规划图编制过程中，由于不同乡村的差异性，乡村的内部设计图的种类、类型、数量等也会有所差异。

（二）乡村资源环境规划说明书

乡村资源环境规划说明书是对乡村内所有资源环境规划的文字说明，主要内容包括乡村经济、社会、自然等基本情况，如乡村资源环境利用和保护的基本情况。规划的指导思想、资源环境利用战略研究、乡村资源环境利用结构、居民点布局及对各单项规划的结构说明也是说明书的主要组成部分，同时还包括一些基本建设项目的投资情况说明、实施情况和经济收益预测。其中，规划的指导思想和资源环境利用战略等一般都是服从上级规划内容和文件指示，单项规划则需要根据乡村的基本情况做出合理安排，而乡村基本情况主要包括乡村的自然地理位置、资源条件和景观环境质量等，注重于资源的数量和质量情况，如乡村土地资源概况、乡村历史文化、乡村人口状况、乡村基础设施概况等。

（三）乡村资源环境规划其他资料

任何规划都要有一个大致方针和指导思想，通常其主要来自上级相关部门下达的文件，也是规划必须遵守的基础准则。在实际进行乡村资源环境规划过程中，上级有关指示也属于技术法律文件的范畴，主要是指上级在分析乡村资源环境的实际情况后所拟定的规划发展方向和各种社会经济发展目标，以及上级相关部门对规划方案的审查决议结果、规划方案讨论会议的记录、协议、调查资料与图表等，如各类资源的现状分布图等。

在乡村资源环境规划完成后，须按照规划方案对乡村进行有效规划建设或整改。在这一过程中需要有乡村建设整改的完整施工图和施工计划，主要包括乡村资源环境规划设计方案现场铺图的准备物资，如施工图件、规划方案的实施安排和长期工程的逐年实施计划，以及乡村资源环境规划动态监测体系的运转和管理。施工图的绘制有统一的要求和标准，规划的目标需在施工图中得以体现，同时辅以规划的施工计划，确保乡村资源环境的相关规划得以实现。

二、乡村资源环境规划图的制作

（一）乡村资源环境规划图的制作过程

制作乡村资源环境规划图是乡村资源环境规划的核心内容之一，制作过程主要包括规划图的初步制作和精确设计两个步骤。初步制作以乡村现状图为基础，将乡村资源环境规划的具体项目、总体目标、主要内容等反映到图纸上。在规划图初步制作过程中需要注意以下几个方面：首先，初步制作的规划图能够反映规划制作者或者团队的规划设计意图；其次，规划制作者需要制定不同的初步规划图，进而为规划管理者或者决策者提供不同的选择方案；最后，要对各方案进行讨论并做出最佳决策，最终确定初步制作图，同时也要根据讨论意见对所选规划图做出进一步的修改完善。规划图的初步制作往往对规划图的精确度要求不高，其核心是确定规划设计的意图，如乡村发展方向、发展重点、重点项目区域等，该过程的另一目的是为后续的精确设计提供基础支撑。精确设计则需要在规划图初步制作方案取得上级部门的批准同意后或者得到规划制作管理部门的许可后进行，规划图的精确设计要求对规划图中的各规划项目进行精确的设计，通常以电子图为基础，利用 ArcGis、CAD 等软件进行操作分析，可以有效保证比例尺、边界线、面积等的准确性，其中比例尺、坐标系等应依照实际情况确定。而且在技术设计图完成后，要对其进行整饰，主要目的是让设计图表达的内容更加简洁美观，使其成为乡村资源环境规划工作的主要成果。乡村规划图的制作往往需要较大比例尺的电子图，在使用过程中应该遵守国家相关法律法规，注意相关数据的保密。

（二）乡村资源环境规划图的复制

在乡村资源环境规划图制作完成后，就要凭借规划图去上报审定，因此要对规划图进行复制，复制的规划图用于上报审定，原规划图用于存档之用。复制规划图的质量关系到上报审定的最终结果，因此要采用科学的复制方法进行规划图的复制，尽量做到与原规划图无明显误差。规划图的复制方法主要包括方格网法、晒图法、制版印刷法及静电复印法等方法。

方格网法是指在原图和复制图上用铅笔绘制同数目的格网，格子的大小数目根据图上物体的复杂程度及精度要求而定。在原图和复制图相对应的格子内，将原图上的内容绘制到复制图上，运用方格网法可以在复制结果中将原图缩小或放大，整个操作就只有绘制格网和原图内容，不需要特制工具，操作简单，成本也较低，缺点是绘制的精度较差，不能满足某些用途的复制图。晒图法主要是利用透明的纸基，在蓝图上涂上感光溶液，然后覆盖蓝图上的地图，经过曝光、显影、定影等过程，可以得到与底图尺寸和样式相同的复制品，若原图是用聚酯薄膜绘制的，可以直接作为底图打印，因此不需要重新绘制透明底图，减少了生产工艺，印刷的过程主要是采用熏蒸的方法，并用重氮感光纸干燥进行熏蒸。制版印刷法的操作过程是将聚酯薄膜的着墨底图进行复照，然后进行制版再印刷，这种方法所得到的复制图是效果最好的、最能还原原图的一种方法，实际应用中通常只要是批量印刷或者是印刷量较大，基本上都是用制版印刷法进行复制图的制作，但该方法一般个人无法完成，因为该方法的操作较为烦琐，需要的工具、设备及印刷技术也是要专门购买和培训的，一般可去专业印刷厂进行批量复制。静电复印法是一种在现有的技术条件下较为先进的复制方法，随着复制技术和方法的不断发展、大型工程复印机的出现，复印的图幅大小也在不断扩大，使得复制的效果极好，表达内容经过复制后也更为清晰简洁，也可把原图放大或缩小，静电复印法比熏图法速度快、效果好，计算机也可以用于复制工作，将制作的原图内的图名、图例、各种标记及其他图面元素的设计工作用计算机操作，再用激光打印机打印，然后粘贴上去，这样做的图纸比较接近单色印刷图，具有良好的单色效果，复制的工艺质量显著提高。

（三）乡村资源环境规划图的绘制与整饰

近年来计算机辅助制图技术得以广泛地运用，在制作相关图件时，可以借助相关制图及空间分析软件进行操作，计算机辅助制图是建立在传统的编图原理和制图方法基础上的，运用计算机的图形输入输出功能或相关的图形输入、输出设备，以编图软件作为绘制工具，将传统在图纸上的绘制转变为计算机制图，方便快捷且准确。计算机辅助制图在规划动态监测、更新和复制规划图件方面有着手工制图不可比拟的优越性，从制图手段上保证了规划的动态性，如 ArcGis 可以对地理空间现象进行定量的研究，可操作空间数据使之成为不同的形式，提取其潜在的信息，其包含的空间信息量核算、空间信息分类、空间统计分析、叠加分析、缓冲分析等方式均可在制图过程中起到很大的辅助作用。

乡村资源环境规划图的绘制是在技术设计图上对规划方案做出最终技术设计图的绘制。目前，对于资源环境规划采用的图例及相关制定标准尚无统一的规定，因此在绘制工作中可暂且参照测绘部门制定的标准图例和参考图例，其余的按照实际情况自行补充，待统一的标准图例确定后则按照标准图例再补充。乡村资源环境规划图绘制的主要流程为：内图廓线→注记→控制点、方位标及独立地物→居民地、墙、道路→水系及其建筑物→植被及地类边界→地貌→图幅整饰。设计图例时要保证图例符号的完备与一致性、图例系统的科学性，这也是图例设计的基本原则。设计的图例要求保证各种图例清晰可认、注意图例间的协调、能分清主次内容、保证图例的表达方法要通俗易懂，保证规划管理实施者能够理解图例的含义并熟练运用。在资源环境规划图的制图工作中，一般以不同的颜色或线条、点等来区分不同的资源环境类型，如道路、河流、土地利用类型、典型地物等。乡村资源环境规划图上除了用点线面组成的图例来表达规划内容外，还要有必要的文字注记和数字注记，绘制时应该采用统一的制图字体进行编写，也要注意制图字体与图例内容相适应，用不同的字体注记不同的内容。注记的文字和数字要求大小适宜，与整个图面相协调，不能遮盖住重要的地物地貌，排列要按照一定的顺序，规范整齐，尽可能水平排列。规划图的制作工作要求细心认真，制作完毕后应当详细校对，消除差错。

规划图是乡村发展建设过程重要的依据和标准，规划图必须包括规划的所有细节和问题的解决办法，必须对乡村资源环境的保护和合理利用具有指导性意义，完整的乡村资源环境规划图除了要求内容准确无误外，还必须保持整个图面的完整美观，便于使用。因此，乡村资源与环境规划图需进一步整饰，主要整饰的内容包括图廓、比例尺、指北针、图名及图签等内容。在乡村资源与环境规划图的整饰工作中，除了要完成上述内容外，还要在资源环境规划图上绘制图例、相关资源环境数据的统计表、图幅接合表等，以便全面地反映该乡村资源环境规划图的主要内容，也方便阅读和运用规划图纸。总体来说，在规划图的整饰中要注意的地方主要有以下几点：首先，规划图中的线条要有不可去除性，不是必须要有的线条就一定要擦除干净，在描绘区域地物和地貌的时候，一定要按照规定的符号进行绘制。其次，文字注记应该在适当的位置，文字注记的目的是要对规划区域的地物地貌进行注记说明，但注记的位置一定要慎重考虑，不能遮盖规划图中的相关符号，一般居住地名用宋体或等线体，山名用长等线体，河流、湖泊用左斜体。最后，要绘制图幅边框，图名、图例、比例尺、测图单位和日期等图面辅助元素要一一标注在图幅边框外，其是对规划图的详细情况的说明。

三、乡村资源环境规划说明书的编写

乡村资源环境规划说明书的主要功能是通过文字和表格来说明规划的大体内容，是乡村资源环境规划方案核心内容之一。乡村资源环境规划说明书的基本内容包括前言、基本情况、乡村资源环境利用战略研究、乡村资源环境利用供需平衡、乡村资源环境要素规划、乡村资源环境规划效益预测、乡村资源环境规划实施措施等 7 个方面的内容。前言主要说明规划工作的时间、参加工作的单位和人员、基础资料的来源、整个工作流程及存在的问题等；基本情况主要介绍乡村的地理位置、自然条件（如地质地貌、气象、水文地质、土壤等）、社会经济情况、生态旅游资源利用情况及当地资源环境利用方面存在的主要问题等；乡村资源环境利用战略研究，具体包括乡村资源环境利用的战略目标、任务、措施等，通常乡村资源环境规划是以目标为导向，设计乡村资源环境的开发利用与保护措施并完成规划任务；乡村资源环境利用供需平衡包括资源环境需求量预测和资源利用潜力、资源环境利用结构优化等，在进行需求预测时一定要全方位考虑可能影响需求量的因素，并在饱和需求量的基础上留有存量，再对资源利用潜力进行分析，在尽量保证供需平衡的基础上，优化资源环境利用结构；乡村资源环境要素规划包括乡村水环境规划、大气环境规划、土地资源利用规划等，是对乡村资源环境规划的具体分工，做好这些要素规划再进行总结归纳，最后完成乡村资源环境规划；乡村资源环境规划效益预测主要是通过客观估算规划成本和收益预期并进行比对分析，以衡量规划实施的可行性；乡村资源环境规划实施措施包括前文中提到的利用措施，除此之外还包括管理措施。

乡村资源环境规划说明书涉及的内容广泛，为了顺利完成编写工作并达到一定的质量要求，应先拟定编写纲目，再开展书写工作，文字编写工作应当简明扼要，生动易懂，既要照顾到规划的先后顺序，前后呼应，也要将规划工作的重点内容清晰地表达出来并进行强调，具体的编写过程中可以采取分工协作、汇总协调的方法，在宏观上对其进行把握，编写定稿后的说明书时，应当加上说明书所需的封面、目录，并按照一定的规格装订成册，同时也应当编写资源环境规划技术报告以全面反映规划中的有关技术内容和方法。

四、乡村资源环境规划方案的实施方案

乡村资源环境规划方案经过上级相关部门审查批准后，即可按照规划方案开展工作。作为乡村资源环境规划实施的必要程序，规划方案的实施应当包括现场铺图和编制实施计划两个部分。

现场铺图是指依据施工现场的地形及资源的分布情况绘制规划方案的施工图，这是在严格按照规划方案的前提下进行的；编制实施计划是在现场铺图的时候考虑施工的具体过程并考虑其中可能存在的问题，给出相应的解决措施。对于现场铺图的准备而言，首先，在前期资料收集、现场调查、规划图编制的基础上，进一步对规划区域进行实地考察，深入规划区域，了解乡村资源环境规划范围内各类资源的分布现状，在综合权衡地形条件、工作条件和放线要求等的基础上确定铺图的具体方法。其次，在现场铺图前要制定铺图工作计划，明确铺图工作的目的和任务，包括铺图使用的仪器种类、数量、人员组织、工作程序和进度要求等，确保现场铺图的顺利完成。最后，由于施工图的内容相较于技术设计图更加详细精确，且现场施工要严格按照施工图的方案进行，因此施工图要便于携带和查看，施工图的绘制要综合考虑铺图程序和进度，并进行分区分幅绘

制。在准备工作完成后，现场铺图工作便可以开展，在开展过程中也可以对铺图工作计划进行适当的修改，但总体上要遵从铺图工作计划。

在完成现场铺图准备后，即可编制乡村资源环境规划方案的实施计划，确保能够全面执行规划方案。通过实施计划，明确划分各项具体计划逐年实现的规模目标，估算人力、物力、财力等方面的需求量及其供给来源，制定好相应的措施和方案确保供需平衡，严格保障规划方案在实施过程中的连贯性，使规划成果变为现实的乡村资源环境利用，实施计划的制定需要远近结合、突出重点、切实可行、动态监测、及时反馈，进而确保乡村资源环境规划能够有效主导乡村发展，提高乡村资源环境规划的科学性、合理性及可实施性。

第二节　乡村资源环境规划的实施与管理制度体系

自 1949 年以来，我国乡村经济社会快速发展，与乡村发展的相关政策法规也逐步健全。总体来看，我国乡村资源环境规划相关的制度体系主要包括两个方面，即法律法规和政府重要文件，其中法律体系主要包括《中华人民共和国城乡规划法》《中华人民共和国环境保护法》《中华人民共和国土地管理法》《村庄和集镇规划建设管理条例》等，政府重要文件主要包括《乡村振兴战略规划（2018－2022 年）》《中共中央　国务院关于建立国土空间规划体系并监督实施的若干意见》《自然资源部办公厅关于进一步做好村庄规划工作的意见》《农村人居环境整治三年行动方案》等，对于乡村资源环境规划的制定、实施与管理等具有重要的意义。

对于法律法规而言，2019 年修订的《中华人民共和国城乡规划法》第 3 条和第 4 条总结出："镇应依照规划法制定镇规划且镇域内的相关建设活动应符合镇规划；乡村规划可以通过县级以上地方人民政府制定，且制定和实施的过程中要依据乡村经济社会发展水平、资源环境本底等制定，并且要遵循因地制宜、城乡统筹、节约集约、合理布局、切实可行、规划优先等原则；制定、实施与管理乡村规划的目的是提升生态环境质量、保护历史文化遗产及地方特色、促进资源合理高效利用、防治环境污染和其他公害等。"《中华人民共和国城乡规划法》是乡村资源环境规划编制、实施与管理的重要的法律依据之一。2020 年 1 月 1 日起开始实施的《中华人民共和国土地管理法》，明确了农村土地权属、土地利用总体规划和国土空间规划体系的法定地位等内容，并提出了"乡（镇）土地利用总体规划应当划分土地利用区，根据土地使用条件，确定每一块土地的用途，并予以公告"。《中华人民共和国土地管理法》也是乡村资源环境规划重要的法律依据之一，对于科学管理乡村土地具有重要的意义。2015 年 1 月 1 日实施的《中华人民共和国环境保护法》，明确了生态保护和污染防治的目标和任务、保障措施、规划衔接等环境保护规划主要内容，为乡村环境保护规划提供了法律支撑；提出了环境保护的目的是提升环境质量、保障公共健康、推进社会生态文明建设等，也为乡村资源环境规划中与环境保护相关的内容提供了目标导向；其中有关保护和改善环境、防治污染和其他公害、信息公开和公众参与及法律责任的具体内容也为乡村资源环境规划具体规划程序、规划内容、规划管理与实施等提供了基础支撑。制定和实施村庄、集镇规划必须遵循《村庄和集镇规划建设管理条例》，其也是编制和实施乡村资源环境规划的基础依据之一，该条例明确了村庄和集镇的概念，即农村村民居住和从事各种生产的聚居点；乡、民族乡人民政府所在地和经县级人民政府确认由集市发展而成的作为农村一定区域经济、文化和生活服务中心的非建制镇，该条例中的乡村是乡村资源环境规划的核心内容之一，因此该条例中关于村庄和集镇规划的制定和实施、村庄和集镇施工管理、村庄和集镇房屋及公共设施建设、村容镇貌和环境卫生管理及罚则等的具体内容也是乡村资源环境规划重点关注的内容及编制实施的重要依据，对于乡村资源环境规划科学编制、合理实施、有效反馈等具有重要的意义。

　　对于政府重要文件而言，党的十九大报告中明确提出了乡村振兴的发展战略，将产业兴旺、生态宜居、乡风文明、治理有效、生活富裕作为我国乡村发展的总目标。《乡村振兴战略规划（2018－2022 年）》为我国乡村近期发展明确了发展方向。首先，该规划提出的总体要求和 2020 年、2022 年的发展目标等对于科学制定乡村资源环境规划近期目标具有重要的意义；其次，该规划提出分类推进乡村发展，将村庄划分为集聚提升、城郊融合、特色保护、搬迁撤并 4 种类型，为不同区域、不同经济社会发展水平、不同资源禀赋的乡村资源环境规划提供了编制依据；再次，该规划提出的强化空间用途管制、完善城乡布局结构及推进城乡统一规划等构建乡村振兴新格局的具体内容，对于优化乡村资源环境空间格局、有序推进乡村资源开发利用、持续提升乡村环境质量等具有重要的指导意义，并且将乡村发展规划与国家发展战略相结合，可以有效提高乡村资源环境规划的编制水平；最后，加快农业现代化步伐、发展壮大乡村产业、建设生态宜居的美丽乡村等内容对于制定乡村资源环境规划近期目标、近期发展策略和发展方向等均具有重要的指导意义。2019 年 5 月，《中共中央　国务院关于建立国土空间规划体系并监督实施的若干意见》正式对外公布，首先，其明确了国土空间规划是各类开发保护建设活动的基本依据，乡村资源环境规划的本质是乡村资源的开发利用与环境的治理保护，乡村资源环境规划在编制、实施与管理的过程中需要与国土空间规划相衔接，不能突破国土空间规划的生产空间、生活空间、生态空间、生态保护红线、永久基本农田等；其次，其提出了可以在城镇开发边界外的乡村地区，以一个或几个行政村为单元，由乡镇政府组织编制"多规合一"的实用性村庄规划，该内容的提出为乡村资源环境规划编制与实施提供了重要的依据，而加强组织领导、落实工作责任等具体内容对于乡村资源环境规划的实施与管理具有重要的借鉴意义；再次，由于国土空间规划体系建设而需要的或者后续即将出台的相关技术导则，如《市级国土空间总体规划编制指南（试行）》《市级国土空间总体规划制图规范》等对于规范、高效管理和实施乡村资源环境规划具有重要的意义；最后，该文件提出的完善国土空间基础信息平台、完善技术标准体系等对于完善乡村资源环境规划体系的实施与管理也具有重要的借鉴意义。2019 年实施的《自然资源部办公厅关于加强村庄规划促进乡村振兴的通知》和 2020 年 12 月出台的《自然资源部办公厅关于进一步做好村庄规划工作的意见》明确提出了村庄规划是法定规划，是国土空间规划体系中乡村地区的详细规划，是开展国土空间开发保护活动、实施国土空间用途管制、核发乡村建设项目规划许可、进行各项建设等的法定依据。乡村资源环境规划是村庄规划的核心内容，加强组织领导、严格用途管制、加强监督检查、加强村庄规划实施监督和评估、充分尊重农民意愿等具体内容也是乡村资源环境规划实施与管理所关注的核心内容，对于指导乡村资源环境规划科学实施、有效管理等具有重要的意义。

第三节　乡村资源环境规划实施与管理的一般过程

使乡村资源环境规划有序实施和受到有效管理是政府的职责所在，其一般过程包括明确目标类型、任务和原则，组织设计，以及职能运作等，政府是完成这一过程的行为主体，发挥着主导性的作用。

一、明确目标类型、任务和原则

乡村资源环境规划实施与管理是人类对事物发展进行有效干预的能动活动，具有明显的目的性，因此乡村资源环境规划实施与管理也具有一定的目的性，而且实施与管理的过程就是实现规划目标的过程。

（一）乡村资源环境规划实施与管理目标的类型

乡村资源环境规划实施与管理的目的是实现乡村发展的可持续性。对乡村资源环境进行合理有效管理具有重要的意义，同时规划实施与管理的目标设置直接影响管理计划和措施。从规划实施与管理范围出发可将乡村资源环境规划实施与管理目标分为宏观目标、中观目标和微观目标，从时间视角上也可以划分为远景目标、中期目标和年度目标。

就我国乡村资源环境规划实施与管理而言，其宏观目标就是国家对于全国范围内的乡村资源管理制定的实施与管理目标，是所有地方进行管理时遵守的基本准则和参考标准，宏观目标的制定往往结合国家社会经济发展和农村发展现状，通过对现有资源和政策的分析，预测未来我国乡村发展情况，在此基础上提出总目标，整个目标制定过程是与社会经济发展相协调的，以达到社会综合进步发展的目的；乡村资源环境规划实施与管理的中观目标是指乡村在依据国家制定的管理总目标的基础上，结合辖区自身情况所制定的管理目标，中观目标的制定既要符合宏观目标的要求，也要根据地区乡村发展情况和自身特点提出一些具有操作性的目标，如我国浙江一带的部分乡村的发展走在全国前列，乡村资源环境管理目标的设置在满足总目标的前提下，也需提出一些符合当地发展现状的目标，而我国西部地区乡村资源环境管理目标的制定，在满足总目标的前提下，要综合考虑地区经济发展情况是否制定更为先进的管理目标，而且中观管理目标一定要符合实际情况，因为实现管理目标的过程需要财力、物力的支持，是社会经济各方面相互协调提出的目标；乡村资源环境规划实施与管理的微观目标是指各类资源环境管理所制定的目标，较为具体，是一个乡村进行资源环境管理的实际准则和直接目标，微观目标的制定要对乡村内的资源环境进行综合分类，依据乡村的实际情况及总目标和中观目标的规定，对各类资源环境管理制定分目标并尽可能量化分目标，以便于以后对目标的实现与否进行考核。

对于乡村资源环境规划实施与管理远景、中期和年度目标而言，乡村资源环境规划实施与管理的年度目标通常指规划期内每一年乡村资源环境规划制定的发展目标，是中期和长期目标的具体化、现实化和可操作化，也是实现中期和长期目标的基础保障，因此乡村资源环境规划实施与管理的年度目标往往具备可操作性、贴合乡村发展实际、具有明确的目标完成时间、较强的适应性、服从于中期和长期目标等特征。从乡村资源环境开发利用与保护的视角来看，乡村资源环境规划实施与管理的中期目标是实现规划远景目标的中介目标，其本质是受远景目标约束的子目标体系，通常中期目标具有与远景目标保持一致、可以用定量的语言明确说明、有明确的完成时间、有一定的弹性、可以对目标实现的可能性进行分析等特征。乡村资源环境规划实施与管理远景目标是乡村资源环境开发利用与保护的理念的具体表现，违背该发展理念的乡村发展往往不利于乡村的可持续发展。远景目标往往具有适合性、可度量性、易懂性、灵活性等特征。

　　虽然乡村资源环境规划实施与管理目标的分类依据有所差异，但是各类管理目标之间都是相互联系、相互协调的，是一个完整的管理目标体系。在实现乡村资源环境规划实施与管理目标的过程中，一定要注意综合运用各种法律法规、经济和政府行政措施协调各层次、各阶段的管理目标，使得各种目标都有实现的基础并具有应对突发情况的基本弹性。随着乡村资源环境规划的实施，管理目标也可以依据发展情况进行适当的修改，但总的方向不应改变。

（二）乡村资源环境规划实施与管理的任务和原则

1. 乡村资源环境规划实施与管理的任务

　　我国乡村资源环境规划实施与管理的基本任务是统筹城乡发展，缩短城乡发展差距，科学合理利用乡村资源，保护乡村环境，进而实施乡村振兴战略，实现乡村的可持续发展。现阶段，乡村资源环境规划实施与管理的主要任务主要包括以下几个方面：首先，提升乡村人居环境质量，缩小城乡发展差距。党的十九大报告中明确指出农村发展的目标是要改善农村环境整治、提升农村人居环境质量，乡村资源环境管理的首要任务便是提升农村人居环境质量，大力发展乡村经济，保护农村环境，在此基础上进行资源倾斜，增加乡村发展的投资力度，缩小城乡发展差距。同时，提升乡村人居环境质量对于缓解乡村居民日益增长的美好生活需要和不平衡不充分的发展之间的矛盾也具有重要的意义。其次，加强乡村资源环境系统建设，实现信息服务社会化、透明化。以乡村资源环境规划编制基础为指导，以国土空间规划体系建设为契机，通过建立全国范围内的乡村资源环境管理信息中心，实现信息共享、透明，经验共享，利用先进技术手段实现乡村资源环境的动态监测，便于相关部门的监督考核，为各级政府部门领导决策提供科学依据。再次，深化改革，建立适应符合乡村振兴战略目标的管理体系。深化改革对于实现乡村资源环境管理目标、提升其管理效率等具有重要的意义，通过实现相关部门的职能转变，建立专门负责乡村资源环境管理的相关部门并明确职责职权，强化管理体系的统一性，进而建立符合新时代乡村发展目标的管理新机制。最后，建立健全相关法律体系，为乡村资源环境规划实施与管理提供法律依据。我国在乡村资源环境规划实施与管理方面的相关政策法律、政府文件等管理制度逐步完善，但是现行的法律依据都是来源于相近的法律法规，缺乏专门的法律法规限制约束，导致在管理时会出现自我矛盾和无法可依等问题。因此，我国目前乡村资源环境规划实施与管理最急迫的任务就是建立健全相关法律体系，实现管理有法可依、有法必依，完善乡村资源环境管理监察体制，实现管理秩序的根本好转。

2. 乡村资源环境规划实施与管理应遵守的原则

乡村资源环境规划实施与管理在坚持乡村资源规划的综合效益原则、上级规划衔接原则、动态均衡原则、因地制宜原则等的基础上，还要坚持综合效益原则、合理利用原则、可持续发展原则等。具体而言，首先，我国是一个坚持人民当家作主的社会主义国家，这决定了我国政府、集体和个人的根本利益是息息相关的，在乡村资源环境管理过程中，各方所追求利益的侧重点会有所不同，导致各方利益会出现协调失衡的情况。例如，国家要求乡村资源环境规划实施与管理的有序推进，集体要求在规划实施与管理中实现集体利益的最大化，而个人会注重自身利益的得失，政府管理部门要保证国家、集体和个人关系的协调性，实现社会长远利益最大化。其次，乡村资源环境规划实施与管理是对乡村资源环境的综合管理，从长远的角度来看，管理的最终目标是要实现生态、经济、社会效益的统一发展。因此，政府管理部门要从长计议，合理利用乡村的各类资源，保护环境，实现生态、经济、社会效益统一的可持续发展。最后，乡村资源环境规划实施与管理的直接目的是促进乡村现代化建设和实现乡村可持续发展，因此，乡村资源环境规划实施与管理的本质是在乡村资源合理利用、环境得到有效保护的基础上，结合乡村资源环境规划制定的发展目标进行有效的管理，为全面实现乡村振兴提供基础支撑。

二、组织设计

（一）组织设计和组织结构的内涵

组织设计是指为实现组织目标，组织的管理者对组织成员、结构和活动进行设计的过程。主要内容有管理级别设计、组织职能职权设计、组织成员机构设计等。组织设计的一般原则主要包括命令方向统一、职权对等、连续分级等，其中命令方向统一原则即在组织内部，各成员、各部门要有统一的活动方向和标准，组织内部要避免交叉管理，要严格实现组织结构的垂直管理，下级直属于上级，只服从上级管理，不可越级管理；职权对等原则是指在组织内部所处的职位和拥有的权利要相对应，避免发生因虚假职位导致组织运转不流畅的现象，同时保证组织内部各成员的不可去除性，实现组织的合理顺畅流转；连续分级原则即在组织设计过程中，要保证从组织基层到最高领导者的一一分级，保证所有成员都处于金字塔分级中，形成组织内部明确的级别链。

组织结构就是组织设计的最终成果，是组织各成员的框架结构。常见的组织结构类型有直线制、职能制和矩阵制。直线制组织结构是指在这种机构中，上下级组织成员或部门间都是垂直管理的，下级组织成员、部门只服从上级的直接管理，信息传递也只能在上下级之间进行，极大地避免了由于组织管理不明确而导致的运转混乱的现象。职能制组织结构是指在这种结构中，所有的组织成员、部门依据发挥的组织功能不同进行重新分类，组建成新的组织部门结构，而组织成员在重新组建的组织结构中会受到多个上级成员、部门的领导与管理。在此组织结构中，不依据成员的一对一管理，只注重功能的合理划分，实现组织功能上的一对一的管理。矩阵制组织结构是由两种不同的组织部门相互组合形成的，它是一种双重组织结构类型，设有业务和特定业务项目两个组织部门，这两个部门相互交叉组合形成了一种矩阵式状态的组织结构，组织内所有成员均由两个组织部门的直接领导管理。

（二）乡村资源环境规划实施与管理组织结构

乡村资源环境规划实施与管理组织结构主要包括实施与管理机构设置和部门职责划分两个方面。乡村资源环境规划实施与管理机构设置一般有单独设置、挂靠设置和分属设置三种模式。单独设置是指专门设置政府相关部门进行乡村资源环境管理，这样设置的机构具有较大的管理权能和职责，但会导致行政机构的臃肿化；挂靠设置是不设置新的管理机构，赋予原有的单个行政管理部门新的管理权能，增加其管理权能和范围；分属设置即不增加机构的数量，将乡村资源环境规划实施与管理权能分散到原有的多个行政部门中，造成了管理功能的分散，降低了管理效率。对于乡村资源环境规划实施与管理部门职责而言，不同级别的管理部门所拥有的权能和职责都不相同，国家最高的管理部门负责的是全国乡村资源环境管理的宏观调控，制定相关法律法规，建立管理工作的基本秩序等；地方管理部门负责对下级部门的管理和维持地区内管理工作的良好进行，为实现规划实施与管理目标开展一系列工作并进行监督；最底层的管理部门只负责完成上级管理部门下达的管理目标和命令，即乡村资源环境规划具体的实施举措，实现乡村资源环境规划实施与管理的确切落实。

三、职能运作

乡村资源环境规划实施过程是乡村资源管理者对辖区各类资源环境行使管理职能的过程，在管理过程中，计划职能、组织职能和控制职能相互关联，连续循环发挥作用，形成连续往复的管理过程。

（一）乡村资源环境规划实施与管理的计划职能

计划职能是乡村资源环境规划实施与管理的重要职能之一，是为了规划实施与管理目标的实现而制定实施方案和管理措施，实现计划职能主要有预测、计划编制和实施三个步骤。预测即在分析乡村现有的资源条件和环境质量的基础上，结合政策方向和发展目标，对未来乡村资源环境情况做出合理判断的过程。在此过程中，首先要确定预测目标，调查、收集相关资料，再选择正确简便的预测方法，最后对预测结果进行分析、评价并修正，得到乡村资源环境规划实施与管理的最佳计划。计划编制是在经过预测得到修正的预测结果后，对实施与管理计划进行科学的编制，进而为规划的实施与管理计划的顺利实施进行铺垫。在计划的编制过程中，要注意一些基本问题，如编制的计划要有明确的实施与管理目标、任务，要有明确的时间、空间划分，计划的编制要考虑特殊情况的发生，让计划内容保留一定的弹性，保证计划实施的成功率。计划的实施过程就是通过执行一些措施手段，将计划内容变为现实内容。在计划的实施过程中，也要注意一些基本问题，如计划实施要有明确的实施主体，以保证计划实施的权能所属及责任人，方便计划实施的监督和问责，同时计划实施中要明确管理目标，将实施过程与管理目标相结合，实现实施目的的科学性、合理性，还要注重实施人员的管理，提高实施效率和问责效率。

（二）乡村资源环境规划实施与管理的组织职能

组织职能主要包括乡村资源环境实施与管理机构的设置、职责职权的确定、领导监督和激励等行为及为实现规划实施与管理目标而做出的一切行为措施等。在相关规划实施与管理机构设置之后，要对规划实施与管理机构的权能职责进行划分，赋予各机构各部门相应的权能和职责，为充分利用各部门的人力资源，可采取激励、惩罚、诱导等方式对组织成员进行领导，发挥其有机能动性，将不同层次和才能的组织成员分配到适合自身的部门和组织结构中，实现作用最大化。

（三）乡村资源环境规划实施与管理的控制职能

乡村资源环境规划实施与管理的控制职能是指在管理过程中，将发展现状与管理目标进行对比并加以改正的过程，控制职能的基本步骤有确定标准、绩效衡量、分析偏差并改正等。

1. 确定标准

乡村资源环境规划实施与管理的控制职能是将发展现状与管理目标进行对比，而管理目标可以作为衡量管理工作绩效的相关标准。实际上规划实施与管理目标会有很多个，以哪个目标为基础建立衡量标准是需要规划实施与管理者通过合理分析科学预测所确定的，或将各目标进行综合、汲取。为了操作和考核的方便，尽量选择一些定量标准，如乡村各类资源存量的界限值、环境下限值等。

2. 绩效衡量

确定标准就是为绩效衡量做铺垫的，绩效衡量是将乡村资源环境的实际发展变化情况与规划实施与管理目标进行对比，得到实际发展情况与目标之间的差距和偏差所在，以便于下一步对偏差进行分析和改正。

3. 分析偏差并改正

在绩效衡量中，当出现乡村的实际发展与管理目标不一致时，乡村资源环境规划实施与管理就是出现了偏差，因此就要改正出现的偏差，但是不是所有的偏差都能够改正，有些是在实际操作中不可避免所出现的理论偏差，所以要对所有的偏差进行综合分析，分析其产生的原因、主体和路径，作为接下来管理工作的重点。偏差产生的原因主要有国家政策变化、自然环境变化、人为管理不当和计划本身不完善等，其中由人为管理不当和计划不完善所导致的偏差可以通过采取换批管理人员和完善计划等方法进行修正。

（四）乡村资源环境规划实施与管理的方式

在乡村资源环境规划实施与管理的过程中，为实现规划实施与管理目标，可以采取一切可利用的手段进行管理，提升管理工作效率，如经济手段、法律手段、技术手段。对于经济手段而言，主要是指管理者通过经济学方法的运用，在不违反市场经济机制的前提下，采取经济手段实现乡村资源环境规划实施与管理工作。经济手段是实现宏观管理目标过程中可以运用的方法，小范围不适用，其本质是全国范围内的管理者通过对乡村内各种类型资源价格的控制并在一定范围内调控资源的需求量和消耗量，通过增加环境污染惩罚力度的措施提升乡村资源环境规划实施与管理效率。对于法律手段而言，其与经济手段类似，法律手段也是宏观管理目标运用的方法，通过制定或修改相关法律法规实现对乡村资源环境管理工作的调控。同时，地方乡村资源环境规划实施与管理者虽然无权制定或修改相关法律法规，但他们可以对法律法规进行深层次的研究解读，根据地区发展特点，改变管理工作中的相关法律标准或政策走向，也可以达到规划的实施与管理目的。技术手段是乡村资源环境规划实施与管理者通过先进的科学技术、设备实现调控运行管理工作的目的。目前在乡村资源环境管理工作中经常使用的技术手段主要是"3S"技术，即全球定位系统（GPS）、遥感技术（RS）、地理信息系统（GIS），其中遥感技术运用最为广泛，主要是运用卫星或航空飞机对地面物体进行电磁波信号反射，将反射的信号进行处理，最终在计算机上形成地面物体的写照，全球定位系统将各个乡村的资源环境进行位置限制和探测，实现对管理工作的有效监督，地理信息系统主要是对乡村各类资源和环境问题进行分析评价，实现对管理工作进行调控运行的目的。

第四节　乡村资源环境动态监测与评价

一、乡村资源环境动态监测的概述

（一）乡村资源环境动态监测的含义与特点

乡村资源环境的动态监测是指运用遥感、全球定位系统、计算机等资源环境调查技术手段和科学设备，结合现场调查、问卷访谈等，对乡村资源环境系统各要素时空变化进行的监视与探测，进而全面系统地反映乡村资源开发利用、环境保护等的动态变化，及时反馈乡村资源环境规划的实施与管理效果。监测何种类别的资源环境及重点监测项目是灵活多变的，不同乡村的监测项目都不相同，在条件允许的情况下，监测的范围越全面越好，如果受到设施或其他因素的限制，无法做到全面监测也可进行有针对性地取舍，但要求监测项目包含该乡村主要资源环境规划实施情况。乡村资源环境的动态监测有监测成果的多样性、监测体系的衔接性、技术手段的综合性、监测对象的全面性等特点。

1）监测成果的多样性主要是为了适应乡村资源环境规划实施与管理需求，通过资源环境动态监测定期反映乡村资源环境的利用情况，监测成果主要包括资源环境的各种属性资料、资源环境利用数据资料、反映资源环境空间分布和质量情况的图面资料。同时，监测的对象和种类除了固定调查项目的动态连续性监测以外，也有一些专题专项调查，如对水资源的污染情况，固废处理情况等的调查，保证乡村各项资源环境的变化情况都可以随时获取并传达给相关管理部门，而后采取有效的应对措施。

2）监测体系的衔接性主要是为了确保监测任务的顺利完成，乡村资源环境动态监测机构应该和其他的监测机构如土地利用动态监测机构关联起来，使得各监测机构相互协调形成一个有机整体，既可以保证监测数据和成果的统一性、可比性，也可以全面反映各资源环境及其利用的动态变化情况。同时各个开展监测工作的乡村应当将数据综合到一个统一的平台，便于比较和对照。我国对于乡村级的相关资源环境监测指标、技术和精度并没有统一的规定标准，但可以参考国家、省级、县级层次的相关标准，虽然可能有一定的差别，但在监测指标和数据的统计方面是可以作为参考标准的。

3）技术手段的综合性主要是根据其他监测任务的要求推知，乡村资源环境动态监测在技术手段上可以采用遥感技术、航空技术、全面调查和抽样调查相结合的方法，发挥各自优势，以求总体监测结果可以满足各项规划实施与管理的需要。

4）监测对象的全面性是为了确保乡村资源环境系统的稳定和安全，对乡村资源环境的动态监测通常包括可能会影响乡村资源环境的所有因素，并对其变化情况做出合理分析并进行预测，便于采取相关措施保证资源环境的稳定和高质量，具体监测的项目不仅仅是资源环境本身的数量变化特征，也包括可能会影响资源环境变化的因素特征，如乡村内工厂数量变化、乡村土地利用覆盖的变化情况等，这些项目也是乡村资源环境变化的相关因子，通常要纳入监测范围内。

（二）乡村资源环境动态监测的目的和作用

对于乡村资源环境规划而言，乡村资源与环境动态监测的本质是对影响乡村资源环境的各项影响因素进行监测，确定环境质量、资源开发利用等是否符合乡村资源环境规划的相关安排。因此，乡村资源环境动态监测的目的在于及时、准确、全面地掌握乡村资源环境利用情况、规划的实施进展等，为乡村资源环境规划的调整、乡村资源环境规划实施与管理、乡村污染物运动规律的研究等提供科学的依据。乡村资源环境动态监测的作用主要包括以下几个方面，了解乡村的资源环境状况，评价资源环境质量，保持资源环境利用相关数据的时效性，保证信息可以不断得到更新；通过动态的分析，可以揭示乡村资源环境利用变化的规律，为宏观层面的研究提供依据；能及时准确地反映规划的实施状况，是实现规划信息系统实时反馈的重要手段；对一些重点指标进行严格监控，设置预警界限，以便及时做出调控措施以解决出现的问题；监督法规的有效实施保证乡村资源环境规划的有序实施，为其他乡村的资源环境规划提供理论依据和经验参考。

（三）乡村资源环境动态监测的技术方法

技术方法是支撑乡村资源环境动态监测的关键环节，对于准确、及时、全面获取与乡村资源环境相关的动态信息具有重要的意义，其主要包括遥感、全球定位系统、计算机、现场调查、问卷访谈等，本节重点介绍遥感技术和资源环境调查与统计两个方面的内容。

1. 遥感技术

在资源环境动态监测领域，遥感技术具有很多不可替代的优点，如覆盖面广、快速、精度高、使用成本低、信息丰富等，因此可适用于乡村资源环境调查制图与监测的过程当中。遥感技术依实现对象不同分为卫星遥感和航空遥感两种。卫星遥感在空间上具有宏观性，在时间上具有连续性，其优势在于空间上的宏观性，可以对土地进行大面积的动态监测，卫星遥感较航空遥感覆盖的范围更大，缺点在于只能宏观把握，无法为个别区域提供具体高精度的遥感影像图。航空遥感具有分辨率高、荷载量大、机动灵活的特点，这些特点使得航空遥感可以完成一些卫星遥感技术所无法实现的工作，如点状或带状的抽样调查或专项调查。由于乡村的分布面积一般来说相对较小，因此采取航空遥感的方式进行监测即可，如果需要同时监测多个乡村的资源环境动态，则可能需要借助卫星遥感技术提高监测效率，具体使用哪种方式可以根据实际情况做出选择。资源环境动态监测对遥感资料的要求主要有两个方面：一是遥感资料的分辨率，这主要是对航空影像技术的要求，其应用效果主要是衡量其能否识别区域内各资源种类及数量与识别的精度大小。二是遥感资料的覆盖面，利用卫星遥感技术对乡村资源环境利用情况进行动态监测的优势是全范围大面积，不能有遗漏，各辖区境内全面覆盖并提供具有时效性的遥感影像资料数据，这是开展资源环境动态监测工作的前提。

2. 资源环境调查与统计

资源环境调查与统计的目的就是分析资源环境利用结构优化程度及使用情况变化，一般需要在遥感资料基础上通过资源与环境调查来进行检查与补充，在之前遥感技术没有广泛运用的年份也只能通过实地调查来反映资源环境利用的现状。在乡村资源环境规划实施与管理过程中，乡村的资源利用情况调查、环境质量调查和资源利用变更等一系列调查工作，以及和年度的资源环境相关的统计工作都需要持续开展资源环境调查与统计。乡村资源环境动态监测依据这些数据信息进行合理分析和预测，将资源环境利用结构的变化情况准确反映出来的整个过程是依托各种数据完成的，准确、可靠、客观、精确度较高，符合乡村资源与环境微观管理对于理论依据和现实情况的需要。缺点是数据处理的工作量大，数据的时点性差，就算是最新的数据也具有一定的滞后性，因此仅适用于小范围和专题性的资源环境监测，如乡村资源环境动态监测，不适用于大范围区域性的资源环境动态监测。对于获取到的各种信息而言，经过预处理和分析后，可以用来进行面向监测目标的信息处理和分析，而信息采集主要提供监测对象的所有本地数据，是监测的基础，信息处理和分析则是监测的核心，通过各种信息处理和分析方法，将通过资源环境调查所获得的各种数据进行整理和精确提取，获得监测对象的数量、质量和时空演变特征。同时，乡村资源环境系统是由多种要素复合而成的复杂系统，在该系统中，各种要素间相互作用、相互影响并反馈，从而使得系统表现出地域异质性，而以概率论为基础的数理统计方法可以定量地分析系统间各要素间的相互作用关系，并可以对其地域异质性做出合理解释。

二、乡村资源环境监测的内容和指标

（一）乡村资源环境监测的内容

从乡村资源环境规划实施与管理的目标和任务来看，乡村资源环境动态监测的内容主要包括：乡村资源环境利用状况监测、乡村资源环境管理政策措施的执行情况、乡村资源可利用性监测、乡村资源使用变更调查等内容。

1. 乡村资源环境利用状况监测

通过乡村资源环境利用状况的监测来反映乡村资源利用结构的变化，从而明确乡村资源环境规划对乡村资源利用方向的变化，进行控制和引导，其监测重点是各类乡村资源的增减及使用状况。乡村资源的增加往往与人为活动有关，如闲置土地的开发整理以增加耕地资源、农业基础设施的完善带来的农产品产量的增加、科学技术水平的提升带来的废物的重新利用等；资源减少主要是由于加大了资源使用量或资源受到污染而不能被使用，如化工污染导致可饮用的水资源减少，非农建设占用耕地使得耕地资源减少，林地发生火灾导致木材资源减少等。

2. 乡村资源环境管理政策措施的执行情况

政策的制定要依靠准确的信息，同时信息也来源于政策的执行过程。资源环境政策的反馈、资源环境管理措施执行结果的检验、乡村资源环境动态监测等都是乡村资源环境信息获取的主要渠道。对于乡村资源环境规划而言，其核心内容是监测乡村资源环境规划目标的实时完成情况、监测环境整治管理情况、监测资源利用是否合理或违法等。通常情况下还包括是否完成村庄的环境整治工作和村容村貌的改善、乡村新建企业是否符合环保部门的相关审核标准、乡村排污是否达到相关要求、垃圾是否得到有效处理等内容。

3. 乡村资源可利用性监测

资源的可利用性与否受制于自然和社会两大因素，同时也呈现出动态变化。资源利用的自然因素影响主要是气候和大气条件，一些恶劣的气候条件如干旱、冷暖急剧交替等都会影响区域内的资源利用情况，这些因素的变化具有空间和时间的本质特征，在地区间、年际间会表现出明显的差异。另外，砍伐森林、污水灌溉田野、焚烧垃圾等人类活动也会直接导致乡村林业资源质量、土地资源质量、空气质量等的下降，不利于乡村生态环境的未来发展。因此，应对乡村现有资源的可利用性进行动态监测，对于有害环境、资源的自然活动加以预防，并及时地反馈到乡村资源环境规划中，做到未雨绸缪，对于破坏资源环境的人类活动加以制止，必要时给出处罚措施加以惩戒。

4. 乡村资源使用变更调查

乡村资源的使用变更调查同土地变更调查意义近似，主要是对自然年度内的乡村各类资源利用的总状况、资源总量的增减及各类资源管理信息所开展的调查、监测、核查、汇总、统计及监测等各项工作。乡村资源使用变更调查是实施乡村资源环境动态监测的重要内容，对于掌握乡村资源环境规划的实施与管理情况具有重要的意义。资源使用变更调查应在上一年变更调查的基础上，将乡村资源环境管理保护部门形成的"批准、供给、使用、补给、监察"资源环境管理信息统计叠加起来，逐步实现变更，以保证相关信息连续性和真实性，并按统一的要求，更新乡村及其他各级的资源环境调查数据库，便于为接下来的乡村资源环境规划的调整、下一年资源使用变更调查等提供参考。

（二）乡村资源环境监测的指标

乡村资源环境监测的指标往往是依据乡村资源环境规划确定的，在实际应用中，通常包括乡村资源利用结构与利用程度、乡村资源环境管理政策措施、资源利用经济社会效益、资源环境和生产力等监测指标。

1. 乡村资源利用结构与利用程度监测指标

监测反映乡村资源利用结构与利用程度的指标，主要包括各类资源利用率、未开垦资源的比例、可开采资源比例、各类资源利用率等。监测指标的选取应当具有层次性。省级及以上行政区制定的指标应该满足宏观调控的需要，是对整体资源环境现状及利用情况的宏观管理，监测指标可以尽量简化但一定要包括重要的指标值，从而达到监测功能快速、时效、灵活的目标；而对乡村资源环境监测则需要考虑在土地管理过程中出现的具体问题和实际需要确定和监测的指标和要求，并根据区域的发展目标和实际情况对其进行必要的细化。

2. 乡村资源环境管理政策措施监测指标

乡村资源环境管理政策措施监测指标主要是反映国家和乡村资源与环境相关法律法规要求的落实情况、乡村资源环境规划实施情况、资源利用合法性情况等的指标，主要包括资源环境利用目标实现程度（资源保有量水平、人均资源拥有量水平、闲置资源利用水平、补充资源数量、环境优化水平、环境质量评测等）、稀缺资源保有量和保护率、资源利用目标计划执行力度和实现程度、资源违规违法利用事例数量和查处结案率等。

3. 资源利用经济社会效益监测指标

资源利用经济社会效益监测指标主要有资源利用的投入产出率、资源利用效率、资源开发成本、资源利用投资效果系数、资源利用投资成本回收周期等。

4. 资源环境和生产力监测指标

资源环境和生产力监测指标主要有气候条件（降雨量及其变化情况、年均光温条件、湿度、年风向日数量和平均风速等）、植被情况、动物种群、各资源存量及利用情况、光能利用率、文物古迹与风景旅游资源的数量及估算价值、矿产资源的空间分布情况等。

三、乡村资源环境动态评价

（一）乡村资源环境动态评价含义

乡村资源环境动态监测是保证乡村资源环境规划得以顺利实施的重要手段，对资源环境的动态监测可以识别规划实施的程度和结果。但监测得到的结果只是资源环境质量数量的数据变化情况，所以要对监测到的属性数据进行测量和评价，将其转变为客观定量的计值或者主观效用。乡村资源环境动态评价是指在乡村资源环境动态监测的基础上，对监测到的资源环境数量质量的变化做出合理分析和预测，是乡村资源环境管理、控制和决策的一项基础工作。

（二）乡村资源环境动态评价方法

在乡村资源环境规划中，实行动态监测是手段，而评价是在监测结果上进行科学性分析的一种工具，根据监测和评价结果采取调控措施才是最终的目的。因此，评价是连接监测和调控的中间工具，是资源环境动态监测的价值体现，对监测结果进行合理评价是保障乡村资源环境规划顺利实施与管理的关键环节之一。其评价方法主要包括多指标综合评价法、数据包络分析、费用效益评价等方法，由于前面章节已经对以上部分方法的原理、模型等进行了具体的介绍，本节主要介绍其在乡村资源环境动态评价中的应用。

1. 多指标综合评价法

乡村资源环境动态监测的属性目标是多样全面的，因此会得到一些不同属性不同量纲的监测统计结果。多指标综合评价法是将某物不同属性、维度的评价统计指标转化为相对评价值，通过数学计算，用无量纲法直接进行比较的方法体系，然后根据相对评价值进行综合评价。评价的思路和步骤如下：选择乡村资源环境动态监测的评价指标，指标的选取要能包括被评价事物的所有明显特征，建立指标体系；收集指标体系中指标数据，再对数据进行标准化处理，这一步便是将不同属性不同量纲的评价值进行转换，得到相对评价值；依据评价标准按所选择的多指标综合评价方法进行综合评价；在对子系统评价的基础上，再依据相同的评价标准对整个系统进行评价，得到最终的评价结果。

2. 数据包络分析

该方法属于运筹学领域，整个实施过程是一种定量分析方法，利用收集到的有效样本数据，运用数学中的线性规划方法对同类可比单元的相对有效性进行评价。同时，该方法还可以处理多目标决策问题，原理就是将各目标决策进行区分，对区分后的单个目标决策进行评价。

3. 费用效益评价

对于乡村资源环境而言，收获与投入的费用并不在同一时期进行，往往要经过很长一段时间才能完成。在乡村资源环境动态评价中，采取费用效益评价对乡村资源环境进行评价一般是采用复利算法，但对较短时间内的监测评价一般采用单利算法。单利算法仅将本金作为利息产生的根源进行计算，对后来所获得的利息不再进行利息收取；在运用复利算法计算利息时，不仅要纳入本金，也要将之前获得的利息纳入下一周期的利息计算中。这三种评价方法在乡村资源环境动态评价中运用得较为普遍，涵盖了大部分的评价过程。在对乡村进行资源环境评价时，需要根据该乡村的资源类型数量和环境质量情况选择监测指标和相应的评价方法，进一步采用不同的评价方法对监测结果进行评价分析。

四、乡村资源环境动态监测信息管理系统与预警系统

（一）乡村资源环境动态监测信息管理系统

信息管理系统是乡村资源环境动态监测系统的重要组成部分，遥感资料、土地详查结果、访谈调研资料等的处理需要借助信息管理系统，通过计算机输出最终的处理成果。构建乡村资源环境动态监测的信息管理系统，对于快速、便捷、准确地开展监测工作起到事半功倍的效果，该系统主要功能是从事信息处理工作，内容结构主要包括工作人员、设备（计算机、网络技术、GIS 技术、模型库等软硬件）及环境原始信息等（图 11-1）。

乡村资源环境信息管理系统的目的在于促进环境系统的发展和使环境系统更好地为乡村环境管理服务，按内容又可分为乡村资源环境管理信息系统和乡村资源环境决策支持系统。乡村资源环境管理信息系统是在系统论的指导下，人与计算机共同作用的资源

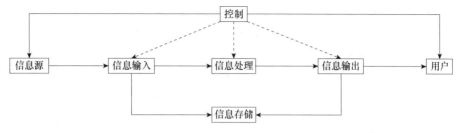

图 11-1　乡村环境信息系统

为乡村资源环境评价、预测和控制的依据，最后在计算机上或者其他先进技术设备上完成乡村环境的模拟系统。其基本功能有：采取各种方式收集乡村环境信息，对收集的信息进行筛选，依据相关标准进行区分、存储、加工处理信息，并以报表、图形等形式将处理后的信息流输出，形成具有说服力的数据结果。输出的信息是经过科学模拟和加工转换处理的，因此可以作为决策者进行决策选择的现实依据。乡村资源环境决策支持系统是在乡村资源环境规划、管理和决策工作中通过实际应用所产生的融合性系统。该系统是人和计算机相互协调合作运行的，它利用可以存储大量数据的计算机，借助计算机强大的计算能力，结合决策理论方法，将各种类型问题进行描述分析并解决，是人们完成或管理决策的理论依据和技术支持，也是人们简化决策的路径，同时让各种决策减少了因为决策者的主观色彩造成的漏洞。其主要功能有：通过收集、整理、贮存各种数据并进行筛选后，提供制定决策所需要的理论支持的各种数据；灵活运用模型与方法分析乡村环境信息所反映的各种情况，对信息进行综合分析、加工处理并进行合理预测评价。

除了上述方法之外，如果乡村的财政实力较强，还可以借助一些先进科学仪器和设备进行资源环境监测，如在对乡村生态环境及空气质量进行监测时，可以运用环境、空气质量的监测仪器对其进行测定并进行合理分析。

（二）乡村资源环境动态监测预警系统

乡村资源环境动态监测预警系统主要是指通过设立专项动态网络对乡村耕地、水资源等需要保护的乡村资源环境进行动态监测，进而对乡村资源环境系统中可能出现的各种问题进行预警的监测系统。乡村资源环境动态监测预警系统主要包括警义、警源、警兆和警度等方面的内容。

警义是指监测预警针对的指标，乡村资源环境生态经济预警系统的预警体系主要包括人与资源环境间的联系程度、资源环境利用投入水平及产出比、生态环境背景、资源环境利用效果及投资潜力等。因为指标间具有时间和空间的差异性，不同地区选取的指标体系有所差异，相同指标体系对不同地区乡村资源环境生态系统变化的反映程度也不同，这说明指标体系的选取不是一成不变的，具体应用时必须根据地区资源环境利用特点选取主要指标，或者根据各个指标的重要程度赋予不同的权重值。

警源就是产生乡村资源环境生态经济系统警情的根源，从产生原因的角度可以分为自然警源、外在警源和内在警源。自然警源是指某些恶劣条件的自然因素引发了自然灾害，这些自然灾害对乡村资源环境生态经济系统造成了某种程度上的破坏，从而产生了警情，这些自然因素就是产生警情的根源，如地震、各种气象灾害等；外在警源是指在乡村资源环境生态经济系统外的因素所导致的本乡村资源环境生态系统警情，主要包括国家城乡统筹发展计划、蔬菜价格的不正常变化等因素；内在警源的发生主体是乡村资源环境生态经济系统本身，是该系统自身发展及其机制的缺漏所造成的警情，主要有资源可持续利用和环境保护制度、资源开发利用行为、资源经营收益等因素。

警兆主要包括景气警兆和动向警兆。景气警兆是依据实物运动或者物体变化情况做出预警反应，表示乡村资源环境生态经济系统在某一方面的变化情况、利用现状及对以后的情况做出反应，反映乡村资源环境生态经济系统可能发生或已经发生的某些问题，如耕地面积及粮食产量、水库容量及灌溉面积等。而农产品价格、农民收入水平及乡村基础设施建造成本等乡村资源环境生态经济系统景气程度的价值指标均属于动向警兆。

警度是对乡村资源环境生态经济系统警情的定量反映，在警度指标发生变化时，判断乡村资源环境生态经济系统是否出现警情及警情的严峻程度，分为无警、轻警、中警、重警和剧警。对于不同指标而言，相同的警度代表的警级有所差别，相同的警级反映的警度可能也不一样。例如，就同一个值域5%～10%而言，对于粮食总产量来言，减少这个幅度会被视为轻警，而对于耕地总量减少的幅度而言往往是中警乃至重警。警度等级的确定主要依据乡村资源环境生态经济系统功能的警情程度，其以预警指标的动态变化情况为基础。

复习思考题

1. 乡村资源环境规划成果资料包括哪些内容？如何丰富规划成果？

2. 乡村资源环境规划实施与管理目标、任务有哪些？

3. 乡村资源环境动态监测的特点、目的和作用有哪些？

4. 简述乡村资源环境动态监测与评价在乡村资源环境规划中的作用。

5. 简述乡村资源环境动态监测信息管理系统与预警系统的区别与联系。

6. 结合现阶段发展和国家政策，谈谈对乡村资源环境规划发展的看法。

参 考 文 献

边防，赵鹏军，张衍春，等. 2015. 新时期我国乡村规划农民公众参与模式研究 [J]. 现代城市研究，（4）：27-34.

褚天骄，李亚楠. 2017. 我国乡村规划用地分类标准研究与展望——来自《村庄规划用地分类指南》的实践反馈与思考[J]. 规划师，33（6）：61-66.

丁忠浩. 2007. 环境规划与管理 [M]. 北京：机械工业出版社.

董金柱. 2010. 印度与巴西的乡村建设管理法规及启示 [J]. 国际城市规划，25（2）：21-25.

高红. 2008. 村镇规划在城乡规划管理中的政策关系 [J]. 城市规划，（7）：79-81.

官卫华，王耀南. 2013. 城乡统筹视野下的农村规划实施管理创新——以南京为例 [J]. 城市规划，（10）：39-46.

国家环境保护总局. 2002. 小城镇环境规划编制技术指南 [M]. 北京：中国环境科学出版社.

何春阳，陈晋，陈云浩，等. 2001. 土地利用/覆盖变化混合动态监测方法研究 [J]. 自然资源学报，（3）：255-262.

胡峰，范京，姚睿. 2015. 面向实施与管理的景观风貌规划编制方法——以广东金融高新技术服务区为例 [J]. 规划师，31（7）：62-66.

蒋超亮，吴玲，刘丹，等. 2019. 干旱荒漠区生态环境质量遥感动态监测——以古尔班通古特沙漠为例 [J]. 应用生态学报，30（3）：877-883.

李光录. 2014. 村镇规划与管理 [M]. 北京：中国林业出版社.

林晓萍. 2020. 基于国产卫星影像的自然资源动态监测 [J]. 测绘通报，（11）：28-32.

刘利，潘伟斌，李雅. 2013. 环境规划与管理 [M]. 北京：化学工业出版社.

卢远，林年丰，汤洁，等. 2003. 松嫩平原西部土地退化的遥感动态监测研究——以吉林省通榆县为例 [J]. 地理与地理信息科学，（2）：24-27.

祁巍锋. 2011.《村庄和集镇规划建设管理条例》实施评估及建议 [J]. 城市规划，35（9）：19-25.

尚金城. 2009. 环境规划与管理 [M]. 北京：科学出版社.

舒波，徐晶菁，陈阳. 2020. 中国乡村规划建设研究进展与展望——基于国家自然科学基金项目成果的文献计量分析 [J]. 规划师，36（4）：41-49.

王景新，支晓娟. 2018. 中国乡村振兴及其地域空间重构——特色小镇与美丽乡村同建振兴乡村的案例、经验及未来 [J]. 南京农业大学学报（社会科学版），18（2）：7-26，157-158.

王万茂. 2006. 土地利用规划学 [M]. 北京：科学出版社.

吴飞，龚知凡，王伟凡. 2020. 基于 GIS 的自然资源监测辅助系统设计与实现 [J]. 地理空间信息，18（12）：51-53，86，6-7.

徐辰，杨槿. 2019. 社区参与视角下的乡村规划过程模式与实践 [J]. 规划师，35（1）：88-93.

颜强. 2012. 宪法视角下的村镇规划管理体制探讨 [J]. 规划师，28（10）：13-17.

闫正龙，高凡，何兵. 2019. 3S 技术在我国生态环境动态演变研究中的应用进展 [J]. 地理信息世界，26（2）：43-48.

张立. 2018. 我国乡村振兴面临的现实矛盾和乡村发展的未来趋势 [J]. 城乡规划，（1）：17-23.

张露静. 2018. 乡村振兴战略路径探索 [J]. 现代化农业，（4）：69-71.

Andrej L, Rosemarie S, Tim B. 2015. Sustainability in land management: an analysis of stakeholder perceptions in rural northern Germany[J]. Sustainability, 7(1): 683-704.

Dalal-Clayton D B, Dent D, Dubois O. 2002. Rural planning in developing countries: supporting natural resource management and sustainable livelihoods[J]. Journal of Rural Studies, 20(3): 373-374.

Edwards B, Goodwin M, Emberton S, et al. 2001. Partnerships, power, and scale in rural governance[J]. Environment & Planning C Government & Policy, 19(2): 289-310.

Feng W, Cui J, Shi Z, et al. 2018. Experience of the UK in urban and rural planning system and rural planning management and recommendations for China[J]. Journal of Landscape Research, 10(5): 45-49.

Güneralp B, Perlstein A S, Seto K C. 2015. Balancing urban growth and ecological conservation: a challenge for planning and governance in China[J]. Ambio, 44(6): 532-543.

Hagihara K, Kawaguchi N, Kawamura N. 2017. Rural Planning: Sustainable Management in Collaborative Activities[M]. Berlin: Springer Singapore.

Morris J. 2001. Rural Planning and Management[M]. Brookfield, VT: Edward Elgar Pub.

Vella K, Sipe N. 2014. The evolving landscape of natural resource planning and governance in Australia[J]. International Journal of Clinical Pharmacology Therapy & Toxicology, 31(7): 351-357.

Ward N, Mcnicholas K. 2001. Rural planning and management(managing the environment for sustainable development series)[J]. Journal of Vascular & Interventional Radiology, 23(18): 182-183.